教育部职业教育与成人教育司
全国职业教育与成人教育教学用书行业规划教材
"十二五"职业院校计算机应用互动教学系列教材

- **双模式教学**
  通过丰富的课本知识和高清影音演示范例制作流程双模式教学,迅速掌握软件知识

- **人机互动**
  直接在光盘中模拟练习,每一步操作正确与否,系统都会给出提示,巩固每个范例操作方法

- **实时评测**
  本书安排了大量课后评测习题,可以实时评测对知识的掌握程度

中文版
EDIUS Pro 7

编著/黎文锋

光盘内容
148个视频教学文件、
练习文件和范例源文件

互动教程

☑ 双模式教学 + ☑ 人机互动 + ☑ 实时评测

海洋出版社
2016年·北京

内 容 简 介

本书是以互动教学模式介绍 EDIUS Pro 7 的使用方法和技巧的教材。本书语言平实，内容丰富、专业，并采用了由浅入深、图文并茂的叙述方式，从最基本的技能和知识点开始，辅以大量的上机实例作为导引，帮助读者在较短时间内轻松掌握中文版 EDIUS Pro 7 的基本知识与操作技能，并做到活学活用。

本书内容：全书共分为 9 章，着重介绍了 EDIUS Pro 7 应用入门；采集和编辑影视素材；应用 EDIUS Pro 7 的特效；音频编辑、录制和音效处理；EDIUS 进阶技术的应用；字幕的创建、编辑与设计；EDIUS 的渲染与输出；9 个工程设计上机实训等知识。最后通过综合设计—企鹅世界录影专辑介绍了使用 EDIUS Pro 7 编辑影片的方法与技巧。

本书特点：1. 突破传统的教学思维，利用"双模式"交互教学光盘，学生既可以利用光盘中的视频文件进行学习，同时可以在光盘中按照步骤提示亲手完成实例的制作，真正实现人机互动，全面提升学习效率。2. 基础案例讲解与综合项目训练紧密结合贯穿全书，书中内容结合视频编辑软件应用职业资格标准认证考试量身定做，学习要求明确，知识点适用范围清楚明了，使学生能够真正举一反三。3. 有趣、丰富、实用的上机实习与基础知识相得益彰，摆脱传统计算机教学僵化的缺点，注重学生动手操作和设计思维的培养。4. 每章后都配有评测习题，利于巩固所学知识和创新。

适用范围：适用于全国职业院校 EDIUS 影视编辑专业课教材，社会 EDIUS 影视编辑培训班教材，也可作为广大初、中级读者实用的自学指导书。

图书在版编目（CIP）数据

中文版 EDIUS Pro 7 互动教程/黎文锋编著. —北京：海洋出版社，2016.1
ISBN 978-7-5027-9334-0

Ⅰ.①中… Ⅱ.①黎… Ⅲ.①影视编辑软件—教材 Ⅳ.①TP317.53

中国版本图书馆 CIP 数据核字（2015）第 300299 号

总 策 划：刘　斌	发 行 部：(010) 62174379（传真）(010) 62132549
责任编辑：刘　斌	（010) 68038093（邮购）(010) 62100077
责任校对：肖新民	网　　址：www.oceanpress.com.cn
责任印制：赵麟苏	承　　印：北京画中画印刷有限公司
排　　版：海洋计算机图书输出中心　晓阳	版　　次：2016 年 1 月第 1 版
出版发行：海洋出版社	2016 年 1 月第 1 次印刷
地　　址：北京市海淀区大慧寺路 8 号（716 房间）	开　　本：787mm×1092mm　1/16
100081	印　　张：19.75
	字　　数：471 千字
经　　销：新华书店	印　　数：1～4000 册
技术支持：(010) 62100055	定　　价：38.00 元（含 1DVD）

本书如有印、装质量问题可与发行部调换

前　言

EDIUS 是一款非线性视频编辑软件，专为广播和后期制作环境而设计，它提供了强大的非线性视频编辑和组编功能。EDIUS 拥有完善的基于文件的工作流程，提供了实时、多轨道、多格式混编、合成、键控、字幕和时间线输出功能。新一代的 EDIUS Pro 7 除了支持标准的 EDIUS 系列格式，还支持 Infinity、JPEG 2000、DVCPRO、P2、VariCam、Ikegami、GigaFlash、MXF、XDCAM 和 XDCAM EX 视频素材。

本书以 EDIUS Pro 7 作为教学主体，采用成熟的教学模式，以入门到提高的教学方式，通过视频编辑入门知识到软件应用再到案例作品的设计这样一个学习流程，详细介绍了 EDIUS Pro 7 软件的操作基础、通过采集卡采集 DV 视频和管理各种素材、通过程序的功能修剪和编辑视频、对视频和音频素材应用特效和转场、制作影片作品的字幕、添加与编辑音频，以及导出各种用途的媒体文件和刻录光盘的方法和技巧，最后通过多个上机实例和一个企鹅世界录影专辑的综合设计案例，详细介绍了 EDIUS Pro 7 在创建工程、管理素材、剪辑素材、应用特效、制作字幕、编辑音效、输出文件等各方面的应用。

本书是"十二五"职业院校计算机应用互动教学系列教程之一，具有该系列图书轻理论重训练的主要特点，并以"双模式"交互教学光盘为重要价值体现。本书的特点主要体现在以下方面：

- **高价值内容编排**　本书内容依据职业资格认证考试 EDIUS 考纲的内容，有效针对 EDIUS Pro 7 认证考试量身定做。通过本书的学习，可以更有效地掌握针对职业资格认证考试的相关内容。
- **理论与实践结合**　本书从教学与自学出发，以"快速掌握软件的操作技能"为宗旨，书中不但系统、全面地讲解软件功能的概念、设置与使用，并提供大量的上机练习实例，读者可以亲自动手操作，真正做到理论与实践相结合，活学活用。
- **交互多媒体教学**　本书附送多媒体交互教学光盘，光盘除了附带书中所有实例的练习素材外，还提供了一个包含实例演示、模拟训练、评测题目三部分内容的双模式互动教学系统，让读者可以跟随光盘学习和操作。
  - 实例演示：将书中各个实例进行全程演示并配合清晰语音的讲解，让读者体会到身临其境的课堂训练感受。
  - 模拟训练：以书中实例为基础，但使用了交互教学的方式，可以让读者根据书中讲解，直接在教学系统中操作，亲手制作出实例的结果，达到上机操作、无师自通的目的。
  - 评测题目：教学系统中提供了考核评测题目，让读者除了从教学中轻松学习知识之外，还可以通过题目评测自己的学习成果。
- **丰富的课后评测**　本书在各章后提供了精心设计的填充题、选择题、判断题和操作题等类型的考核评估习题，让读者测评出自己的学习成效。

本书总结了作者从事多年影视编辑的实践经验，目的是帮助想从事影视制作行业的广大读者迅速入门并提高学习和工作效率，同时对众多 DV 拍摄爱好者和家庭用户处理视频的读者也有很好的指导作用。

  本书由广州施博资讯科技有限公司策划，由黎文锋主编，参与本书编写与范例设计工作的还有李林、黄活瑜、梁颖思、吴颂志、梁锦明、林业星、黎彩英、周志苹、李剑明、黄俊杰、李敏虹、黎敏、谢敏锐、李素青、郑海平、麦华锦、龙昊等，在此一并谢过。在本书的编写过程中，我们力求精益求精，但难免存在一些不足之处，敬请广大读者批评指正。

编者

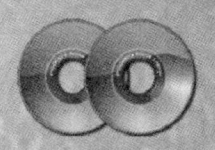

光盘使用说明

本书附送多媒体交互教学光盘，光盘除了附带书中所有实例的练习素材外，还提供了一个包含实例演示、模拟训练、评测题目三部分内容的双模式互动教学系统，让读者可以跟随光盘学习和操作。

1. 启动光盘

从书中取出光盘并放进光驱，即可让系统自动打开光盘主界面，如图1所示。如果将光盘复制到本地磁盘中，则可以进入光盘文件夹，并双击【Play.exe】文件打开主播放界面，如图2所示。

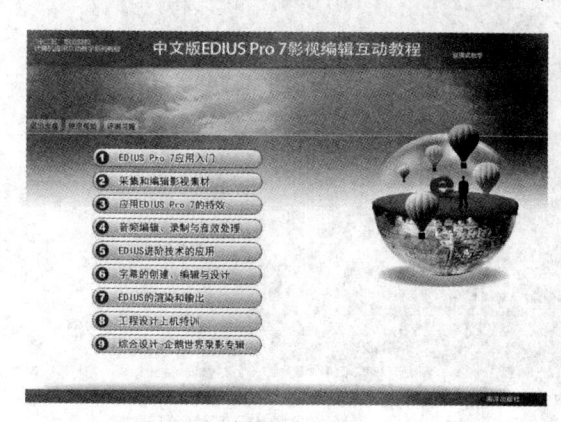

图1　　　　　　　　　　　图2

2. 使用帮助

在光盘主界面中单击【使用帮助】按钮，可以阅读光盘的帮助说明内容，如图3所示。单击【返回首页】按钮，可返回主界面。

3. 进入章界面

在光盘主界面中单击章名按钮，可以进入对应章界面。章界面中将本章提供的实例演示和实例模拟训练条列显示，如图4所示。

图3　　　　　　　　　　　图4

4. 双模式学习实例

（1）实例演示模式：将书中各个实例进行全程演示并配合清晰语音的讲解，让读者体会到身临其境的课堂训练感受。要使用演示模式观看实例影片，可以在章界面中单击 ▶ 按钮，进入实例演示界面并观看实例演示影片。在观看实例演示过程中，可以通过播放条进行暂停、停止、快进／快退和调整音量的操作，如图5所示。观看完成后，单击【返回本章首页】按钮返回章界面。

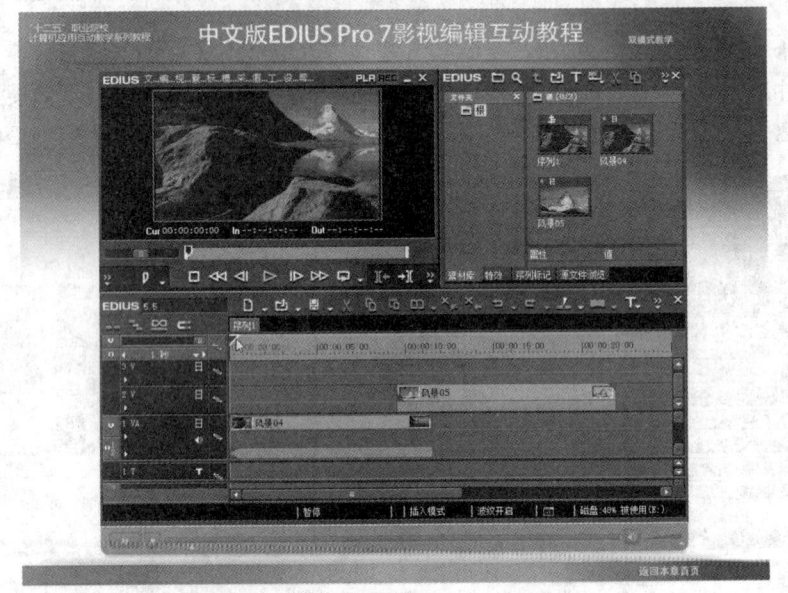

图5

（2）模拟训练模式：以书中实例为基础，但使用了交互教学的方式，可以让读者根据书中讲解，直接在教学系统中操作，亲手制作出实例的结果。要使用模拟训练方式学习实例操作，可以在章界面中单击 ▶ 按钮。进入实例模拟训练界面后，即可根据实例的操作步骤在影片显示的模拟界面中进行操作。为了方便读者进行正确的操作，模拟训练界面以绿色矩形框作为操作点的提示，读者必须在提示点上正确操作，才会进入下一步操作，如图6所示。如果操作错误，模拟训练界面将出现提示信息，提示操作错误，如图7所示。

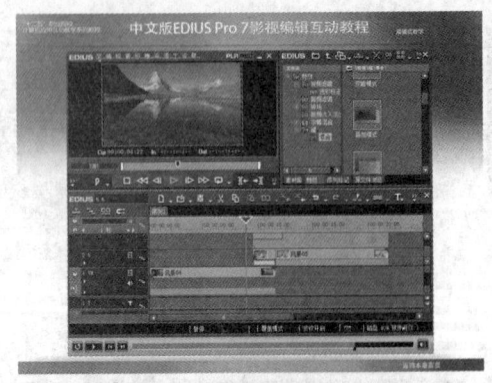

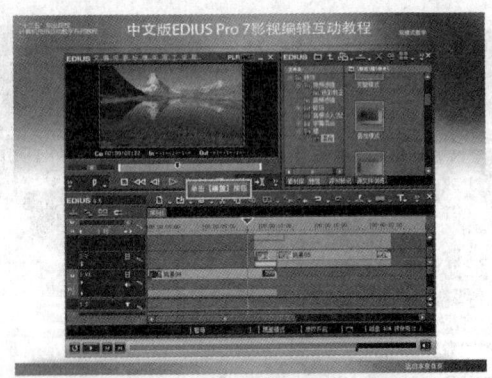

图6　　　　　　图7

5. 使用评测习题系统

评测习题系统提供了考核评测题目,让读者除了从教学中轻松学习知识之外,还可以通过题目评测自己的学习成果。要使用评测习题系统,可以在主界面中单击【评测习题】按钮,然后在评测习题界面中选择需要进行评测的章,并单击对应章按钮,如图8所示。进入对应章的评测习题界面后,等待5秒即可显示评测题目。每章的评测习题共10题,包含填空题、选择题和判断题。每章评测题满分为100分,达到80分极为及格,如图9所示。

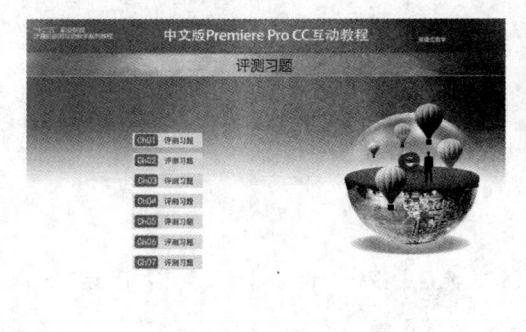

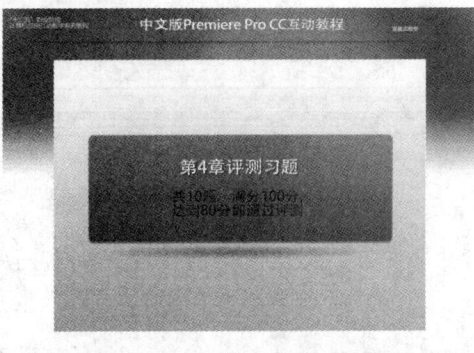

图8　　　　　　　　　　　　　　图9

显示评测题目后,如果是填空题,则需要在【填写答案】后的文本框中输入题目的正确答案,然后单击【提交】按钮即完成当前题目操作,如图10所示。如果没有单击【提交】按钮而直接单击【下一个】按钮,则系统将该题认为被忽略的题目,将不计算本题的分数。另外,单击【清除】按钮,可以清除当前填写的答案;单击【返回】按钮返回前一界面。

如果是选择题或判断题,则可以单击选择答案前面的单选按钮,再单击【提交】按钮提交答案,如图11所示。

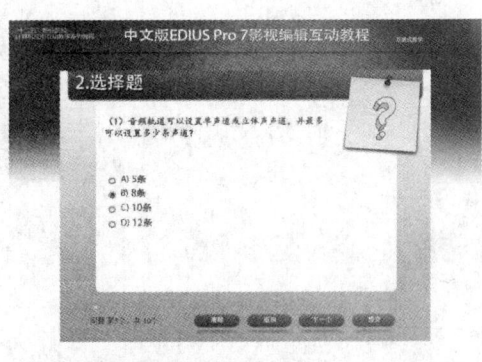

图10　　　　　　　　　　　　　　图11

完成答题后,系统将显示测验结果,如图12所示。此时可以单击【预览测试】按钮,查看答题的正确与错误信息,如图13所示。

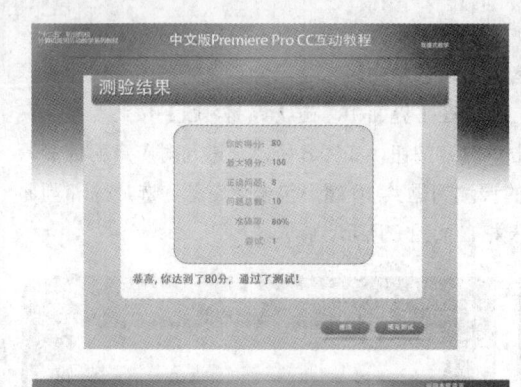

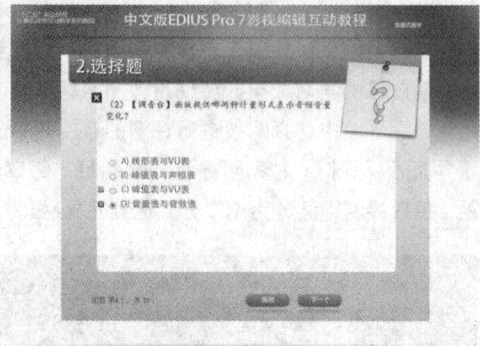

图12　　　　　　　　　　　　　　　　图13

6. 退出光盘

如果需要退出光盘，可以在主界面中单击【退出光盘】按钮，也可以直接单击程序窗口的关闭按钮，关闭光盘程序。

目 录

第1章 EDIUS Pro 7 应用入门 1
1.1 认识与安装 EDIUS Pro 7 1
- 1.1.1 关于 EDIUS Pro 7 1
- 1.1.2 EDIUS Pro 7 安装要求 1
- 1.1.3 安装必要的程序 3
- 1.1.4 启动程序并创建工程 6

1.2 EDIUS Pro 7 用户界面 7
- 1.2.1 主窗口 7
- 1.2.2 【时间线】面板 8
- 1.2.3 【素材库】面板 9
- 1.2.4 【特效】面板 10
- 1.2.5 【信息】面板 10

1.3 管理工程文件 11
- 1.3.1 新建工程文件 12
- 1.3.2 保存工程文件 14
- 1.3.3 打开工程文件 15
- 1.3.4 退出工程 16
- 1.3.5 优化工程 16

1.4 添加与管理素材 17
- 1.4.1 添加素材 17
- 1.4.2 查看素材属性 18
- 1.4.3 播放素材 19
- 1.4.4 新建素材 19

1.5 视频编辑的基础知识 21
- 1.5.1 视频编辑的方式 21
- 1.5.2 视频编辑常用名词 22
- 1.5.3 常用的视频格式 23

1.6 技能训练 25
- 1.6.1 上机练习 1：添加素材并分类管理 25
- 1.6.2 上机练习 2：添加素材标记和编写注释 27

1.7 评测习题 29

第2章 采集和编辑影视素材 31
2.1 采集 DV 影片 31
- 2.1.1 采集影片的基础 31
- 2.1.2 安装与连接 IEEE 1394 卡 33
- 2.1.3 在 EDIUS 中添加设备 35
- 2.1.4 通过 EDIUS 采集 DV 影片 38

2.2 向序列添加素材 39
- 2.2.1 关于向序列添加素材 39
- 2.2.2 将素材插入到时间线 40
- 2.2.3 将素材覆盖到时间线 42

2.3 编辑时间线的素材 43
- 2.3.1 调整素材播放顺序 43
- 2.3.2 素材的修剪与恢复 45
- 2.3.3 添加与移除剪切点 46

2.4 编辑素材的一些技巧 48
- 2.4.1 应用吸附功能编辑素材 48
- 2.4.2 使用鼠标动作进行播放 48
- 2.4.3 为屏幕设置安全区域 49

2.5 技能训练 50
- 2.5.1 上机练习 1：批量采集 DV 影片 50
- 2.5.2 上机练习 2：在时间线直接添加素材 52
- 2.5.3 上机练习 3：分离素材的视频和音频 54
- 2.5.4 上机练习 4：3 点方式添加素材到序列 55
- 2.5.5 上机练习 5：4 点方式添加素材到序列 57

2.6 评测习题 58

第3章 应用 EDIUS Pro 7 的特效 60
3.1 特效应用基础 60
- 3.1.1 视频布局 60
- 3.1.2 标准特效 61

3.2 查看与应用特效 62
- 3.2.1 查看特效 62
- 3.2.2 应用特效 63
- 3.2.3 应用转场特效 65

3.3 编辑与管理特效 66

3.3.1 编辑视频布局 66
3.3.2 编辑标准特效 67
3.3.3 保存为预置特效 70
3.3.4 启用与禁用特效 70
3.3.5 使用文件夹放置特效 71
3.4 视频滤镜概述 71
3.4.1 色彩校正 72
3.4.2 其他视频滤镜 73
3.5 转场特效概述 77
3.5.1 2D 转场 77
3.5.2 3D 转场 80
3.5.3 Alpha 转场 82
3.5.4 GPU 转场 83
3.5.5 SMPTE 转场 83
3.6 技能训练 85
3.6.1 上机练习1：通过混合器制作淡入/淡出效果 85
3.6.2 上机练习2：制作旋转飞入的视频布局效果 87
3.6.3 上机练习3：制作视频傍晚到黄昏色彩效果 89
3.6.4 上机练习4：制作风景素材的3D转场效果 92
3.6.5 上机练习5：制作广告片的老电影风格效果 94
3.7 评测习题 96

第4章 音频编辑、录制与音效处理 98
4.1 音频概述 98
4.1.1 操作音频 98
4.1.2 添加或删除音轨 99
4.2 使用调音台 100
4.2.1 打开调音台 101
4.2.2 关于调音台 101
4.2.3 调音的操作模式 103
4.2.4 实时调整素材音量 103
4.3 编辑轨道的音频 105
4.3.1 均衡化素材音频 105
4.3.2 向前/向后偏移音频 106
4.3.3 调整音频音量与声相 107

4.3.4 音频调节点的操作 108
4.3.5 为音频轨道设置静音 109
4.4 应用与设置音频特效 110
4.4.1 音频滤镜概述 110
4.4.2 应用音频滤镜 112
4.4.3 音频淡入淡出概述 113
4.4.4 应用音频淡入淡出 114
4.5 技能训练 116
4.5.1 上机练习1：为教学片同步录制配音 116
4.5.2 上机练习2：为广告片调整音量效果 119
4.5.3 上机练习3：通过调音台制作广告片音效 121
4.5.4 上机练习4：制作影片切换左右声道音效 122
4.5.5 上机练习5：制作片头素材的混音效果 123
4.6 评测习题 125

第5章 EDIUS 进阶技术的应用 127
5.1 影像的合成 127
5.1.1 合成的概念 127
5.1.2 通过混合器定义素材不透明度 128
5.1.3 使用关键帧定义素材不透明度 129
5.1.4 应用键控合成影像 131
5.1.5 应用混合模式 134
5.2 剪辑模式和多机位模式 135
5.2.1 剪辑模式 135
5.2.2 多机位模式 138
5.3 校色的高级处理技巧 140
5.3.1 使用矢量图/示波器 140
5.3.2 素材正确校色的处理 142
5.3.3 二级校色的应用 145
5.4 技能训练 147
5.4.1 上机练习1：制作教学片的图像合成效果 147
5.4.2 上机练习2：制作创意十足的画中画效果 150

5.4.3 上机练习3：通过校色解决素材跳色问题 152
5.4.4 上机练习4：制作彩色铅笔画的影片效果 155
5.4.5 上机练习5：通过多机位模式编辑舞台影片 160
5.5 评测习题 162

第6章 字幕的创建、编辑与设计 164
6.1 认识 Quick Titler 164
　　6.1.1 关于 Quick Titler 164
　　6.1.2 Quick Titler 的界面 165
6.2 新建与编辑字幕 166
　　6.2.1 创建文本字幕 166
　　6.2.2 设置文本的属性 167
　　6.2.3 创建图像和图形字幕 167
　　6.2.4 保存字幕与使用字幕 169
　　6.2.5 编辑轨道上的字幕 171
　　6.2.6 为字幕设置常见效果 172
6.3 应用与修改字幕样式 174
　　6.3.1 为字幕应用样式 174
　　6.3.2 修改字幕的样式 175
　　6.3.3 字幕样式的其他操作 177
6.4 设计字幕的技巧 179
　　6.4.1 创建运动的字幕 179
　　6.4.2 多字幕对象的编辑 180
6.5 技能训练 182
　　6.5.1 上机练习1：设计舞台影片的标题 182
　　6.5.2 上机练习2：设计立体浮雕标题字幕 184
　　6.5.3 上机练习3：设计爬动过屏字幕效果 187
　　6.5.4 上机练习4：设计节目台标字幕效果 188
　　6.5.5 上机练习5：制作教学片多轨道字幕 190
6.6 评测习题 195

第7章 EDIUS 的渲染和输出 197
7.1 文件的渲染 197

7.1.1 渲染工程与序列 197
7.1.2 渲染指定区域 199
7.1.3 其他渲染处理 201
7.2 输出文件基础 202
　　7.2.1 输出概述 202
　　7.2.2 设置输出器和预设 203
7.3 输出到文件 207
　　7.3.1 输出为视频文件 207
　　7.3.2 批量输出的应用 209
7.4 刻录成光盘输出 211
　　7.4.1 刻录成 DVD 光盘 211
　　7.4.2 使用 Disc Burner 工具 216
7.5 共享时间线的应用 217
　　7.5.1 导出与导入 EDL 217
　　7.5.2 导出与导入 AAF 221
7.6 技能训练 223
　　7.6.1 上机练习1：使用 EDIUS 转换视频格式 223
　　7.6.2 上机练习2：输出视频素材的特定剪辑 225
　　7.6.3 上机练习3：将工程序列内容批量输出 228
　　7.6.4 上机练习4：刻录专属的旅游专辑 DVD 231
　　7.6.5 上机练习5：导出工程为 EDL 和 AAF 文件 235
7.7 评测习题 237

第8章 工程设计上机特训 239
8.1 上机练习1：流程—我的第一个生日影片 239
8.2 上机练习2：特效—梦幻般的雪山风景片 243
8.3 上机练习3：字幕—暴风雨前夕的城市夜景 247
8.4 上机练习4：布局—在花丛中飞过的蝴蝶 249
8.5 上机练习5：混合—科技公司的宣传片头 252
8.6 上机练习6：音效—制作低音混响广告音效 256

8.7	上机练习 7：转场—城市夜景延迟拍摄专辑 259		9.4	上机练习 4：制作视频混合画面效果 280
8.8	上机练习 8：模式—精剪的摇滚演唱会影片 263		9.5	上机练习 5：以多机位模式剪辑镜头 285
8.9	上机练习 9：输出—为影片配音并输出到文件 267		9.6	上机练习 6：制作画面旋转切换效果 287

第 9 章 综合设计——企鹅世界录影专辑 270

9.1	上机练习 1：新建工程并管理素材 271		9.7	上机练习 7：制作片头与片尾的字幕 291
9.2	上机练习 2：制作倒计时片头与转场 274		9.8	上机练习 8：添加与制作背景音效 295
9.3	上机练习 3：制作画中画切换的效果 276		9.9	上机练习 9：输出媒体文件并刻录光盘 297

参考答案 302

第 1 章　EDIUS Pro 7 应用入门

学习目标

EDIUS 是日本 Canopus 公司开发的优秀非线性编辑软件，它专为广播和后期制作环境而设计，提供了强大的非线性视频编辑和组编功能。为了更好地学习 EDIUS Pro 7 程序的应用，需要先掌握程序的安装并了解程序用户界面，以及了解必要的应用基础知识。

学习重点

- ☑ 安装与启动 EDIUS Pro 7 程序
- ☑ 了解 EDIUS Pro 7 的用户界面
- ☑ 管理 EDIUS 的工程文件和素材
- ☑ 了解 EDIUS Pro 7 应用的基础知识

1.1　认识与安装 EDIUS Pro 7

下面将介绍 EDIUS Pro 7 视频编辑软件的知识，并以 EDIUS Pro 7.5 版本为例，介绍安装程序的一些要求和安装方法。

1.1.1　关于 EDIUS Pro 7

EDIUS 是一款非常出色的非线性视频编辑软件，最新的 EDIUS Pro 7 更是支持 4K、3D、HD、SD 等高清视频实时编辑，并且与 Blackmagic Design 合作，支持其 DeckLink 4K Extreme 和用于 Thunderbolt 电脑的外置便携式采集回放的 UltraStudio 4K 摄像设备。

新一代的 EDIUS Pro 7 除了支持标准的 EDIUS 系列格式，还支持 Infinity、JPEG 2000、DVCPRO、P2、VariCam、Ikegami、GigaFlash、MXF、XDCAM 和 XDCAM EX 视频素材。

EDIUS Pro 7 中文版拥有完善的基于文件工作流程，提供了实时、多轨道、多格式混编、合成、色键、字幕和时间线输出功能。如图 1-1 所示为 EDIUS Pro 7 中文版。

1.1.2　EDIUS Pro 7 安装要求

EDIUS Pro 7 在 Windows 系统安装中的具体配置要求如下。

- 操作系统：Windows 7 64 位（Service Pack 1 以上）或 Windows 8 64 位。
- CPU：任何 Intel Core 2 或 Core iX CPU。Intel 或 AMD 单核 3GHz CPU（或更快，推荐多 CPU 或者多核 CPU）。要求支持 SSSE 3（补充 SSE 3）指令组。
- 内存：至少 1 GB RAM（推荐 4 GB 或更多）。

根据工程格式所要求的内存和显存不同，如表 1-1 所示。对于高/标清工程，推荐 4 GB 或以上；对于 4K 工程，推荐 16 GB 或以上根据操作系统不同，支持的最大内存不同。

- ➢ Windows 8 企业版和专业版：64-bit: 512 GB。
- ➢ Windows 8：64-bit: 128 GB。

➢ Windows 7 旗舰版、企业版和专业版：64-bit: 192 GB。
➢ Windows 7 家庭高级版：64-bit: 16 GB（不推荐编辑复杂 4K 工程）。
➢ Windows 7 家庭基础版：64-bit: 8 GB（不推荐编辑高清以上工程）。

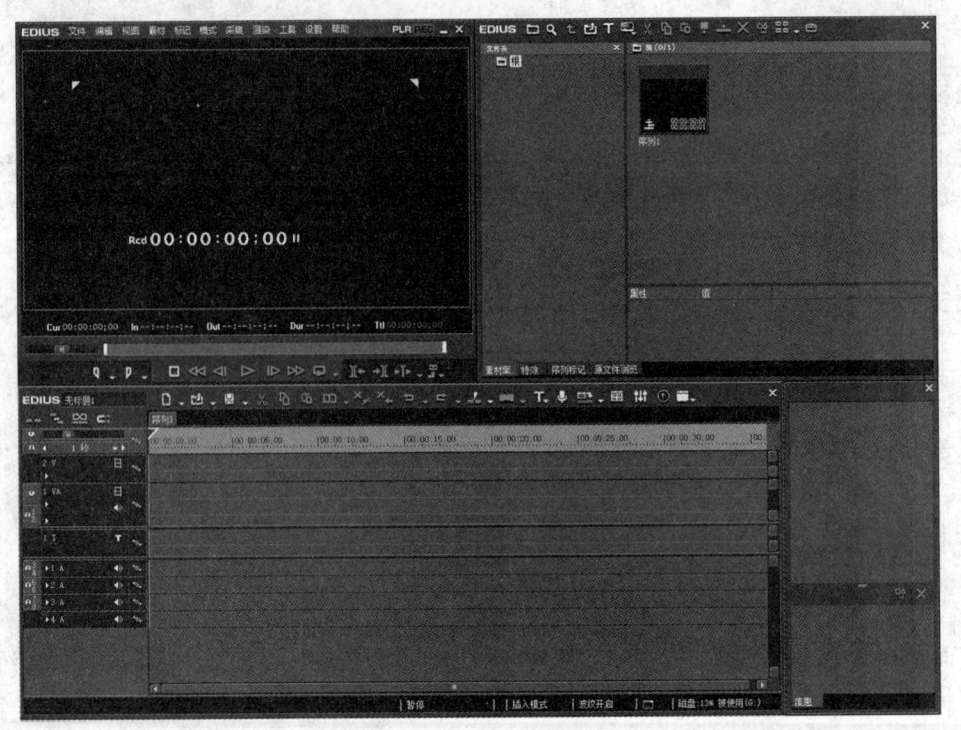

图 1-1 EDIUS Pro 7 中文版

表 1-1 不同工程格式所要求的内存和显存

工程格式		内 存		显 存	
分辨率	色彩深度	最小	推荐	最小	推荐
标清及以下	8-bit	1 GB	2 GB	256 MB	512 MB
	10-bit	2 GB	4 GB	512 MB	1 GB
高清	8-bit	2 GB	4 GB	512 MB	1 GB
	10-bit	4 GB	4 GB	1 GB	2 GB
高清以上（包括 4K）	8-bit	8 GB	12 GB（16 GB 以上用于 4K）	2 GB	2 GB 以上
	10-bit	8 GB	12 GB（16 GB 以上用于 4K）	2 GB	2 GB 以上

- 显卡：支持 1024×768 32-bit 及以上分辨率。要求支持 Direct3D 9.0c 或以上和 PixelShader Model 3.0 或以上。使用 GPUfx 时根据工程的格式不同，要求的显存不同：10-bit 标清工程推荐 1 GB 或以上显存；高清 HD/4K 工程推荐 2 GB 或以上显存。
- 硬盘：程序安装要求 6 GB 硬盘空间。视频存储盘要求 ATA100/7200 RPM 或更快。
- 网络：软件许可激活需要连接互联网。
- 声卡：要求 WDM 驱动的声卡。
- 光驱：输出蓝光碟时要求蓝光刻录光驱；输出 DVD 时要求 DVD-R/RW 或 DVD+R/RW 刻录光驱。

在上述的配置要求中,必须注意的是EDIUS Pro 7要求在64位系统上才能安装和运行。大部分用户一般使用的是32位操作系统,如果想要使用 EDIUS Pro 7,那么用户就需要安装64位的 Windows 7 或更高的操作系统。

用户如果想要查看本机的操作系统类型,可以通过【控制面板】窗口打开【系统】窗口,从窗口查看操作系统类型,如图1-2所示。

图 1-2 查看本机操作系统的类型

1.1.3 安装必要的程序

安装 EDIUS Pro 7 程序其实很简单,如果有安装光盘,可以将程序安装光盘放进光驱,然后通过安装向导进行安装;如果已经将安装文件复制到电脑上,则可以进入程序目录并执行【Setup.exe】程序,接着跟随安装向导的指引进行安装即可。

应用 EDIUS Pro 7 程序需要 Quick Time 支持,所以在安装 EDIUS Pro 7 程序前,会要求先安装 Quick Time 7 程序。

动手操作　安装 Quick Time 7 程序

1 通过购买或从互联网上获取到 Quick Time 7 安装程序,然后执行安装程序,打开安装向导界面后,单击【下一步】按钮,如图1-3所示。

2 显示【许可协议】界面后,阅读许可协议,然后单击【是】按钮,接受序列协议并进入下一步操作,如图1-4所示。

图 1-3　执行 Quick Time 7 安装程序　　　　图 1-4　阅读并接受许可协议

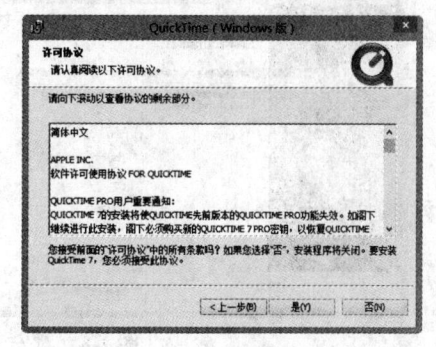

3 进入设置界面后，可以自定义选择安装的功能，也可以直接单击【典型】按钮，安装程序的基本功能如图 1-5 所示。

4 进入【目的文件夹】界面后，单击【更改】按钮指定安装程序的文件夹，然后单击【安装】按钮，如图 1-6 所示。

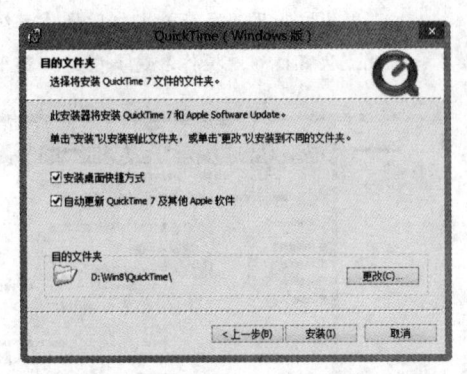

图 1-5　选择典型安装设置　　　　图 1-6　指定目标文件夹并执行安装

5 此时向导程序将执行安装的处理并显示安装状态。安装完成后，单击【完成】按钮即可，如图 1-7 所示。

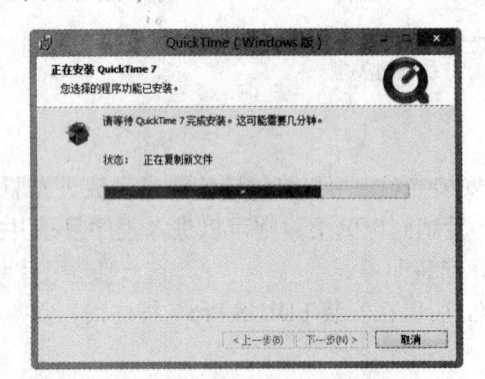

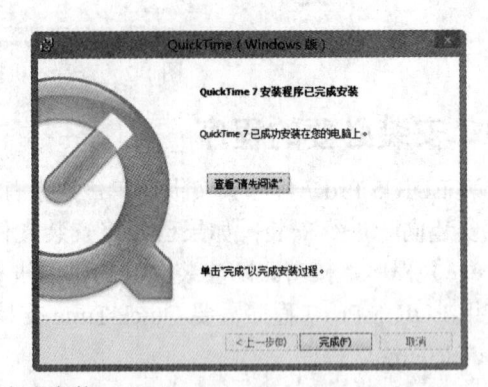

图 1-7　完成安装

动手操作　安装 EDIUS Pro 7 程序

1 打开 EDIUS Pro 7 安装程序所在的文件夹，然后执行安装程序文件，打开安装向导后，单击【Extract】按钮，先进行解压缩处理，如图 1-8 所示。

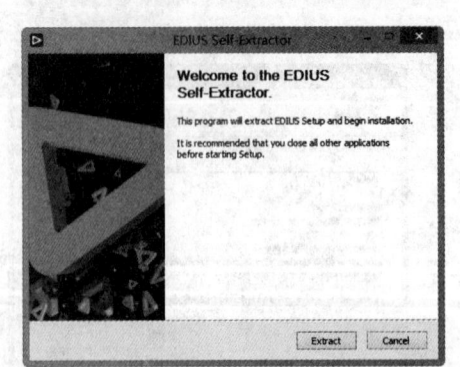

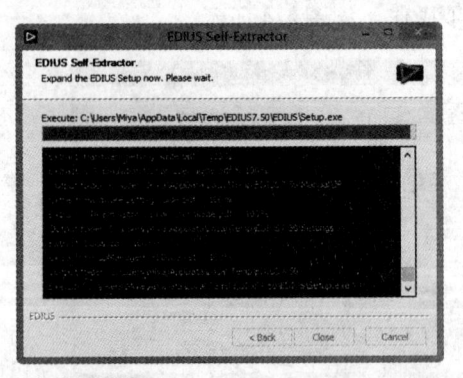

图 1-8　对安装程序进行解压缩处理

2 完成解压缩后，显示安装向导界面，此时单击【Next】按钮进入许可协议界面，详细阅读协议，并单击【I Agree】按钮，如图1-9所示。

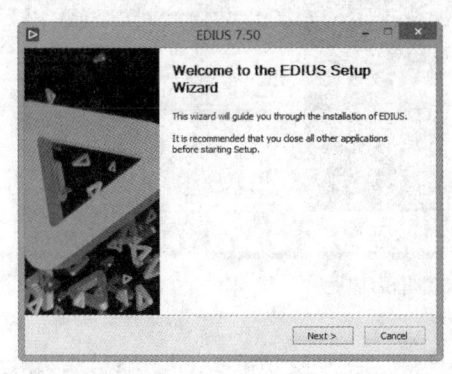

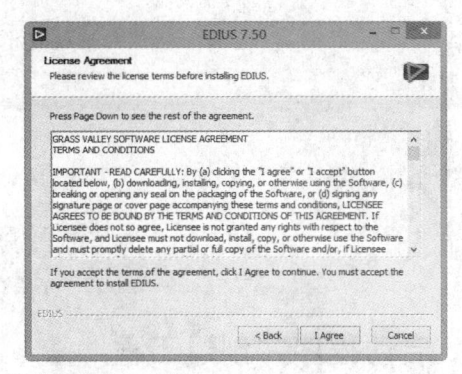

图1-9　进入安装向导并同意许可协议

3 进入选择安装目标文件夹界面后，单击【Browse】按钮选择目标文件夹，然后单击【Next】按钮，选择要安装的项目，再单击【Next】按钮，如图1-10所示。

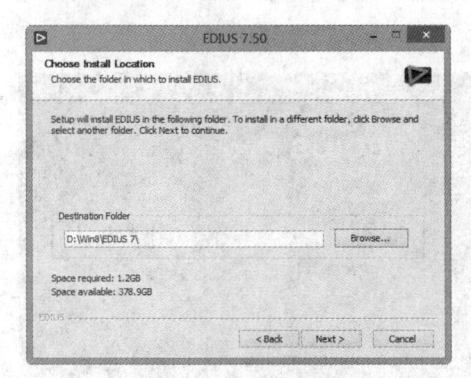

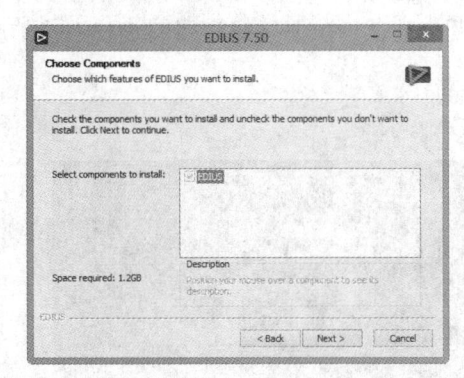

图1-10　指定目标文件夹并选择安装项目

4 进入设置选项界面后，选择合适的安装选项，然后单击【Next】按钮，此时向导将执行安装的处理，如图1-11所示。

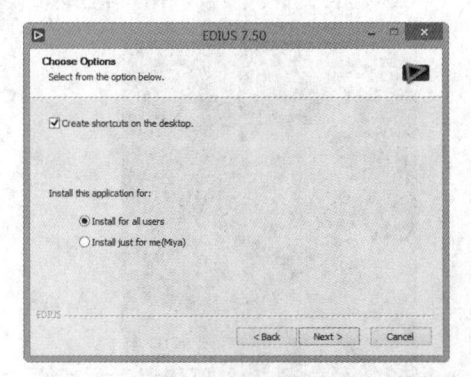

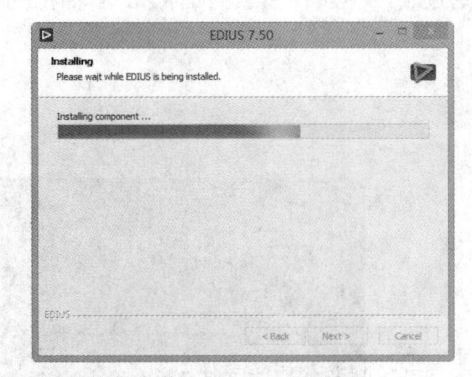

图1-11　选择安装项目并执行安装

5 完成安装后，可以选择是否打开网页注册用户信息，也可以选择立即重启电脑使用程序，或稍后重启电脑，如图1-12所示。

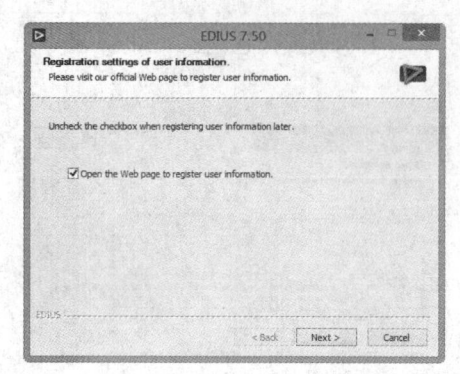

图 1-12 完成安装并重启电脑

1.1.4 启动程序并创建工程

动手操作 启动程序并创建工程。

1 执行 EDIUS Pro 7 程序,将弹出提示框,提示输入注册序列号,或选择启动试用版。如果用户有注册序列号,可以输入正确的序列号,并单击【注册】按钮;如果没有序列号,可以单击【启动试用版】按钮,如图 1-13 所示。

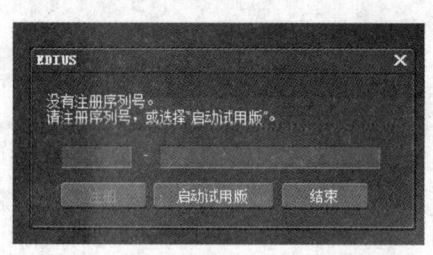

图 1-13 启动 EDIUS Pro 7 程序时

2 第一次启动 EDIUS Pro 7 程序时,会打开【文件夹设置】对话框,可以单击【浏览】按钮,通过【浏览文件夹】对话框指定保存工程文件默认的文件夹,如图 1-14 所示。

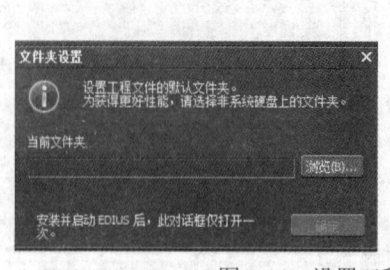

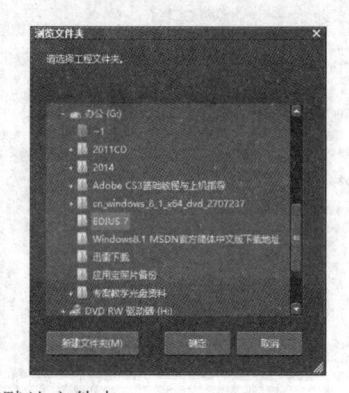

图 1-14 设置工程默认文件夹

3 设置默认文件夹后,将打开【初始化工程】对话框,此时可以单击【新建工程】按钮,通过【创建工程预设】对话框,设置工程的预设选项,如图 1-15 所示。

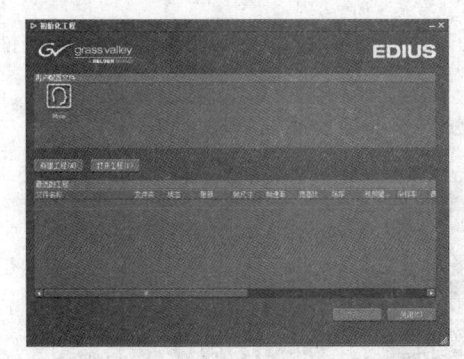

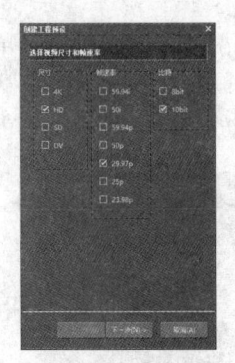

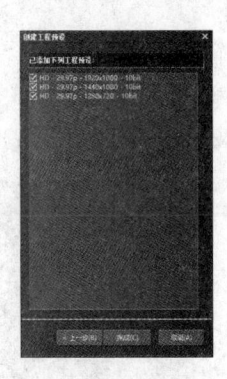

图 1-15　初始化工程

4 设置工程预设后,打开【工程设置】对话框,在此可以设置工程名称、更改保存文件的文件夹,还可以通过预设列表选择一种工程预设,然后单击【确定】按钮,即可创建工程文件,如图 1-16 所示。

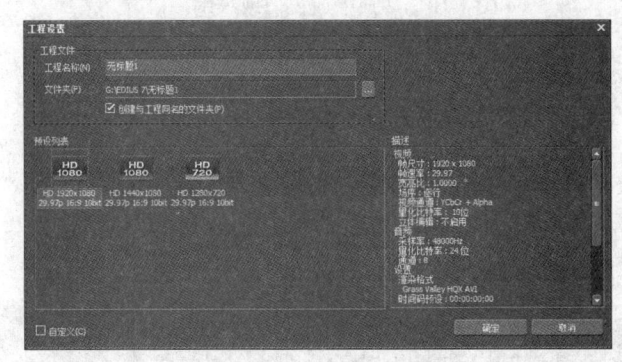

图 1-16　创建工程文件

1.2　EDIUS Pro 7 用户界面

EDIUS Pro 7 程序的用户界面由程序主窗口与各个不同的面板组成。

1.2.1　主窗口

在默认的情况下,程序主窗口位于电脑屏幕的左上方。在主窗口顶端,放置了程序的【文件】、【编辑】、【视图】、【素材】、【标记】、【模式】、【采集】、【渲染】、【工具】、【设置】和【帮助】11 个菜单项。打开不同的菜单项,可以选择对应类型的菜单命令,如图 1-17 所示。

图 1-17　主窗口的菜单

主窗口中央是监视器。在窗口中可以通过单击【PLR】按钮或【REC】按钮来切换播放窗口或录制窗口，如图 1-18 所示。

监视器的下方分别是播放进度条、多个功能按钮和播放面板。

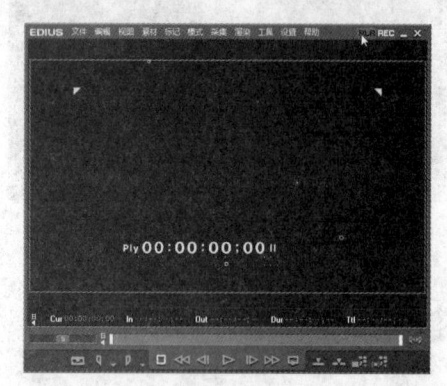

图 1-18　切换播放窗口或录制窗口

1.2.2　【时间线】面板

1. 关于时间线面板

【时间线】面板是以轨道的方式对视频和音频进行组接编辑的功能面板口，它相当于一个主线，把整个素材按照一定的条件组合起来，再施加一定的特技、转场，制作出优秀的影片文件。如图 1-19 所示为【时间线】面板。

图 1-19　【时间线】面板

2. 时间线的结构

【时间线】面板左上角显示工程文件名称，面板上方排列着多个功能按钮，通过这些按钮可以进行新建序列、打开工程文件、保存工程文件、复制与粘贴、创建字幕、录音、切换面板显示等操作。

【时间线】面板左侧显示了当前工程文件的轨道数和轨道名称，其中包括一个 VA 轨道（该轨道包含视频和音频）、一个字幕轨道，以及其他单独的视频轨道与音频轨道。

轨道有默认的高度设置，如果需要更改这个设置，可以在轨道名称上单击右键，并从【高度】子菜单中选择对应的命名，如图 1-20 所示。

【时间线】面板右侧是序列编辑区。添加到时间线的素材是由序列来组织的，时间线可以有多个序列，每个序列以选项卡显示在面板上，各种素材以块的形式放置在序列的轨道上，以组织成为一个工程项目，如图 1-21 所示。

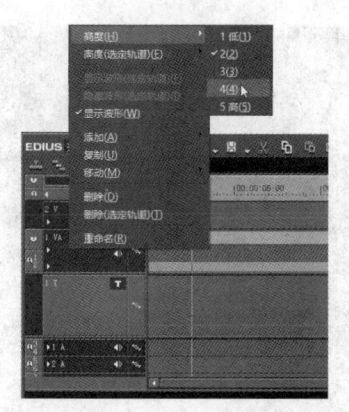

图 1-20　更改轨道的高度

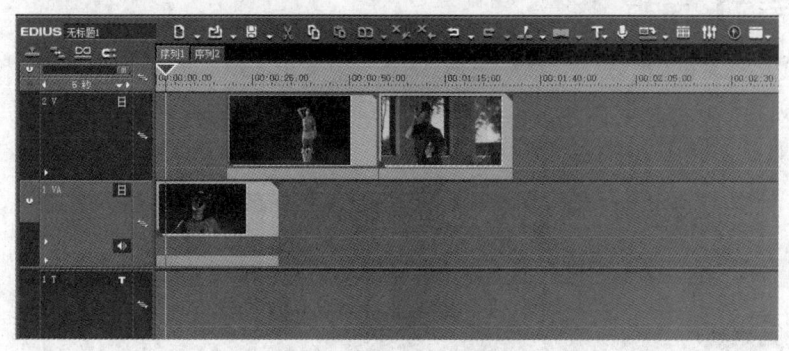

图 1-21　通过序列组织各种素材

1.2.3 【素材库】面板

【素材库】面板主要用于导入、存放和管理素材。编辑工程项目所用的全部素材应事先存放于素材库里，然后再调出使用。

【素材库】面板左侧是文件夹窗格，可以通过该窗格创建文件夹、打开文件夹和导入/导出素材的操作，如图 1-22 所示。【素材库】面板右侧是素材内容区，导入的素材和序列会以缩图形式显示在该区域中。其中，添加到序列上的素材会在缩图中以蓝色点标记，如图 1-23 所示。

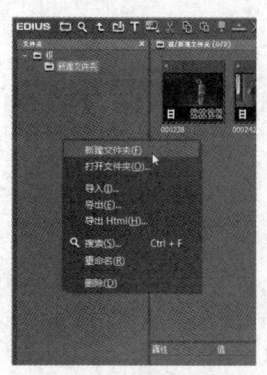

图 1-22　新建文件夹　　　　　　　图 1-23　素材库中的素材和序列预览缩图

【素材库】面板上方是功能按钮列，这里放置了多个功能按钮。通过这些按钮，可以进行搜索素材、添加素材、添加字幕、复制和粘贴素材或序列、删除素材、更改素材库视图等操作，如图 1-24 所示。图 1-25 所示为更改素材库视图的结果。

9

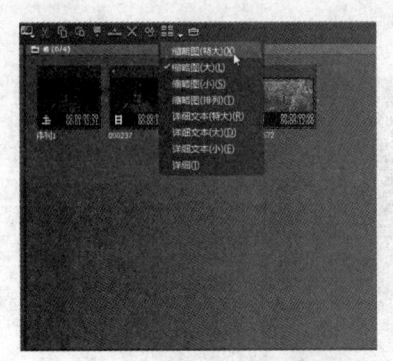

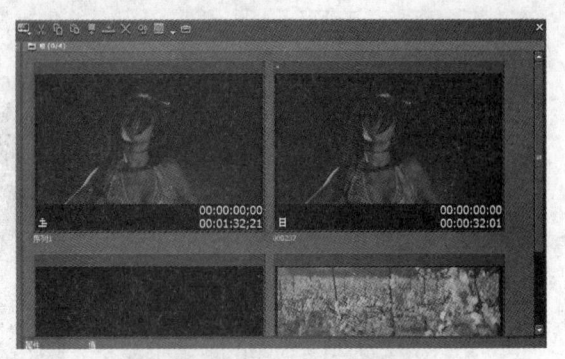

图 1-24　更改素材库视图　　　　　　　　图 1-25　更改素材库视图的结果

1.2.4 【特效】面板

　　【特效】面板是提供用户查看与应用特效的地方。EDIUS 程序默认提供了多种特效，其中包括视频滤镜、音频滤镜、字幕混合特效、键（键控）特效。当选择某类特效时，面板右侧将显示包含的特效，如图 1-26 所示。

图 1-26　查看特效

1.2.5 【信息】面板

　　【信息】面板显示当前在序列中选中素材的信息，包括文件名称、素材名称、素材源的入点和出点、持续时间、素材在时间线的入点和出点、宽高比、场序等信息，如图 1-27 所示。

图 1-27　【信息】面板

在【信息】面板中，可以单击【设置】按钮打开【视频布局】面板，然后通过该面板裁剪和变换素材，以设置素材的尺寸大小和旋转。同时，也可以对素材进行 2D 模式和 3D 模式的切换，如图 1-28 所示。

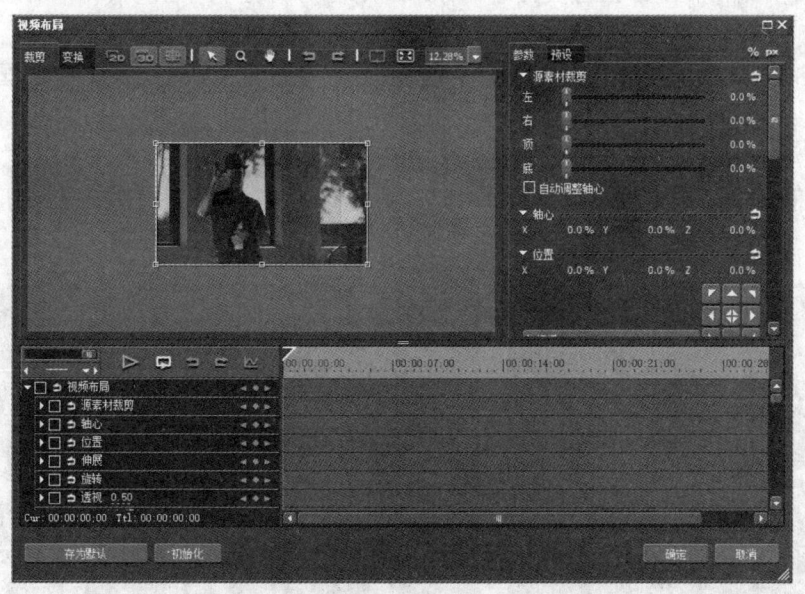

图 1-28　【视频布局】面板

在【视频布局】面板中，可以针对视频布局的属性创建素材的动画，每个素材属性通过添加关键帧来设置，并通过不同关键帧中属性的变化，让素材形成动画，如图 1-29 所示。

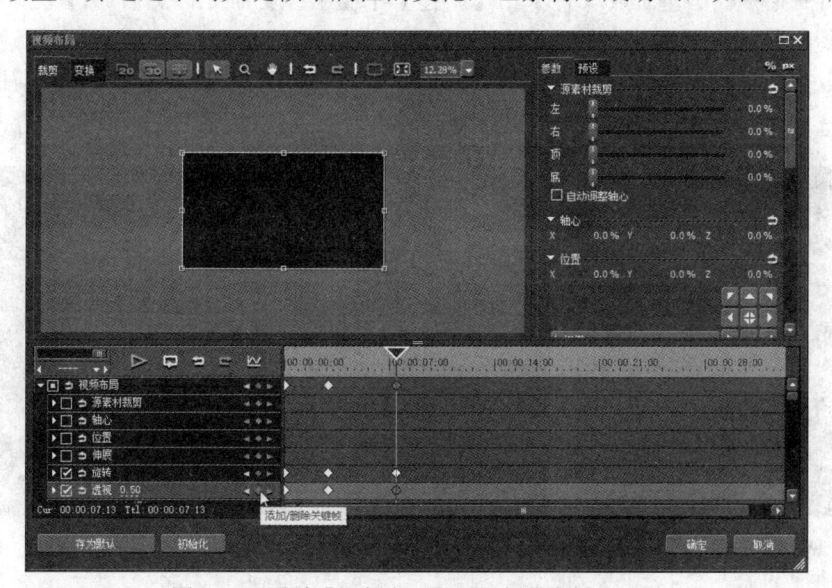

图 1-29　通过【视频布局】面板创建素材的动画

1.3　管理工程文件

工程文件是 EDIUS 编辑视频的基本载体，所有编辑视频的操作都必须在工程文件下进行。

1.3.1 新建工程文件

对于 EDIUS 来说，工程文件是一个工程（或叫项目）的管理中心，它记录了一个工程的基本设置、序列和素材信息。工程文件还保存了使用时间线的序列组织素材以及给素材添加的效果，如运动、过渡、视频音频滤镜、键控效果等。

在 EDIUS Pro 7 中，新建工程文件有多种方法，如通过【初始化工程】对话框新建工程文件、通过菜单命令新建工程文件、利用快捷键新建工程文件等。

方法 1 启动 EDIUS Pro 7 程序，打开【初始化工程】对话框后，单击【新建工程】按钮，然后通过【工程设置】对话框设置工程文件选项并选择预设，再单击【确定】按钮，如图 1-30 所示。

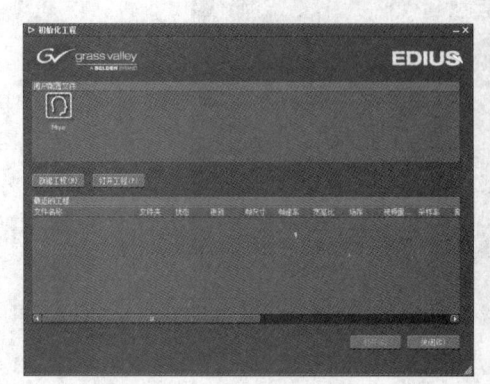

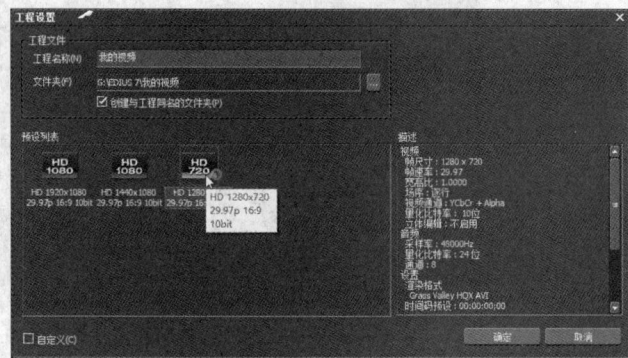

图 1-30 通过【初始化工程】对话框新建工程文件

方法 2 在菜单栏中选择【文件】|【新建】|【工程】命令，然后通过【工程设置】对话框设置工程文件选项并选择预设，再单击【确定】按钮，如图 1-31 所示。

方法 3 在当前程序编辑窗口中，按 Ctrl+N 键，然后通过【工程设置】对话框设置工程文件选项并选择预设，再单击【确定】按钮。

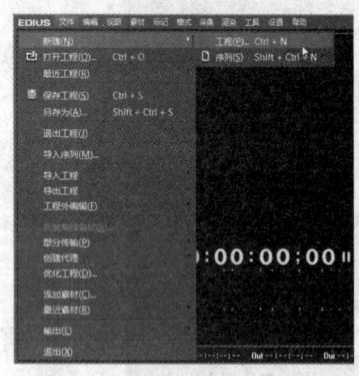

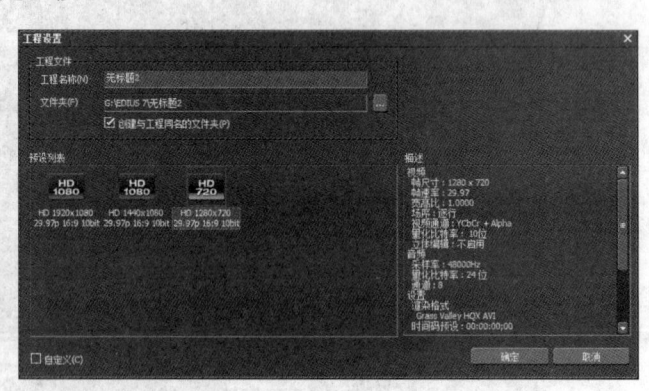

图 1-31 通过菜单命令新建工程文件

方法 4 在【时间线】面板中单击【新建序列】按钮 右侧的倒三角形按钮，然后选择【新建工程】命令，再通过【工程设置】对话框设置工程文件选项并选择预设，接着单击【确定】按钮，如图 1-32 所示。

新建工程除了创建新文件外，还可以自定义工程文件预设。当新建工程文件后，还可以为工程创建多个序列，以便可以将剪辑素材加入序列中，并通过使用序列组织工程的素材。

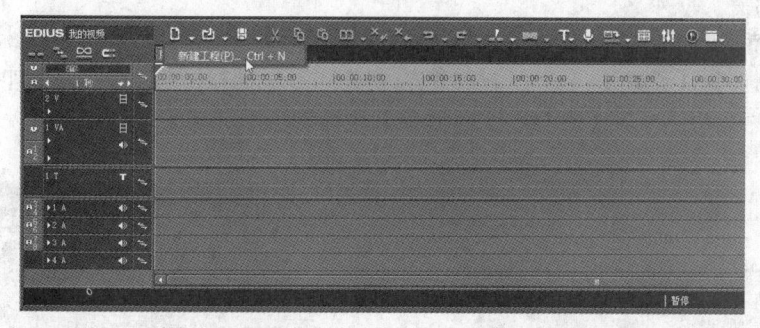

图 1-32　通过【时间线】面板新建工程文件

动手操作　新建工程文件和序列

1 在【初始化工程】对话框中单击【新建工程】按钮，或者选择【文件】|【新建】|【工程】命令，打开【工程设置】对话框后，设置工程名称和保存文件夹，接着选择【自定义】复选框，如图 1-33 所示。

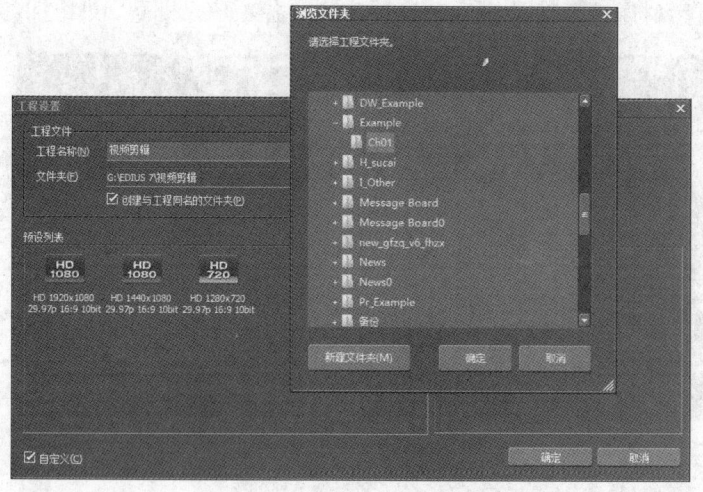

图 1-33　新建工程文件

2 打开【工程设置】对话框后，可以选择视频预设选项，再根据需要更改工程其他设置，接着单击【确定】按钮，如图 1-34 所示。

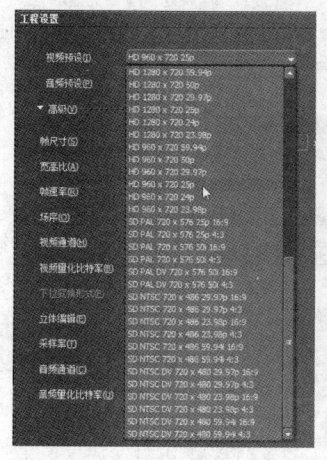

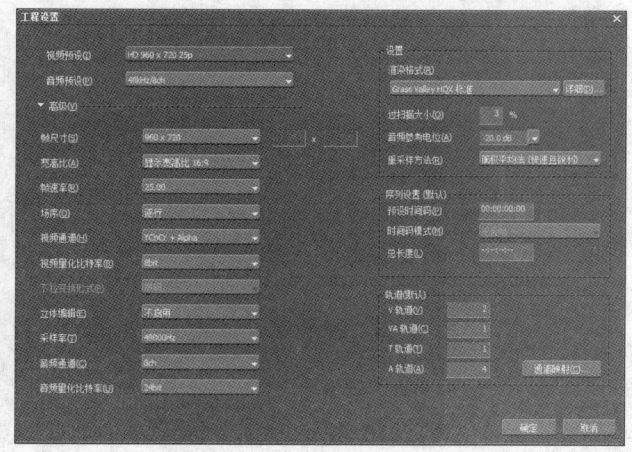

图 1-34　设置工程

3 新建工程文件后，默认创建了一个名为【序列 1】的序列，如果想要创建其他序列，则可以选择【文件】|【新建】|【序列】命令，或按 Shift+Ctrl+N 键新建序列，如图 1-35 所示。

4 新建的序列将显示在【素材库】面板中，并且默认添加到【时间线】面板中，如图 1-36 所示。

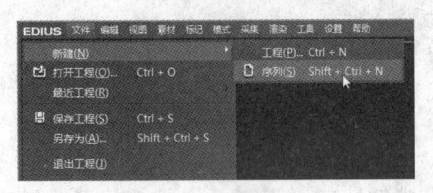

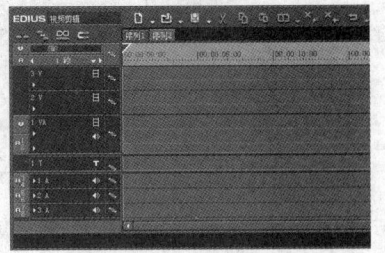

图 1-35　新建序列　　　　　　　　　　图 1-36　新建序列的结果

5 如果要更改序列的属性，可以在【素材库】面板中选择序列，再单击右键并选择【属性】命令，打开【素材属性】对话框后，设置序列的各项信息即可，如图 1-37 所示。

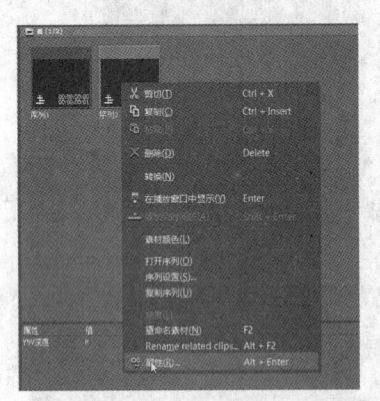

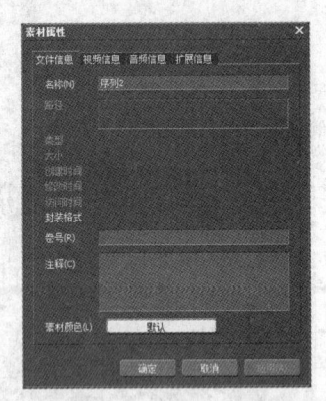

图 1-37　更改序列的属性

1.3.2　保存工程文件

在工程编辑完成或告一段落后，可以将编辑的结果保存起来。

1. 直接保存

当需要保存时，可以选择【文件】|【保存工程】命令，或者按 Ctrl+S 键，这样工程文件就会存储在新建工程时设置的储存文件夹里，如图 1-38 所示。

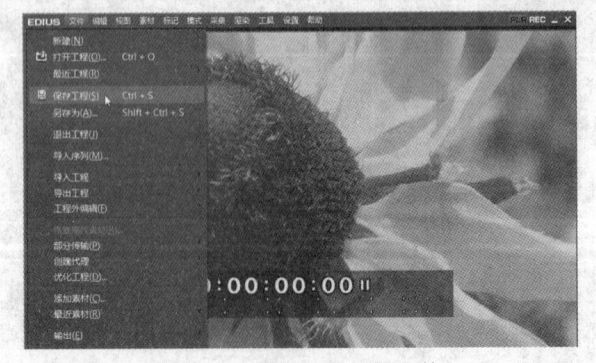

图 1-38　保存当前工程文件

2. 另存工程文件

编辑工程文件后，若不想直接保存覆盖原来的文件，可以选择【文件】|【另存为】命令（或按 Shift+Ctrl+S 键），将文件保存成一个新文件。在保存文件时，只需在【另存为】对话框中更改文件的保存目录或变换其他名称即可，如图 1-39 所示。

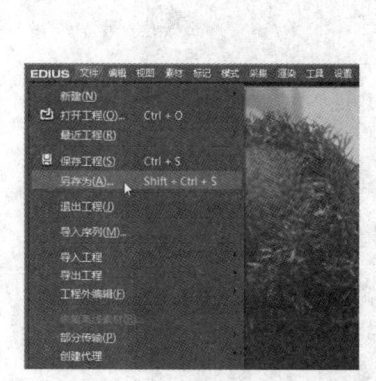

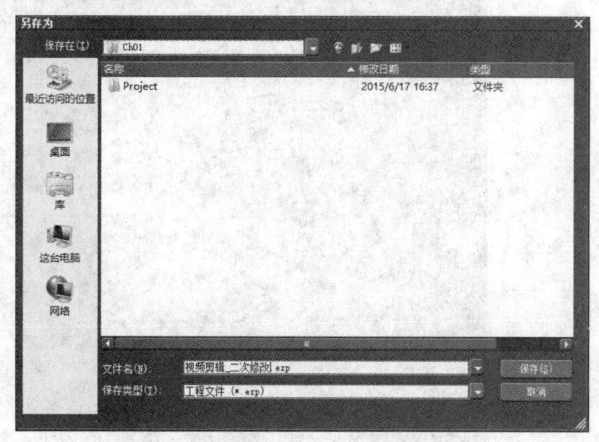

图 1-39 将当前工程另存为新文件

1.3.3 打开工程文件

保存工程文件后，可以在需要时通过 EDIUS 程序再次打开该文件，查看其内容或对其进行编辑。

1. 打开工程

可以在【初始化工程】面板中单击【打开工程】按钮，或者选择【文件】|【打开工程】命令，然后通过【打开工程】对话框选择文件，再单击【打开】按钮打开文件，如图 1-40 所示。

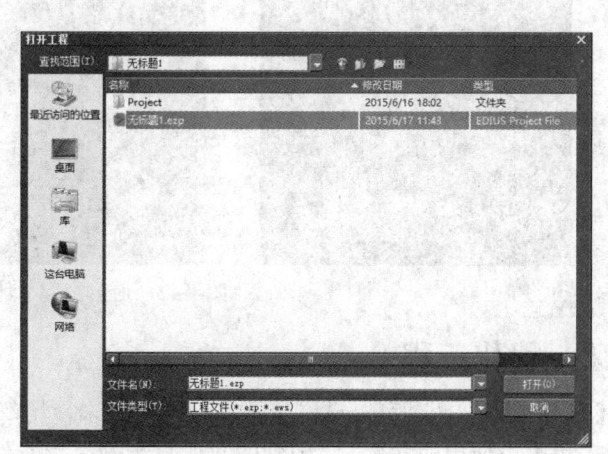

图 1-40 打开旧工程文件

2. 打开最近工程

如果要打开的文件是最近编辑过的，那么可以打开【文件】|【最近工程】子菜单，然后在列表中选择需要打开的工程文件。

另外也可以在【初始化工程】对话框中的【最近工程】窗格中选择工程文件，然后将选定的工程打开，如图 1-41 所示。

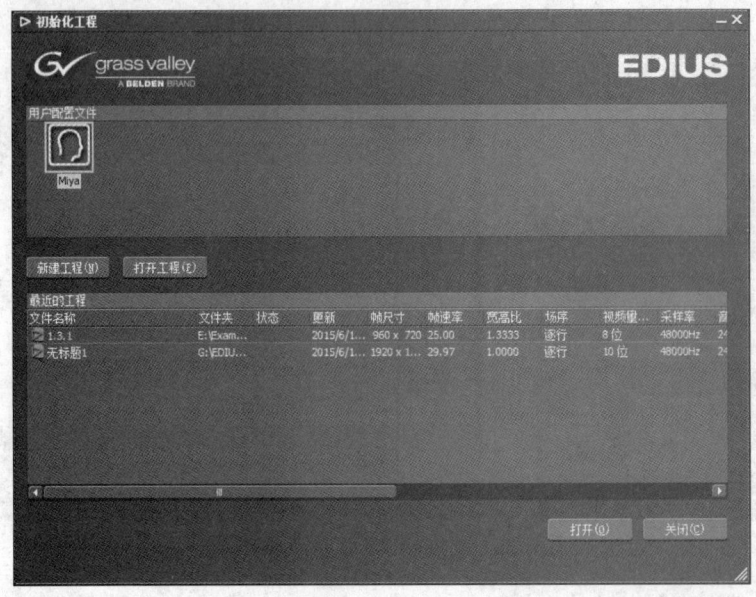

图 1-41　打开最近使用过的工程文件

1.3.4　退出工程

在 EDIUS Pro 7 程序中，如果想要关闭当前工程文件，可以选择【文件】|【退出工程】命令，此时程序会弹出提示对话框，提示是否保存工程文件，接着返回到【初始化工程】对话框，如图 1-42 所示。

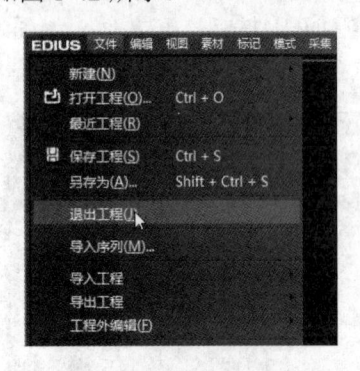

图 1-42　退出工程文件

1.3.5　优化工程

【优化工程】命令可以设置包括移除时间线未使用的素材、仅保留时间线上使用的区域、删除工程中未使用的文件、将用到的文件复制到工程文件夹等优化处理，并可以重新指定工程文件位置和输出优化日志。

选择【文件】|【优化工程】命令，打开【优化工程】对话框后，可以通过【优化设置】列表框选择优化设置。当选择【自定义】优化设置选项时，可以选择自定义选项，以设置优化的内容，如图 1-43 所示。

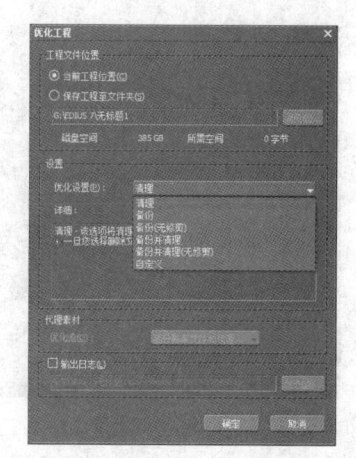

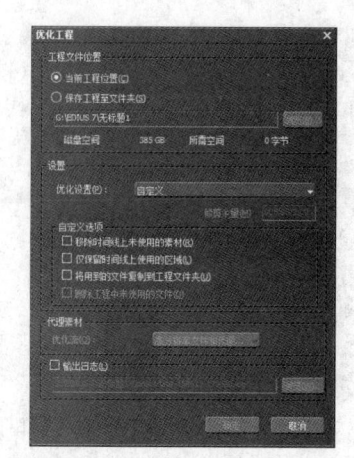

图 1-43　设置优化工程

1.4　添加与管理素材

要在工程中使用素材，就需要先将素材添加到【素材库】面板，或者通过该面板新建素材，然后根据设计的需求进行一些管理操作。

1.4.1　添加素材

对于 EDIUS Pro 7 来说，可以编辑的素材包括视频、音频、图片、图形等。这些素材都可以应用在影视作品的设计上。在 EDIUS 程序中，可以通过下面几个方法添加素材。

方法 1　选择【文件】|【添加素材】命令，从【添加素材】对话框中选择素材文件，然后单击【打开】按钮即可，如图 1-44 所示。

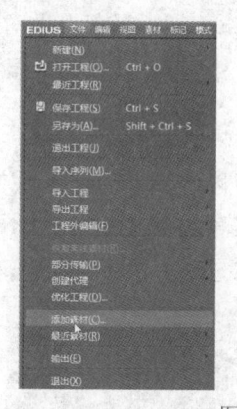

图 1-44　通过菜单命令添加素材

这种方法是将素材添加到播放窗口中，并非直接添加到【素材库】面板。如果要将播放窗口的素材添加到素材库，则可以单击播发窗口下方的【添加播放窗口的素材到素材库】按钮，如图 1-45 所示。

方法 2　在 EDIUS 程序中单击【素材库】面板以将该面板激活成当前工作面板，再按 Ctrl+O 键，并从【打开】对话框中选择素材文件，然后单击【打开】按钮即可。

方法 3　在【素材库】面板的【素材区】中单击右键，然后选择【添加文件】命令，再从【打开】对话框中选择素材文件，接着单击【打开】按钮，如图 1-46 所示。

17

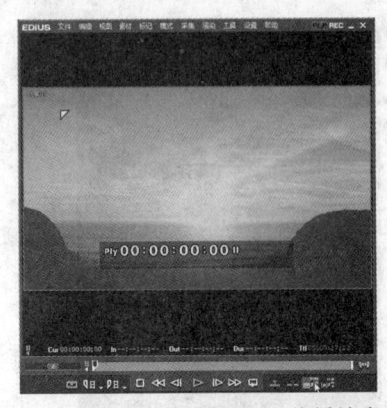

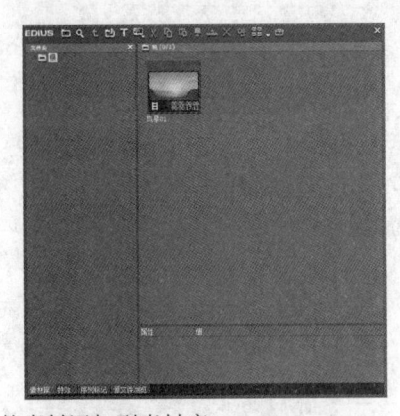

图 1-45 将播放窗口的素材添加到素材库

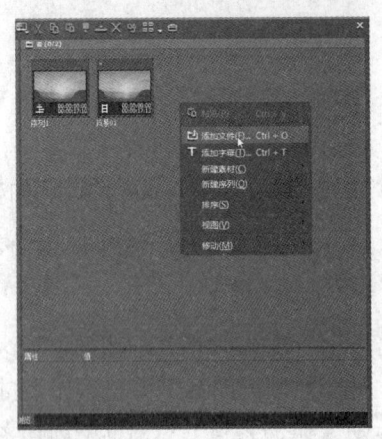

图 1-46 通过【素材库】面板添加素材

方法 4 在【素材库】面板上方单击【添加素材】按钮,再从【打开】对话框中选择素材文件,接着单击【打开】按钮。

1.4.2 查看素材属性

当素材添加到素材库后,如果想要查看素材的属性,可以选择素材,然后单击【素材库】面板上方的【属性】按钮,或按 Alt+Enter 键,通过打开的【素材属性】对话框查看素材属性,如图 1-47 所示。

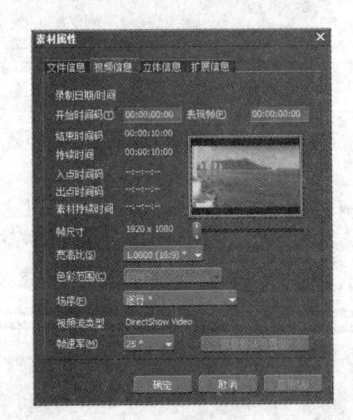

图 1-47 查看素材的属性

1.4.3 播放素材

1. 在播放窗口中显示素材

在【素材库】面板中显示的预览缩图无法查看到素材的全部内容,因此可以选择素材,然后单击右键并选择【在播放窗口中显示】命令,将素材在播放窗口显示,并可以通过该窗口播放素材,如图 1-48 所示。

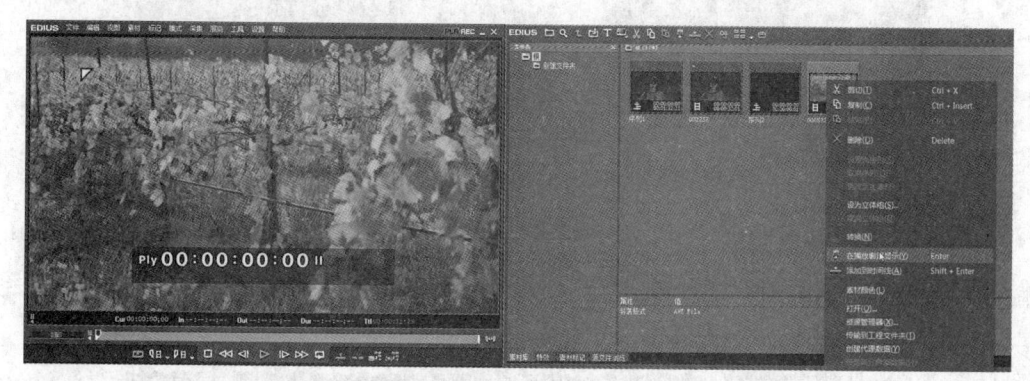

图 1-48 将素材在播放窗口中显示

2. 播放与停止播放素材

如果要播放素材,可以在播放窗口中单击【播放】按钮 ▶,或者按空格键,如图 1-49 所示。

如果要停止播放素材,可以在播放窗口中单击【停止】按钮 ■。

图 1-49 播放素材

1.4.4 新建素材

在 EDIUS Pro 7 中,可以通过【素材库】面板新建彩条、色块和 Quick Titler 素材。

1. 新建彩条色彩

在【素材库】面板中单击【新建素材】按钮,然后选择【彩条】命令,打开【彩条】对话框后,设置彩条类型和基准音选项,再单击【确定】按钮即可新建彩条色彩,如图 1-50 所示。

19

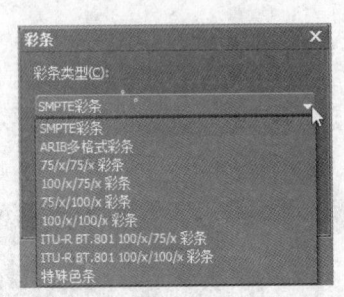

图1-50　新建彩条素材

2. 新建色块素材

在【素材库】面板中单击【新建素材】按钮，然后选择【色块】命令，打开【色块】对话框后，根据需要设置颜色的数量，再设置各种颜色和颜色的方向，接着单击【确定】按钮，即可新建色块素材，如图1-51所示。

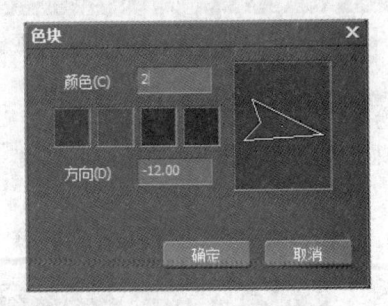

图1-51　新建色块色彩

> 在EDIUS Pro 7中新建色块素材，最多可以为素材设置4种颜色。
>
> 另外，在【色块】对话框中，将鼠标按住箭头图标并移动，可以修改色块颜色渐变的方向，如图1-52所示。

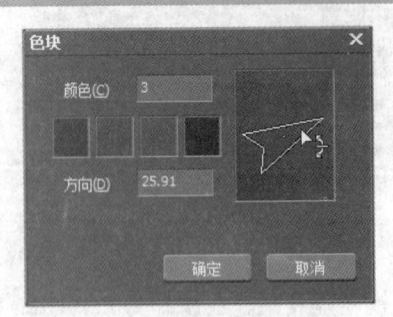

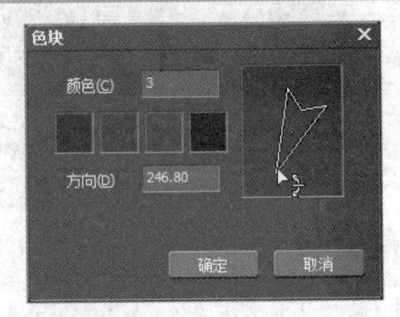

图1-52　修改色块素材的颜色方向

3. 新建 Quick Titler 素材

在【素材库】面板的素材区中单击右键并选择【新建素材】|【QuickTitler】命令，打开【Quick Titler】窗口后，即可在此窗口中创建与编辑 QuickTitler 素材，如图1-53所示。

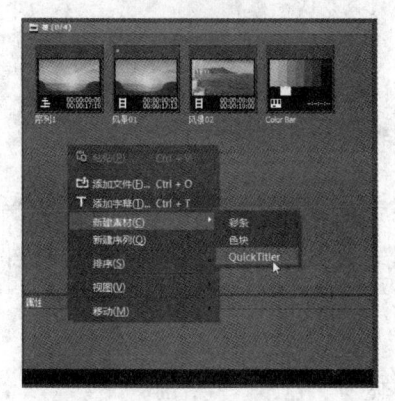

图 1-53　新建 QuickTitler 素材

1.5　视频编辑的基础知识

为了使新入门的读者了解视频处理的技术，有必要先介绍视频处理的基础知识。

1.5.1　视频编辑的方式

一般来说，视频编辑的方式有线性编辑和非线性编辑两种。

1．线性编辑

线性编辑是一种磁带的编辑方式，它利用电子手段，根据影片内容的要求将视频素材连接成新的连续画面的技术。通常使用组合编辑将素材顺序编辑成新的连续画面，然后再以插入编辑的方式对某一段进行同样长度的替换。

用线性编辑的方式对视频进行编辑时，需要把摄像机所拍摄的素材，一个一个地进行剪切，然后按照剧本或者方案，一次性地对素材在编辑机上进行编辑。

线性编辑使用编放机、编录机，直接对录像带的素材进行操作，该操作直观、简洁、简单。可以使用组合编辑方式插入编辑，视频的图像和声音可分别进行编辑，同时也可以为画面配上字幕、添加各种特效。

但是，线性编辑素材的搜索和录制都必须按时间顺序进行，如果认为某个视频素材需要增加或者删除，则全部素材在编辑机上重新排列编辑一遍，非常麻烦。

2．非线性编辑

非线性编辑是相对于传统上以时间顺序进行线性编辑而言的。非线性编辑借助计算机来进行数字化制作，几乎所有的工作都在计算机里完成，不再需要那么多的外部设备，对素材的调用也是瞬间实现，不用反反复复在磁带上寻找，突破了单一的时间顺序编辑限制，可以按各种顺序排列，具有快捷简便、随机的特性。非线性编辑只要上传一次就可以多次的编辑，信号质量始终不会变低，所以节省了设备、人力，提高了效率。

从狭义上讲，非线性编辑是指剪切、复制和粘贴素材无须在存储介质上重新安排它们。而传统的录像带编辑、素材存放都是有次序的。用户必须反复搜索，并在另一个录像带中重新安排它们，因此称为线性编辑。

从广义上讲，非线性编辑是指在用计算机编辑视频的同时，还能实现诸多的处理效果，如音效、特技、画面切换等。

3. 非线性编辑的流程

对于利用计算机编辑制作视频来说，非线性编辑的工作流程基本分为采集、输入、编辑、输出四个步骤，但根据不同视频编辑的差异，不同的编辑软件会细分出其他流程。

（1）采集

采集就是将拍摄到的视频保存在计算机中。这个工作可以直接利用数据线将视频导入计算机，或者通过视频编辑软件将模拟视频、音频信号转换成数字信号存储或者将外部的数字视频保存到计算机中，成为可以处理的素材。

（2）输入

是指将视频、图像、声音等素材导入到视频编辑软件中。

（3）编辑

素材编辑是指对视频进行剪接、合并、截取，以及分理音频、添加音频、添加图像、添加字幕素材等编辑，然后按时间顺序组接出一个完整作品的过程。

在编辑这个流程里，可以对视频进行特技、制作字幕等处理。

（4）输出

视频编辑完成后，就可以输出回录到磁带；也可以生成视频文件保存在计算机里；或者直接发布到网上；或者刻录 VCD 和 DVD 等。

1.5.2 视频编辑常用名词

在学习视频编辑的过程中，需要了解视频编辑领域中的常用名词的含义。

1. Digital Video（数字视频）

数字视频就是先用摄像机之类的视频捕捉设备，将外界影像的颜色和亮度信息转变为电信号，再记录到储存介质（如录像带、记忆卡、硬盘、光盘等）。播放时，视频信号被转变为帧信息，并以每秒约 30 帧的速度投影到显示器上，使人类的眼睛认为它是连续不间断地运动着的。

为了存储视觉信息，模拟视频信号的山峰和山谷必须通过数字/模拟（D/A）转换器来转变为数字的"0"或"1"。这个转变过程就是视频捕捉（或采集过程）。

如果要在电视机上观看数字视频，则需要一个从数字到模拟的转换器将二进制信息解码成模拟信号后才能进行播放。

2. Codec（编码解码器）

编码解码器的主要作用是对视频信号进行压缩和解压缩。计算机工业定义通过 24 位测量系统的真彩色，这就定义了近百万种颜色，接近人类视觉的极限。现在，最基本的 VGA 显示器就有 640×480 像素。这意味着如果视频需要以每秒 30 帧的速度播放，则每秒要传输高达 27MB 的信息，1GB 容量的硬盘仅能存储约 37 秒的视频信息。因而必须对信息进行压缩处理。

通过抛弃一些数字信息或容易被我们的眼睛和大脑忽略的图像信息的方法，使视频的信息量减小，这个对视频压缩解压的软件或硬件就是编码解码器。

3. 动静态图像压缩

静态图像压缩技术主要是对空间信息进行压缩，而对动态图像来说，除对空间信息进行压缩外，还要对时间信息进行压缩。目前已形成三种压缩标准。

（1）JPEG（Joint Photographic Experts Group）标准

用于连续色调、多级灰度、彩色/单色静态图像压缩。具有较高压缩比的图形文件（一张1000KB 的 BMP 文件压缩成 JPEG 格式后可能只有 20~30KB），在压缩过程中的失真程度很小。动态 JPEG（M-JPEG)可顺序地对视频的每一帧进行压缩，就像每一帧都是独立的图像一样，而且能产生高质量、全屏、全运动的视频，但是它需要依赖附加的硬件。

（2）H.261/H.264 标准

H.261/H.264 标准主要适用于网络视频、视频电话和视频电视会议。

（3）MPEG（Motion Picture Experts Group）标准

MPEG 标准包括 MPEG 视频、MPEG 音频和 MPEG 系统（视音频同步）三个部分。

MPEG 压缩标准是针对运动图像而设计的，基本方法是在单位时间内采集并保存第一帧信息，然后就只存储其余帧相对第一帧发生变化的部分，以达到压缩的目的。

MPEG 压缩标准可实现帧之间的压缩，其平均压缩比可达 50∶1，压缩率比较高，且又有统一的格式，兼容性好。

4. DAC

即数/模转装换器，是一种将数字信号转换成模拟信号的装置。DAC 的位数越高，信号失真就越小。图像也更清晰稳定。

5. 电视广播制式

世界上主要使用的电视广播制式有 PAL、NTSC、SECAM 三种，中国大部分地区使用 PAL 制式；日本、韩国及东南亚地区与美国等欧美国家使用 NTSC 制式；俄罗斯、西欧等地区则使用 SECAM 制式。

- PAL：是 Phase Alternating Line（逐行倒相）的缩写。它是西德在 1962 年制定的彩色电视广播标准，它采用逐行倒相正交平衡调幅的技术方法，克服了 NTSC 制相位敏感造成色彩失真的缺点。
- NTSC：是 1952 年 12 月由美国国家电视标准委员会（National Television System Committee，缩写为 NTSC）制定的彩色电视广播标准。这种制式的色度信号调制包括了平衡调制和正交调制两种，解决了彩色-黑白电视广播兼容问题，但存在相位容易失真、色彩不太稳定的缺点。
- SECAM：又称塞康制，是法文 Sequentiel Couleur A Memoire 缩写，意为"按顺序传送彩色与存储"。SECAM 是一个首先用在法国模拟彩色电视系统，系统化一个 8MHz 宽的调制信号。

1.5.3 常用的视频格式

视频文件有很多种格式，但常用于制作影片的视频有下面几种。

1. AVI

AVI 英文全称为 Audio Video Interleaved，即音频视频交错格式，是将语音和影像同步组合在一起的文件格式。

AVI 对视频文件采用了一种有损压缩方式，压缩比较高，因此尽管画面质量不是太好，但其应用范围仍然非常广泛。AVI 支持 256 色和 RLE 压缩。AVI 信息主要应用在多媒体介质上，用来保存电视、电影等各种影像信息。

2. MPEG

MPEG 是 Moving Picture Experts Group 的简称，这个名字原本的含义是指一个研究视频和音频编码标准的小组。现在所说的 MPEG 泛指由该小组制定的一系列视频编码标准。

MPEG 标准主要有以下 5 个，即 MPEG-1、MPEG-2、MPEG-4、MPEG-7 及 MPEG-21。该小组建于 1988 年，专门负责为 CD 建立视频和音频标准，而成员都是视频、音频及系统领域的技术专家。之后，他们成功将声音和影像的记录脱离了传统的模拟方式，建立了 ISO/IEC1172 压缩编码标准，并制定出 MPEG-格式，令视听传播方面进入了数码化时代。

MPEG 到目前为止已经制定并正在制定以下和视频相关的标准：

- MPEG-1：第一个官方的视频音频压缩标准，随后在 Video CD 中被采用，其中的音频压缩的第三级（MPEG-1 Layer 3）简称 MP3，成为比较流行的音频压缩格式。
- MPEG-2：广播质量的视讯、音频和传输协议。被用于无线数字电视-ATSC、DVB、ISDB、数字卫星电视（如 DirecTV）、数字有线电视信号，以及 DVD 视频光盘技术中。
- MPEG-4：2003 年发布的视频压缩标准，主要是扩展 MPEG-1、MPEG-2 等标准以支持视频／音频对象（video/audio "objects"）的编码、3D 内容、低比特率编码（low bitrate encoding）和数字版权管理（Digital Rights Management），其中第 10 部分由 ISO/IEC 和 ITU-T 联合发布，称为 H.264/MPEG-4 Part 10。
- MPEG-7：MPEG-7 并不是一个视频压缩标准，它是一个多媒体内容的描述标准。
- MPEG-21：MPEG-21 是一个正在制定中的标准，它的目标是为未来多媒体的应用提供一个完整的平台。

3. Divx

DivX 是一种将影片的音频由 MP3 来压缩、视频由 MPEG-4 技术来压缩的数字多媒体压缩格式。

DivX 是一项由 DivX Networks 公司发明的，类似于 MP3 的数字多媒体压缩技术。DivX 基于 MPEG-4 标准，可以把 MPEG-2 格式的多媒体文件压缩至原来的 10%，更可把 VHS 格式录像带格式的文件压至原来的 1%。通过 DSL 或 CableModen 等宽带设备，可以欣赏全屏的高质量数字电影。

4. Xvid

Xvid（旧称为 XviD）是一个开放源代码的 MPEG-4 视频编解码器，它是基于 OpenDivX 而编写的。Xvid 是由一群原 OpenDivX 义务开发者在 OpenDivX 于 2001 年 7 月停止开发后自行开发的。

Xvid 是目前世界上最常用的视频编码解码器（codec），而且是第一个真正开放源代码的，通过 GPL 协议发布。在很多次的 codec 比较中，Xvid 的表现令人惊奇得好，总体来说是目前最优秀、最全能的视频编码解码器。

5. Real Video

Real Video 格式文件包括后缀名为 RA、RM、RAM、RMVB 四种视频格式。Real Video 是一种高压缩比的视频格式，可以使用任何一种常用于多媒体及 Web 上制作视频的方法来创建 Real Video 文件。

6. ASF

ASF 是 Advanced Streaming Format（高级串流格式）的缩写，是 Microsoft 为 Windows 98 所开发的串流多媒体文件格式。ASF 是微软公司 Windows Media 的核心。这是一种包含音频、视频、图像以及控制命令脚本的数据格式。

7. FLV

FLV 是 Flash Video 的简称，FLV 流媒体格式是随着 Flash 的推出发展而来的视频格式。由于它形成的文件极小、加载速度极快，使得网络观看视频文件成为可能，它的出现有效地解决了视频文件导入 Flash 后，使导出的 SWF 文件体积庞大，不能在网络上很好的使用等缺点。

8. F4V

F4V 是 Adobe 公司为了迎接高清时代而推出继 FLV 格式后的支持 H.264 标准的 F4V 流媒体格式。它和 FLV 主要的区别在于，FLV 格式采用的是 H263 编码，而 F4V 则支持 H.264 编码的高清晰视频，码率最高可达 50Mbps。

9. MOV

MOV 即 QuickTime 影片格式，它是 Apple 公司开发的一种音频、视频文件格式，用于存储常用数字媒体类型。在很长的一段时间里，它都是只在苹果公司的 MAC 机上存在，后来发展到支持 Windows 平台的。它无论是在本地播放还是作为视频流格式在网上传播，都是一种优良的视频编码格式。

1.6 技能训练

下面通过两个上机练习实例，巩固所学知识。

1.6.1 上机练习 1：添加素材并分类管理

本例先将多个视频素材添加到【素材库】面板，然后分别新建两个文件夹，并将同类型的素材分别放置到文件夹中，以便于分类管理素材。

操作步骤

1 打开光盘中的 "..\Example\Ch01\1.6.1.ezp" 练习文件，在【素材库】面板的素材区上单击右键并选择【添加文件】命令，打开【打开】对话框后，选择需要添加的视频素材文件，然后单击【打开】按钮，如图 1-54 所示。

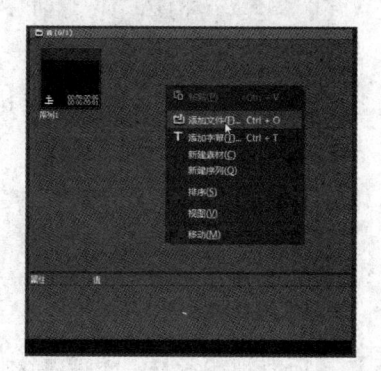

图 1-54 添加视频素材到素材库

2 在【素材库】面板的素材区上单击右键并选择【添加文件】命令，通过【打开】对话框选择要添加的图像素材文件，然后单击【打开】按钮，如图 1-55 所示。

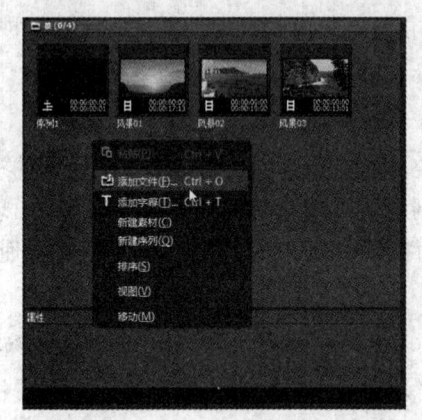

图 1-55　添加图像素材到素材库

3 在【素材库】面板左侧的【文件夹】窗格中选择【根】，然后单击右键并选择【新建文件夹】命令，再修改文件夹的名称为【视频素材】，如图 1-56 所示。

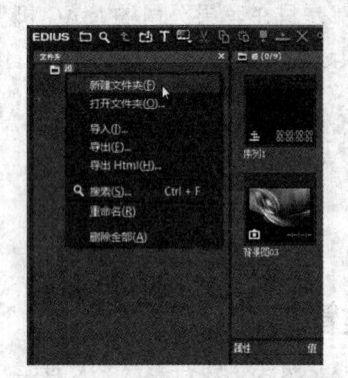

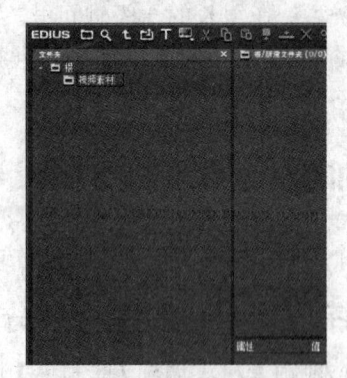

图 1-56　新建第一个素材文件夹

4 在【素材库】面板左侧的【文件夹】窗格中选择【根】，然后单击右键并选择【新建文件夹】命令，再修改文件夹的名称为【图像素材】，如图 1-57 所示。

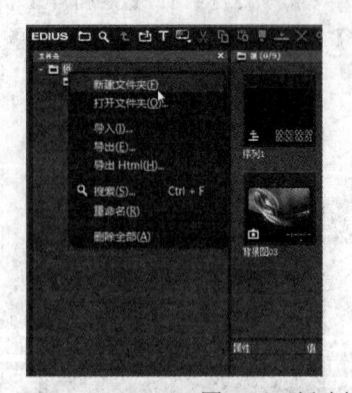

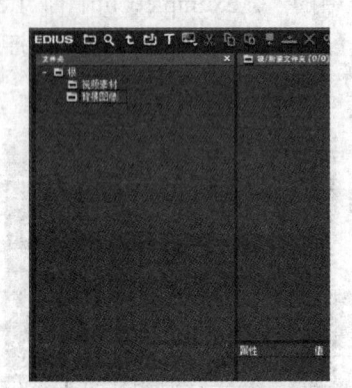

图 1-57　新建第二个素材文件夹

5 在【素材库】面板的素材区中拖动鼠标选择所有视频素材，然后将这些素材拖到【视频素材】文件夹中，以便移入该文件夹，如图 1-58 所示。

图 1-58　将视频素材移入文件夹

6 在【素材库】面板的素材区中拖动鼠标选择所有图像素材，然后将这些素材拖到【背景图像】文件夹中，以便移入该文件夹，如图 1-59 所示。

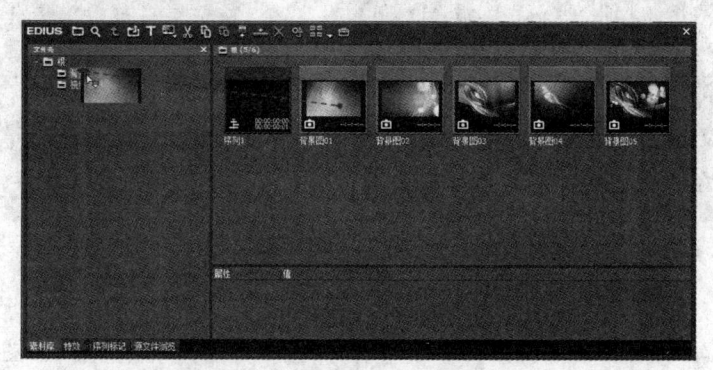

图 1-59　将图像素材移入文件夹

7 按 Shift+Ctrl+S 键打开【另存为】对话框，将工程文件保存为新文件，如图 1-60 所示。

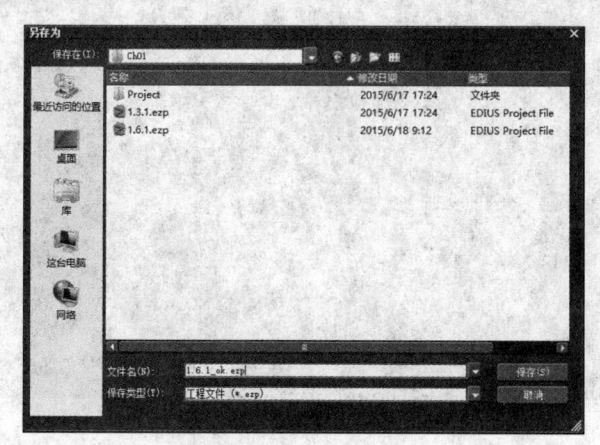

图 1-60　另存工程文件

1.6.2　上机练习 2：添加素材标记和编写注释

为了方便标记素材的某个时间点，可以通过播放窗口为素材添加标记，并可以为标记设置注释，以便在播放素材时根据标记来选择播放的位置，以及查看当前素材的注释信息。

1 打开光盘中的"..\Example\Ch01\1.6.2.ezp"练习文件,在【素材库】面板双击【风景 01】视频素材缩图,将该素材打开到播放窗口中,如图 1-61 所示。

2 在播放窗口中将当前时间指示器向左移动到日落开始的时间点处,然后单击右键并选择【设置/清除素材标记(切换)】命令,为素材的当前时间添加标记,如图 1-62 所示。

图 1-61 将视频素材打开到播放窗口　　　　图 1-62 设置第一个标记

3 在播放窗口中将当前时间指示器向左移动到日落结束的时间点处,然后单击右键并选择【设置/清除素材标记(切换)】命令,为素材的当前时间添加标记,如图 1-63 所示。

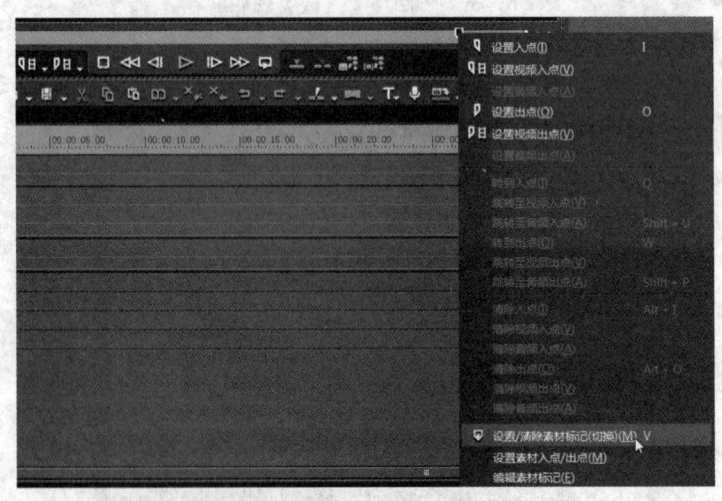

图 1-63 设置第二个标记

4 将当前时间指示器移到第一个标记上,然后选择【标记】|【编辑标记】命令,打开【标记注释】对话框后,输入该标记的注释内容,接着单击【确定】按钮,如图 1-64 所示。

5 将当前时间指示器移到第二个标记上,然后选择【标记】|【编辑标记】命令,打开【标记注释】对话框后,输入该标记的注释内容,再单击【确定】按钮,如图 1-65 所示。

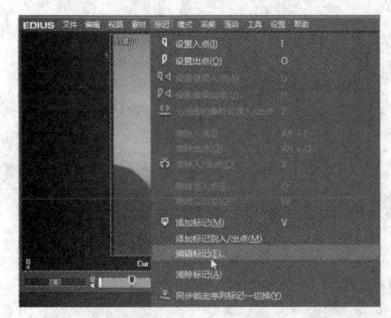

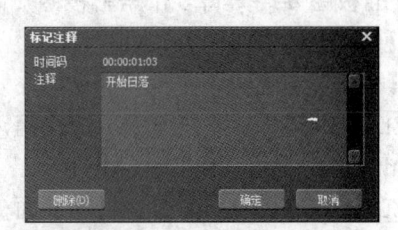

图 1-64　为第一个标记设置注释

图 1-65　为第二个标记设置注释

❻ 将当前时间指示器移到视频入点处，然后播放视频素材，当播放到标记处，即会显示该标记的注释内容，如图 1-66 所示。

图 1-66　查看标记注释的结果

1.7　评测习题

1. 填充题

（1）EDIUS Pro 7 程序要求在_____系统上才能安装。

（2）在安装 EDIUS Pro 7 程序前，会要求先安装_____程序。

（3）第一次启动 EDIUS Pro 7 程序时，会打开_____对话框，以提供用户指定保存工程文件默认的文件夹。

29

2. 选择题

（1）哪个面板主要用来将多个素材按照一定的条件组合起来？　　　　　　（　　）
    A. 【素材库】面板　　　　　　　　　　B. 【特效】面板
    C. 【信息】面板　　　　　　　　　　　D. 【时间线】面板

（2）在 EDIUS Pro 7 中，按下哪个快捷键，即可进行新建工程文件的操作？　　（　　）
    A. Ctrl+N　　　　B. Ctrl+Alt+N　　　　C. Ctrl+Alt+O　　　　D. Ctrl+T

（3）在 EDIUS Pro 7 中，在【素材库】面板中无法新建以下哪种素材？　　　（　　）
    A. 彩条　　　　　B. QuickTitler　　　　C. 音频　　　　　　　D. 色块

（4）哪种视频格式是一种将影片的音频由 MP3 来压缩、视频由 MPEG-4 技术来压缩的数字多媒体压缩格式？　　　　　　　　　　　　　　　　　　　　　　　（　　）
    A. AVI　　　　　B. DivX　　　　　　　C. MPEG　　　　　　　D. F4V

3. 判断题

（1）EDIUS 是非常出色的非线性视频编辑软件，最新的 EDIUS Pro 7 更是支持 4K、3D、HD、SD 等高清视频实时编辑。　　　　　　　　　　　　　　　　　　　　（　　）

（2）在【素材库】面板中，按 Ctrl+O 键可以执行打开工程文件的操作。　　（　　）

（3）【时间线】面板是以轨道的方式对视频和音频进行组接编辑的功能面板口，它相当于一个主线，它把整个素材按照一定的条件组合起来。　　　　　　　　　　　（　　）

4. 操作题

将练习文件的视频素材显示在播放窗口，然后将第 2 秒中的画面创建静帧，以将该画面保存为图像素材，结果如图 1-67 所示。

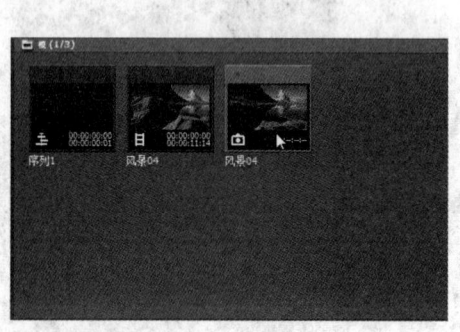

图 1-67　将视频素材画面创建为图像素材

操作步骤

（1）打开光盘中的"..\Example\Ch01\1.7.ezp"练习文件，在【素材库】面板中双击【风景04】视频素材。

（2）在播放窗口将当前时间指示器移到视频的第 2 秒处。

（3）选择【素材】|【创建静帧】命令，此时视频当前画面将被创建成图像素材，并显示在【素材库】面板中。

第 2 章　采集和编辑影视素材

学习目标

在 EDIUS Pro 7 中，采集素材、将素材添加到序列并进行适当编辑，是基本的工程设计过程。本章将详细介绍通过 IEEE 1394 卡将 DV 连接电脑并使用 EDIUS Pro 7 采集 DV 影片，然后将素材添加到序列并进行各种编辑的方法。

学习重点

- ☑ 采集 DV 影片的基础知识
- ☑ 使用设备和程序采集 DV 影片
- ☑ 各种向序列添加素材的方法
- ☑ 编辑素材的方法和各种技巧
- ☑ 分离素材的视频和音频

2.1　采集 DV 影片

EDIUS Pro 7 是一款出色的非线性视频编辑应用程序，它除了提供专业的视频编辑功能外，还提供了实用的视频采集功能，可以高质量地采集 DV（泛指摄像机）的模拟信号和数字信号。

采集是每个非编软件必备的功能，EDIUS Pro 7 在采集的设置中划分得更细致，而且能把设置过的采集方式记录下来，也就是遇到需要采集的信号时，可以直接选择层级设置好的采集项就可以。

2.1.1　采集影片的基础

1. 采集的准备工作

在进行采集前，首先要将采集设备安装到电脑上，将常用的采集设备 IEEE 1394 卡安装好，然后使用连接线将 DV 的 IEEE 1394 接口与电脑的 IEEE 1394 卡接口连接，即可进行采集的工作。图 2-1 所示为 IEEE 1394 采集卡与 DV 机。

如果是使用专业级的 HDV 摄像机，普通的 IEEE 1394 采集卡不能满足需要，此时可以通过其他采集卡进行采集。图 2-2 所示为 Canopus EDIUS NX 采集卡及其 HD 扩展组件提供了丰富的视频输入输出接口。

图 2-1　DV 机、IEEE 1394 卡与连接线

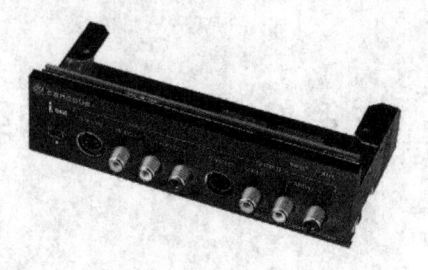

图 2-2　EDIUS NX 采集卡及其 HD 扩展组件

2. 关于 IEEE 1394 采集方式

目前，大多数家用 DV 爱好者都会使用 IEEE 1394 卡来采集 DV 影片，这是因为用视频采集卡要求操作人员有相关的使用经验，需要更加专业的知识。而使用 IEEE 1394 卡来采集的话，则相对简单得多。图 2-3 所示为 DV 机的 1394 接口（部分机型会标示 DV 接口）。

采集 DV 视频一定要使用 IEEE 1394 卡吗？其实采集视频并非要求一定使用 IEEE 1394 卡，但使用视频采集卡时需要考虑采集卡提供支持的视频压缩格式。因为很多一般的视频采集卡是经过压缩的，而 EDIUS 并非能编辑所有的压缩视频。而通过 IEEE 1394 卡采集视频的时候则不用选择硬件支持的视频压缩格式，因为通过 IEEE 1394 卡采集的视频，是没有经过压缩的。这也是很多 DV 爱好者喜欢使用 IEEE 1394 卡采集视频的原因之一。

图 2-3　DV 机中的 IEEE 1394 接口

问：什么是 IEEE 1394？

答：IEEE 1394，别名火线（F 你 9ireWire）接口，是由苹果公司领导的开发联盟开发的一种高速度传送接口，数据传输率一般为 800Mbps。IEEE 1394 接口主要用于视频的采集，在高端主板与数码摄像机（DV）上可见。

另外，IEEE 1394 也可以认为是一种外部串行总线标准，作为一种数据传输的开放式技术标准，IEEE-1394 被应用在众多的领域，包括数码摄像机、高速外接硬盘、打印机和扫描仪等多种设备。

3. 关于 IEEE 1394 接口

IEEE 1394 有两种接口标准：6 针标准接口和 4 针小型接口，如图 2-4 所示。苹果公司最早开发的 IEEE1394 接口是 6 针的，后来 SONY 公司将 6 针接口进行改良，重新设计成为 4

针接口,并且命名为 iLINK。

6 针标准接口中 2 针用于向连接的外部设备提供 8~30 伏的电压,以及最大 1.5 安培的供电,如图 2-5 所示。

4 针小型接口的 4 针都用于数据信号传输,无电源,如图 2-6 所示。

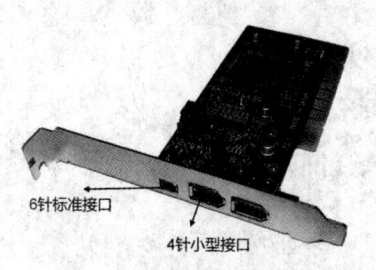

图 2-4　IEEE 1394 的接口 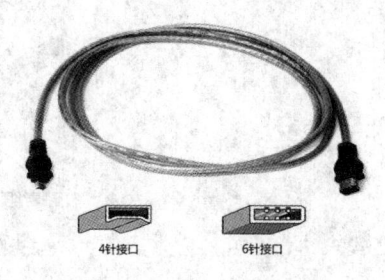　　　图 2-5　IEEE 1394 连接线 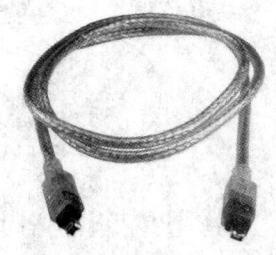　　　图 2-6　IEEE 1394 的 4 针连接线

2.1.2　安装与连接 IEEE 1394 卡

1．安装 IEEE 1394 卡

对于主板上没有提供 IEEE 1394 接口的用户来说,采集的第一步便是安装 IEEE 1394 卡,以便可以让 DV 通过 IEEE 1394 接口与电脑相连。

动手操作　安装 IEEE 1394 卡

1 关闭主机的电脑,然后将电脑机箱搬出,并使用螺丝刀旋出机箱挡板的螺丝,再打开机箱挡板,如图 2-7 所示。

2 从机箱主板中找到一个空置的 PCI 插槽,然后取出 IEEE 1394 卡,对准插槽和机箱定位板的空位,将 IEEE 1394 卡插入到插槽,如图 2-8 所示。

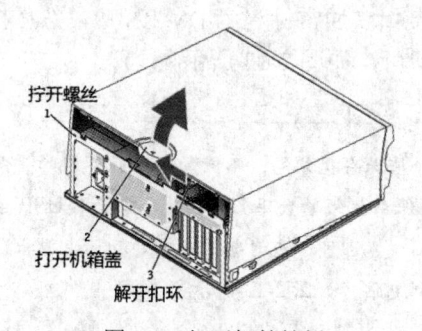

图 2-7　打开机箱挡板 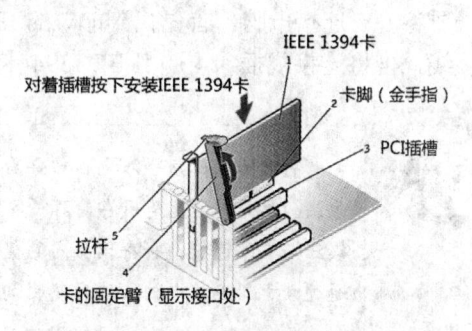　　　图 2-8　将 IEEE 1394 卡插入到 PCI 插槽

3 IEEE 1394 卡插入 PCI 插槽时,注意卡脚与插槽的卡位对齐,然后卡的托架卡需要插入到插槽内(此处的插槽指主板与机箱定位板的空隙),如图 2-9 所示。

4 安装好 IEEE 1394 卡后,还需要用螺丝将卡固定在机箱定位板上。如果机箱有固定臂的话,则需要将固定臂安装回机箱上,如图 2-10 所示。

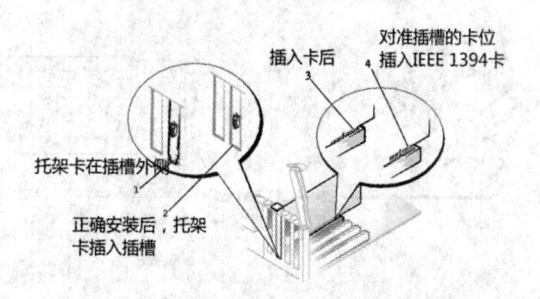

图 2-9　正确安装 IEEE 1394 卡

33

5 完成上述操作后，确保 IEEE 1394 安装正确，然后就可以将机箱挡板安装到机箱上，并使用螺丝将机箱挡板旋紧，如图 2-11 所示。

图 2-10　用螺丝固定 IEEE 1394 卡　　　　图 2-11　安装好机箱挡板

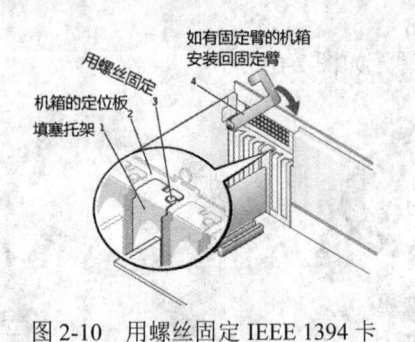

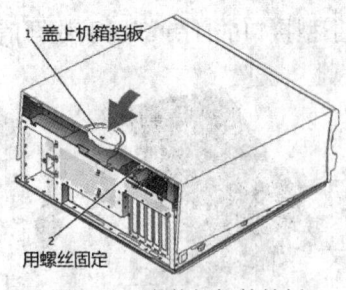

> 不同机箱拆卸机箱挡板的方法可能不同，读者可以参考自己机箱的说明书进行操作。另外，安装 IEEE 1394 卡时必须确保机箱处于断电状态，以避免机箱漏电或有静电干扰。

2．将 DV 连接电脑 IEEE1394 卡

如果模拟 DV 机（这种机通常使用磁带保存视频），没有 USB 接口只有 IEEE 1394 接口，则需要电脑也安装 IEEE 1394 卡，然后使用 IEEE 1394 连线将 DV 与电脑连接，并通过视频编辑软件将 DV 的视频采集并保存在电脑上。另外，不但是模拟 DV 机可以使用这种方法进行视频采集，数字 DV 机也可以使用这种方法对 DV 存储器上的视频进行采集。

因此，如果 DV 和 HDV 要采集、导出到磁带，并传输到 DV 设备上，则需要 OHCI 兼容的 IEEE 1394 端口或 IEEE 1394 采集卡。

要将 DV 连接电脑，首先找到 DV 的 IEEE 1394 接口（通常标记为 DV 接口），然后插入连接线，再将连接线插入电脑 IEEE 1394 卡的接口中即可，如图 2-12 所示。

> 将 DV 的视频导入电脑需要看 DV 用什么介质保存视频的，不同的介质有不同的导入方法。最简单的就是用存储器（硬盘、存储卡）保存视频的数码 DV 机，只需使用 USB 连接线与电脑连接，将存储器内的视频复制到电脑硬盘即可，或者将 DV 中的存储卡取出，通过读卡器连接电脑，然后复制读卡器的视频到电脑，如图 2-13 所示。

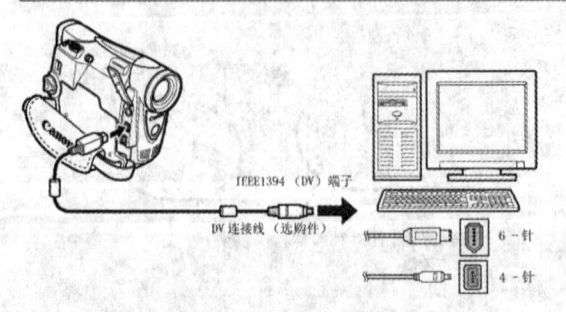

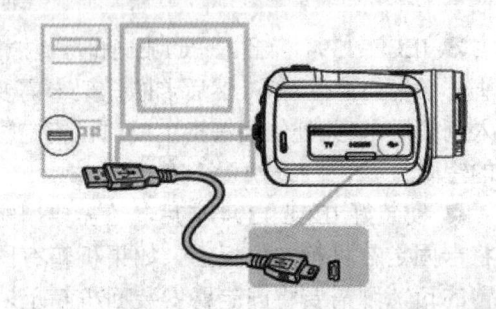

图 2-12　连接 DV 与电脑　　　　图 2-13　通过 USB 连接线将 DV 视频导入电脑

2.1.3 在 EDIUS 中添加设备

安装好采集设备后，还需要在 EDIUS Pro 7 中添加对应采集硬件的预设项。此外，针对采集的选项进行设置，可以得到合适的采集内容并为采集过程提供方便。

动手操作　添加设备预设

1 在 EDIUS 中选择【设置】|【系统设置】命令，打开【系统设置】对话框后选择【设备预设】项，然后单击【新建】按钮，如图 2-14 所示。

2 打开【预设向导】对话框后，设置预设的名称为【我的 DV】，如图 2-15 所示。

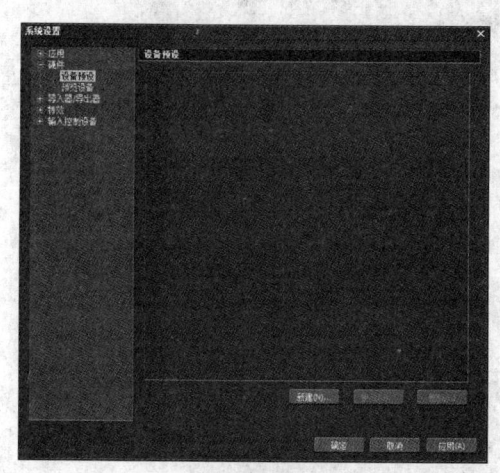

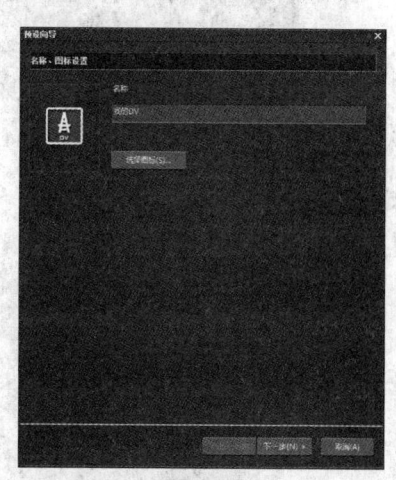

图 2-14　新建设备预设　　　　　图 2-15　设置预设的名称

3 在【预设向导】对话框中单击【选择图标】按钮，然后在【图标选择】对话框中选择一个图标，再单击【确定】按钮，返回【预设向导】对话框后单击【下一步】按钮，如图 2-16 所示。

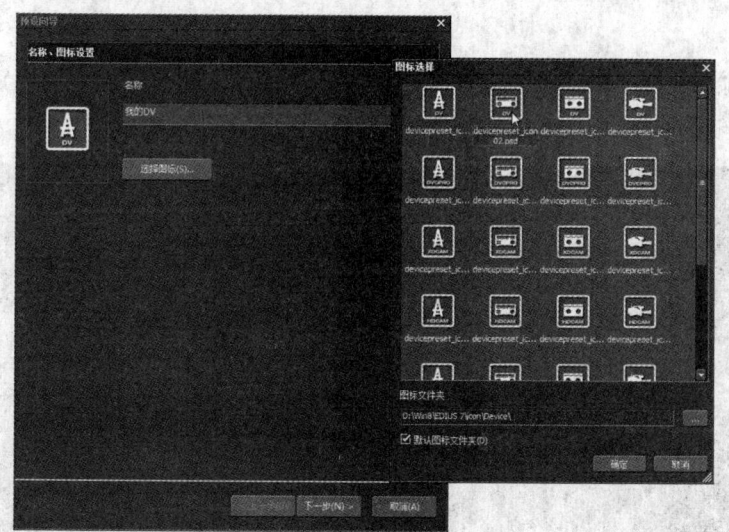

图 2-16　选择预设的图标

4 进入向导的【输入硬件，格式设置】界面，可以根据接入设备选择正确的接口和视频格式，再设置其他选项，如图 2-17 所示。

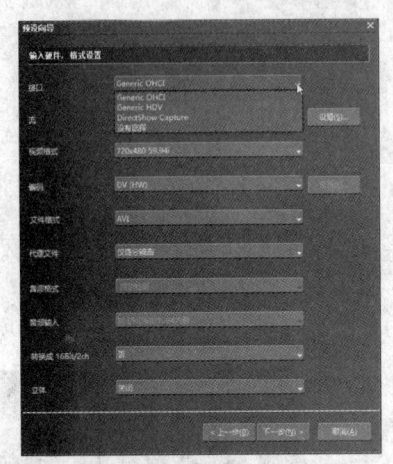

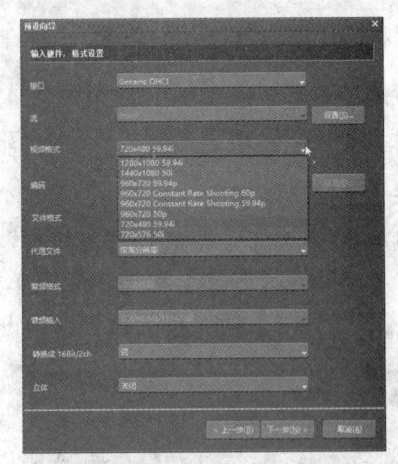

图 2-17 设置硬件和格式选项

5 设置输入硬件后，单击【流】项目右侧的【设置】按钮，设置更详细的输入选项，如图 2-18 所示。

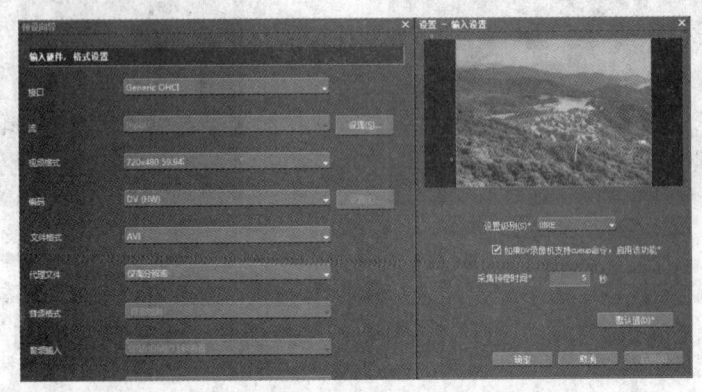

图 2-18 设置详细的输入选项

6 返回【输入硬件，格式设置】界面并单击【下一步】按钮，然后设置输出硬件和格式选项，以及更详细的流选项，如图 2-19 所示。

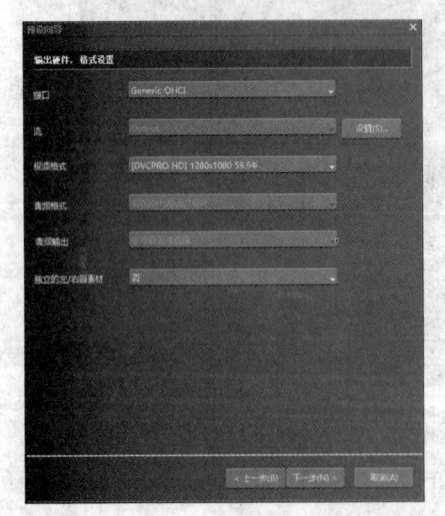

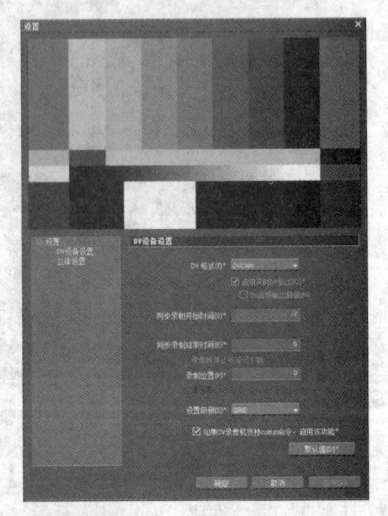

图 2-19 设置输入硬件和其他选项

7 完成上述设置后单击【下一步】按钮，然后在向导的【检查】界面查看设置内容，接着单击【完成】按钮，返回【系统设置】对话框中，单击【确定】按钮即可，如图 2-20 所示。

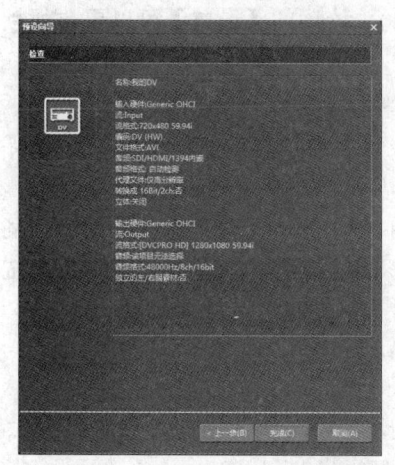

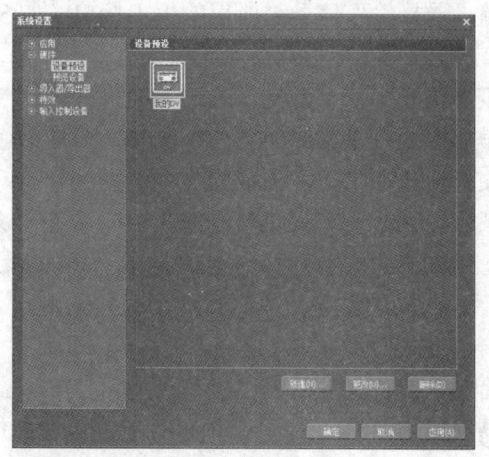

图 2-20　完成创建设备预设

8 返回程序的主窗口，然后选择【采集】|【选择输入设备】命令，在打开的【选择输入设备】对话框中选择输入设备，接着单击【确定】按钮，如图 2-21 所示。

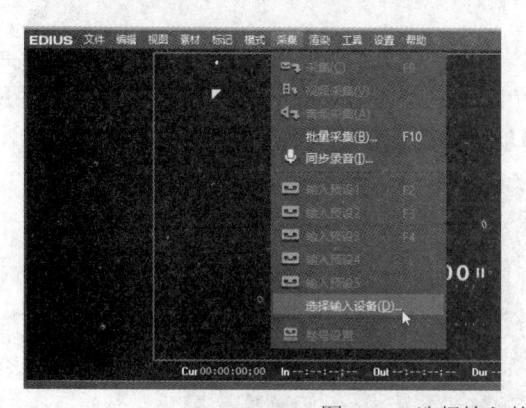

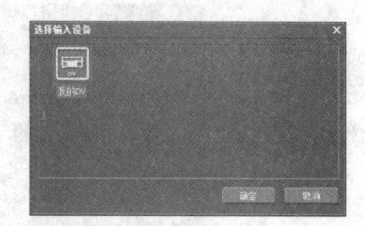

图 2-21　选择输入的设备

9 程序根据创建的输入硬件找到硬件后，即可打开【卷号】对话框，并在播放窗口中显示输入硬件（即 DV）的摄像内容，如图 2-22 所示。

图 2-22　选择输入硬件的结果

输入硬件和格式设置选项说明如下：
- 接口：用来选择输入信号的设备。
- 流：选择输入信号时所用的板卡接口（如 SDI），该项的【设置】可以更改视频输入接口类型。
- 视频格式：信号源的所处信号的格式。
- 编码：视频采集时所用的编码器，该项的【设置】可以调节视频质量的选项窗口。
- 文件格式：采集后生成的文件类型（如 AVI）。
- 代理文件：可在采集时同时生成一个低码文件，可以对代理文件进行编辑。例如，假设素材在移动磁盘中，且磁盘由于某种原因不能被使用，就可以先编辑代理文件，之后再连接硬盘进行原素材的下载并输出。
- 音频格式：音频的质量和声道。
- 音频输出：音频的输出接口类型。
- 转换成 16Bit/2ch：将音频采集成两声道立体声。

2.1.4 通过 EDIUS 采集 DV 影片

连接 DV 机并通过 EDIUS Pro 7 匹配正确的设备后，即可进行采集 DV 影片的操作。

1. 设置采集选项

在采集 DV 影片前，可以先设置相关采集选项。

其方法为：选择【设置】|【系统设置】命令，打开【应用】列表后选择【采集】项目，然后在【采集】选项卡中设置各个采集选项，如图 2-23 所示。

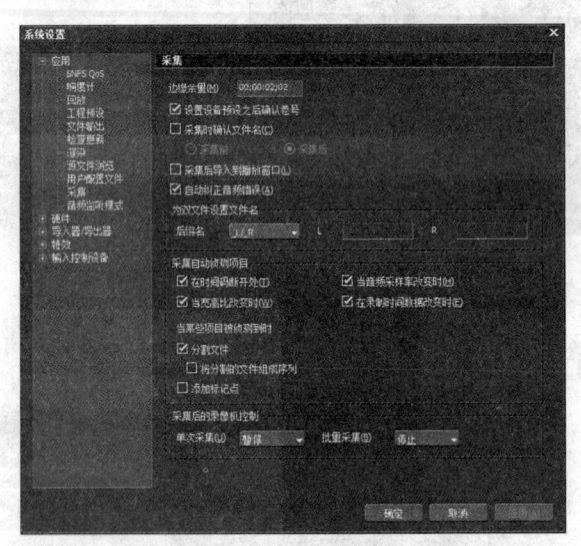

图 2-23 设置采集选项

2. 采集 DV 影片

DV 影片包括了视频内容和音频内容。当需要将包括视频和音频的影片通过 EDIUS 采集到电脑时，可以使用以下方法进行采集操作。

方法 1 选择【采集】|【采集】命令，再通过【采集】对话框进行采集处理，如图 2-24 所示。

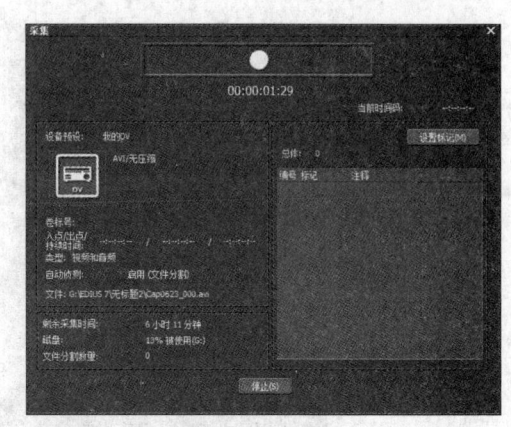

图 2-24 采集 DV 影片

方法 2 在主窗口中按 F9 键，再通过【采集】对话框进行采集处理。
方法 3 在播放窗口下方单击【采集】按钮，再通过【采集】对话框进行采集处理。

3. 仅采集视频或音频

除了采集 DV 影片外，还可以只限于采集 DV 的视频（没有声音）或音频内容。通过【采集】菜单选择【视频采集】命令或【音频采集】命令，或者单击【采集】按钮右侧的倒三角形按钮，并从列表中选择【仅视频】选项或【仅音频】选项即可，如图 2-25 所示。

图 2-25 仅采集视频或音频

2.2 向序列添加素材

要让导入或采集的素材成为工程文件的内容，就需要将素材添加到工程的序列，即将素材按顺序分配在【时间线】面板的序列轨道上，这是使用 EDIUS 制作影视作品的基本环节。

2.2.1 关于向序列添加素材

可以通过以下方式向序列添加素材。
方法 1 将素材从【素材库】面板或播放窗口中拖到【时间线】面板的序列或主窗口中的录制窗口，如图 2-26 所示。

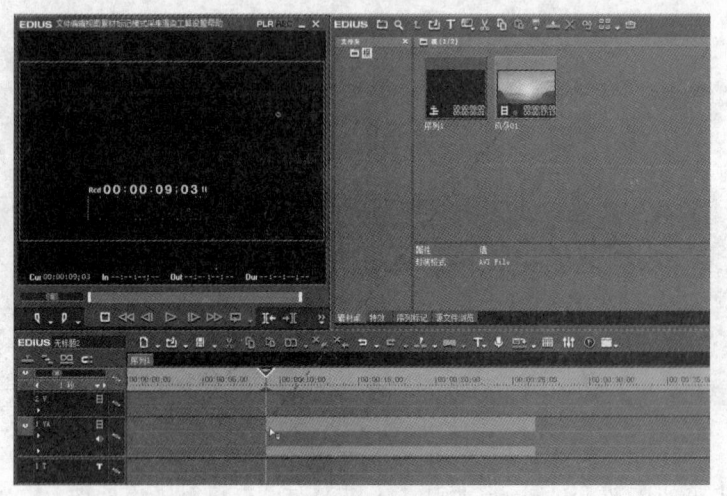

图 2-26　将素材拖到时间线的序列轨道上

方法 2　使用播放窗口中的【插入到时间线】按钮和【覆盖到时间线】按钮将素材添加到【时间线】面板中，或者使用与这些按钮相关的键盘快捷键。

方法 3　自动在【素材库】面板中组合序列。

方法 4　将来自【素材库】面板、播放窗口或【源文件浏览】面板的素材，拖放到录制播放器中。

使用插入编辑时，向序列添加素材会迫使稍后时间的任何素材前移，以容纳新的素材。另外，序列可以包含多条视频轨道和音频轨道。将某一素材添加到序列中时，重要的是了解要将该素材添加到哪条或哪些轨道中。可以将一条或多条轨道设为目标（同时适用于音频和视频）。

2.2.2　将素材插入到时间线

在 EDIUS Pro 7 中，可以通过插入和覆盖的方式将素材加入到时间线的序列中。插入方式就是将素材插入到序列中指定轨道的某一位置，序列从此位置被分开，后面插入的素材会被移到序列已有素材的出点后，此方式类似于电影胶片的剪接。

动手操作　将素材插入到时间线

1 打开光盘中的 "..\Example\Ch02\2.2.2.ezp" 练习文件，然后将【素材库】面板的【风景 04.avi】视频素材加入播放窗口，如图 2-27 所示。

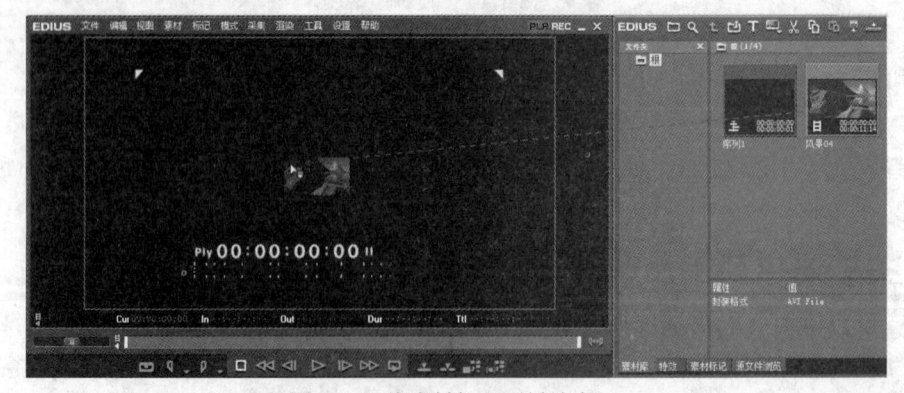

图 2-27　将素材加入到播放窗口

2 在播放窗口的播放条中拖动当前时间指示器,分别为视频素材设置入点和出点,如图 2-28 所示。

图 2-28 设置素材的入点和出点

3 单击播放窗口下方控制面板上的【插入到时间线】按钮,将播放窗口当前的素材以插入的方式添加到序列上,如图 2-29 所示。

4 素材加入到序列的轨道上后,可以在序列上选择素材剪辑,然后按住素材剪辑移动调整素材在轨道上的位置,如图 2-30 所示。

图 2-29 以插入方式添加素材到序列 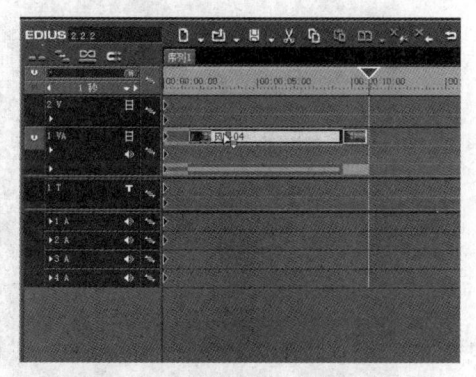　　　　图 2-30 移动调整素材在轨道上的位置

如果要指定素材插入到轨道的某个位置,可以先将轨道的当前时间指示器拖到指定的位置,然后单击【插入到时间线】按钮,这样就可以将素材的入点添加到时间线所在的位置,如图 2-31 所示。

41

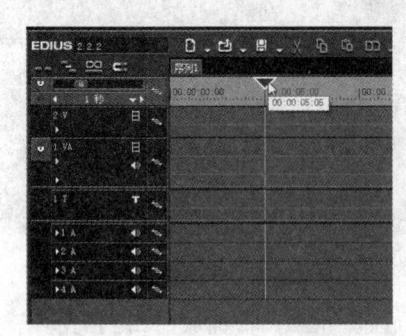

图 2-31 将素材插入到轨道指定的位置

2.2.3 将素材覆盖到时间线

将素材覆盖到时间线的覆盖方式就是将素材添加到时间线序列的轨道的指定位置，替换掉原来素材或素材的部分，此方式类似录像带的重复录制。

动手操作　将素材覆盖到时间线

1 打开光盘中的"..\Example\Ch02\2.2.3.ezp"练习文件，然后将【素材库】面板的【风景 05.avi】视频素材加入到播放窗口，如图 2-32 所示。

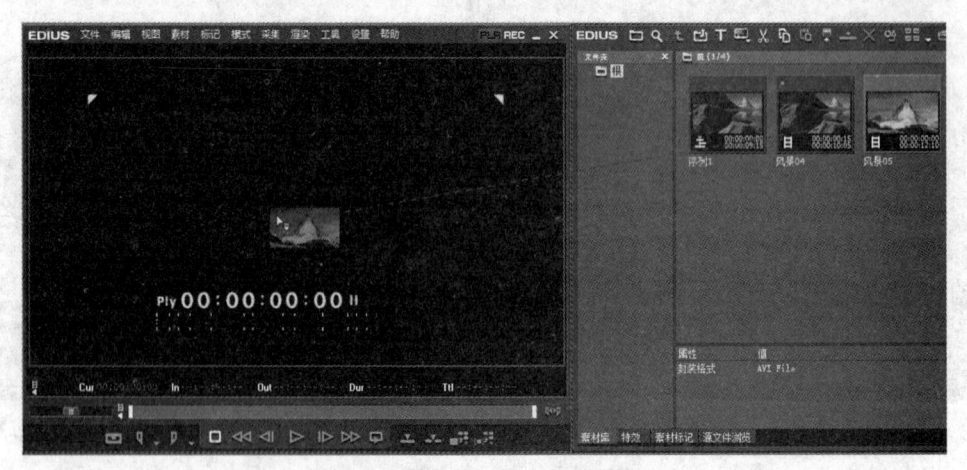

图 2-32 将素材在播放窗口中显示

2 在【时间线】面板的序列上拖动当前时间指示器，将该指示器移到指定的位置上，如图 2-33 所示。

3 单击播放窗口下方的【覆盖到时间线】按钮，以覆盖的方式将播放器当前素材添加到序列上，如图 2-34 所示。

42

图 2-33　调整当前时间指示器的位置 　　　　　图 2-34　以覆盖方式添加素材到序列

4 将素材添加到轨道的指定位置后，原位置上的素材将被覆盖，结果如图 2-35 所示。

图 2-35　以覆盖方式添加素材的结果

2.3　编辑时间线的素材

将素材添加到序列后，可以通过【时间线】面板对序列进行编辑，以达到更好的播放效果。

2.3.1　调整素材播放顺序

将素材添加到序列后，可以根据项目设计的需要，调整素材的播放顺序，使不同素材的出现依照规定的顺序排列，从而满足观众观看影片的要求。

1. *方法 1*

这种方法虽然不是最直接的方法，但可以保证序列上素材的完整性。

首先将排列靠前的素材移开，例如将 VA 轨道上排列在第一的视频素材移到另一个轨道，如图 2-36 所示。然后将 VA 轨道上靠后的素材移动到轨道开始处，让此素材先行播放，如图 2-37 所示。最后将放置在其他轨道上的素材移到 VA 轨道，并排列到第一个素材的出点处，即可调整该素材的排列顺序，如图 2-38 所示。

> 如果 V 轨道上素材的入点在 VA 轨道素材的出点前，那么播放到 V 轨道的素材时，该素材就会覆盖 VA 轨道上的素材，形成两个轨道素材重叠播放的效果，如图 2-39 所示。这种方式一般用来制作视频画中画效果。

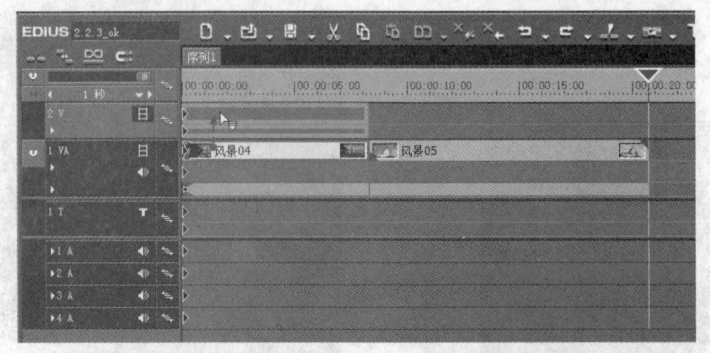

图 2-36 将视频素材移动到另一个轨道上

图 2-37 向前调整素材的排列位置

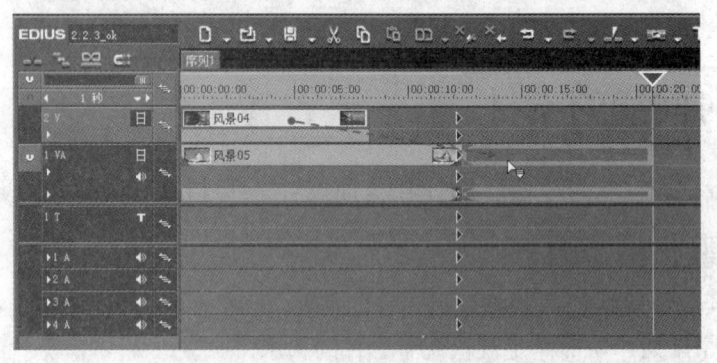

图 2-38 将另一个轨道的素材排列到 VA 轨道素材的出点处

图 2-39 轨道素材重叠播放的效果

2. 方法 2

这种方法首先要在【时间线】面板中确定素材编辑是使用【插入】模式还是【覆盖】模式。如果【时间线】面板左上方显示 ![] 按钮图标，则表示当前时间线使用覆盖模式。这种模式在调整相邻素材的播放顺序时，会将重叠的部分覆盖。

如果【时间线】面板上方显示 ![] 按钮图标，则首先单击此按钮，以切换到【插入】模式 ![]，然后将轨道上后面的素材拖到前面，或者将前面的素材拖到后面，即可调整素材的播放顺序，如图 2-40 所示。

图 2-40　通过拖动素材调整播放顺序

> 使用这种方法，要将调整顺序的素材拖到另外一个素材的出点或入点处。如果将素材拖到另一个素材的中央（或靠前/靠后）的位置，素材将被分割成两部分，如图 2-41 所示。

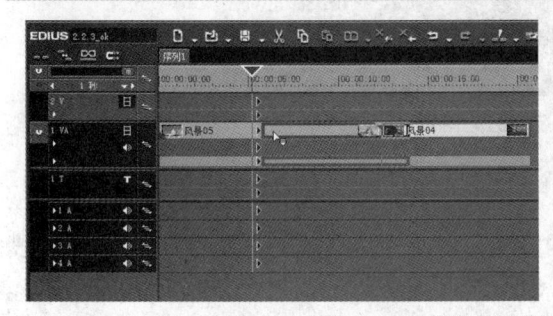

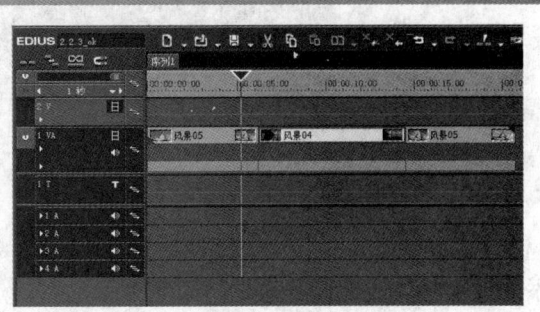

图 2-41　调整素材时将另一个素材分割成两部分

2.3.2　素材的修剪与恢复

如果视频素材的前部或尾部有多余的内容，可以通过拖动素材入点和出点的方式来删除多余的片段。当修剪后的素材需要还原时，也可以通过拖动素材入点和出点的方式，还原被删除的片段。

在序列轨道中，将鼠标移到素材出点处并单击，当出现 ![] 图标后，向左移动，即可修剪素材尾部的内容，如图 2-42 所示。

由于素材中视频和音频是同步锁定的，因此在修剪视频时，音频也会一并被修剪。如果想要单独修剪视频或音频，只需在执行修剪前按住 Alt 键并拖动视频或音频的出点或入点即可，如图 2-43 所示。

如果要恢复修剪的素材，可以将鼠标移到素材出点处，当出现 ![] 图标后，向右移，直至不能移动，即可恢复被修剪的内容，如图 2-44 所示。

图 2-42　修剪素材的内容

图 2-43　单独修剪素材的视频内容

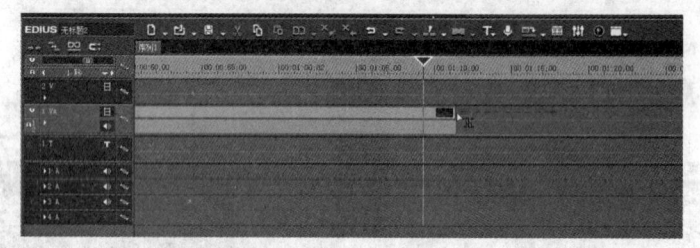

图 2-44　恢复被修剪的内容

2.3.3　添加与移除剪切点

当视频素材很长时，可以通过添加剪切点的方法将素材分割成多个片段，以便为各个片段添加切换特效或进行其他制作。通过移除剪切点可以将原来分割的素材合并。

动手操作　为序列素材添加多个剪切点

1　打开光盘中的"..\Example\Ch02\2.3.3.ezp"练习文件，在【时间线】面板中拖动当前时间指示器，预览素材内容，从而寻找合适的分割点，如图 2-45 所示。

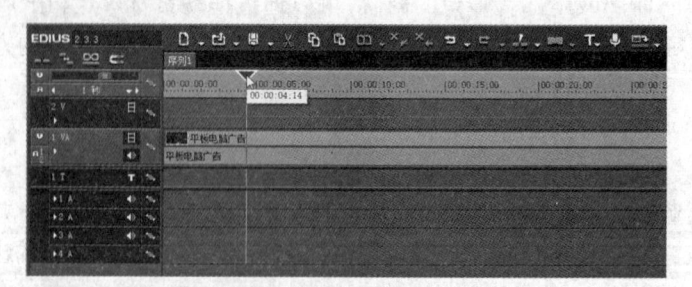

图 2-45　拖动当前时间指示器寻找分割点

2　找到合适的分割点后，在【时间线】面板中单击【添加剪切点】按钮，或者单击该按钮右侧的倒三角形,并从列表框中选择【选定轨道】命令,如图 2-46 所示。

> 问:寻找剪切点和剪切素材时有什么好方法呢?
> 答:一般来说,剪切点应该选在场景与场景的交点处,即前一场景与后一场景的变换处。为了可以更细致地寻找到场景的交点,可以通过单击录制窗口下方的【上一帧】按钮和【下一帧】按钮来查看素材每帧的内容,如图 2-47 所示。

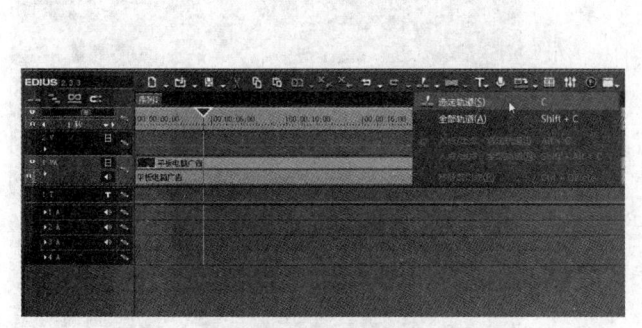

图 2-46　添加剪切点

图 2-47　通过逐帧播放寻找剪切点

3 使用相同的方法,在素材上寻找其他剪切点,然后使用步骤 2 的方法为素材添加多个剪切点,结果如图 2-48 所示。

4 完成编辑后,即可选择【文件】|【另存为】命令,将项目保存为一个新文件,以便后续的使用。

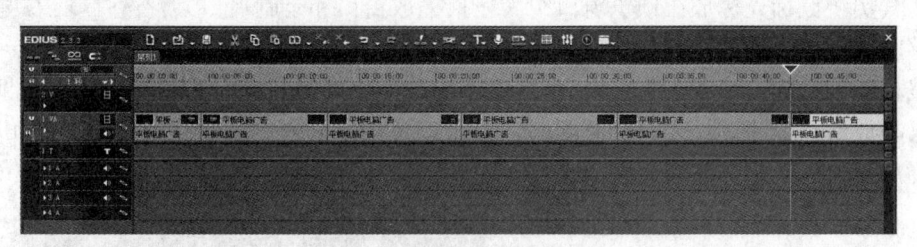

图 2-48　添加其他剪切点

在【时间线】面板中按住 Ctrl 键选择添加了剪切点的相邻素材,然后单击【添加剪切点】按钮右侧的倒三角形,并从列表框中选择【移除剪切点】命令,或者按 Ctrl+Delete 键可以去除剪切点,如图 2-49 所示。

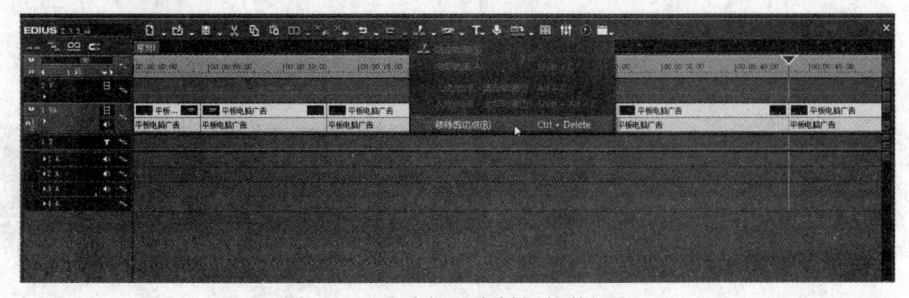

图 2-49　移除相近素材间的剪切点

2.4 编辑素材的一些技巧

除了上述编辑素材的方法外,还可以通过多种技巧完成对素材的编辑和应用。

2.4.1 应用吸附功能编辑素材

通过吸附功能可以为在时间线上编辑素材提供很大的帮助。无论是移动素材还是时间线当前时间播放器,操作时都能够自动吸附到特定的对象,如素材的边界、素材的标记等。

在某些情况下,尤其是时间线的显示比例很小时,吸附功能反而会影响一些细微的操作,因此需要了解控制吸附功能的开启和关闭。

选择【设置】|【用户设置】命令,打开【用户设置】对话框后,打开【应用】列表并选择【时间线】项目,在右侧的选项卡中即可选择开启或关闭的吸附功能,如图 2-50 所示。

其实,在时间线上编辑素材时,按住 Shift 键也可以暂时切换吸附功能的开启或关闭状态。

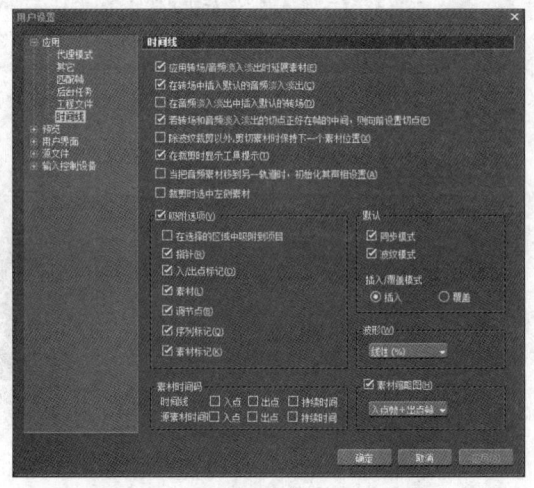

图 2-50 设置开启或关闭吸附功能

2.4.2 使用鼠标动作进行播放

传统播放素材和序列的方法是使用播放窗口、录制窗口的播放键、空格键,或按 Enter 键来进行。其实将鼠标光标放在预览窗口中(包括播放窗口和录制窗口),按住鼠标右键并像画圈一样移动鼠标,也可以达到播放或回放的目的。

将鼠标移到播放窗口或录制窗口,再按住鼠标右键并像画圈一样移动鼠标。顺时针画圈时,可以正常播放素材或序列;逆时针画圈时,则可以反向播放(倒播)素材或序列,如图 2-51 所示。播放素材和鼠标操作的速度成正比。此外,移动鼠标滚轮,还可以逐帧查看素材。

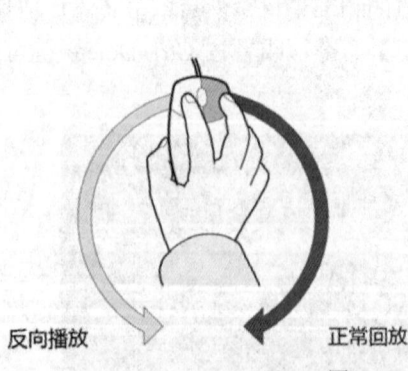

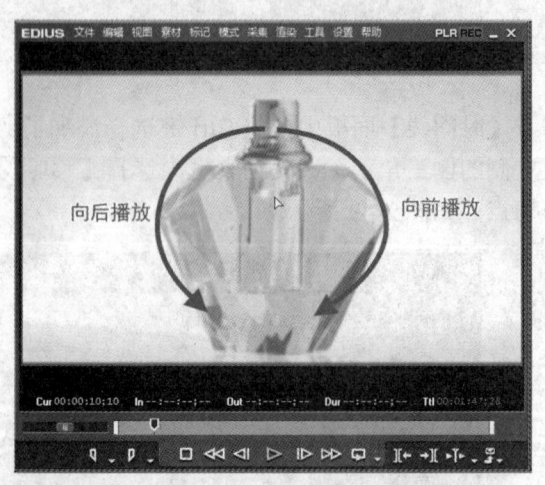

图 2-51 使用鼠标动作进行播放

2.4.3 为屏幕设置安全区域

专业的电视后期制作人员都知道：导播屏幕上看到的画面其实并不是观众从电视机上看到的画面。电视机的画面往往会缩小一圈，因此就有了安全区域的概念。

一般的安全区域包含 3 个区域：字幕安全区、活动安全区和安全区以外部分，如图 2-52 所示。

图 2-52　叠加安全区域的结果

动手操作　为屏幕设置安全区域

1 选择【视图】|【叠加显示】|【安全区域】命令，或者按 Ctrl+H 键，即可显示安全区域，如图 2-53 所示。

2 EDIUS 默认没有打开活动安全区，因此可以选择【设置】|【用户设置】命令，再选择【叠加】项目，并从右侧的选项卡中选择【活动安全区】复选框，以打开活动安全区，然后设置活动安全区的大小，如图 2-54 所示。

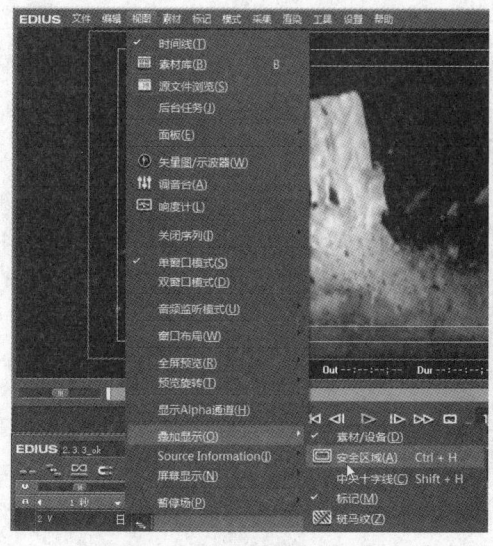

图 2-53　叠加显示安全区域　　　　　图 2-54　开启活动安全区

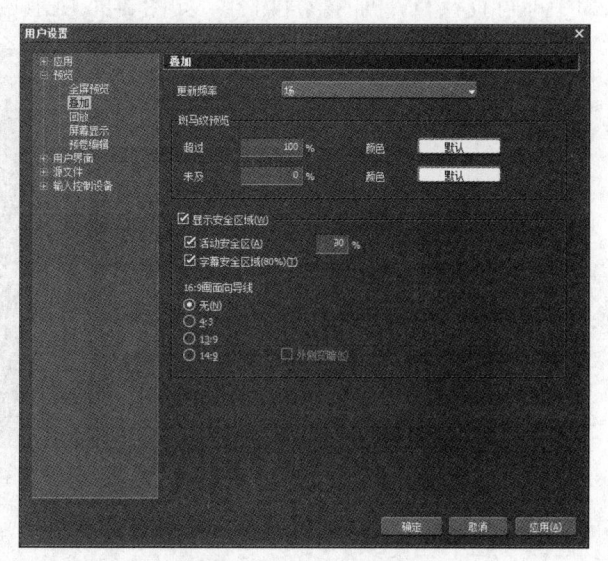

2.5 技能训练

下面通过多个上机练习实例，巩固所学技能。

2.5.1 上机练习1：批量采集DV影片

本例先将DV机成功连接到电脑，并通过EDIUS Pro 7程序获取DV影片内容，然后通过【批量采集】对话框和播放窗口将需要采集的各片段添加到批量采集列表，然后使程序自动进行批量采集DV影片内容的处理。

操作步骤

1 启动EDIUS Pro 7程序并新建工程文件，然后选择【采集】|【选择输入设备】命令，在【选择输入设备】对话框中选择输入设备并单击【确定】按钮，如图2-55所示。

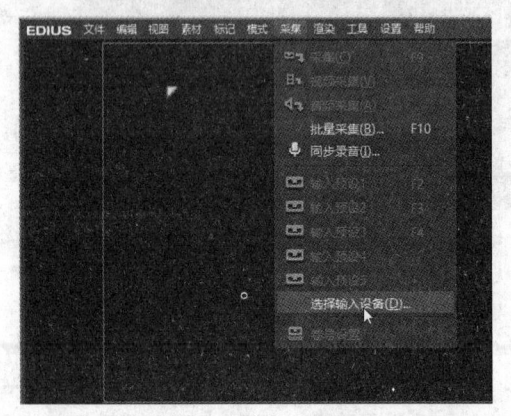

图2-55 选择输入设备

2 选择输入设备后会弹出【卷号】对话框，此时直接单击【确定】按钮即可，从播放窗口中即可查看DV机的影片内容，如图2-56所示。

图2-56 设置默认卷号和查看DV内容

3 选择【采集】|【批量采集】命令，打开【批量采集】对话框后，选择设置输入设备，维持该对话框处于不关闭状态，如图2-57所示。

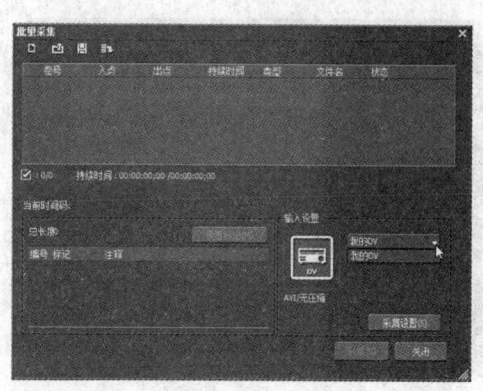

图 2-57 执行批量采集命令

4 在播放窗口中播放 DV 影片，在合适场景上暂停播放后单击【设置入点】按钮，继续播放并在合适场景中单击【设置出点】按钮，如图 2-58 所示。

图 2-58 设置 DV 影片片段的入点和出点

5 设置影片片段的入点和出点后，切换到【批量采集】对话框，然后单击【添加到批量采集列表】按钮，将设置的片段添加为采集列表，如图 2-59 所示。

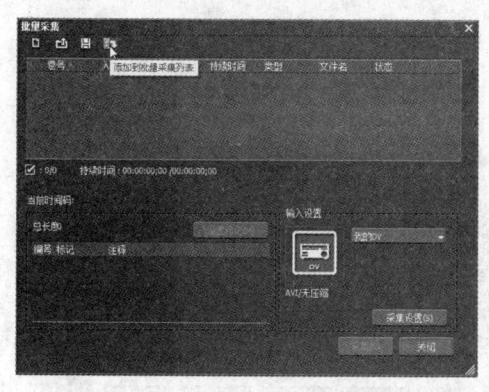

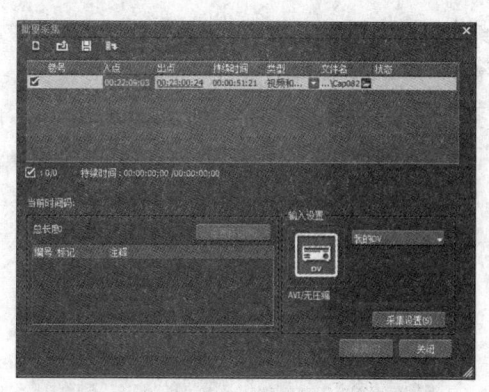

图 2-59 将片段添加到批量采集列表

6 使用步骤 4 和步骤 5 的方法，为 DV 影片各个场景片段设置入点和出点，并添加到批量采集列表中，然后通过【批量采集】对话框设置采集内容的文件名和保存文件夹，单击【采集】按钮，进行批量采集处理，如图 2-60 所示。

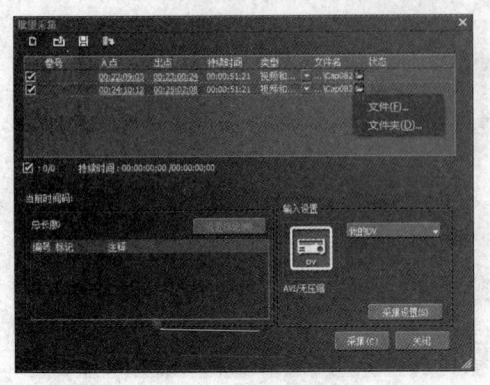

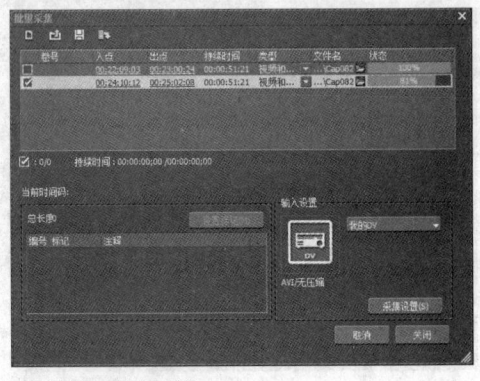

图 2-60　设置文件保存选项并执行批量采集

7 批量采集完成后，采集到的素材会显示在【素材库】面板中，如图 2-61 所示。

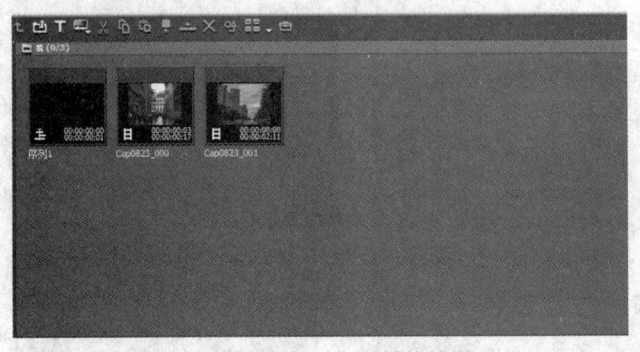

图 2-61　批量采集素材的结果

2.5.2　上机练习 2：在时间线直接添加素材

在 2.2 小节中介绍了从素材库或播放窗口将素材添加到序列的方法。本例将介绍在【时间线】面板中为指定序列直接添加素材的方法。这种方法可以选定任意轨道作为目标轨道，并通过当前时间指示器指定添加素材的位置。

操作步骤

1 打开光盘中的"..\Example\Ch02\2.5.2.ezp"练习文件，在【时间线】面板中将当前播放指示器移到轨道最左端，然后在 VA 轨道上单击右键并选择【添加素材】命令，打开【打开】对话框后，选择要添加到轨道的素材，接着单击【打开】按钮，如图 2-62 所示。

图 2-62　添加素材到指定轨道

2 在【时间线】面板中单击左上角的【切换插入/覆盖】按钮,将当前模式切换为【覆盖】模式,如图 2-63 所示。

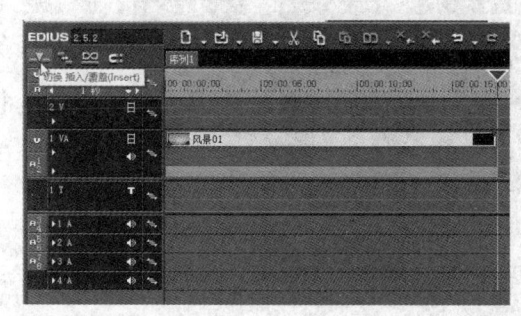

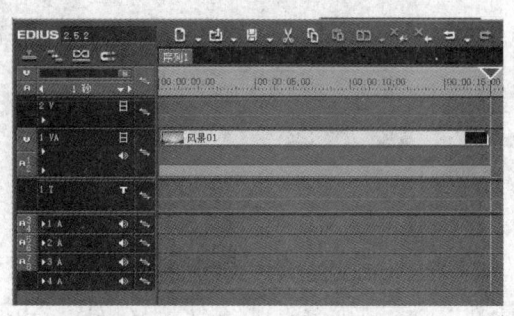

图 2-63 将时间线切换为覆盖模式

3 在【时间线】面板中将当前时间指示器移到 15 秒处,然后在 VA 轨道上单击右键并选择【添加素材】命令,在【打开】对话框中选择另一个视频素材,再单击【打开】按钮,如图 2-64 所示。

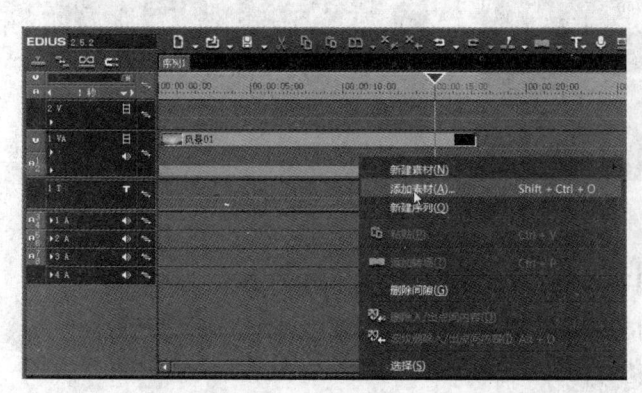

图 2-64 设置当前时间指示器位置并添加素材到轨道

4 将当前时间指示器移到第二个视频素材的出点处,然后在最上方轨道上单击右键并选择【添加素材】命令,接着通过对话框选择第三个添加的视频素材,如图 2-65 所示。

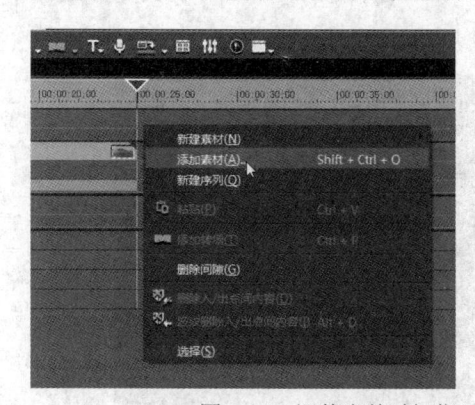

图 2-65 调整当前时间指示器并添加第三个视频素材到轨道

5 经过上述步骤的操作,即可将素材添加到指定轨道的不同时间点上,为序列组合各个素材,如图 2-66 所示。

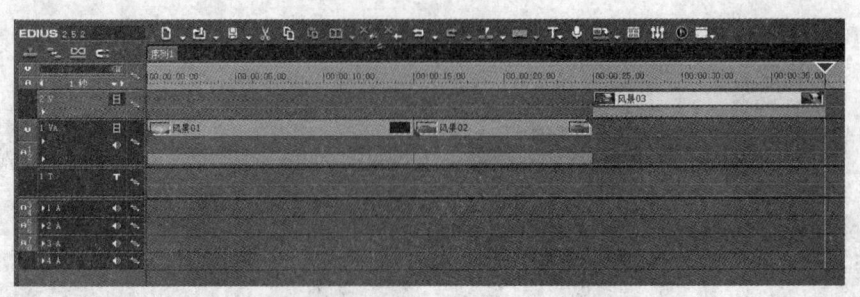

图 2-66　查看添加素材的结果

6 按住 Ctrl 键分别单击序列上的各个素材，然后单击右键并选择【添加到素材库】命令，将序列上的素材都添加到素材库中，如图 2-67 所示。

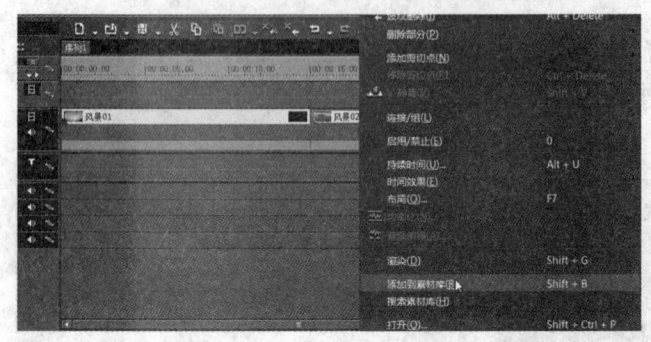

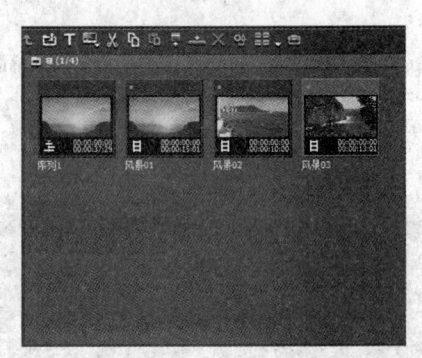

图 2-67　将序列的素材添加到素材库

2.5.3　上机练习 3：分离素材的视频和音频

默认添加到轨道的影视素材是视频和音频组合一起的，当移动视频时，对应的音频也一并移动。在很多 DV 影片的处理中，需要将影片进行去音处理，再配上背景音乐。本例将介绍将素材的视频和音频进行分离的方法，通过分离视频和音频，即可将素材的音频单独去除。

操作步骤

1 打开光盘中的"..\Example\Ch02\2.5.3.ezp"练习文件，在【素材库】面板中选择素材，并将该素材拖到序列的 VA 轨道上，如图 2-68 所示。

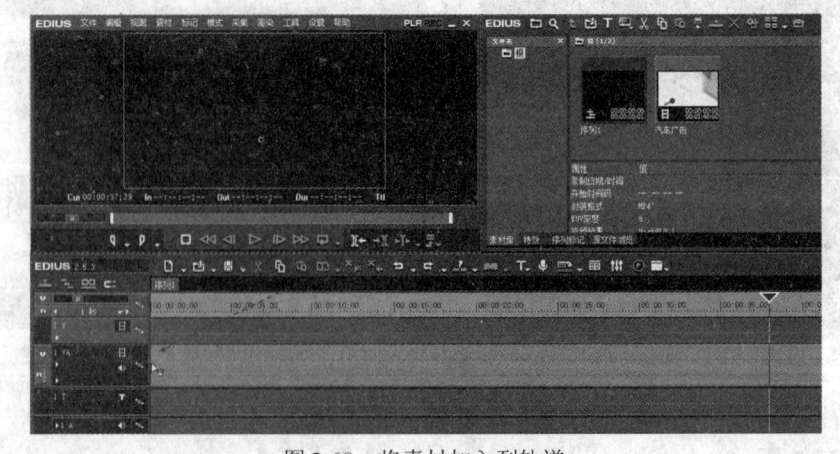

图 2-68　将素材加入到轨道

2 选择轨道上的素材，再单击右键并选择【连接/组】|【解锁】命令，解除素材的视频和音频组合，如图 2-69 所示。

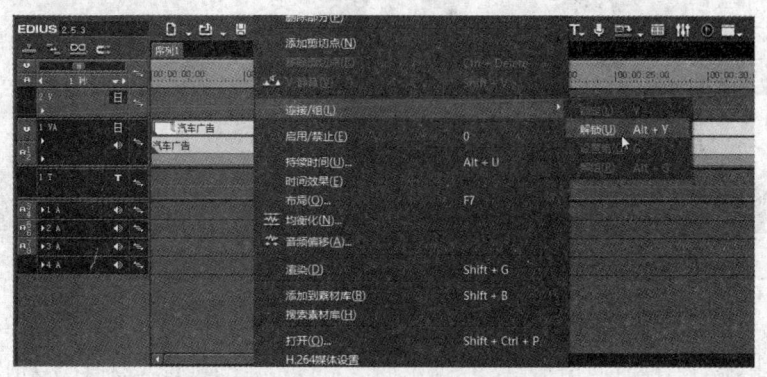

图 2-69　解锁素材的视频和音频组合

3 在音频上单击选择音频素材，然后在【时间线】面板中单击【删除】按钮，删除音频素材，如图 2-70 所示。

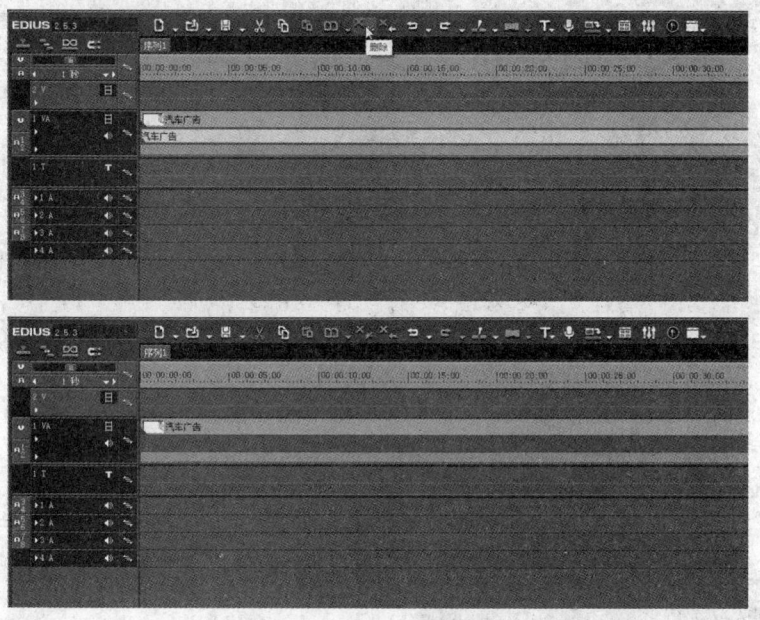

图 2-70　删除音频素材

2.5.4　上机练习 4：3 点方式添加素材到序列

三点方式是指将素材添加到序列时，先通过设置两个入点和一个出点或一个入点和两个出点的方式对素材在序列中进行定位，然后自动计算第四个点。本例将以一种典型的三点方式作为示范，首先通过播放窗口设置素材的入点和出点，再通过序列设置入点（即素材的入点在序列中的位置），然后将素材添加到序列中。

操作步骤

1 打开光盘中的"..\Example\Ch02\2.5.4.ezp"练习文件，将【网络广告 01.avi】素材加入播放窗口，然后通过窗口下方的功能列为素材设置入点和出点，如图 2-71 所示。

图 2-71 为素材设置入点和出点

2 在序列上拖动当前时间指示器,以指定插入素材入点的位置,然后在当前时间指示器上单击右键并选择【设置入点】命令,将当前当前时间指示器位置设置为入点,如图 2-72 所示。

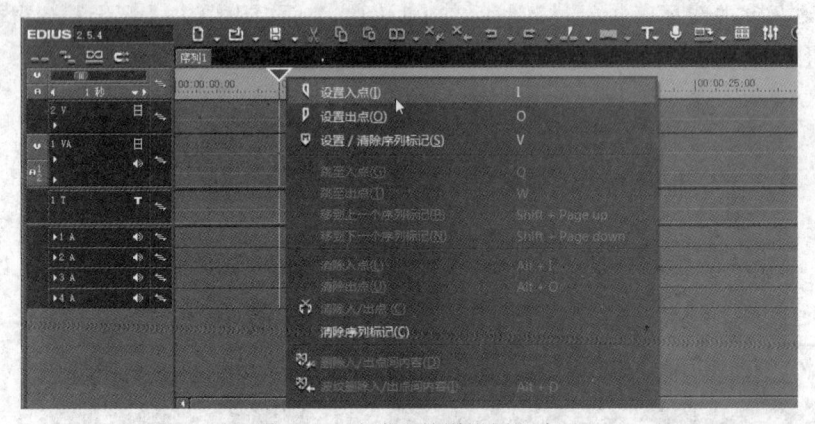

图 2-72 为序列轨道设置入点

3 设置完成后,单击播放窗口下方的【插入到时间线】按钮,即可将播放窗口当前素材的入点与出点的片段加入序列轨道上,如图 2-73 所示。

4 此时素材以轨道上设置的入点为插入点,而素材在轨道的出点将由系统自动计算出,如图 2-74 所示。

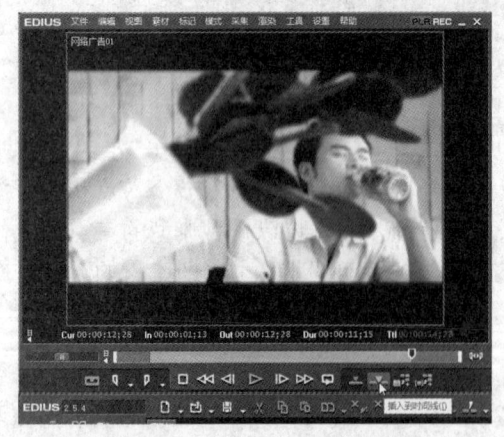

图 2-73 以插入方式添加素材

图 2-74 通过 3 点方式添加素材到序列

2.5.5 上机练习 5：4 点方式添加素材到序列

4 点方式的操作方法基本与 3 点方式类似，只是 4 点方式需要设置素材的入点和出点以及序列轨道的入点和出点。设置完成后，将素材添加到序列时，序列通过入点和出点匹配对齐来装配素材。

操作步骤

1 打开光盘中的"..\Example\Ch02\2.5.5.ezp"练习文件，将素材显示在播放窗口中，然后通过窗口下方的功能按钮为素材设置入点和出点，如图 2-75 所示。

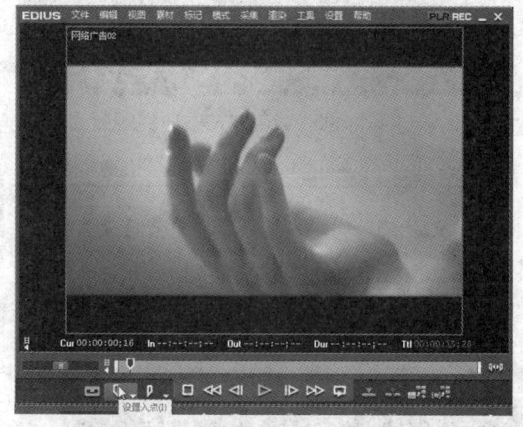

图 2-75 设置素材的入点和出点

2 在序列上拖动当前时间指示器，指定插入素材入点的位置，然后单击右键并从快捷菜单中选择【设置入点】命令，将当前时间指示器位置设置为入点，如图 2-76 所示。

3 在序列上拖动当前时间指示器，指定插入素材出点的位置，然后单击右键并从快捷菜单中选择【设置出点】命令，将当前时间指示器位置设置为出点，如图 2-77 所示。

图 2-76 为序列轨道设置入点 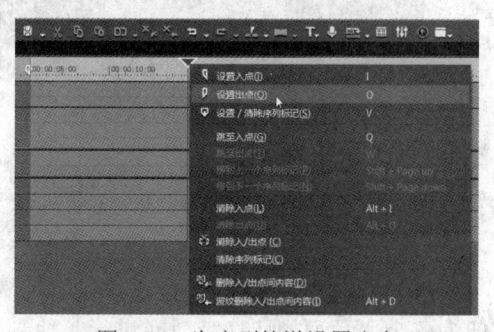　　图 2-77 为序列轨道设置出点

4 单击播放窗口下方的【插入到时间线】按钮，即可将播放窗口当前显示素材的入点与出点的片段加入序列，如图 2-78 所示。

5 由于在序列上设置的出点和入点的持续时间比在播放窗口中素材设置的出点和入点持续时间要短，将素材添加到序列后，素材匹配序列的入点和出点，因此在轨道上播放的持续时间缩短了，即加快了源素材的播放速度，产生快播的效果。图 2-79 所示为素材添加到序列结果。

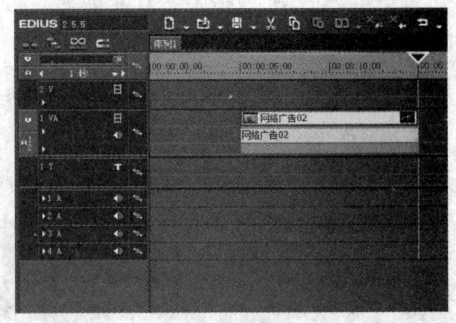

图 2-78　将素材添加到序列　　　　　　　2-79　素材通过 4 点方式添加到序列的结果

> 在上例中，如果在序列上设置的出点和入点的持续时间比在播放窗口中素材设置的出点和入点持续时间要长，那么素材添加到序列后，就是拉长了播放持续时间，即出点慢播的效果，如图 2-80 所示。

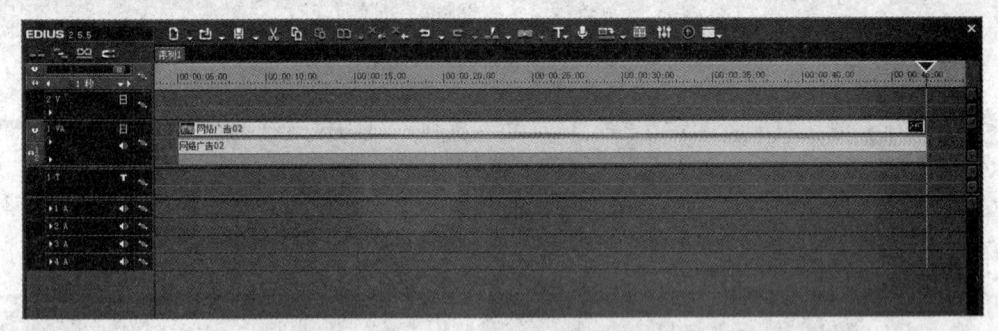

图 2-80　4 点方式让素材匹配序列的入点和出点

2.6　评测习题

1. 填充题

（1）当视频素材很长时，可以通过添加_____的方法来将素材分割成多个片段，以便为各个片段添加切换特效或进行其他制作。

（2）使用鼠标动作播放素材，当顺时针画圈时，可以正常播放素材；逆时针画圈时，则可以_____素材。

（3）除了采集 DV 影片外，还可以只限于采集 DV 的视频内容。方法是通过【采集】菜单选择_____命令。

2. 选择题

（1）在 EDIUS Pro 7 中，可以通过哪两种方式将素材加入时间线的序列中？　　（　　）
　　A．插入和覆盖　　B．插入和位移　　C．覆盖和依附　　D．插入和叠加

（2）编辑素材时，按住哪个键即可暂时切换吸附功能的开启或关闭状态？（   ）
  A．Ctrl 键 B．Alt 键 C．Shift 键 D．空格键
（3）使用哪个快捷键可以移除剪切点？（   ）
  A．F6 B．Alt+Delete C．Shift+Delete D．Ctrl+Delete
（4）一般的安全区域包含 3 个区域，除了活动安全区、安全区以外部分这两个区域外，还有一个区域是什么？（   ）
  A．录制安全区 B．播放安全区 C．字幕安全区 D．镜头安全区

3．判断题

（1）在 EDIUS Pro 7 中，可以通过插入和覆盖的方式将素材加入到时间线的序列。（   ）
（2）插入添加素材的方式就是将素材添加到时间线序列的轨道的指定位置，替换掉原来素材或素材的部分。（   ）
（3）选择【视图】|【叠加显示】|【安全区域】命令，或者按 Ctrl+H 键，即可显示安全区域。（   ）

4．操作题

本章 2.5.5 节的练习通过 4 点方式添加素材到序列，素材在序列上会产生快播效果。本章操作题要求调整素材在序列上的播放速度，使之恢复与源素材一样的播放速度，如图 2-81 所示。

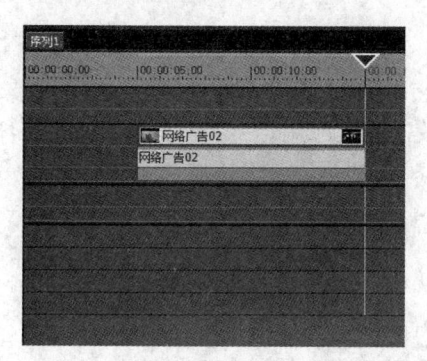

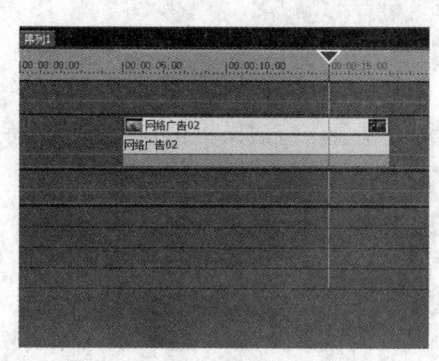

图 2-81 练习文件源素材与调整播放速度后素材的对比效果

操作提示

（1）打开光盘中的 "..\Example\Ch02\2.6.ezp" 练习文件，选择素材并单击右键。
（2）从打开的快捷菜单中选择【时间效果】|【速度】命令。
（3）打开【素材速度】对话框后，选择方向为【正方向】，再修改比率为 100%。
（4）单击【确定】按钮，退出对话框即可。

第 3 章　应用 EDIUS Pro 7 的特效

学习目标

在影视作品的编辑中，应用特效是处理影片的常用手法。通过应用特效，可以增添特别的视觉或音频特性，甚至对素材进行动画化处理。

本章将详细介绍在 EDIUS Pro 7 中为素材应用特效，并通过设置特效的属性来控制特效的变化，以及更改特效属性来创建动画的方法。

学习重点

- ☑ 了解视频布局和标准特效
- ☑ 查看和应用特效的方法
- ☑ 编辑和管理视频布局和标准特效
- ☑ 详细体验视频滤镜和转场特效
- ☑ 举例说明视频布局和特效的应用

3.1 特效应用基础

EDIUS Pro 7 为用户提供包括各种各样的特效，通过应用这些特效，可以丰富影视作品的设计。

3.1.1 视频布局

1. 关于视频布局

添加到【时间线】面板的每个素材（如视频、图像、字幕等，但音频素材除外）都会预先应用视频布局效果。

视频布局效果可控制素材的固有属性，如素材轴心、位置、伸展、旋转可见度等属性。当素材加入时间线后，选择素材后，可以在【信息】面板查看该素材应用的特效列表，其中默认应用视频布局效果，如图 3-1 所示。

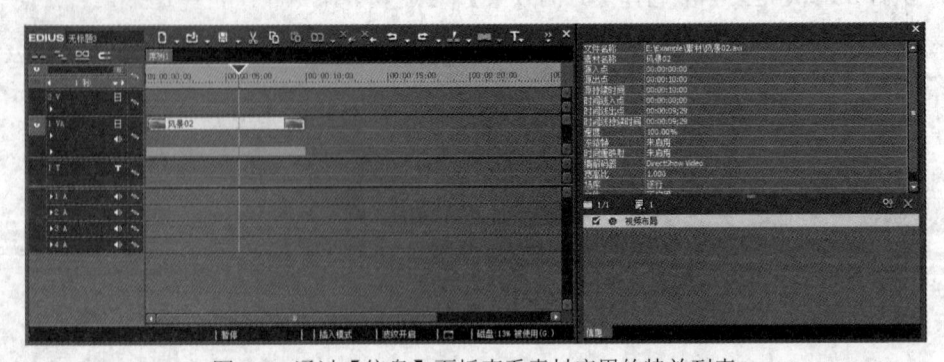

图 3-1　通过【信息】面板查看素材应用的特效列表

2. 视频布局设置

视频布局包括以下属性设置：

- 源素材裁剪：可以设置源素材在左右顶底 4 个边缘中的裁剪幅度。
- 轴心：设置素材中心点在 X 轴和 Y 轴的位置。如果是 3D 素材，还可以设置 Z 轴位置。
- 位置：设置素材在 X 轴和 Y 轴的位置。如果是 3D 素材，还可以设置 Z 轴位置。
- 伸展：设置素材在 X 轴和 Y 轴的伸展幅度，即素材的缩放程度。
- 旋转：设置素材在 X 轴和 Y 轴的旋转角度。如果是 3D 素材，还可以设置 Z 轴的旋转角度。
- 透视：这个设置针对 3D 素材而言，可以设置素材的透视效果。
- 可见度和颜色：设置素材的不透明度、背景颜色和背景不透明度等属性。
- 边缘：设置素材边缘的颜色和平滑属性。
- 投影：设置素材的透明效果。

3. 设置视频布局

要设置视频布局效果属性，可以选择素材后在【信息】面板中选择【视频布局】项，然后单击【打开设置对话框】按钮，接着通过【视频布局】对话框设置这些属性即可，如图 3-2 所示。

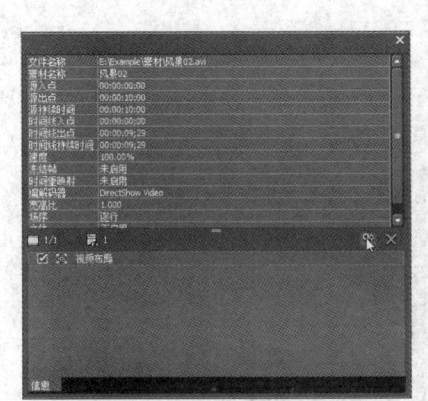

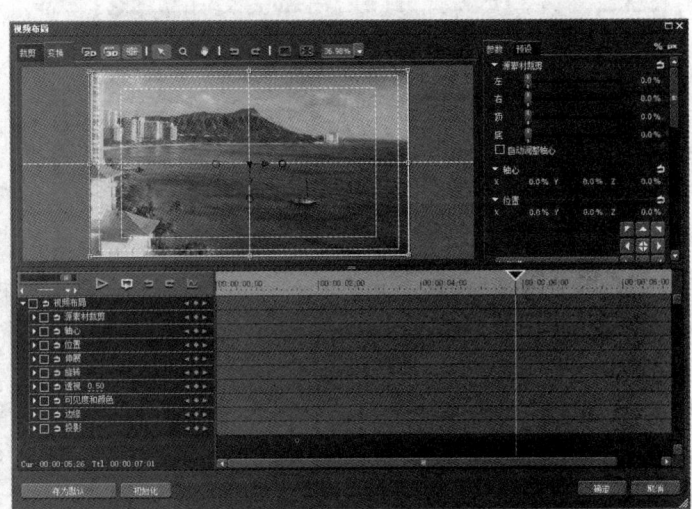

图 3-2　通过【视频布局】对话框设置效果属性

3.1.2　标准特效

1. 关于标准特效

标准特效是必须先应用于素材或素材混合器以创建期望结果的附加效果。在 EDIUS 中，可以将任意数量或组合的标准特效应用于序列中的任何素材。

使用标准特效可以为素材添加特性或编辑素材，如调整色调或修剪像素。EDIUS Pro 7 为用户提供了多种特效，这些特效都显示在【特效】面板中，如图 3-3 所示。

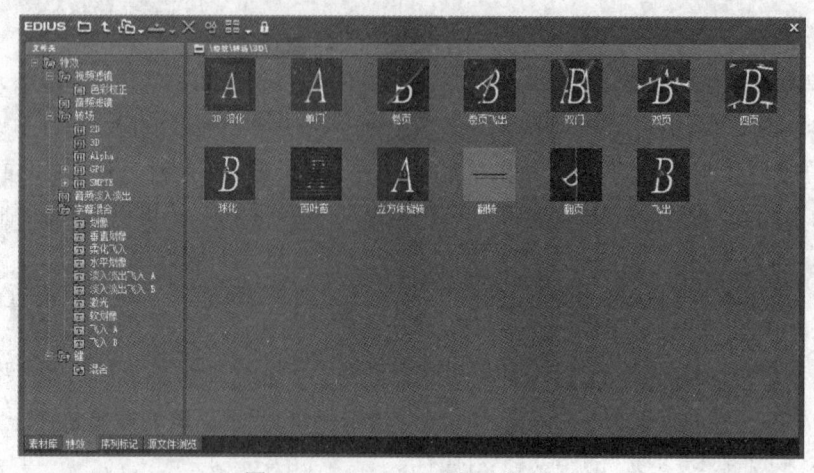

图 3-3　EDIUS Pro 7 提供的特效

2. 动画化标准特效

标准效果可以通过【信息】面板打开对应的设置对话框来修改特效的设置。大部分特效可以在特效的设置对话框中使用关键帧并更改特效的属性，以为标准特效创建可随时间推移的动画化效果，如图 3-4 所示。

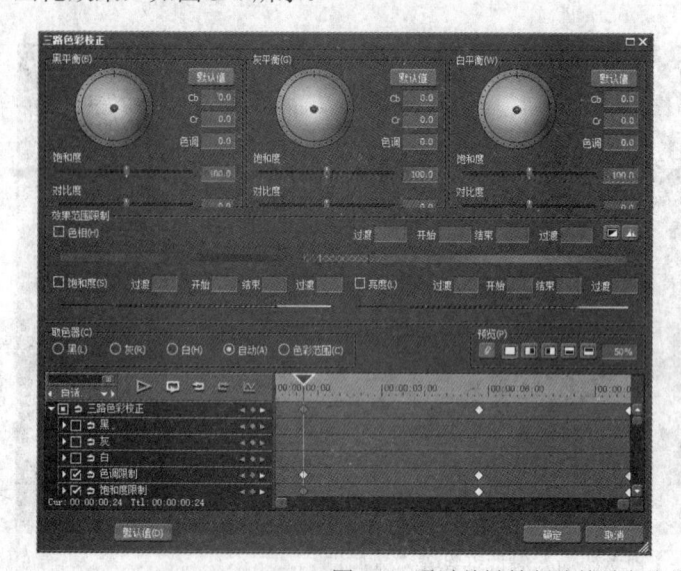

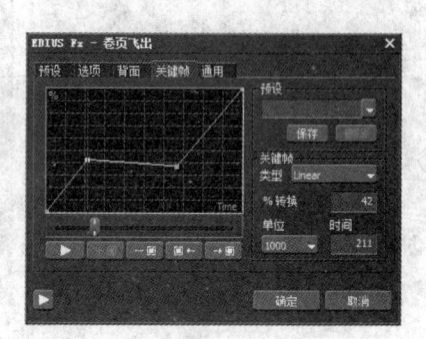

图 3-4　通过关键帧创建特效各个属性的动画

3.2　查看与应用特效

EDIUS 的特效都罗列在【特效】面板中，分为视频滤镜、音频滤镜、转场、音频淡入淡出、字幕混合和键 6 大类。

3.2.1　查看特效

1. 【特效】面板显示方式

为了方便用户使用特效，【特效】面板使用文件夹视图显示方式。如图 3-5 所示即是文件夹视图，面板左侧为特效种类名称列表，右侧为特效的缩览图标。通过调整面板的视图，还可以详细文本的方式显示特效。

图 3-5 设置视图方式

2．预览效果

某些特效如转场特效，可以通过特效图标预演该特效的动画效果。

方法：显示【特效】面板视图方式为【图标】，然后将鼠标移到特效图标上，此时鼠标指针下方将出现特效说明和预演，如图 3-6 所示。此外，使用鼠标单击特效图标，选中的图标也可以出现预演动画，如图 3-7 所示。

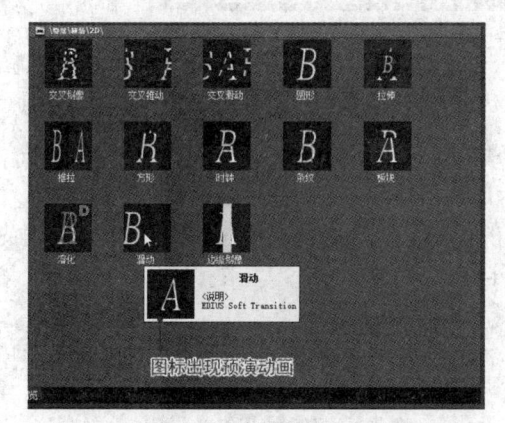

图 3-6 将鼠标移到特效图标上查看说明 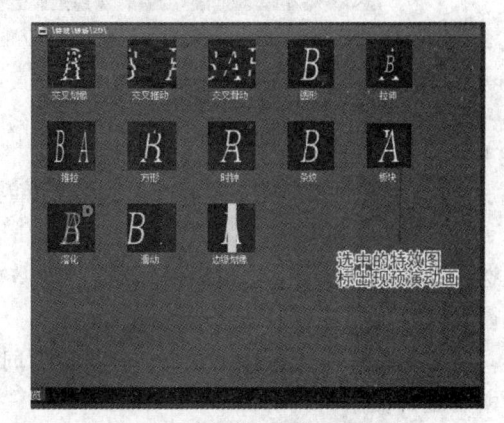　　　　图 3-7 选择特效图标查看预演

3.2.2 应用特效

1．方法

在 EDIUS 中，可以将一个或多个特效应用于序列中的素材中。

在【特效】面板中，打开对应特效的文件夹，并执行以下操作之一：

（1）选择特效图标并将特效图标拖到【时间线】面板中的素材上，如图 3-8 所示。

（2）在【时间线】面板中选择素材，选择特效图标并单击右键，再选择【添加到时间线】命令即可，如图 3-9 所示。

图 3-8 将特效拖到素材上

图 3-9 选择素材后通过命令添加特效到素材上

2．放置目标方式

如果将特效拖到【时间线】面板中的素材上，放置目标将按如下方式确定：

（1）如果时间线未选择素材，则效果将应用于放置时瞄准的素材。

（2）如果时间线选择了素材，但是放置时瞄准的素材不属于选择的任何素材，则将取消先前选择的素材。瞄准的素材以及所有链接的轨道项目将变为选定状态。特效将应用于瞄准的素材以及链接的轨道项目。

（3）如果时间线选择了素材，并且放置时瞄准的素材属于选择的素材之一，则特效将应用于所有选择的素材，如图 3-10 所示。

图 3-10 选择多个素材时，特效将应用于所有选择的素材

3.2.3 应用转场特效

1. 添加转场特效

如果是转场特效，则需要将特效项拖到混合器轨道的前一素材的出点，或下一素材入点，如图 3-11 所示。

图 3-11　将转场效果添加到两个素材之间

问：什么是混合器轨道？

答：混合器轨道是每个视频轨道（V 轨道）或视音频轨道（VA 轨道）默认自带的轨道。它显示在视频轨道的下方，主要用于应用和设置一些基本效果，如转场、不透明度等。

2. 删除转场特效

方法 1　选择应用转场特效的混合器素材，再按 Delete 键即可。

方法 2　选择应用转场特效的混合器素材，然后单击右键并选择【删除部分】|【混合器】|【轨道转场】命令，如图 3-12 所示。

方法 3　选择应用转场特效的混合器素材，然后在【信息】面板中选择转场特效，再单击【删除】按钮，如图 3-13 所示。

图 3-12 通过菜单命令删除转场特效 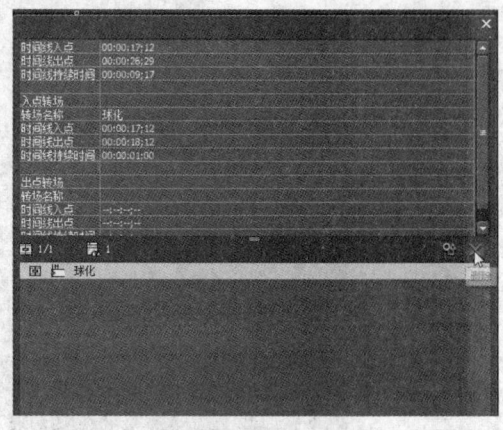　　　　图 3-13 通过【信息】面板删除转场特效

3.3 编辑与管理特效

特效应用到素材后，其设置处于默认的状态。为了让特效适用不同的素材，可以在应用特效后，通过对应的设置对话框编辑特效属性。

3.3.1 编辑视频布局

视频布局可控制素材的固有属性，只要素材添加到时间线，即可通过【信息】面板查看和编辑素材的视频布局效果。

动手操作　制作视频淡入效果

1 打开光盘中的"..\Example\Ch03\3.3.1.ezp"练习文件，在序列上选择素材，然后在【信息】面板中选择【视频布局】项并单击【打开设置对话框】按钮，如图 3-14 所示。

2 打开【视频布局】对话框后，将当前时间指示器移到素材入点，然后在左侧窗格中打开【可见度和颜色】列表，选择【素材不透明度】复选框，再单击【添加/删除关键帧】按钮，添加第一个关键帧。

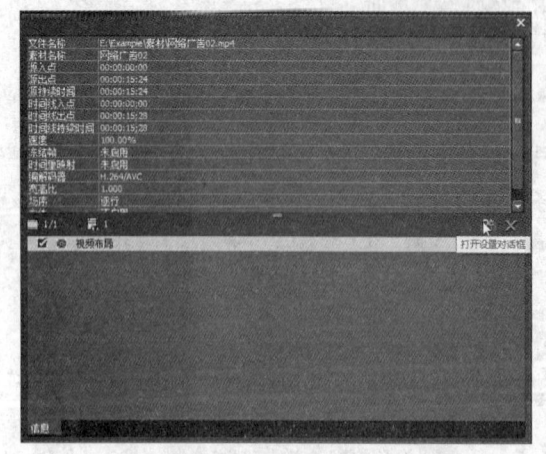

图 3-14 设置【视频布局】对话框 　　　　图 3-15 添加不透明度的第一个关键帧

3 添加关键帧后,打开【素材不透明度】列表,然后通过拖动属性轮盘或者输入数值,设置关键帧的不透明度为 0%,如图 3-16 所示。

4 在【视频布局】对话框中向右拖动当前时间指示器,然后在适当的位置停下并添加第二个关键帧,接着设置该关键帧的不透明度为 100%,如图 3-17 所示。

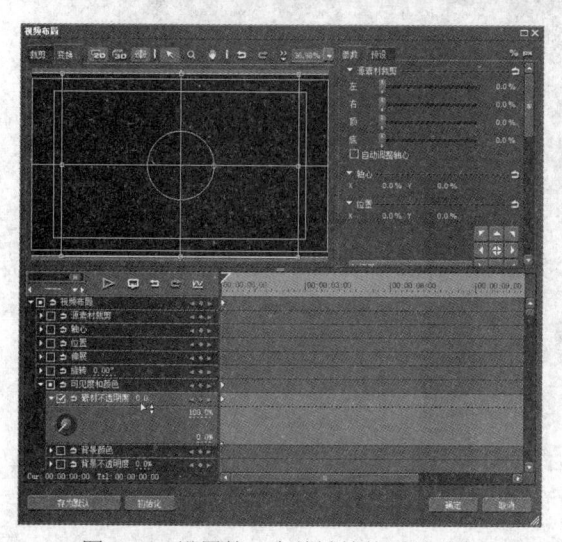

图 3-16 设置第一个关键帧的不透明度 　　　图 3-17 插入第二个关键帧并设置不透明度

5 编辑不透明度属性后,即可在【视频布局】对话框中单击【播放】按钮,查看素材创建淡入的效果,如图 3-18 所示。

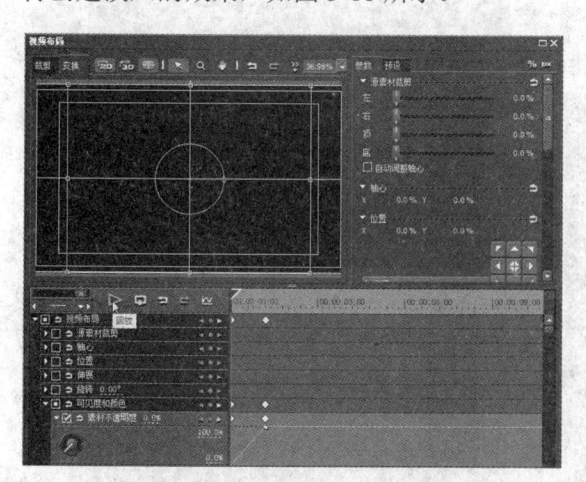

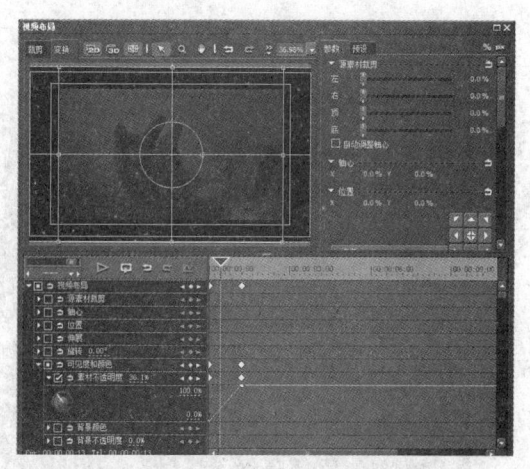

图 3-18 查看播放素材淡入效果

3.3.2 编辑标准特效

将标准特效应用到素材后,可以打开该特效对应的设置对话框,调整特效的默认设置,使特效的应用更加符合制作的要求。

动手操作　更改视频的颜色效果

1 打开光盘中的"..\Example\Ch03\3.3.2.ezp"练习文件,打开【特效】面板并打开【视频滤镜】|【色彩校正】文件夹列表,找到【色彩平衡】项目,然后将该特效拖到序列的视频

素材上,如图 3-19 所示。

图 3-19 应用特效到视频素材

2 选择素材,在【信息】面板中选择【色彩平衡】项,然后单击【打开设置对话框】按钮,打开【色彩平衡】对话框后,设置色度、亮度、对比度和其他颜色的属性,如图 3-20 所示。

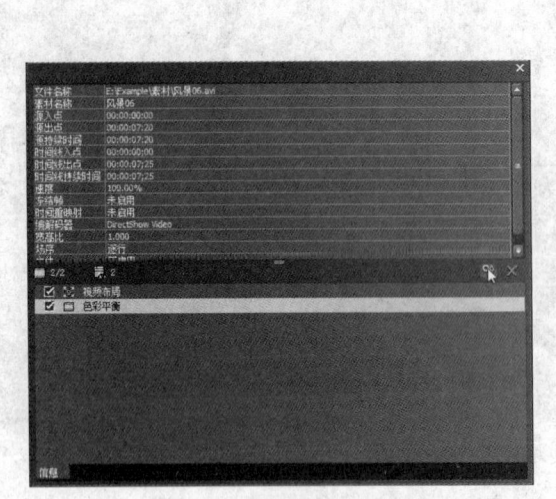

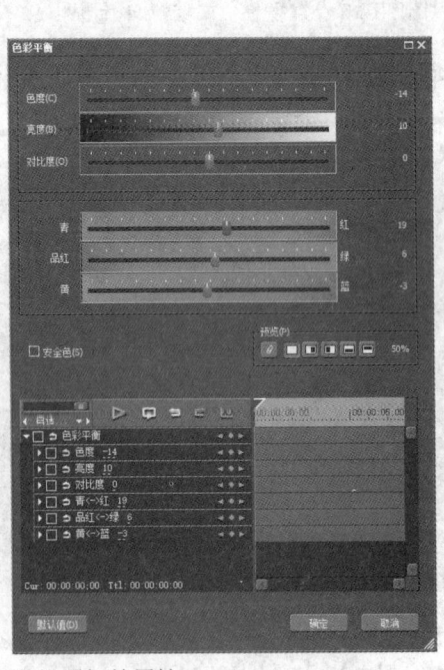

图 3-20 打开特效设置对话框并设置初始属性

3 在【色彩平衡】对话框中将当前时间指示器移到素材入点处,然后选择【色彩平衡】复选框,单击【添加/删除关键帧】按钮,将当前时间指示器移到素材出点处,再次单击【添加/删除关键帧】按钮,如图 3-21 所示。

4 此时在对话框中设置出点关键帧中各项属性的参数,调整视频素材的色彩效果,单击【确定】按钮,如图 3-22 所示。

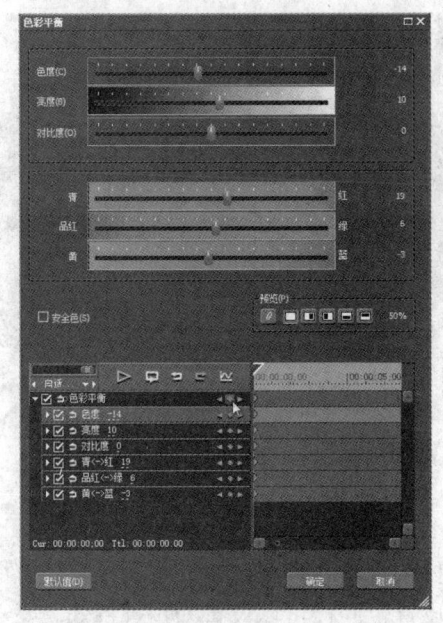

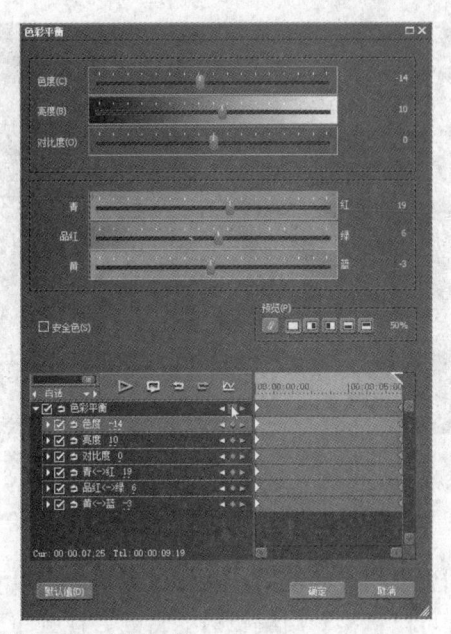

图 3-21　添加入点关键帧和出点关键帧

5 返回主窗口中，切换到录制窗口，然后单击【播放】按钮，播放时间线以查看视频的色彩变化效果，如图 3-23 所示。

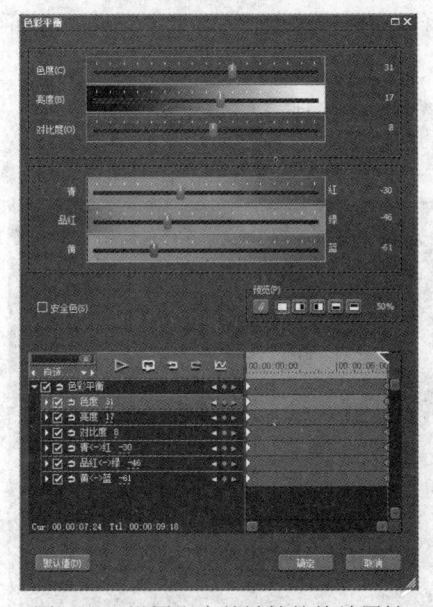

图 3-22　设置出点关键帧的特效属性 　　　　　图 3-23　播放时间线查看结果

> 在上例的【色彩屏幕】特效中，设置完特效属性后，可以在设置对话框中单击【预览】框的相关按钮，通过录制窗口查看原效果和应用特效的对比，如图 3-24 所示。

图 3-24 设置预览效果方式

3.3.3 保存为预置特效

应用到素材上的特效，在经过编辑后可以将特效设置为预置，以显示在【特效】面板中，以便下次可以直接套用编辑后的特效。视频布局设置也同样可以设置为预置特效。

动手操作　保存为预置特效

1 在【特效】面板中选择特效文件夹，或者新建一个文件夹，以作为放置预置特效的文件夹。

2 当通过【视频布局】对话框或者对应特效对话框编辑属性后，可以在【信息】面板的特效项目上单击右键，选择【另存为当前用户预置】命令，如图 3-25 所示。

3 此时特效会显示在【特效】面板选定的文件夹中，在特效图标右下方显示"U"标识，如图 3-26 所示。

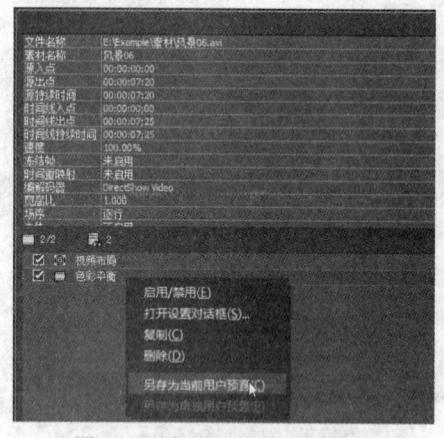

图 3-25　保存为用户预置特效　　　　图 3-26　查看用于预置特效

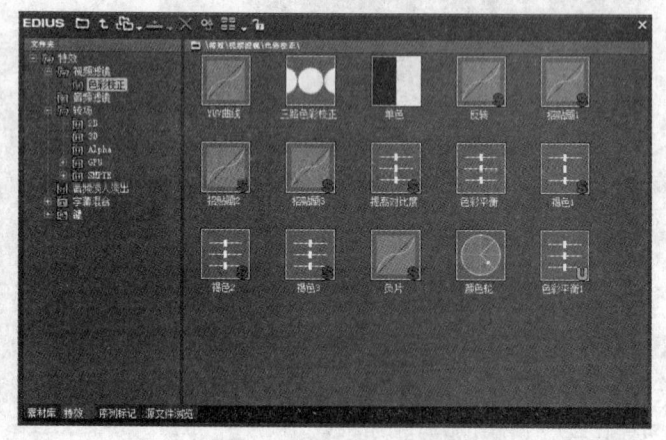

3.3.4 启用与禁用特效

视频布局或标准特效应用到素材后，默认都是处于启用状态。如果要禁用或启用特效，可以使用下面两种方法。

方法 1　在【信息】面板中勾选或取消勾选特效项目，如图 3-27 所示。

方法 2 在【信息】面板中选择特效项目并单击右键，然后选择【启用/禁用】命令，如图 3-28 所示。

图 3-27 通过勾选启用或禁用特效 　　　　图 3-28 通过菜单命令启用或禁用特效

3.3.5 使用文件夹放置特效

如果是常用的特效，可以将这些特效放到一个新建的文件夹集中管理，以后要使用这些效果时，就不需要从特效列表中寻找了。

要新建特效文件夹，可以单击【特效】面板左侧窗口空白位置，然后选择【新建文件夹】命令，如图 3-29 所示。

此时面板左侧窗口会出现文件夹，可以更改文件夹名称或者使用默认名称。将常用的效果拖到该文件夹，即可将特效移入文件夹内，如图 3-30 所示。

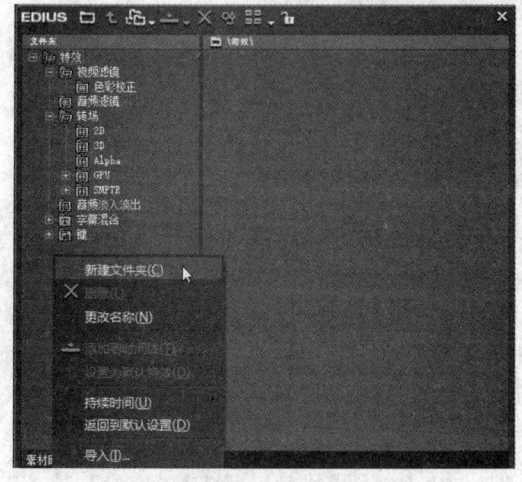

图 3-29 新建特效文件夹 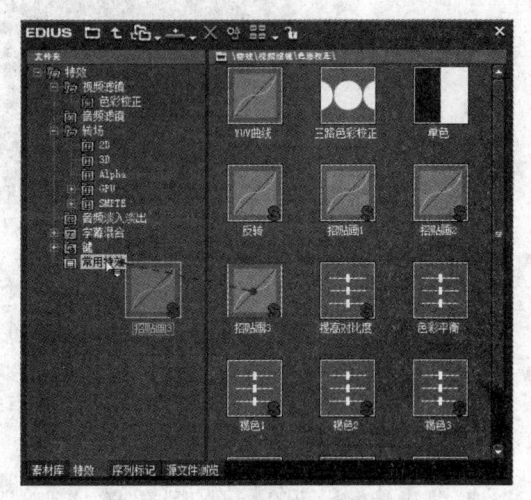　　　　图 3-30 将特效项目移到文件夹

3.4 视频滤镜概述

视频滤镜主要用于素材的视觉效果处理和色彩编辑。

3.4.1 色彩校正

- YUV 曲线：亮度信号被称作 Y，色度信号是由两个互相独立的信号组成。视颜色系统和格式不同，两种色度信号经常被称作 U 和 V，或 Pb 和 Pr，或 Cb 和 Cr。与传统的 RGB 调整方式相比，YUV 曲线更符合视频的传输和表现原理，大大增强了校色的有效性。图 3-31 所示为 YUV 曲线特效设置。

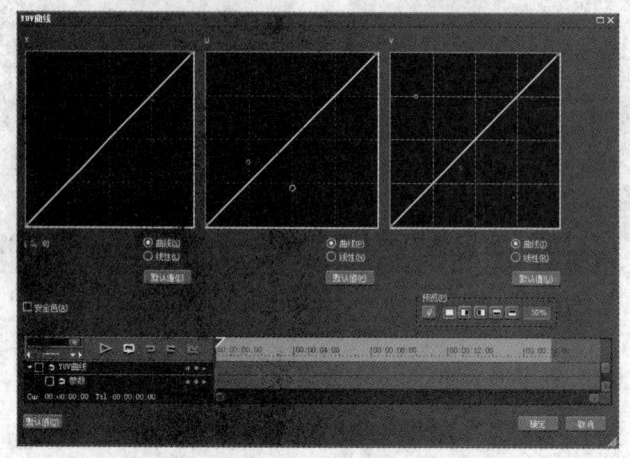

图 3-31　YUV 曲线特效设置

- 单色：将画面调成某种单色效果，如图 3-32 所示。

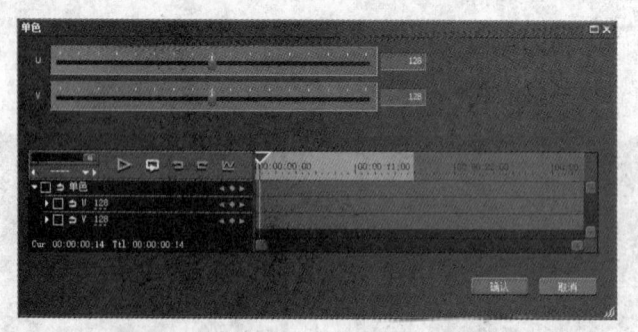

图 3-32　单色设置

- 三路色彩校正：分别控制画面的高光、中间调和暗调区域色彩，如图 3-33 所示。可以提供一次二级校色（多次运用该滤镜以实现多次二级校色）的素材处理方法，可以更细致地修改素材颜色效果，是 EDIUS 中使用较频繁的校色特效之一。
- 色彩平衡：除了调整画面的色彩倾向以外，还可以调节色度、亮度和对比度，也是 EDIUS 中使用较频繁的校色特效之一。
- 颜色轮：提供色轮的功能，对于颜色的转换比较有用，如图 3-34 所示。

> 在【特效】面板中，有些特效图标右下角有"S"的标识。这种特效是系统预置特效，即已经使用某种特效类型并设置好属性的预置特效。例如，在【色彩校正】文件夹中，【反转】特效其实是使用了【YUV 曲线】特效并预设相关属性而成。

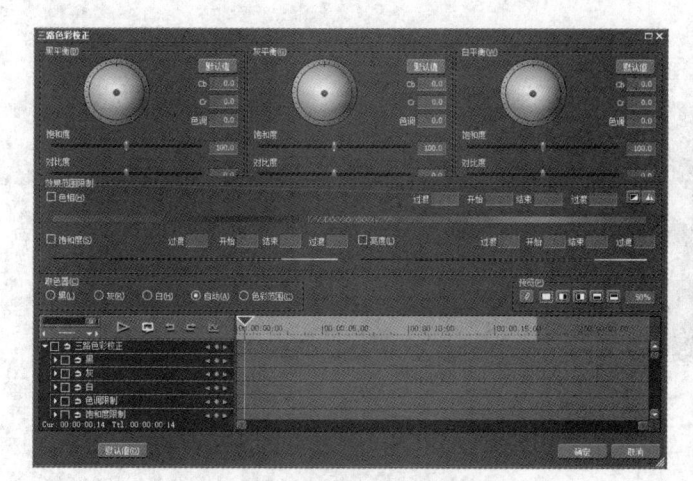

图 3-33　三路色彩校正设置　　　　　　　　　图 3-34　颜色轮设置

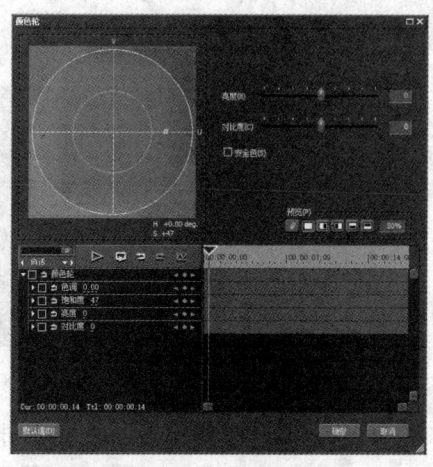

3.4.2　其他视频滤镜

- 光栅滚动：创建画面的波浪扭曲变形效果，可以为变形程度设置关键帧。如图 3-35 所示为源素材画面和应用光栅滚动特效的画面。

图 3-35　光栅滚动的效果

- 动态模糊：为画面添加"运动残影"特效，对动态程度大的素材特别有效。
- 块颜色：将画面变成一个单色块，经常和其他滤镜联合使用，如图 3-36 所示。
- 平滑模糊和模糊：使画面产生模糊效果，如图 3-37 所示。使用较大的模糊值时，平滑模糊算法更好，画面更柔和。

图 3-36　块颜色的效果　　　　　　　　　　　图 3-37　模糊的效果

- 浮雕：使画面产生立体感，看起来像石版画，如图 3-38 所示。
- 混合滤镜：将两个滤镜效果以百分比率混合，混合程度可以设置关键帧动画。虽然滤镜本身只提供两个效果的混合，但是需要混合多个效果的话，可以嵌套使用。图 3-39

所示为混合滤镜的设置。

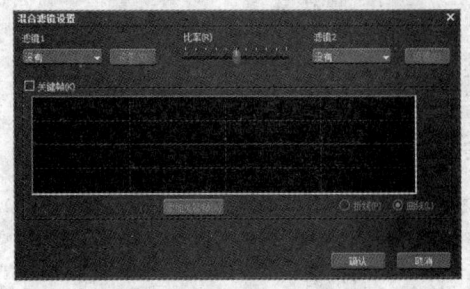

图 3-38　浮雕的效果　　　　　　　　　图 3-39　混合滤镜的设置

- 焦点柔化：与单纯的模糊不同，焦点柔化更类似一个柔焦效果，可以为画面添加一层梦幻般的光晕，如图 3-40 所示。
- 铅笔画：应用此特效可以使画面看起来好像是铅笔素描一样，如图 3-41 所示。

图 3-40　焦点柔化的效果　　　　　　　　图 3-41　铅笔画的效果

- 锐化：可以锐化对象轮廓，使图像看起来更加清晰、更加强调细节，但同时也会增加图像的颗粒感，如图 3-42 所示。
- 镜像：垂直或者水平镜像画面，如图 3-43 所示。

图 3-42　锐化的效果　　　　　　　　　图 3-43　垂直镜像画面的效果

- 马赛克：使用率相当高的特效，将画面应用马赛克效果，如图 3-44 所示。
- 中值：平滑画面，保持画面清晰的同时，减小画面上微小的噪点，如图 3-45 所示。相比"模糊"滤镜，它更适合来改善画质。不过使用较大阈值的话，会呈现出如油画笔笔触般的效果。
- 循环幻灯：将画面上、下、左、右复制并连接起来运动，类似"走马灯"的效果，如图 3-46 所示。

图 3-44　马赛克的效果　　　　　　　　　图 3-45　中值的效果

- 矩阵：允许对每个像素设置矩阵，从而使画面变得模糊或锐利，如图 3-47 所示。该功能对 MPEG 格式的运动图像非常有效。矩阵正中间的文本框代表要进行计算的像素点，输入的值会与该像素的亮度值相乘，输入值的范围为－255～＋255。周围的文本框代表相邻的像素，输入的值会与该位置的像素的亮度值相乘，当前像素点的亮度值是矩阵所有值相加。

图 3-46　循环幻灯的效果　　　　　　　　图 3-47　矩阵的效果

- 组合滤镜：可同时设置 5 个滤镜。与上混合滤镜不同，组合滤镜并不是依靠百分比率相混合，而是下方滤镜"叠加"到上方滤镜效果上去，如图 3-48 所示。通过不同滤镜的组合应用，可以得到自定义的全新滤镜效果。
- 老电影：模拟了老电影中特有的帧跳动、落在胶片上的毛发杂物等因素，配合色彩校正使其变得泛黄或者黑白化，如图 3-49 所示。

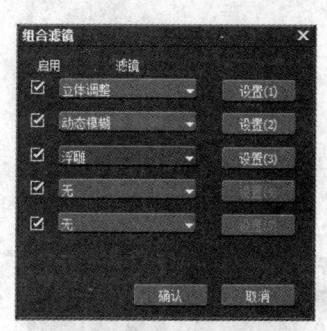

图 3-48　组合滤镜的设置　　　　　　　　图 3-49　老电影的效果

- 色度：指定一种颜色作为关键色来定义一个选择范围，并在其内部、外部和边缘添加滤镜。比较常见的是配合色彩滤镜进行二次校色，当然，也可以配合其他滤镜得到一些特殊效果，如图 3-50 所示。色度特效还可以反复进行嵌套使用，达到对画面的多次校色效果。

75

- 视频噪声：为视频添加杂点，适当的数值可以为画面增加胶片颗粒质感，如图 3-51 所示。

图 3-50　色度的效果　　　　　　　　　图 3-51　视频噪声的效果

- 通道选择：将拥有 Alpha 通道的素材显示为黑白信息，可用于轨道间的合成。
- 闪光灯/冻结：可以创造出闪动灯闪动、抽帧之类的特殊效果。
- 防闪烁：减小电视屏幕中图像的闪烁，对于动态较小的素材非常有效。需要在外接的监视器中才能确认其效果。
- 隧道视觉：使画面看起来像在隧道或管中一样，如图 3-52 所示。
- 立体调整：通过横向和纵向对素材进行立体调整，并可以调整视觉效果，如图 3-53 所示。

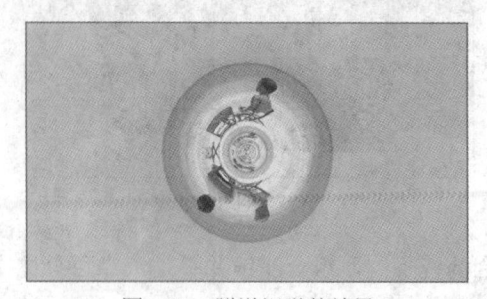

图 3-52　隧道视觉的效果　　　　　　　　图 3-53　立体调整的效果

- 手绘遮罩：为素材创建遮罩区域，以设置遮罩区域内和遮罩区域外的效果，如图 3-54 所示。

图 3-54　手绘遮罩的效果

3.5 转场特效概述

EDIUS 拥有数量丰富的转场特效,在【特效】面板的转场目录下,包括 2D、3D、Alpha、GPU、SMPTE 五大分类,其自带的转场效果可达数百种。

3.5.1 2D 转场

在【2D】转场分类中提供了 13 个 2D 转场特效,这些特效都具有类似的设置对话框,其功能选项设置也差不多。如图 3-55 所示为【交叉划像】转场的设置对话框。

在 2D 转场特效设置对话框的 选项卡中提供了特效的参数和通用设置,包括样式、平铺和通用选项;在 选项卡中则提供了创建转场特效时间动画的操作,并提供了多个预设动画设置选项,如图 3-56 所示。

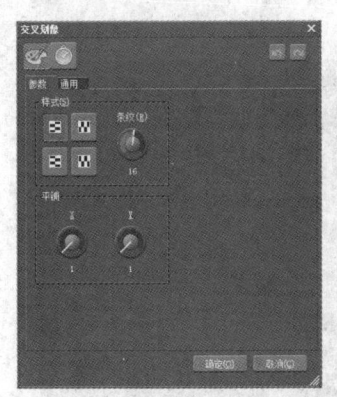

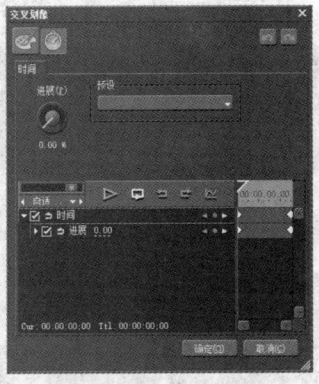

图 3-55 【交叉划像】转场的设置对话框 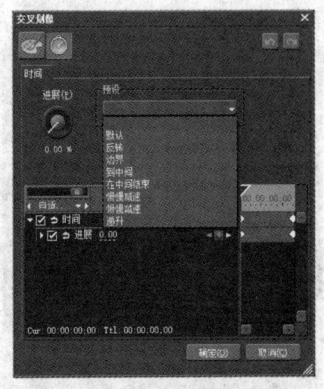　　图 3-56 使用预设的动画设置选项

- 交叉划像:A 视频不动,B 视频作条状穿插,如图 3-57 所示。

图 3-57 交叉划像转场的效果

- 交叉推动:A、B 视频作条状穿插,如图 3-58 所示。

图 3-58　交叉推动转场的效果

- 交叉滑动：A、B 视频都不动，它们的可见区域作条状穿插，如图 3-59 所示。

图 3-59　交叉滑动转场的效果

- 圆形/方形：转场形式是各种形式的圆形/方向，如图 3-60 所示。

图 3-60　圆形与方形转场的效果

- 板块：转场类似一个矩形运动的轨迹，如图 3-61 所示。
- 时钟：转场形式类似时针的走向，如图 3-62 所示。
- 溶化：类似叠化的效果，是比较常用的转场特效，如图 3-63 所示。

图 3-61　板块转场效果　　　　图 3-62　时钟转场效果　　　　图 3-63　溶化转场效果

- 推拉：A、B 视频各自压缩或延展，看上去就像一个把另一个"推出去"，如图 3-64 所示。
- 滑动：各种各样的划像方式，如图 3-65 所示。

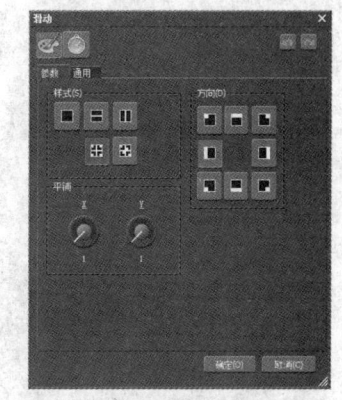

图 3-64　推拉转场效果　　　　　　　　　　　图 3-65　滑动转场效果和设置

- 拉伸：视频由小变大或者由大变小，如图 3-66 所示。
- 条纹：转场形式为各种角度的条纹，如图 3-67 所示。
- 边缘划像：从左到右边缘或从右到左边缘或从中心向两边产生划像，如图 3-68 所示。

图 3-66　拉伸转场效果　　　　图 3-67　条纹转场效果　　　　图 3-68　边缘划像转场效果

79

3.5.2　3D 转场

在【3D】转场分类中同样提供了 13 个转场特效，这些特效都具有类似的设置对话框，其功能选项设置也差不多。图 3-69 所示为【3D 溶化】转场的设置对话框。

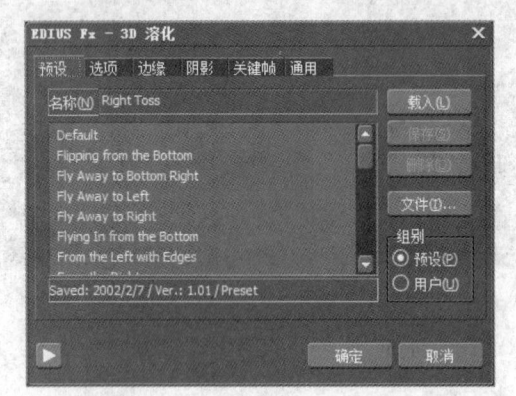

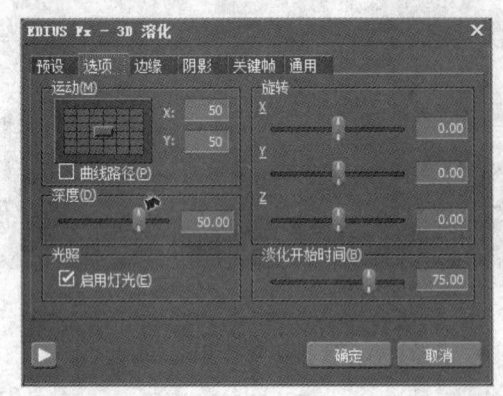

图 3-69　【3D 溶化】转场的设置对话框

- 3D 溶化：以叠化进行转场形式，转场时素材可以作 3D 空间运动，如图 3-70 所示。
- 单门：传统的"单开门"转场，也是一种较为常见的转场方式，如图 3-71 所示。

图 3-70　3D 溶化转场效果　　　　　　　图 3-71　单门转场效果

- 卷页：产生页面卷起动画形态，是一个传统的卷页效果，如图 3-72 所示。
- 卷页飞出：一个视频的页面卷开，并飞出或飞入，如图 3-73 所示。

图 3-72　卷页转场效果　　　　　　　图 3-73　卷页飞出转场效果

- 双门："双开门"的转场形式，是一种较为常见的转场特效，如图 3-74 所示。

- 双页：2片卷页方式的转场，如图3-75所示。

图3-74　双门转场效果　　　　　图3-75　双页转场效果

- 球化：A、B视频其中之一变为球状在3D空间运动，如图3-76所示。
- 立方体旋转：将A、B视频贴在3D空间旋转的立方体表面上，如图3-77所示。

图3-76　球化转场效果　　　　　图3-77　立方体旋转转场效果

- 百叶窗：3D空间的百叶窗转场效果，如图3-78所示。
- 翻转：将A、B视频分别"贴"在一个"平面"的正反两侧，通过3D空间内的翻转，完成转场过程，如图3-79所示。

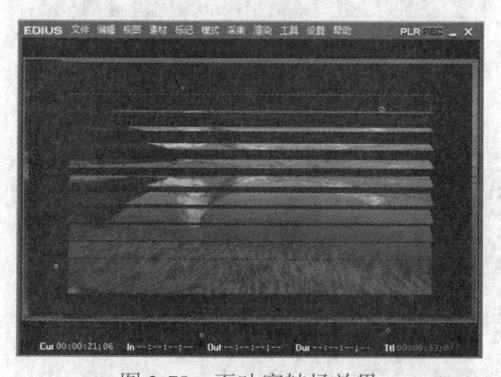

图3-78　百叶窗转场效果　　　　　图3-79　翻转转场效果

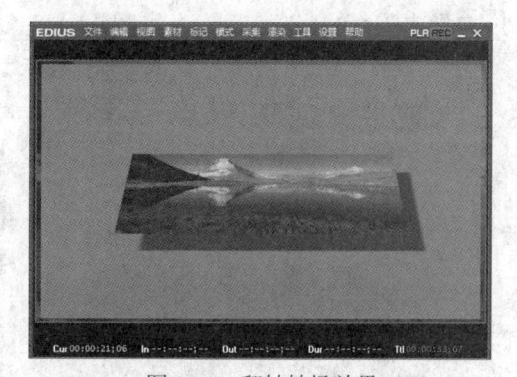

- 四页：4片卷页方式的转场，如图3-80所示。
- 翻页：A、B视频处于页面的正反两侧，通过翻转页面完成转场，如图3-81所示。

81

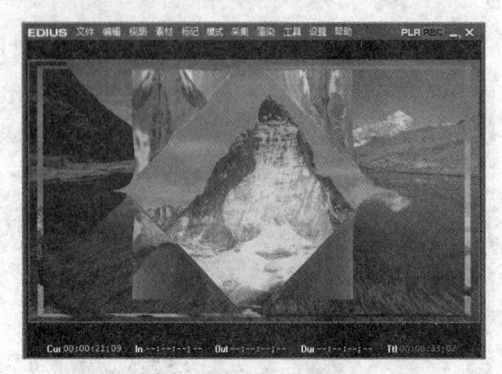

图 3-80　四页转场效果

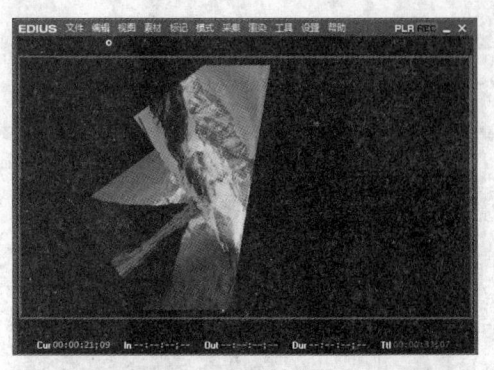

图 3-81　翻页转场效果

- 飞出：让一段视频"飞走"或"飞入"，如图 3-82 所示。

3.5.3　Alpha 转场

【Alpha】特效目录下只有一个【Alpha 自定义图像】特效。用户可以载入一张自定义的图片，作为 Alpha 信息控制转场的方式。如图 3-83 所示为【Alpha 自定义图像】特效设置对话框。

在【Alpha 自定义图像】对话框的 Alpha 图像选项卡中单击【Alpha 位图】项的浏览按钮即可载入一张位图（不一定只能指定黑白色），以制作转场效果，如图 3-84 所示。

在默认状态下，纯黑部分填充 B 视频（目标视频），纯白部分填充 A 视频（源视频）。

不难看出，Alpha 转场的实质就是：Alpha 位图原本是一张全白的图（只有 A 视频），根据用户指定图片的明暗信息，先将图片中暗色部分叠化出来（B 视频从黑色部分先显示出来），再将亮色部分叠化为黑色（转场完成）。

图 3-82　飞出转场效果

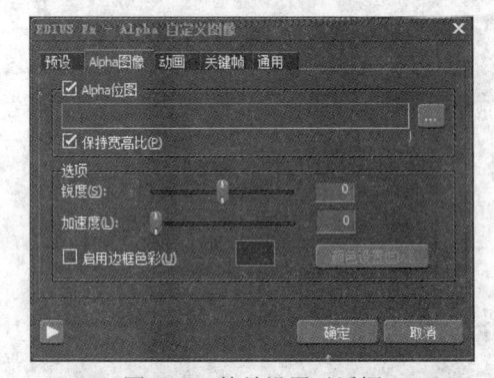

图 3-83　特效设置对话框

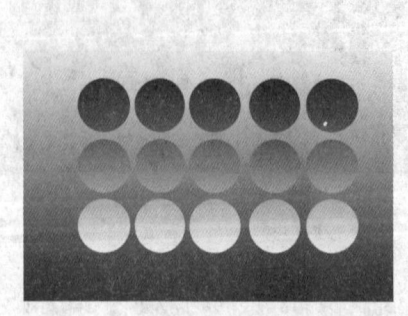

图 3-84　指定 Alpha 位图制作转场效果

3.5.4 GPU 转场

GPU（图形处理器，通常指显卡的显示芯片）转场基于 GPUfx 的视频加速转场类特效。GPUfx 要求显卡支持 Pixel Shader Model 3.0（是 DirectX 9.0c 的标准），如果计算机显卡型号不支持，则 EDIUS 将不会显示这个转场。

GPU 转场是由不同的 3D 转场特效并设置预设属性而形成的，这类转场特效提供了大量的预设特效，如单页、双页、手风琴、扭转、立方管、翻转等，如图 3-85 所示。

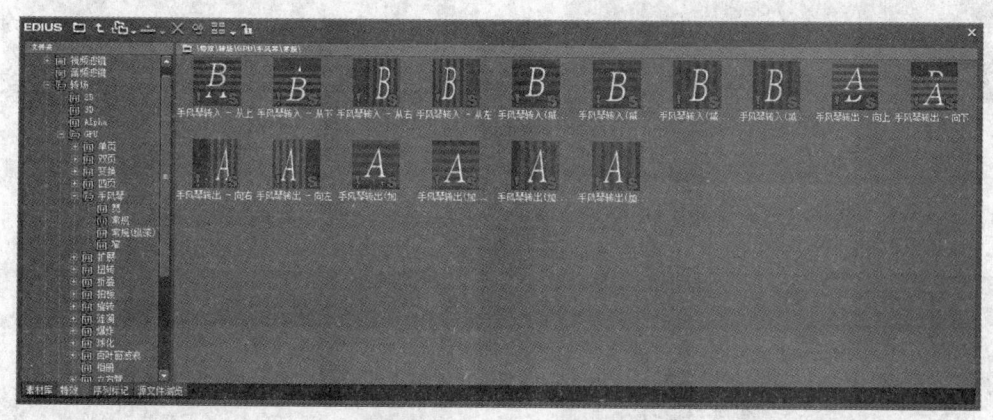

图 3-85　GPU 类转场特效

3.5.5 SMPTE 转场

SMPTE 标准转场的使用比前面介绍的转场特效都要简单，因为它们没有任何设置选项。每个 SMPTE 转场特效都固定了属性设置，用户无法查看和更改，只需直接应用即可。

- 门：包含 6 个"开门"类效果，如图 3-86 所示。
- 增强划像：包含 23 个增强划像方式，其实就是各种形状的划像，如图 3-87 所示。

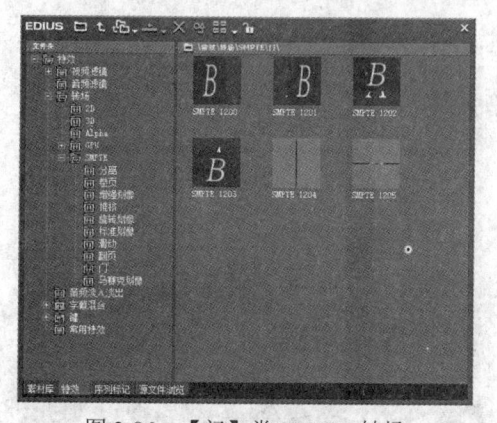

图 3-86　【门】类 SMPTE 转场 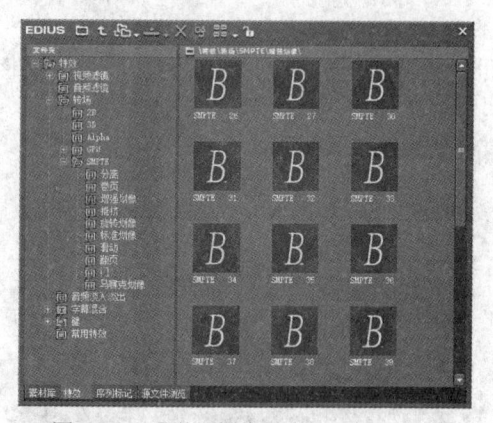　　　　图 3-87　【增强划像】类 SMPTE 转场

- 马赛克划像：包含 31 个马赛克划像方式，如图 3-88 所示。
- 卷页：包含 15 个不同页数的卷页划像方式，如图 3-89 所示。
- 翻页：包含 15 个不同页数的翻页划像方式，如图 3-90 所示。
- 旋转划像：包含 20 个旋转划像方式，类似 Clock 时钟转场，如图 3-91 所示。
- 滑动：包含 8 个滑动方式的转场，如图 3-92 所示。

- 分离：包含 3 个分离方式的转场，如图 3-93 所示。

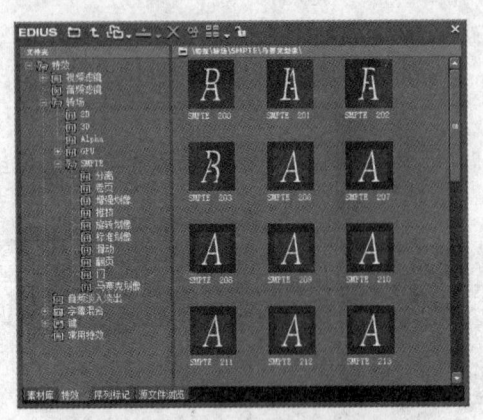

图 3-88 【马赛克划像】类 SMPTE 转场

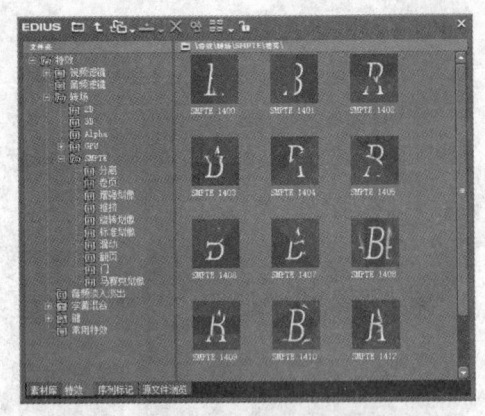

图 3-89 【卷页】类 SMPTE 转场

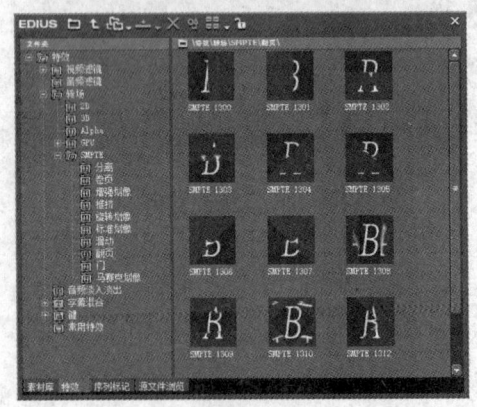

图 3-90 【翻页】类 SMPTE 转场

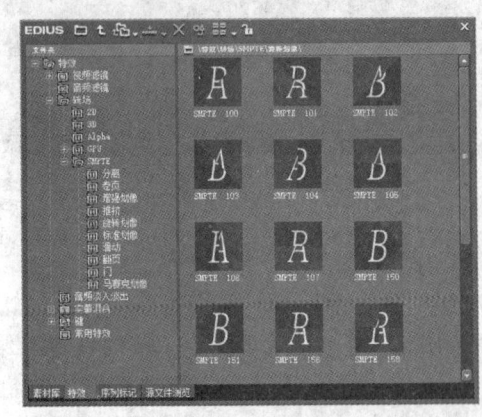

图 3-91 【旋转划像】类 SMPTE 转场

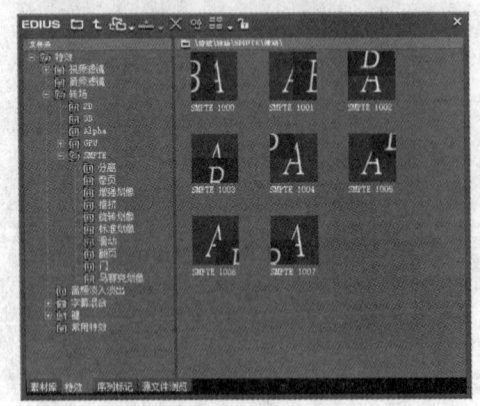

图 3-92 【滑动】类 SMPTE 转场

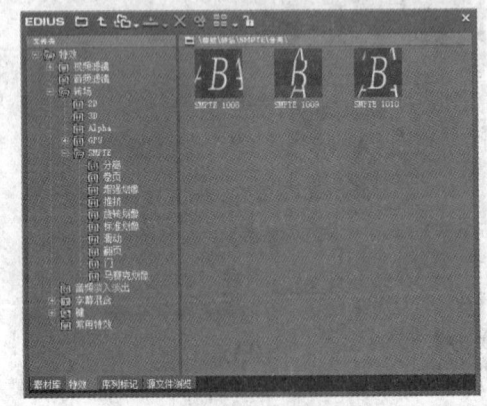

图 3-93 【分离】类 SMPTE 转场

- 推挤：包含 11 个挤压方式的转场，如图 3-94 所示。所谓"挤压"就是指 B 视频（目标视频）有形变。
- 标准划像：包含 24 个标准划像方式，都是较为常见的 2D 转场，如图 3-95 所示。

第 3 章 应用 EDIUS Pro 7 的特效

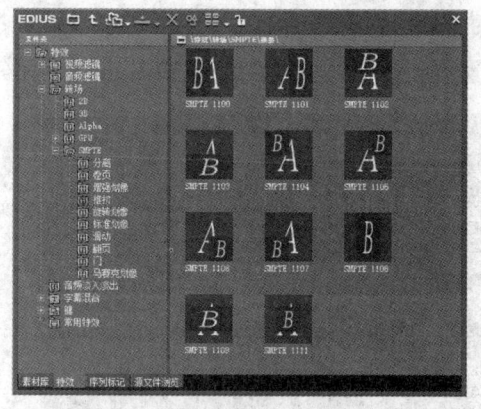

图 3-94 【推挤】类 SMPTE 转场

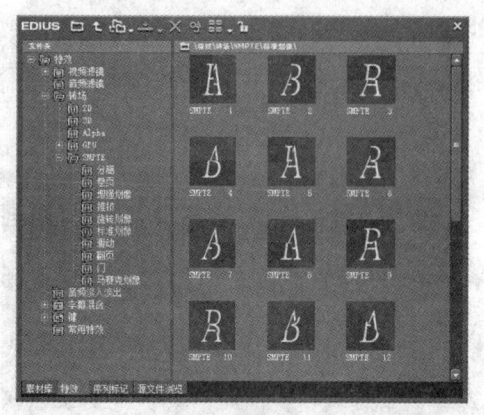

图 3-95 【标准划像】类 SMPTE 转场

> 在【特效】面板中，还包括了音频滤镜、音频淡入淡出、字幕混合和键等类型的特效。在此对这些特效暂不作说明，在后续对应主题的章节内容中，将详细介绍这些类型的特效应用和设置。

3.6 技能训练

下面通过多个上机练习实例，巩固所学技能。

3.6.1 上机练习 1：通过混合器制作淡入/淡出效果

本例先调整轨道的高度，再展开混合器轨道并启用混合器，在混合器不透明线上添加多个关键帧，并设置入点关键帧和出点关键帧的不透明度的属性，制作出视频素材淡入和淡出的效果。

操作步骤

1 打开光盘中的"..\Example\Ch03\3.6.1.ezp"练习文件，然后在【时间线】面板左侧上单击右键并选择【高度】|【3】命令，扩大轨道的高度，接着展开混合器轨道，如图 3-96 所示。

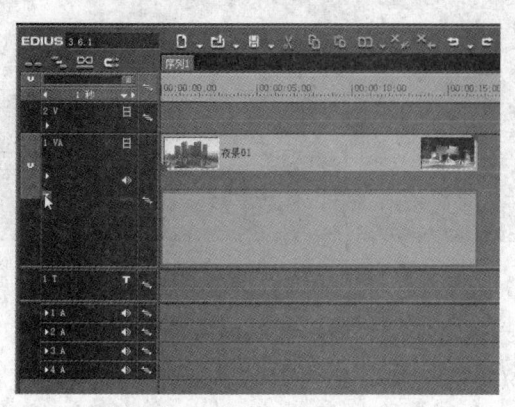

图 3-96 扩大轨道高度并展开混合器轨道

85

2 在混合器轨道左侧上单击【混合器】按钮 MIX，启用混合器，然后在不透明线入点处单击添加第一个关键帧，接着将该关键帧向下移动，设置素材的不透明度为 0%，如图 3-97 所示。

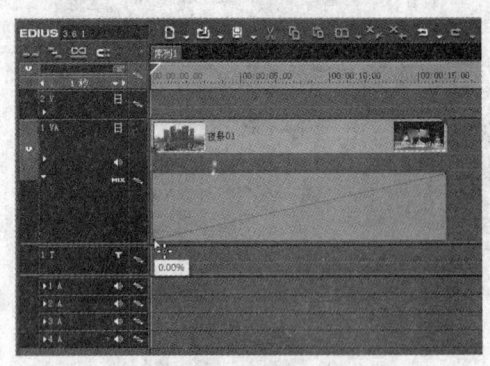

图 3-97　启用混合器并设置第一个不透明度关键帧的属性

3 在不透明度线第一个关键帧右侧上单击添加第二个关键帧，然后将该关键帧向上移动，设置不透明度为 100%，如图 3-98 所示。

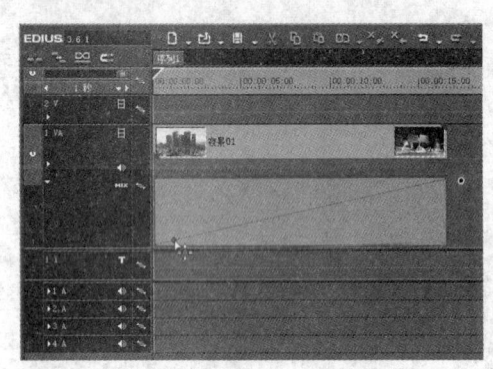

图 3-98　添加第二个关键帧并设置不透明度

4 使用步骤 3 的方法，分别在不透明线右端和出点处添加第三个和第四个关键帧，并设置出点关键帧的不透明度为 0%，如图 3-99 所示。

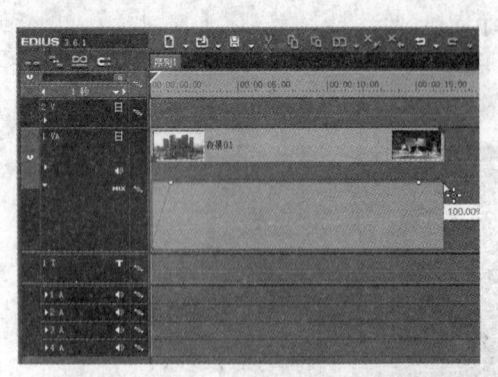

图 3-99　添加两个关键帧并设置出点关键帧的属性

5 完成上述操作后，在录制窗口中单击【播放】按钮，播放时间线查看素材的淡入和淡出的效果，如图 3-100 所示。

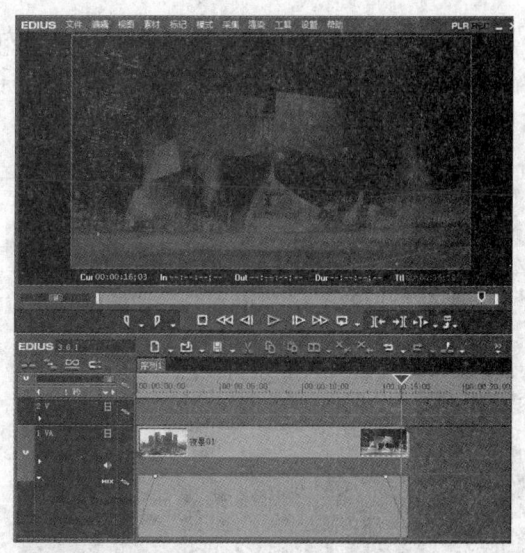

图 3-100　播放时间线查看效果

3.6.2　上机练习 2：制作旋转飞入的视频布局效果

本例先通过【信息】面板打开轨道上素材的【视频布局】对话框，然后分别启用【旋转】和【位置】属性，为这两个属性添加关键帧并设置关键帧的对应属性，制作出素材旋转并飞入屏幕的动画效果，最后通过录制窗口查看该效果即可。

操作步骤

1 打开光盘中的"..\Example\Ch03\3.6.2.ezp"练习文件，选择序列上的素材并打开【消息】面板，选择【视频布局】项并单击【打开设置对话框】按钮，如图 3-101 所示。

2 打开【视频布局】对话框后，在左下方窗格中选择【旋转】复选框，然后将当前时间指示器移到入点处并单击【添加/删除关键帧】按钮，如图 3-102 所示。

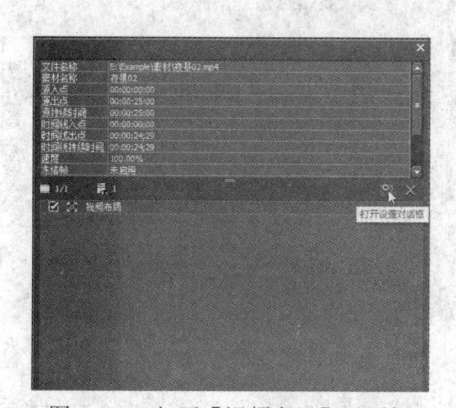

图 3-101　打开【视频布局】对话框

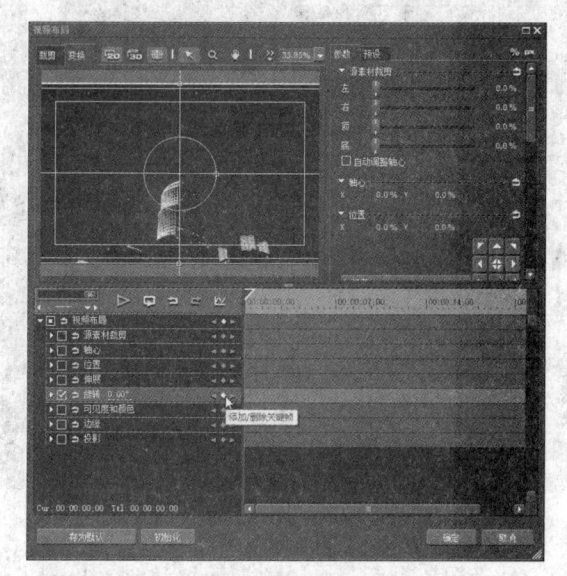

图 3-102　启用旋转动画属性并添加第一个关键帧

3 添加旋转关键帧后，设置旋转的属性为–270 度，如图 3-103 所示。

4 将当前时间指示器移到第 7 秒处，然后单击【添加/删除关键帧】按钮并设置该关键帧的旋转属性为 0 度，如图 3-104 所示。

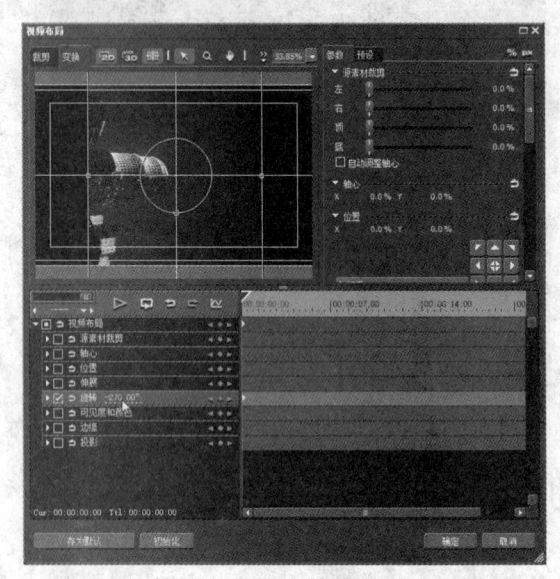

图 3-103　设置第一个关键帧的旋转属性 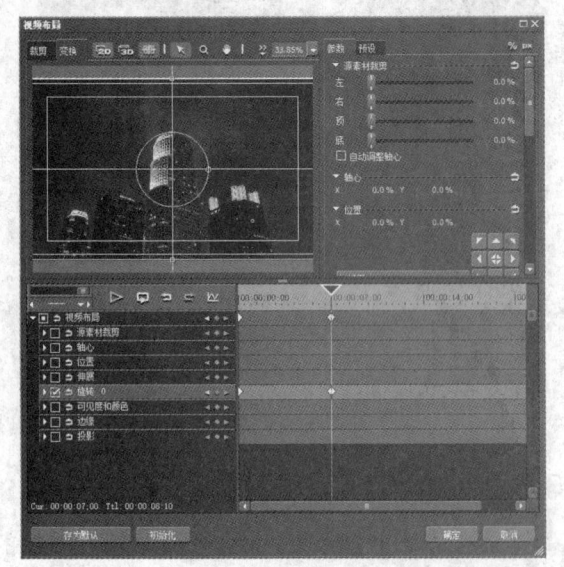　　　　　图 3-104　添加第二个关键帧并设置旋转属性

5 维持当前时间指示器的位置，选择【位置】复选框，然后打开【位置】属性列表，在【X】属性项中单击【添加/删除关键帧】按钮，如图 3-105 所示。

6 将当前时间指示器移到入点处，然后在【X】属性项中单击【添加/删除关键帧】按钮，设置该关键帧的 X 位置属性为–72%，如图 3-106 所示。

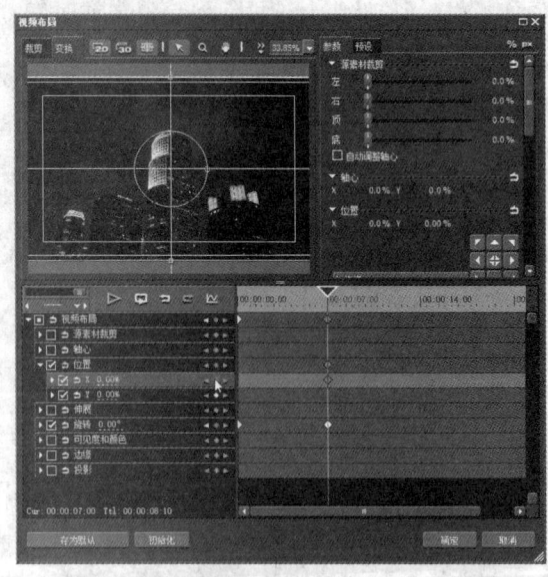

图 3-105　启用位置动画属性并添加关键帧 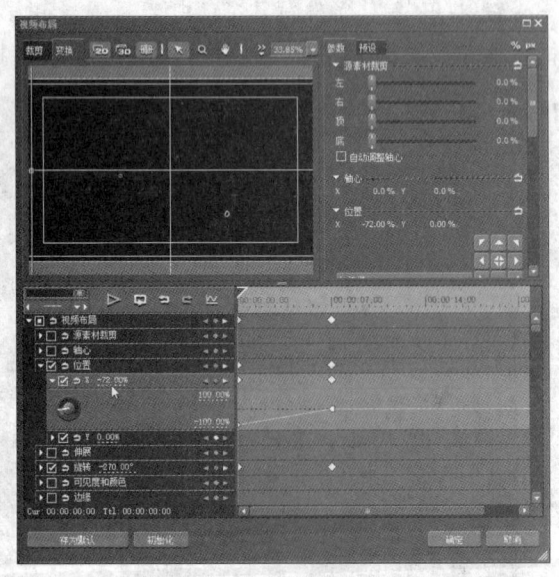　　　　图 3-106　添加位置入点的关键帧并设置 X 位置属性

7 设置效果后，将播放指示器移到素材起点处，然后单击录制窗口上的【播放】按钮，播放时间线以查看素材效果，如图 3-107 所示。

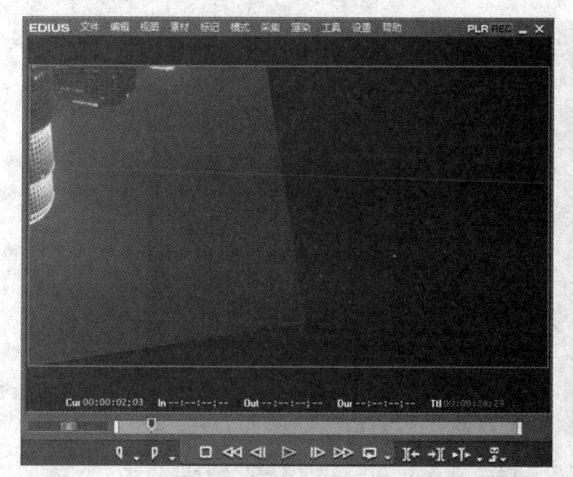

图 3-107　播放时间线以查看效果

3.6.3　上机练习 3：制作视频傍晚到黄昏色彩效果

本例先为素材应用【三路色彩校正】效果，并通过对应的设置对话框设置效果属性，初步调整素材的色彩，然后应用【颜色轮】效果，改善素材的色彩，接着在【颜色轮】对话框中制作亮度与对比度的变化动画，使素材产生从傍晚到黄昏的色彩变化过程。

1 打开光盘中的 "..\Example\Ch03\3.6.3.ezp" 练习文件，选择轨道上的素材，然后打开【特效】面板，再选择【三路色彩校正】效果项目并单击右键，从菜单中选择【添加到时间线】命令，如图 3-108 所示。

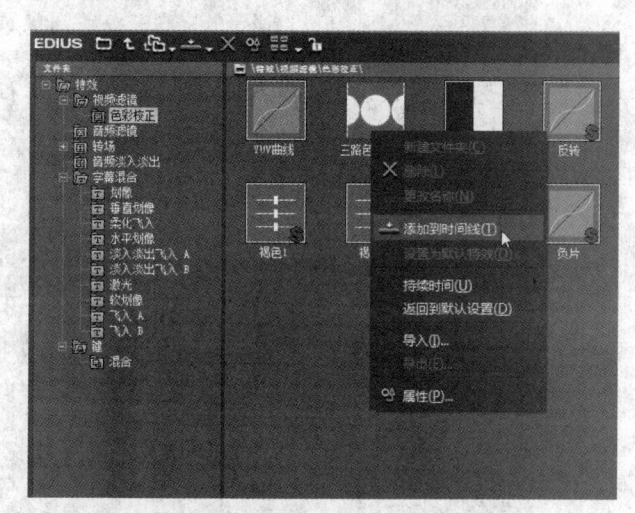

图 3-108　添加【三路色彩校正】特效到素材

2 通过【信息】面板打开【三路色彩校正】对话框，然后在【黑平衡】框中移动色盘的颜色点，再调整饱和度和对比度，设置黑平衡的各项属性，如图 3-109 所示。

3 使用步骤 2 的方法，分别调整灰平衡和白平衡的色彩、饱和度和对比度的属性，如图 3-110 所示。

89

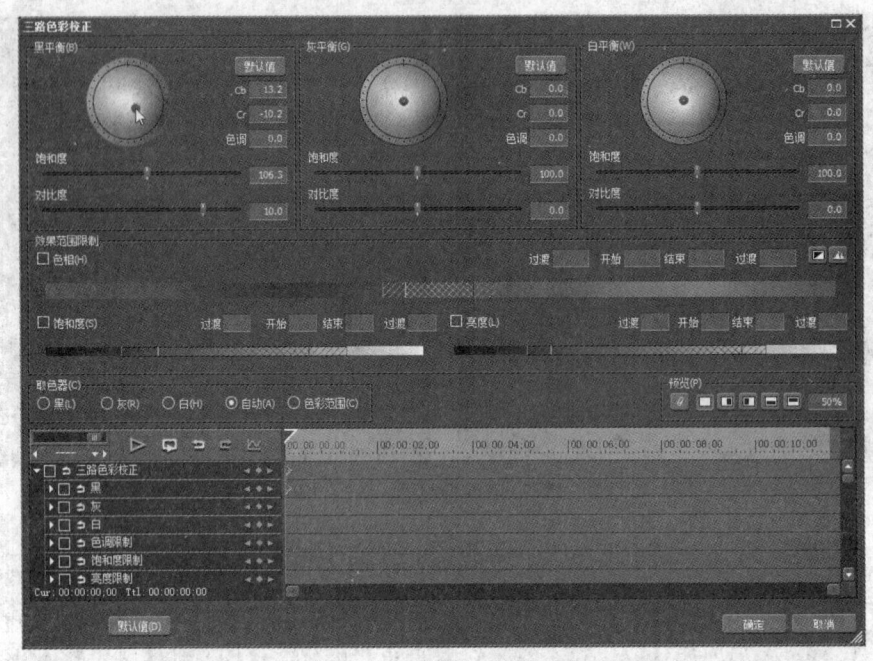

图 3-109 调整黑平衡的属性

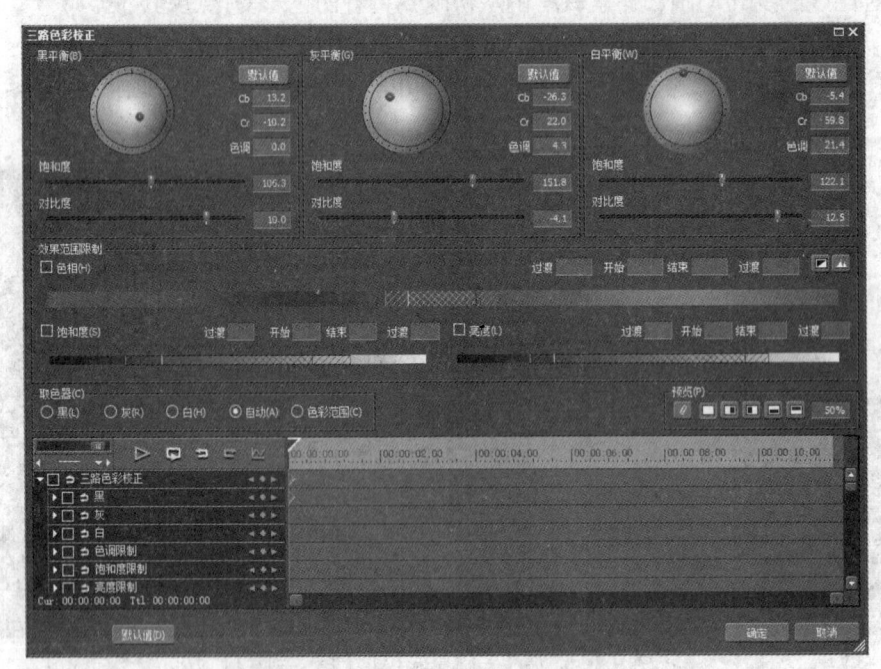

图 3-110 调整灰平衡和白平衡的属性

4 在【三路色彩校正】对话框后,选择【色相】复选框,然后通过移动滑块,设置色相过渡、开始、结束等属性,如图 3-111 所示。

5 使用步骤 4 的方法,在对话框中选择【饱和度】复选框,并通过移动滑块,设置饱和度的范围限制属性,在【预览】框中单击▣按钮,通过录制窗口查看效果的对比,如图 3-112 所示。确定三路色彩校正设置并退出设置对话框。

图 3-111 设置色相效果范围限制属性

图 3-112 设置饱和度范围限制属性并查看效果对比

6 使用步骤 1 的方法，为素材应用【颜色轮】效果，然后通过【信息】面板打开【颜色轮】对话框，接着在颜色轮盘上拖动，以设置色调效果，如图 3-113 所示。

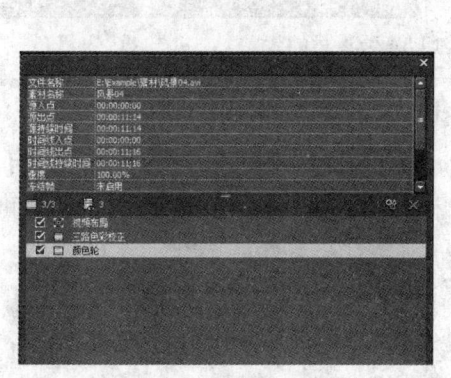

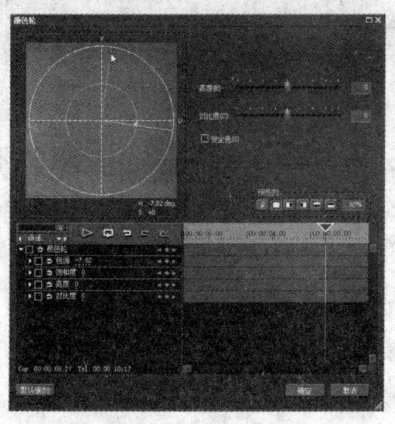

图 3-113 应用【颜色轮】效果并设置色调

7 在【颜色轮】对话框中将当前时间指示器移到入点处,然后选择【亮度】和【对比度】复选框,为这两个属性添加关键帧,分别设置关键帧的亮度和对比度属性,接着将当前时间指示器移到出点,分别为【亮度】和【对比度】属性添加关键帧,最后分别设置它们的属性,如图 3-114 所示。

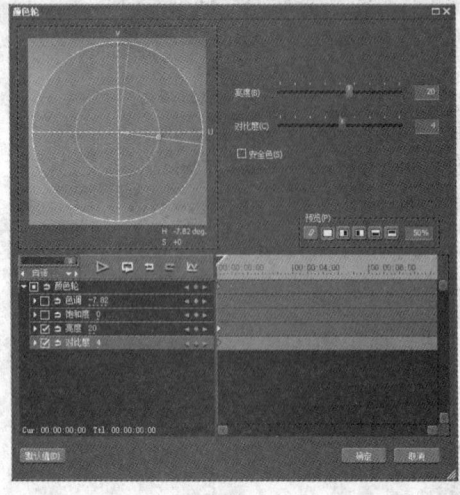

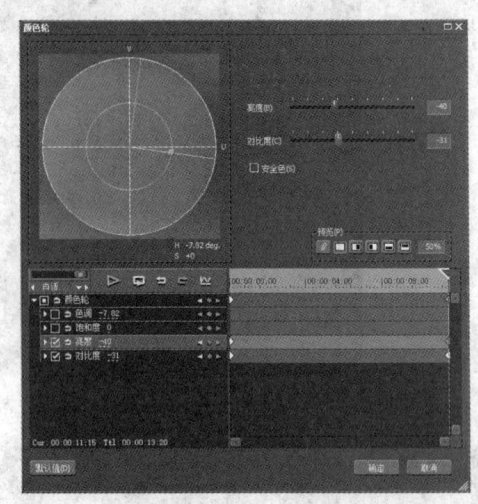

图 3-114　制作颜色轮中亮度和对比度的动画效果

8 完成上述操作后,将播放指示器移到素材起点处,然后单击录制窗口上的【播放】按钮,播放时间线以查看素材效果,如图 3-115 所示。

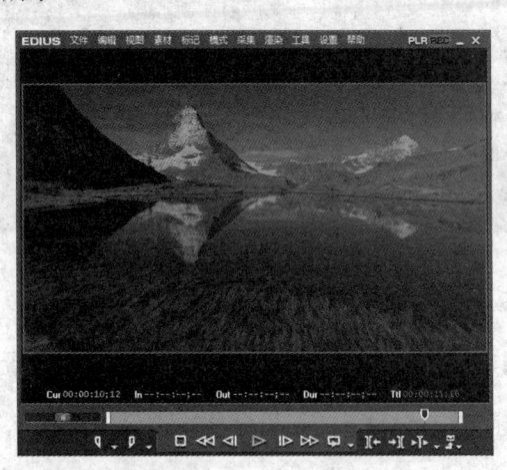

图 3-115　播放时间线以查看素材的效果

3.6.4　上机练习 4:制作风景素材的 3D 转场效果

本例将为两个连续排列的风景素材之间添加【立方体旋转】转场效果,然后通过该转场特效对应的设置对话框设置相关选项,再通过编辑混合器轨道增加转场特效的持续时间,最后通过录制窗口查看转场的效果。

操作步骤

1 打开光盘中的 "..\Example\Ch03\3.6.4.ezp" 练习文件,打开【特效】面板的【3D】文件夹,然后将【立方体旋转】特效混合器添加到轨道的前一素材的入点处,如图 3-116 所示。

92

第 3 章 应用 EDIUS Pro 7 的特效

图 3-116 为相近素材间添加转场特效

2 在混合器轨道上选择转场特效，然后通过【信息】面板打开该特效的设置对话框，然后在对话框的【预设】选项卡中选择一种预设方案，如图 3-117 所示。

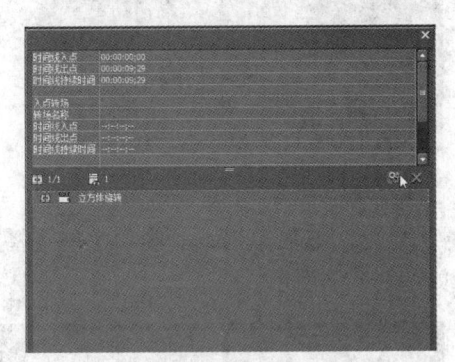

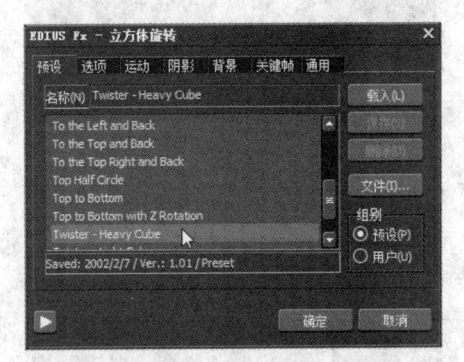

图 3-117 打开转场特效对话框并选择预设方案

3 切换到【选项】选项卡，再设置旋转等属性，然后切换到【运动】选项卡，并设置运动的各项属性，如图 3-118 所示。

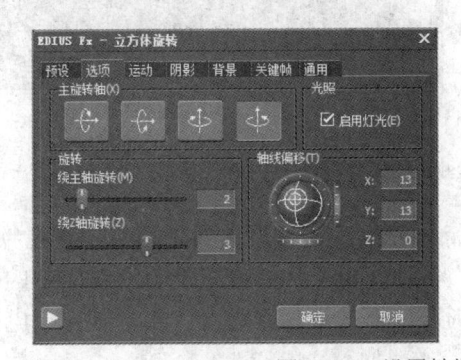

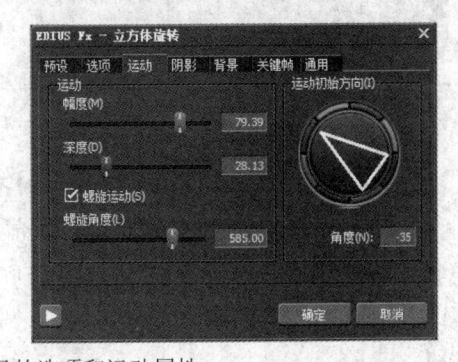

图 3-118 设置转场的选项和运动属性

4 在【立方体旋转】对话框中切换到【阴影】选项卡，再设置可见度和虚拟灯光位置属性，接着切换到【通用】选项，并设置通用选项，最后单击【确定】按钮，如图 3-119 所示。

93

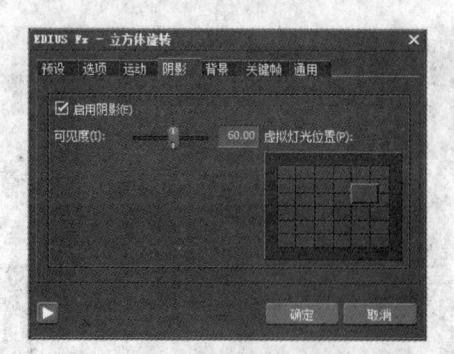

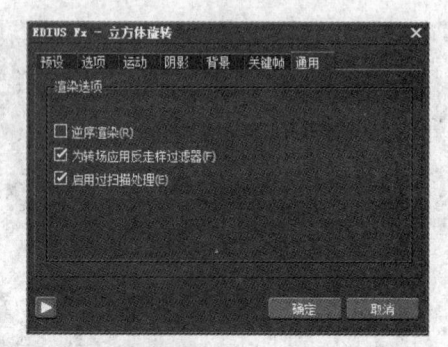

图 3-119 设置转场的阴影和通用属性

5 返回【时间线】面板中,在混合器轨道上选择转场特效,再用鼠标按住转场的入点并向左移动,增加转场特效的持续时间,如图 3-120 所示。

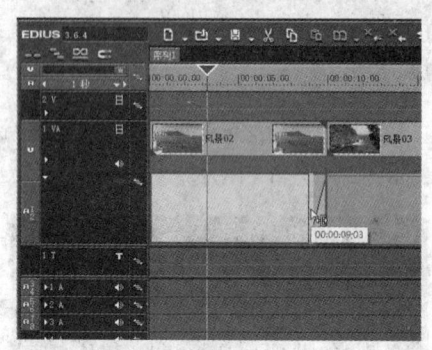

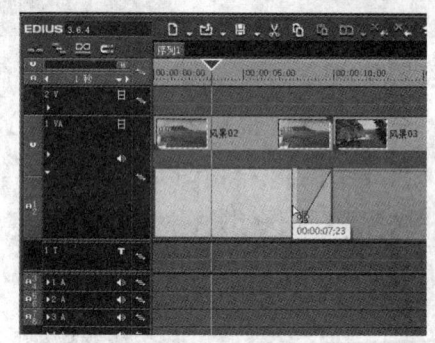

图 3-120 增加转场特效的持续时间

6 完成上述操作后,将播放指示器移到素材起点处,然后单击录制窗口上的【播放】按钮,播放时间线以查看素材之间的转场效果,如图 3-121 所示。

图 3-121 查看转场的效果

3.6.5 上机练习 5:制作广告片的老电影风格效果

本例先为广告片素材应用【老电影】视频特效,然后通过设置对话框修改【视频噪声】特效的属性,接着将【混合滤镜】特效应用到广告片素材上,并设置混合滤镜当中的两个滤镜,再修改其他一个滤镜的属性,最后通过录制窗口播放素材,查看广告片制作老电影风格后的效果。

操作步骤

1 打开光盘中的"..\Example\Ch03\3.6.5.ezp"练习文件,在【时间线】面板中选择广告片素材，然后在【特效】面板中选择【老电影】特效，再单击右键并从菜单中选择【添加到时间线】命令，如图 3-122 所示。

图 3-122　为素材应用【老电影】特效

2 在【信息】面板中选择【视频噪声】项，然后单击【打开设置对话框】按钮，打开【视频噪声】对话框后，设置比率为 10，再单击【确定】按钮，如图 3-123 所示。

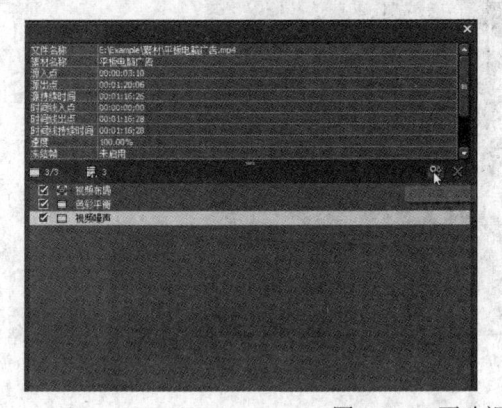

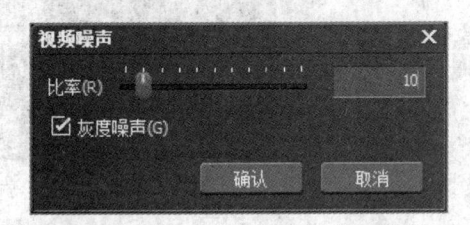

图 3-123　更改视频噪声的属性

3 在时间线上选择素材，然后在【特效】面板中选择【混合滤镜】项并单击右键，再选择【添加到时间线】命令，通过【信息】面板打开【混合滤镜】的设置对话框，如图 3-124 所示。

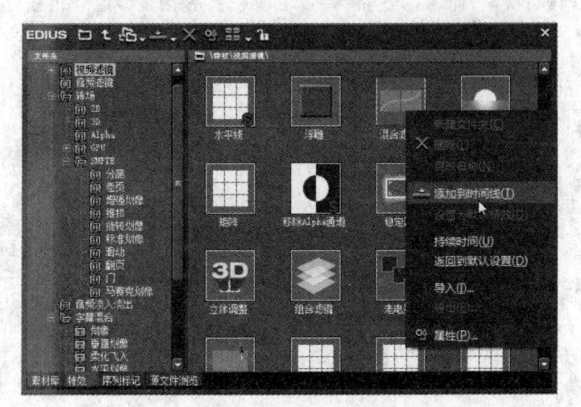

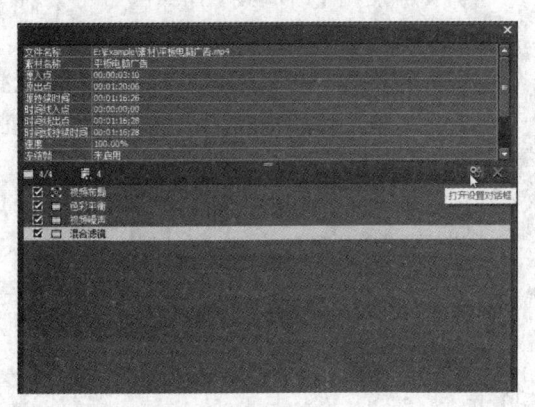

图 3-124　应用【混合滤镜】特效并打开设置对话框

4 打开【混合滤镜设置】对话框后,设置滤镜 1 为【褐色 1】、滤镜 2 为【块颜色】,然后拖动比率的滑块以设置比率属性,接着单击【滤镜 2】项的【设置】按钮,并从【颜色块】对话框中设置各项属性,最后单击【确定】按钮退出所有对话框,如图 3-125 所示。

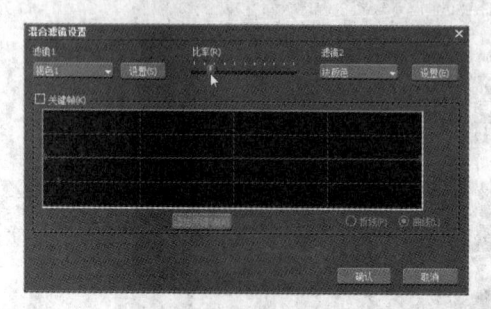

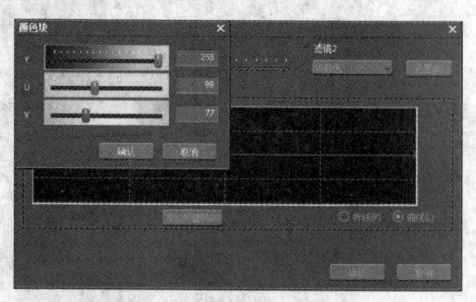

图 3-125 设置混合滤镜的选项

5 完成上述操作后,将播放指示器移到素材起点处,然后单击录制窗口上的【播放】按钮,播放时间线以查看广告片制作老电影风格的效果,如图 3-126 所示。

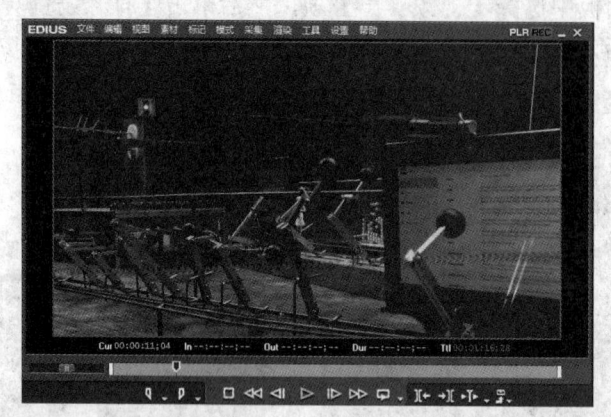

图 3-126 查看广告片的老电影风格效果

3.7 评测习题

1. 填空题

(1) 添加到【时间线】面板的每个素材(如视频、图像、字幕等,但音频素材除外)都会预先应用_____效果。

(2) 标准效果可以通过_____面板打开对应的设置对话框来修改特效的设置。

(3) 如果是转场特效,则需要将特效项拖到_____轨道的前一素材的出点,或下一素材入点。

(4) 视频布局可控制素材的固有属性,只要素材添加到_____,即可通过【信息】面板查看和编辑素材的视频布局效果。

2. 选择题

(1) 当将特效保存为预置特效后,该特效会显示在【特效】面板中,并在特效图表中显示什么标识? (   )

A．T 标识　　　　B．U 标识　　　　C．S 标识　　　　D．P 标识

（2）以下哪个视频特效可以让画面看起来像在隧道或管中一样？（　　）

　　A．万花筒　　　B．隧道视觉　　　C．立体柱形　　　D．3D 旋体

（3）在【特效】面板的转场目录下，包括多少个转场特效分类？（　　）

　　A．10 个　　　　B．8 个　　　　　C．5 个　　　　　D．3 个

（4）以下哪个转场特效分类中的特效不提供特效设置？（　　）

　　A．2D 转场　　　B．3D 转场　　　C．GPU 转场　　　D．SMTP 转场

3．判断题

（1）视频布局效果可控制素材的固有属性，例如素材轴心、位置、伸展、旋转可见度等属性。（　　）

（2）EDIUS 的特效都罗列在【特效】面板中，分为视频滤镜、音频滤镜、转场、字幕混合和键 5 个分类。（　　）

4．操作题

为序列上的视频素材添加【手绘遮罩】视频特效，并制作出如图 3-127 所示的椭圆遮罩视觉效果。

图 3-127　应用特效后并设置特效选项的结果

操作提示

（1）打开光盘中的"..\Example\Ch03\3.7.ezp"练习文件，打开【特效】面板的【视频滤镜】文件夹。

（2）选择【手绘遮罩】特效并将该特效添加到素材上。

（3）在【信息】面板中选择【手绘遮罩】项并打开该特效的设置对话框。

（4）在【手绘遮罩】对话框中选择【绘制椭圆】工具，然后在视频预览窗格中绘制一个椭圆形。

（5）设置【外部】选项的可见度为 25%，再选择【柔化】复选框，然后设置柔化的宽度为 50px，最后单击【确定】按钮即可，如图 3-128 所示。

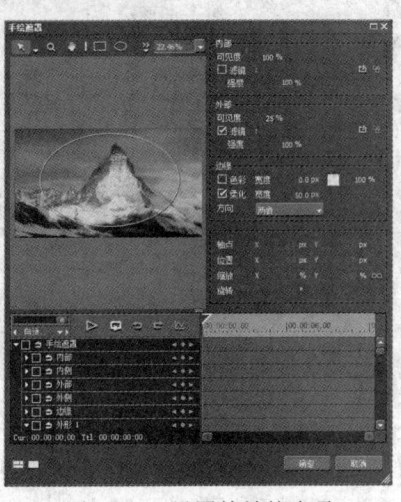

图 3-128　设置特效的选项

第 4 章　音频编辑、录制与音效处理

学习目标

一个优秀的影视作品，除了画面效果外，声音的效果同样很重要。本章将介绍通过 EDIUS Pro 7 程序进行录音、调音、编辑音频，以及为音频应用效果并对音效进行修改的方法。

学习重点

- ☑ 操作音频和编辑音轨
- ☑ 使用【调音台】面板
- ☑ 实时调整素材的音量
- ☑ 编辑音轨的音频
- ☑ 应用和设置音频特效

4.1　音频概述

在 EDIUS 中，可编辑音频、向音频添加效果以及混合序列中音频的轨道。

4.1.1　操作音频

1. 设置音频轨道

在创建工程文件时，可以通过【工程设置】对话框设置音频轨道数量和选项。音频轨道可以通过通道映射设置单声道或立体声声道，最多可以设置 8 条声道，如图 4-1 所示。

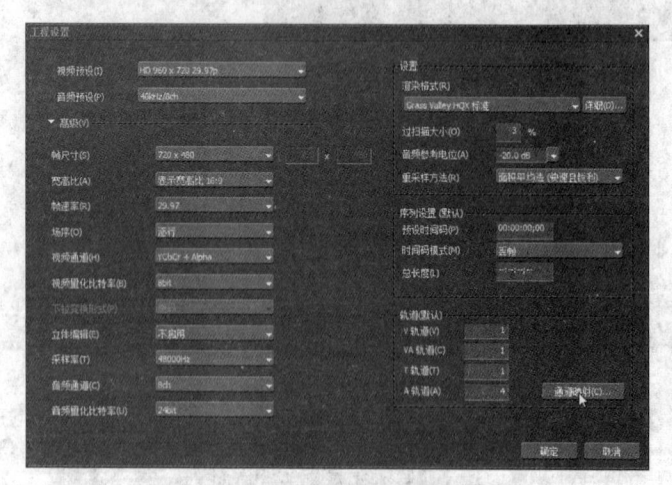

图 4-1　设置音频轨道

标准音频轨道可在同一轨道中同时容纳单声道和立体声，即可以在同一音频轨道上使用带有各种不同类型音频轨道的素材。

对于不同种类的媒体，可选择不同种类的轨道。例如，可为单声道剪辑选择仅编辑至单声道音轨上。默认情况下，可选择多声道，单声道音频会导向自适应轨道。

2. 操作音频概述

要操作音频，可以将其导入素材库、直接添加到音轨或者将其直接录制至音轨。

将音频素材导入素材库后，可将它们添加至序列并如同以类似编辑视频素材的方式对其进行编辑。在将音频添加至序列之前，还可查看和编辑音频素材的波形数据，或者在播放窗口中对其进行修剪。

另外，还可直接在【时间线】面板或【素材属性】对话框中调整音频轨道的音量、声像和通道等设置。也可以使用【调音台】面板对音频素材进行实时更改，或者将音频特效添加到序列的音频素材中。

4.1.2 添加或删除音轨

在编辑工程时，可随时添加或删除音轨。一旦创建音轨，将无法更改其使用的声道数目。在时间线轨道上，默认序列包含一条 VA 轨道（该轨道的音频轨是主音轨）和 4 条 A 轨道（标准音频轨道）。

1. 新建工程时设置音频轨道

新建工程文件或修改工程设置时，可以通过【工程设置】对话框中的【轨道】框修改音频轨道的数量。将鼠标移到【A 轨道】选项的数值上，然后按住鼠标左键向上移动即可增加音频轨道数量；向下移动将减少音频轨道的数量，如图 4-2 所示。

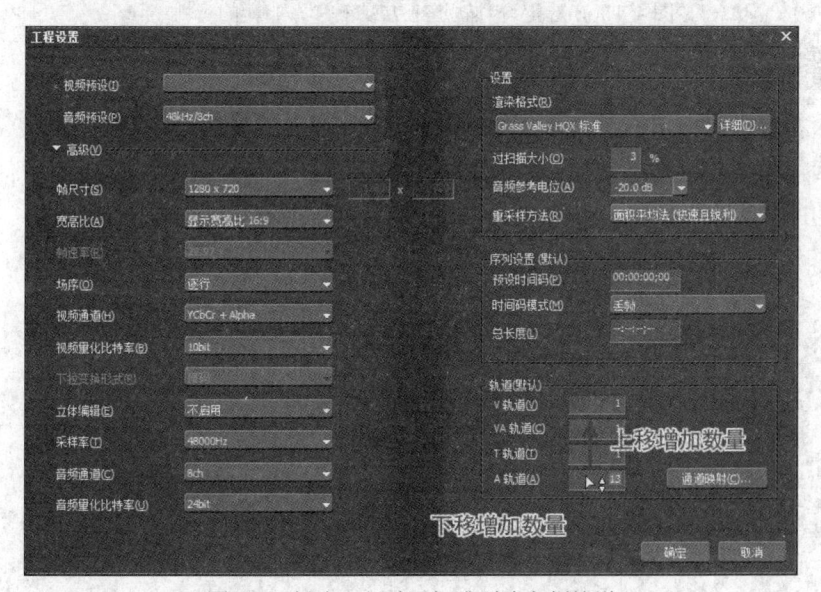

图 4-2 创建工程时添加或删除音频轨道

2. 通过时间线添加音频轨道

如果要在当前工程文件中添加或删除音频轨道，可以使用以下方法。

方法 1 在【时间线】面板左侧空白位置上单击右键并选择【添加音频轨道】命令，在【添加轨道】对话框中设置数量和通道映射选项，单击【确定】按钮，如图 4-3 所示。

99

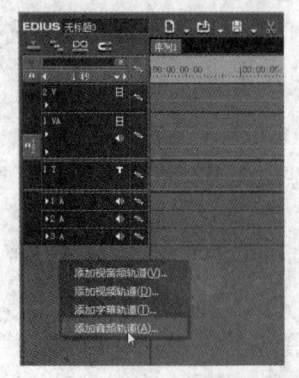

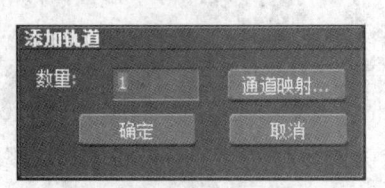

图 4-3　通过【时间线】面板添加音轨

方法 2　选择某条音频轨道，然后单击右键并打开【添加】子菜单，从子菜单中选择对应的命令，接着通过【添加轨道】对话框设置数量和通道映射选项，即可在选定音频轨道上方或下方添加新的音轨，如图 4-4 所示。

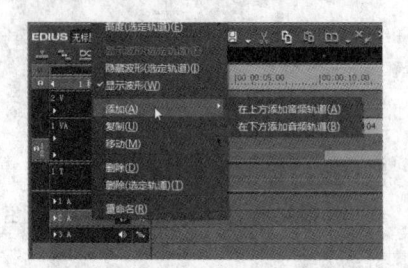

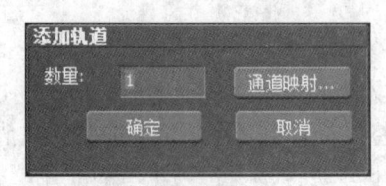

图 4-4　在选定音频轨道上方或下方添加新的音轨

3. 删除音频轨道

在要删除的轨道上单击右键并选择【删除】命令，或者选择多个音频轨道并单击右键后选择【删除（选定轨道）】命令，接着在弹出的询问对话框中单击【确定】按钮，即可将选定的轨道删除，如图 4-5 所示。

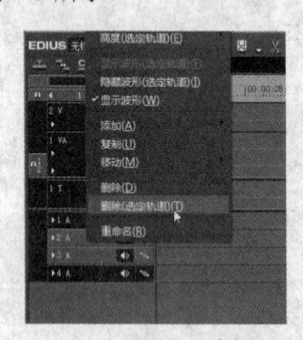

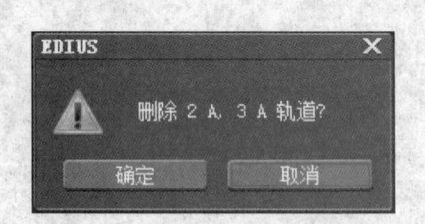

图 4-5　删除选定的音频轨道

4.2　使用调音台

EDIUS Pro 7 中的【调音台】面板是用来调整声音的主要场所。通过调音台，可以对多条轨道进行实时调音的处理。

4.2.1 打开调音台

可以使用以下两种方法打开【调音台】面板。

方法 1　打开【视图】菜单，再选择【调音台】命令，如图 4-6 所示。

方法 2　在【时间线】面板中单击【切换调音台显示】按钮，如图 4-7 所示。

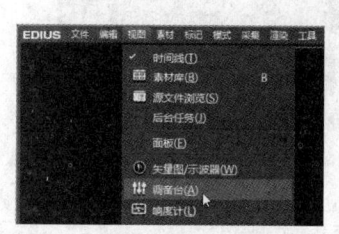

图 4-6　通过菜单命令打开调音台

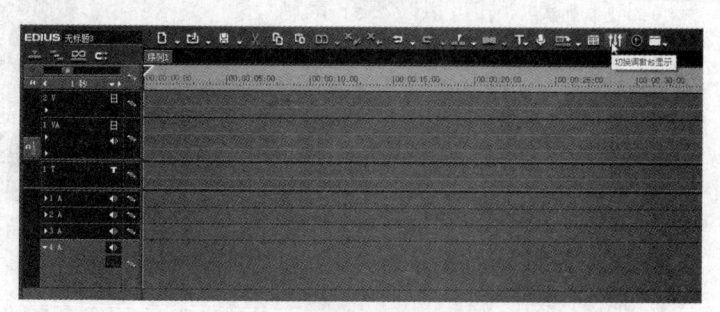

图 4-7　通过按钮打开调音台

4.2.2 关于调音台

【调音台】面板跟主窗口一样，具有播放和录制两种面板形式，可以通过【调音台】面板左上角的 PLR 和 REC 按钮进行切换，如图 4-8 和图 4-9 所示。当切换这两种形式的面板后，主窗口上显示对应的播放窗口或录制窗口。

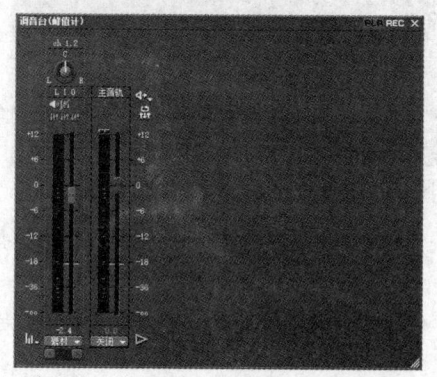

图 4-8　对应播放窗口的调音台面板

图 4-9　对应录制窗口的调音台面板

1. 轨道控制器

轨道控制器用于调整与其相对应轨道上的音频素材，其中轨道控制器 1 对应【VA】轨道，轨道控制器 2 对应第一个音频轨道，以此类推，其数目由【时间线】面板中的音频轨道数目决定。

轨道控制器由平衡控件、控制按钮、音量表和衰减器、剪切指示器组成。

- 平衡控件：用于控制左右声道声音。向左转动，左声道声音增大，向右转动，右声道声音增大。
- 控制按钮：用于控制音频调整的状态，由静音、单独、组等三种功能按钮组成，如图 4-10 所示。
- 静音：单击此按钮可以将轨道设置为静音状态。
- 单独：单击此按钮可以使其他轨道自动设置为静音状态。

- 组：单击一个组按钮，可以启用一组音频轨道控制效果。
- 音量表和衰减器：用于控制当前轨道音频的音量，向上拖动滑杆可以增加音量，向下拖动滑杆可以减小音量。
- 剪切指示器：在轨道的音量表顶部有个小方块，其表示系统能处理的音量最大，当小方块显示为红色时，表示音频音量超过最大，音量过大。如图 4-11 所示为音量未达到最大时的音频波动图示，如图 4-12 所示为音量达到最大时，最大图标出现红色。

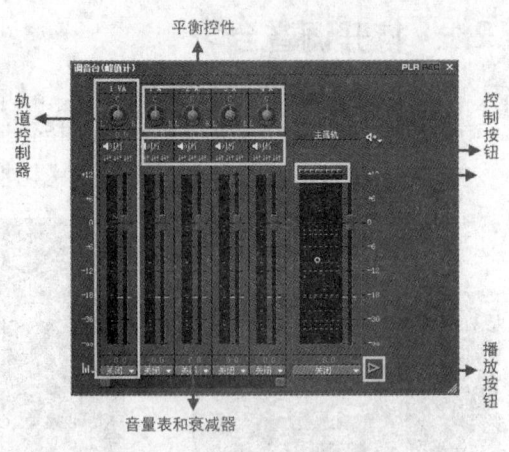

图 4-10　调音台组成示意图

图 4-11　音量未达到最大

图 4-12　音量达到最大时，图标出现红色

2. 播放按钮

播放按钮位于【调音台】面板右下方，主要用于音频的播放，其使用方法与播放窗口或录制窗口中的播放按钮一样。

3. 峰值表与 VU 表

【调音台】面板提供了峰值表与 VU 表这两种计量形式表示音频音量。

- VU 表：VU 音量表所指示的是持续时间比较短的 LBJ 节目信号的平均功率，因而指针的变化与人们听觉对节目信号所感受到的响度变化相一致。为此，对其提出特定的瞬态特性、阻抗特性、频响特性。但它不能如实地反映出节目信号持续时间特短的节目电平变化。这将会造成峰值信号过调制，使音频设备过荷。
- 峰值表：针对 VU 音量表的缺点，推广的另一种音量表，叫峰值音量表，又叫 PPM 表。峰值表实际上是准峰值电平表，因为它是采用峰值检波器而按简谐信号的有效值确定刻度的（也用电平值标示）。峰值表的最大特点是指针上升快，恢复慢，比较真实地反映出声音信号的准峰值变化，从而可避免设备过载，便于有效地控制和利用好传输入系统的最大动态。

在【调音台】面板中单击【设置】按钮，然后在列表框中选择对应的选项即可切换峰值表与 VU 表，如图 4-13 所示。

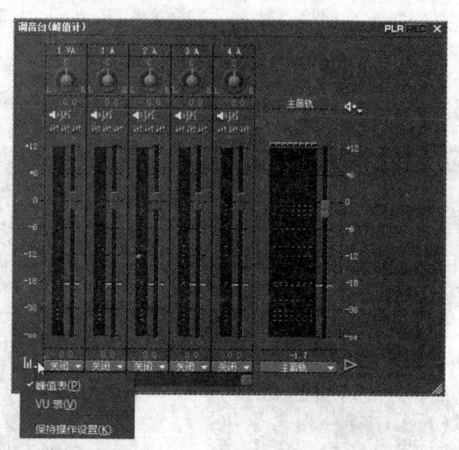

图 4-13 切换音量计量形式

4.2.3 调音的操作模式

调整音量时，可以设置指定素材或轨道作为目标，并设置"关闭"、"锁定"、"触及"和"写入"4 种操作模式，如图 4-14 所示。

图 4-14 设置调音台的操作模式

操作模式的说明如下：
- 关闭：系统会忽略当前音频轨道上的调整，仅按照默认的设置播放。
- 锁定：指当使用操作模式功能实时播放记录调整数据时，每调整一次，下一次调整时调整滑块初始位置会自动转为音频对象在进行当前编辑前的参数值。
- 触及：指当使用自动写入功能实时播放记录调整数据时，每调整一次，下一次调整时调整滑块在上一次调整后位置，当单击停止按钮停止播放音频后，当前调整滑块会自动转为音频对象在进行当前编辑前的参数值。
- 写入：指当使用自动书写功能实时播放记录调整数据时，每调整一次，下一次调整滑块在上一次调整后位置。

4.2.4 实时调整素材音量

【调音台】面板的功能与实物的调音台很相似，通过推动音量表调整滑块来调音素材的音量。

动手操作　实时调整广告片音量

1 打开光盘中的"..\Example\Ch04\4.2.4.ezp"练习文件，在播放窗口上单击【播放】按钮，播放序列上的广告片素材，以预览素材的声音效果，方便后续调音，如图4-15所示。此时可以通过【调音台】面板查看声音的音量表效果，如图4-16所示。

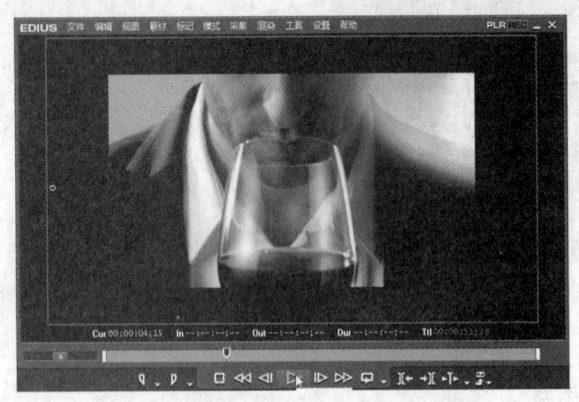

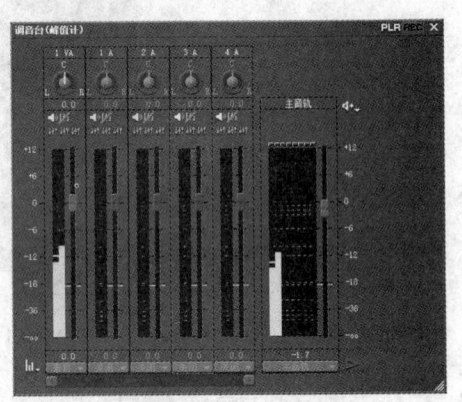

图4-15　播放素材　　　　　　　　图4-16　查看声音播放效果

2 为了使调音的效果更加符合要求，在播放素材时，可以使用鼠标在【调音台】面板上按住音量表调整滑块，向上推动提高素材音量，如图4-17所示。

3 如果要降低音量时，可以使用鼠标在【调音台】面板上按住音量表调整滑块，向下推动，如图4-18所示。

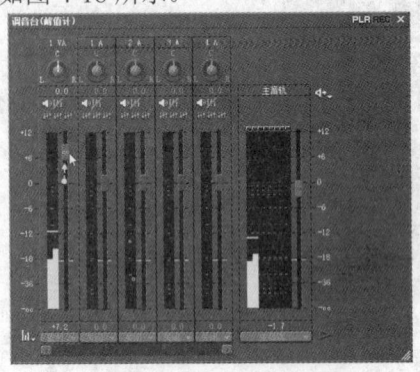

图4-17　提高音量　　　　　　　　图4-18　降低音量

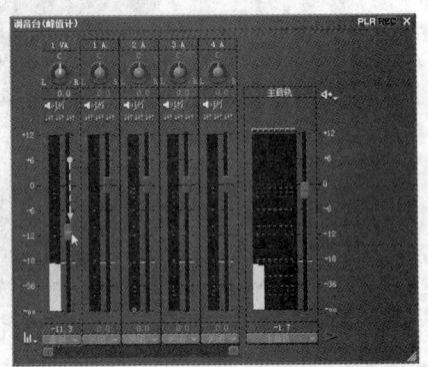

4 确定目前设置的调音效果后，打开轨道的【操作】列表框，然后选择【锁定】选项，以便将当前调音设置保存起来，如图4-19所示。

5 设置编辑模式后，将当前时间指示器移到素材入点处，然后再次播放素材，通过移动音量调整滑块来实时调整素材的音量。播放素材时在开始处向上移动音量表滑块扩大音量；在播放到后半段时，向下动音量表滑块降低音量，图4-20所示。

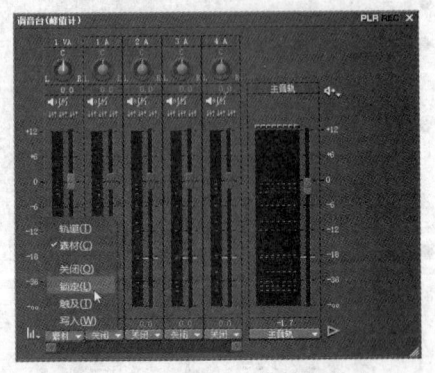

图4-19　设置调音的操作模式

图 4-20　在播放素材时实时调整音量

6 实时调整音量后，在【调音台】面板中单击【播放】按钮，然后在播放过程中，查看轨道控制器音量表滑块随着音量变化而滑动。另外，通过【时间线】面板展开音频轨道，可以看到音量线在调音后的变化。如图 4-21 所示，可以看到音频音量线呈现逐渐升高并在后半段中逐渐回落到较低的音量状态。当前变化的音频就是由播放素材时，边播放边实时调音而产生的。

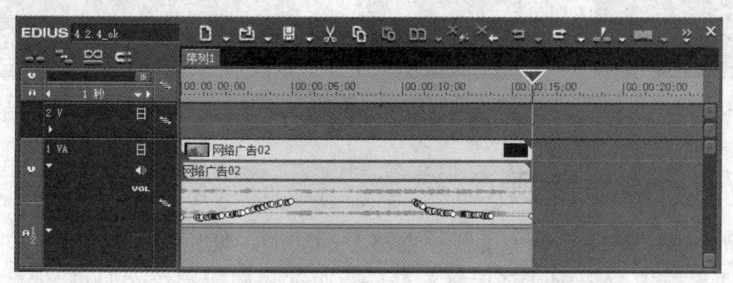

图 4-21　通过轨道查看音频的调音效果

4.3　编辑轨道的音频

除了使用【调音台】面板进行调音外，还可以通过音频轨道对剪辑的音频进行编辑。

4.3.1　均衡化素材音频

无论是节目制作还是影视广告，在最终输出之前，由于播出标准的规定，后期编辑总是希望将自己的成片音量控制在一个限定的范围内，EDIUS 提供的【均衡化】功能，可以帮助用户轻松完成音量的均衡工作。

如果在对音频素材进行均衡化时将其电平设置得过低，增加音量可能只是会放大噪声。为获得最佳效果，可以按照标准实践使用最佳电平录制或数字化源音频。

动手操作　均衡化素材音频

1 执行以下操作之一：
（1）要仅调整序列中现有的一个素材的音频均衡化，可在【时间线】面板中选择该素材。
（2）要调整多个素材的音频均衡化，可在序列中选择相应的素材对象。

2 选择【素材】|【均衡化】命令，如图 4-22 所示。

3 打开【均衡化】对话框后，设置一个阈值，如图 4-23 所示。如设置阈值为"–12dB"，如果素材音量相对比较平均，这样即可马上得到一个低于–12dB 的调整结果。因为 EDIUS 的均衡工具将扫描指定范围的所有音频音量，并将其平均值限制在设定的–12dB以下。

在默认情况下，【均衡化】命令的采样范围是300毫秒，可以通过【用户设置】对话框更改这个默认值。

选择【设置】|【用户设置】命令，在【用户设置】对话框中打开【自动校正】选项卡，再修改【采样窗口大小】的数值即可，如图4-24所示。

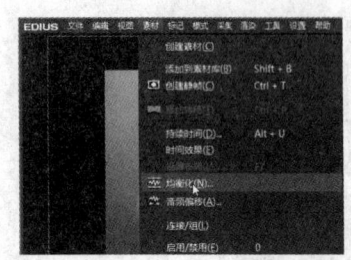

图4-22　选择【均衡化命令】 　　　图4-23　设置均衡化的值 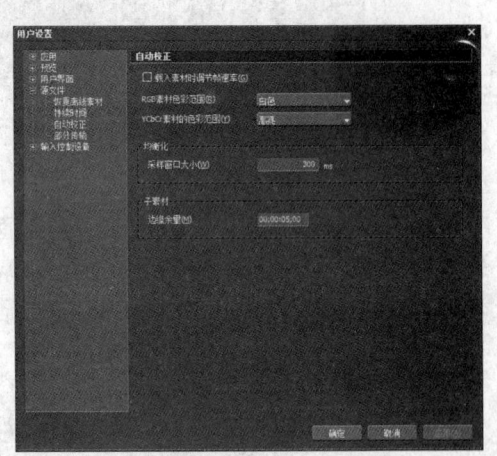　　　图4-24　设置均衡化采样范围

4.3.2 向前/向后偏移音频

EDIUS Pro 7为用户提供了一个【音频偏移】的功能，使用这个功能可以将素材的音频向前或向后偏移，即提前播放音频或延后播放音频。通过合理运用这个功能，可以调整视频播放的时机，以便可以跟视频素材或其他素材更加配合。

动手操作　向前／向后偏移音频

1 执行以下操作之一：

（1）如果素材在素材库，可以选择该素材，然后单击右键并选择【音频偏移】命令。

（2）如果素材在序列上，可以选择该素材，然后选择【素材】|【音频偏移】命令。

（3）如果素材在序列上，可以选择该素材，然后单击右键并选择【音频偏移】命令，如图4-25所示。

2 打开【音频偏移】对话框，选择【向前】或【向后】方向，再设置偏移样本数量或偏移时间，接着单击【确定】按钮，如图4-26所示。

图4-25　选择【音频偏移】命令 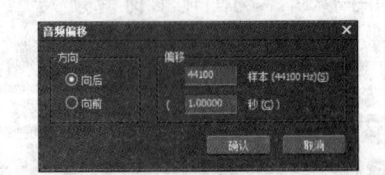　　　图4-26　设置方向和偏移

3 返回【时间线】面板中，可以看到音频素材前添加了指定数量的样本，以延迟音频的

播放，如图 4-27 所示。

图 4-27　音频偏移的结果

> 如果是包含视频和音频的素材，音频进行偏移处理后可以提前或延迟播放，但是视频内容则不会改变。

4.3.3　调整音频音量与声相

在音频轨道中，程序提供了音量和声相的编辑功能，通过编辑音量和声相，可以调节在轨道上任意选定素材的声音大小和左右声道的效果。

在调整音频音量或声相前，最好能在轨道上显示音频波形，以根据波形的振幅来作为调整音量或声相的参考。

其方法为：在【时间线】面板的左侧空白处单击右键，然后选择【显示波形】命令，如图 4-28 所示。

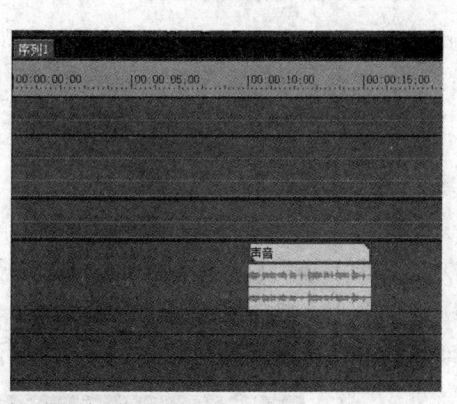

图 4-28　显示音频的波形

动手操作　调整音量与声相

1 在【时间线】面板对应轨道左侧，单击【音量/声相】按钮，切换启用音量或声相编辑功能，如图 4-29 所示。

2 当【音量/声相】按钮显示为 VOL，则表示可以编辑音频音量；当【音量/声相】按钮显示为 PAN，则表示可以编辑音频声相。

3 当显示音量编辑按钮时，在音频素材下方的波形图上显示一条水平线，这是默认的音量线。可以在音量线中单击添加调节点，然后通过移动调节点调整该素材的音量，如图 4-30 所示。

图 4-29　启用音量或声相编辑功能　　　　　图 4-30　调整音频的音量

4 当显示声相编辑按钮时，在音频素材上下两个波形之间显示一条水平线，这是默认的声相线。可以在声相线中添加调节点，然后通过移动调节点调整该素材的声相。向上移动声相调节点可以将声音转向左声道；向下移动声相调节点可以让声音转向右声道，如图 4-31 所示。

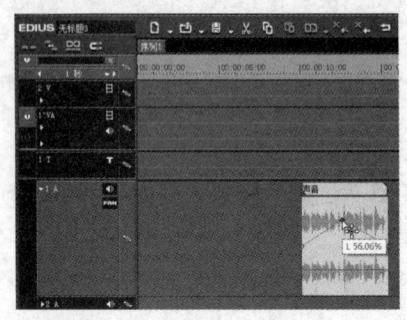

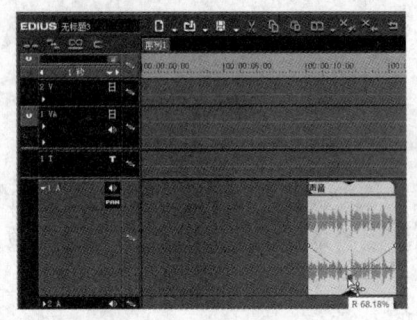

图 4-31　调整音频的声相

4.3.4　音频调节点的操作

无论是音量线还是声相线，都是通过调节点来进行编辑的。EDIUS 中的调节点用于设置某一时间点的属性，通过设置不同调节点的属性，可以使音频素材产生音量和声道的变化，例如音量由高到低、或者由左声道到右声道转换等。

1. 移动调节点

在音量线或声相线上单击可添加调节点。然后选择调节点并执行以下的操作之一：

（1）选定调节点上直接用鼠标向上或向下移动。

（2）在调节点上单击右键并选择【移动】命令，然后在【调节点】对话框中设置值和时间码，再单击【确定】按钮即可，如图 4-32 所示。

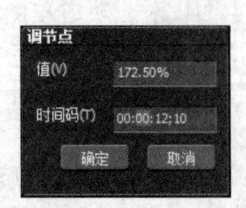

图 4-32　通过对话框移动调节点

2. 移动调节点其他方法

（1）选择一个调节点，单击右键并选择【移动两个并排的调节点】命令，然后通过对话框设置值，即可移动两个相近并排的调节点，如图4-33所示。

（2）选择一个调节点，然后单击右键并选择【移动所有】或【按比例移动所有】命令，然后通过对话框设置值，即可移动当前素材的全部调节点，如图4-34所示。

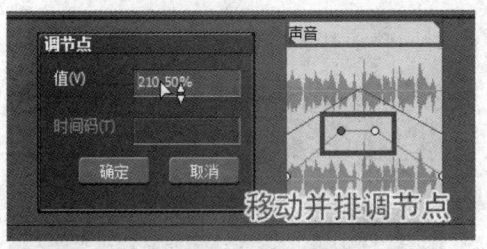

图4-33　移动并排的调节点　　　　　图4-34　移动所有的调节点

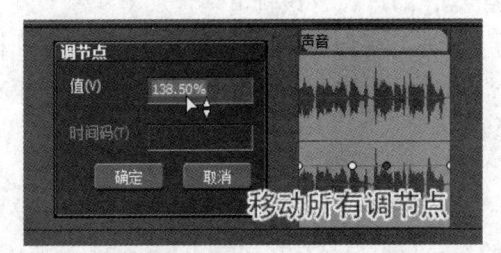

（3）在音量线或声相线上单击右键并选择【添加调节点并移动】命令，可以在当前调节点旁添加调节点并通过对话框设置移动值。

（4）当需要删除某个调节点时，可以选择该调节点并单击右键，然后选择【添加/删除】命令，或者直接按Delete键。

（5）如果想要删除所有新增的调节点，可以选择其中一个调节点并单击右键，然后选择【删除所有】命令。头尾两个默认的调节点不可删除。

（6）当需要恢复音量线或声相线的初始状态，可以单击右键并选择【初始化所有】命令。

3. 移动所有或某段调节线

如果想要移动所有的音量线或声相线（即同时移动所有调节点），可以将鼠标移到某个调节点上，然后按Alt键，当光标变成 时，按住鼠标左键移动即可，如图4-35所示。

如果想要移动某两个调节点之间的一段调节线，则可以将鼠标移到该段调节线上，然后按Alt键，当光标变成 时，按住鼠标左键移动即可，如图4-36所示。

图4-35　移动所有调节点　　　　　图4-36　移动一段调节线

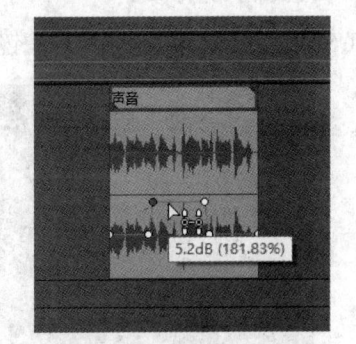

4.3.5　为音频轨道设置静音

在一些测试和音频混合处理中，设置个别音频轨道的音量设置为0，即静音状态，可以更好地完成对单独声音的处理。

为音频轨道设置静音的方法如下：

方法 1 单击【音量/声相】按钮，启用音量编辑功能，然后选择调节点并按 Alt 键向下移动，将音量线向下移到到最低点，当电平数值显示为-inf（0.00%），即表示已经静音，如图 4-37 所示。

方法 2 在素材所在轨道的左侧上单击【音频静音】按钮，即可设置该轨道静音。

图 4-37 设置素材音量为 0

方法 3 打开【调音台】面板，然后在面板上单击对应轨道控制器的【静音】按钮即可。

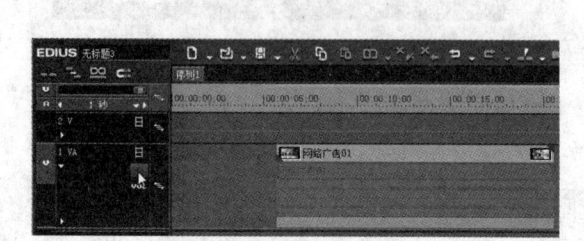

图 4-38 设置音轨为静音

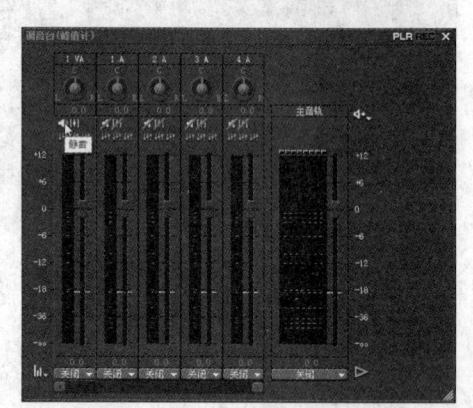

图 4-39 通过调音台设置音轨静音

4.4 应用与设置音频特效

在 EDIUS Pro 7 中，提供了多种音频滤镜和音频转场特效。可以利用音频滤镜改变声音的效果，也可以利用音频过渡特效使声音的衔接更加融合。

4.4.1 音频滤镜概述

EDIUS Pro 7 提供了 16 种音频滤镜（包括系统预设的音频滤镜），如图 4-40 所示。

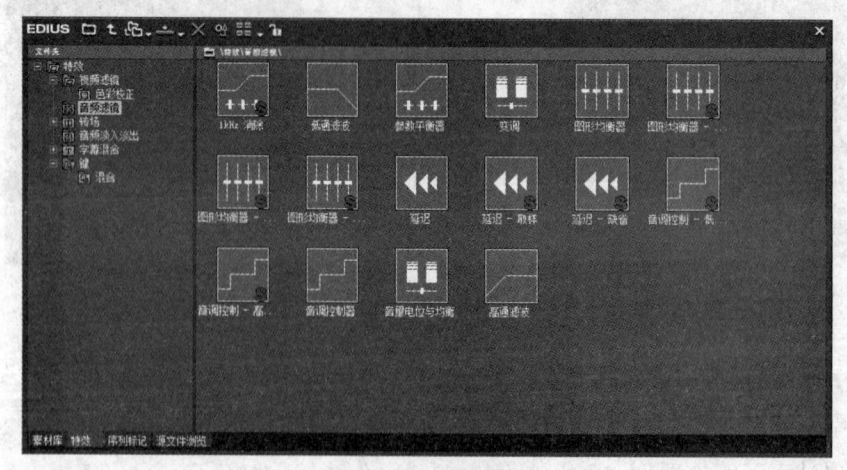

图 4-40 音频滤镜

音频滤镜的概述如下:
- 低通滤波与高通滤波:低于或高于某给定频率的信号可有效传输,而高于或低于此频率(滤波器截止频率)的信号将受到很大衰减。通俗地说,低通滤波除去高音部分(相对),高通滤波除去低音部分(相对)。
- 变调:转换音调的同时保持音频的播放速度。
- 延迟:调节声音的延迟参数,使其听上去像是有回声一样,增加听觉空间上的空旷感。
- 音量电位与均衡:分别调节左右声道和各自的音量,如图 4-41 所示。它是 EDIUS 中一个使用非常频繁的音频滤镜。
- 参数平衡器 / 图形均衡器 / 音调控制器:这三个都可看作属于均衡器一类工具。均衡器将整个音频频率范围分为若干个频段,可以对不同频率的声音信号进行不同的提升或衰减,以达到补偿声音信号中欠缺的频率成分和抑制过多的频率成分的目的。如图 4-42 所示为图形均衡器的设置。下面以图形均衡器滤镜为例说明:
  - 20Hz~50Hz 部分:低频区,也就是常说的低音区。适当的调节会增进声音的立体感,突出音乐的厚重和力度,适合表现乐曲的气势恢弘。如果提升过高,会降低音质的清晰度,感觉混浊不清。
  - 60Hz~250Hz 部分:低频区,适合表现鼓声等打击乐器的音色。提升这一段可使声音丰满,同样过度提升也会使声音模糊。
  - 250Hz~2kHz 部分:这段包含了大多数乐器和人声的低频谐波,因此它的调节对于还原乐曲和歌曲的效果都有很明显的影响。如果提升过多会使声音失真,设置过低又会使背景音乐掩盖人声。
  - 2kHz~5kHz 部分:这一段表现的是音乐的距离感,提升这一频段,会使人感觉与声源的距离变近了,而衰减就会使声音的距离感变远,同时它还影响着人声和乐音的清晰度。
  - 5kHz~16kHz 部分:高频区,提升这段会使声音洪亮、饱满,但清晰度不够;衰减时声音会变得清晰,可音质又略显单薄。该频段的调整对于歌剧类的音频素材相当重要。

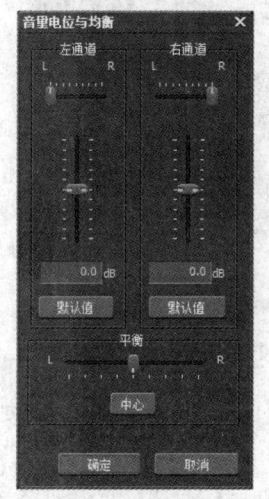

图 4-41 【音量电位与均衡】滤镜设置 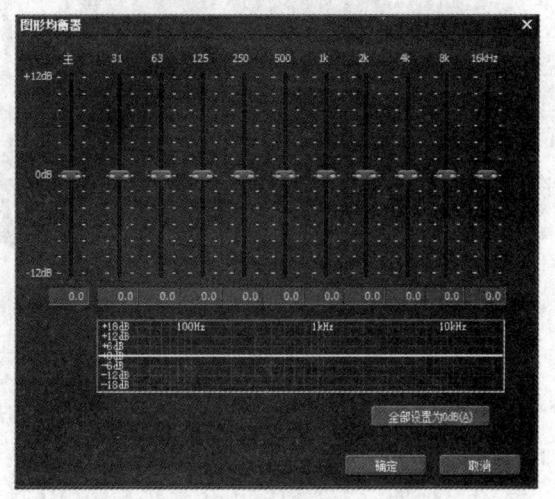　　图 4-42 【图形均衡器】滤镜设置

4.4.2 应用音频滤镜

在【特效】面板中打开音频滤镜目录,然后将选中的滤镜拖到素材的音频上再放开即可将音频滤镜应用到素材。

动手操作　为素材应用音频效果

1 打开光盘中的"..\Example\Ch04\4.4.2.ezp"练习文件,在素材所在轨道左侧单击三角形按钮,展开音频轨道,如图4-43所示。

2 为了更好地对音频应用效果,所以先查看音频的通道类型。在素材上单击右键,然后选择【属性】命令,打开【素材属性】对话框后,查看音频的通道设置,以查看音频是单声道还是立体声,如图4-44所示。

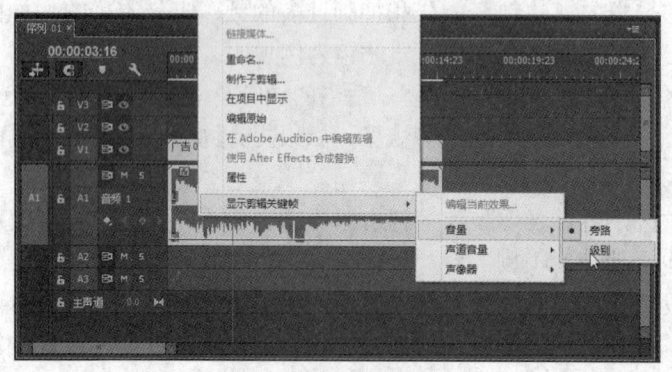

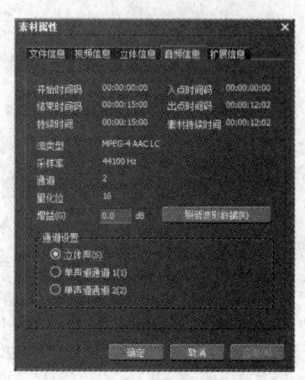

图4-43　显示音量级别　　　　　　图4-44　查看音频的通道设置

3 在【特效】面板中选择【音频滤镜】文件夹,然后在右侧窗格中选择【低通滤波】滤镜,再单击右键并选择【添加到时间线】命令,在【信息】面板中选择【低通滤波】项并单击【打开设置对话框】按钮,如图4-45所示。

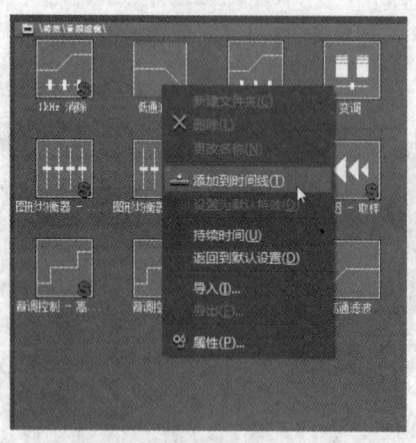

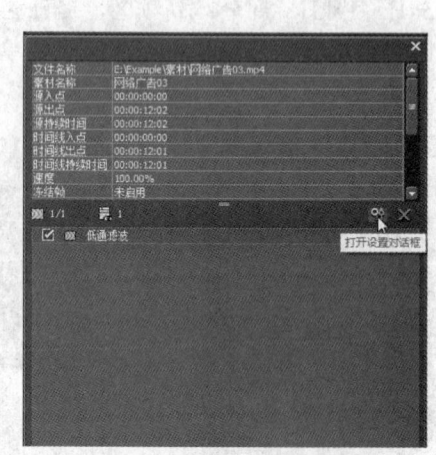

图4-45　应用音频滤镜并打开设置对话框

4 打开【低通滤波】对话框后,设置滤镜的属性值,然后单击【确定】按钮,如图4-46所示。

5 在【时间线】面板中选择素材,并在【特效】面板中选择【延迟】滤镜,然后单击右键并选择【添加到时间线】命令,如图4-47所示。

第 4 章 音频编辑、录制与音效处理

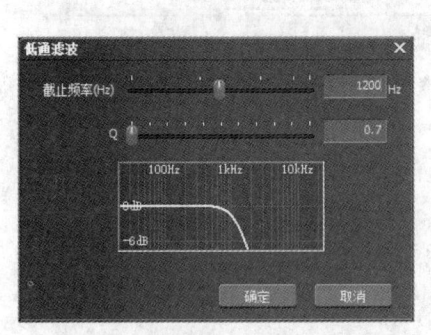

图 4-46 设置低通滤波的属性

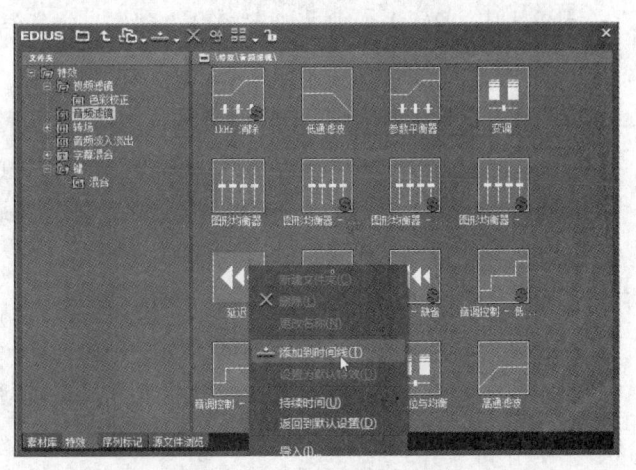

图 4-47 应用【延迟】滤镜

6 在【信息】面板中选择【延迟】项,单击【打开设置对话框】按钮,打开【延迟】对话框后,设置各项属性的参数,接着单击【确定】按钮,如图 4-48 所示。

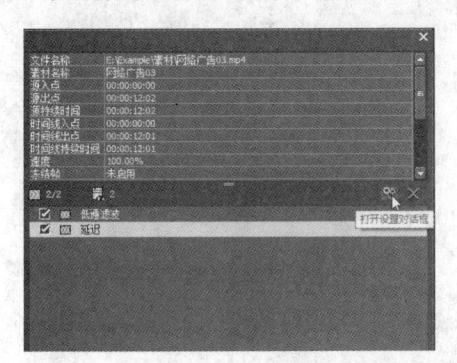

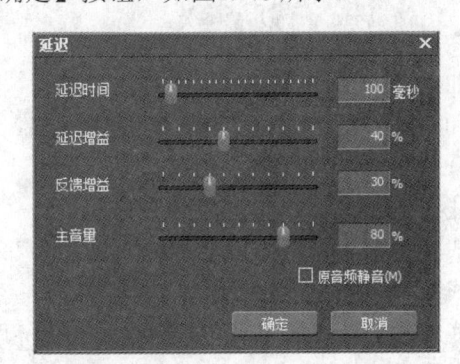

图 4-48 设置【延迟】滤镜的属性

4.4.3 音频淡入淡出概述

EDIUS Pro 7 提供了 7 种音频淡入淡出特效,如图 4-49 所示。

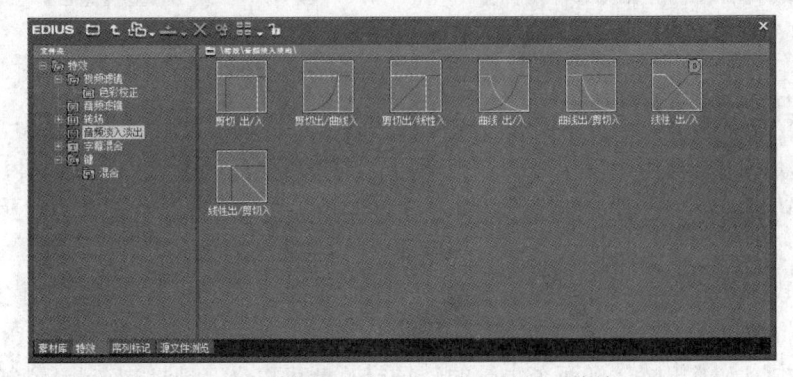

图 4-49 音频淡入淡出(音频转场)特效

音频淡入淡出特效说明如下(对应说明图只是示意图,并非效果截图):
- 剪切出/入:两段音频直接混合在一起,效果比较"生硬",如图 4-50 所示。

113

- 剪切出/曲线入：前一段音频以"硬切"方式结束，后一段音频以曲线方式音量渐起，如图 4-51 所示。

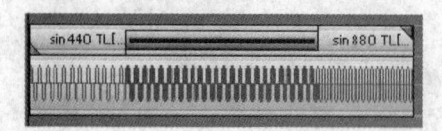

图 4-50　剪切出/入

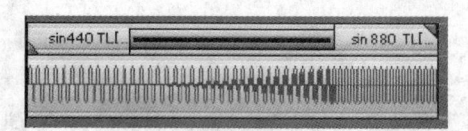

图 4-51　剪切出/曲线入

- 剪切出/线性入：前一段音频以"硬切"方式结束，后一段音频以线性方式音量渐起，如图 4-52 所示。
- 曲线出/剪切入：前一段音频以曲线方式音量渐出，后一段音频以"硬切"方式开始，如图 4-53 所示。

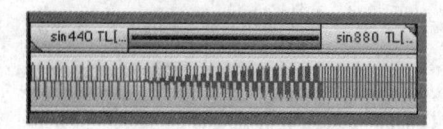

图 4-52　剪切出/线性入

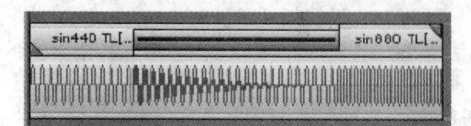

图 4-53　曲线出/剪切入

- 曲线出/入：两段音频以曲线方式渐入和渐出。效果较为柔和，但是中间部分总体音量会降低，如图 4-54 所示。
- 线性出/剪切入：前一段音频以线性方式音量渐出，后一段音频以"硬切"式开始，如图 4-55 所示。
- 线性出/入：两段音频以线性方式渐入和渐出。效果较为柔和，但是中间部分总体音量会降低，如图 4-56 所示。

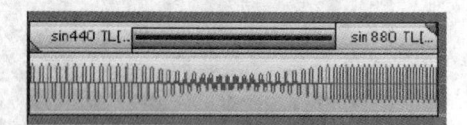

图 4-54　曲线出/入

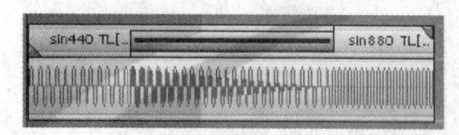

图 4-55　线性出/剪切入

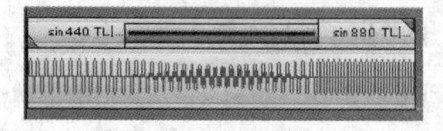

图 4-56　线性出/入

4.4.4　应用音频淡入淡出

音频淡入淡出主要被用来创建时间线上两段音频素材之间的过渡。简单地讲，音频淡入淡出就是音频的转场。为了使不同音频素材声音的过渡效果更佳，可以为音频素材之间添加淡入淡出特效。

只需将特效拖到前一素材音频的出点或下一素材音频入点，又或者两段音频之间即可应用音频淡入淡出特效。

当拖动音频淡入淡出特效到两个音频的转场点时，可以交互地控制音频转场的对齐方式。如图 4-57 所示为将特效应用到音频出点；如图 4-58 所示为将特效应用到音频的入点；如图 4-59 所示为将特效应用到两段音频之间。

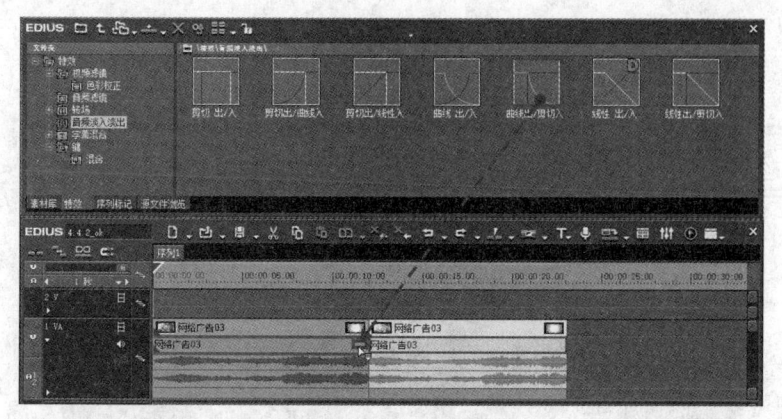

图 4-57 将特效应用到音频出点

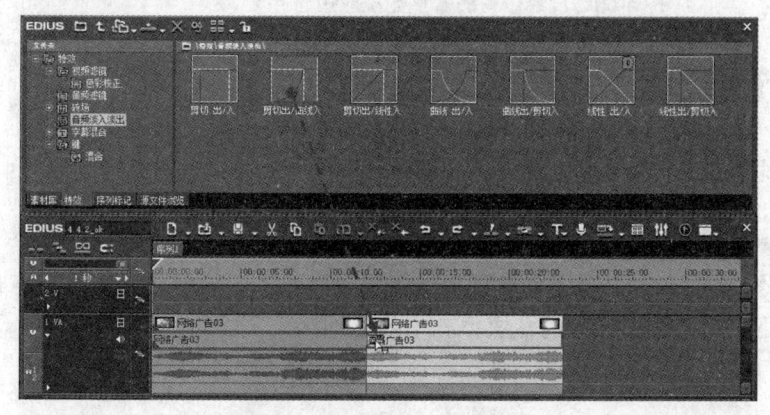

图 4-58 将特效应用到音频的入点

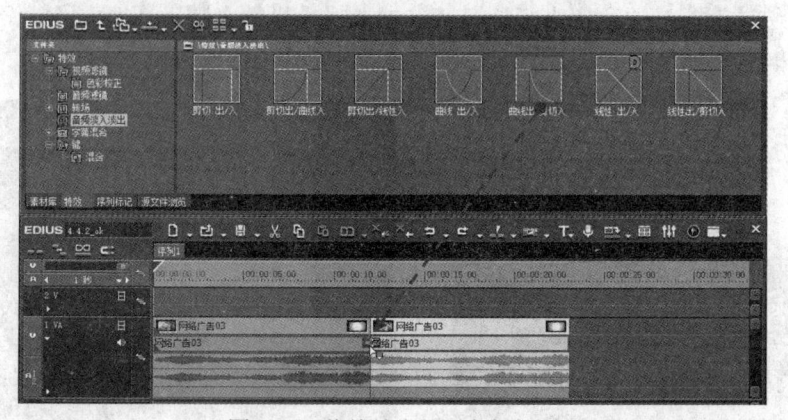

图 4-59 将特效应用到音频之间

> 如果素材没经过修剪出入点,而是维持与源素材一样的出入点,则音频淡入淡出特效无法应用到这些素材的音频上。简单来说,当素材音频部分的出入点有灰色三角形图示,即表示该素材没有经过修剪,也就无法应用音频淡入淡出特效,如图 4-60 所示。

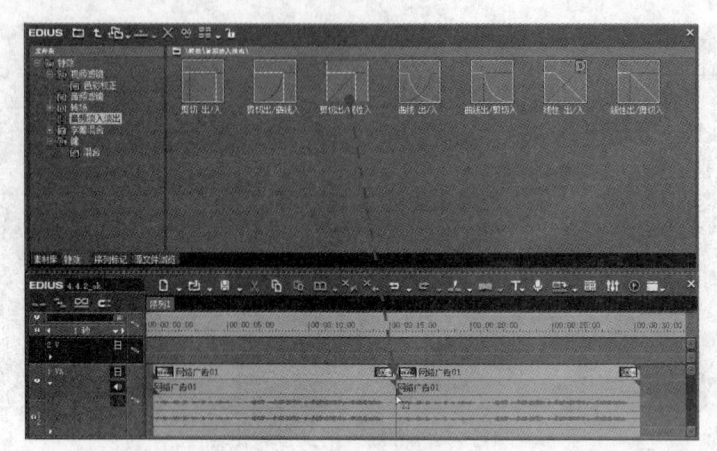

图 4-60　没经修剪的素材无法应用音频淡入淡出特效

4.5　技能训练

下面通过多个上机练习实例，巩固所学技能。

4.5.1　上机练习 1：为教学片同步录制配音

本例将使用【同步录音】功能为教学影片素材进行配音，以便使原来没有声音的教学片素材经过配音的处理，制作出完整的多媒体教学效果。

操作步骤

1 打开光盘中的 "..\Example\Ch04\4.5.1.ezp" 练习文件，在进行录音前，先建好预设设备，以便后续通过设置好的设备进行录音。首先选择【设置】|【系统设置】命令，打开【系统设置】对话框后选择【设备预设】项，再单击【新建】按钮，如图 4-61 所示。

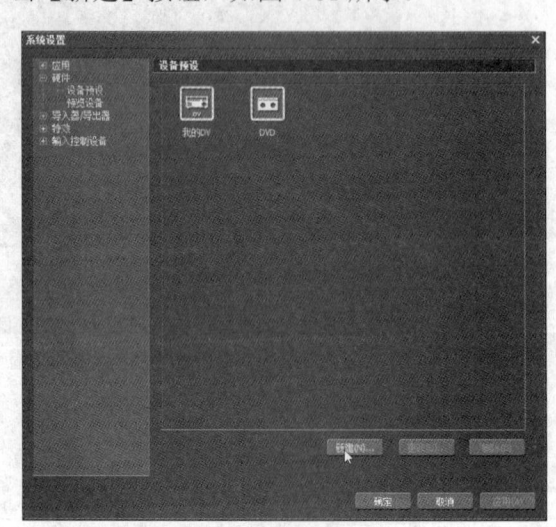

图 4-61　新建设备预设

2 打开【预设向导】对话框后，设置预设的名称，再单击【选择图标】按钮，然后在【图标选择】对话框中选择一种图标并单击【确定】按钮，如图 4-62 所示。

3 返回【预设向导】对话框后,单击【下一步】按钮,然后设置接口设备,再选择麦克风,如图 4-63 所示。

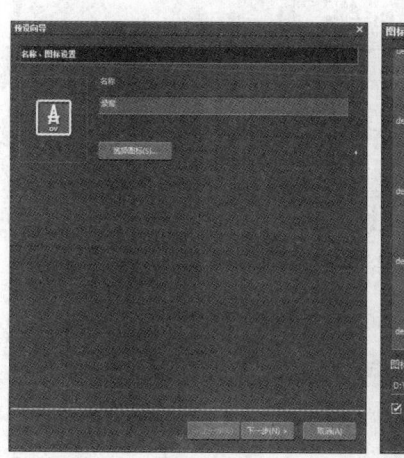

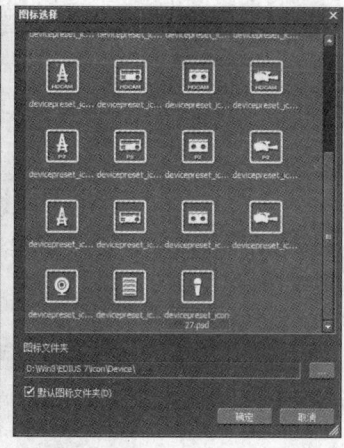

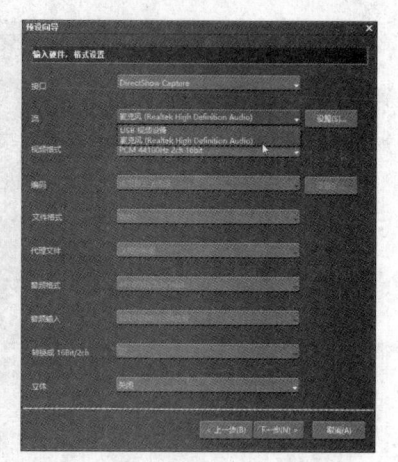

图 4-62 设置预设名称和图标　　　图 4-63 设置输入设备和选项

4 在对话框中单击【流】选项的【设置】按钮,打开【设置-设备设置】对话框后,选择音频设备和音频格式,接着单击【音频设置】按钮,再通过打开的对话框设置麦克风的属性,如图 4-64 所示。

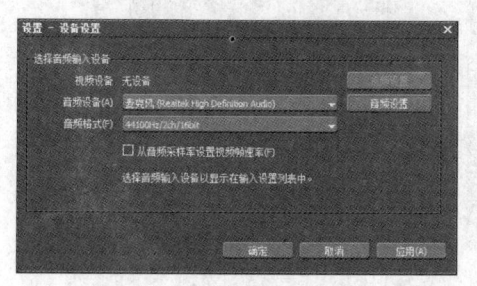

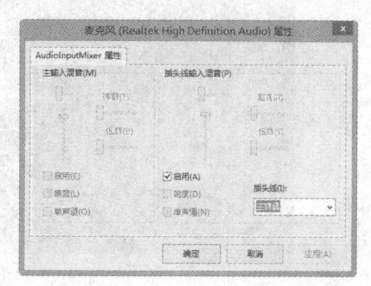

图 4-64 设置音频设备和音频属性

5 返回【预设向导】对话框后,单击【下一步】按钮,再以默认选项设置输出硬件,继续单击【下一步】按钮,然后查看硬件预设的信息,最后单击【完成】按钮,如图 4-65 所示。

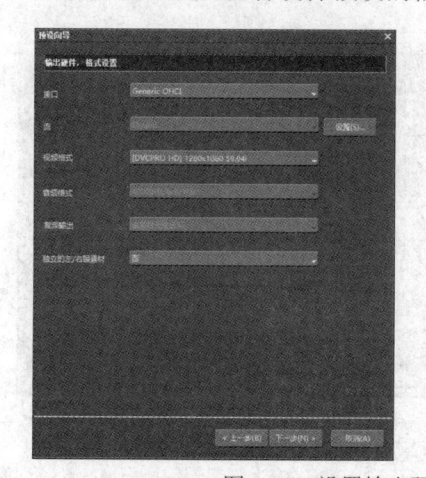

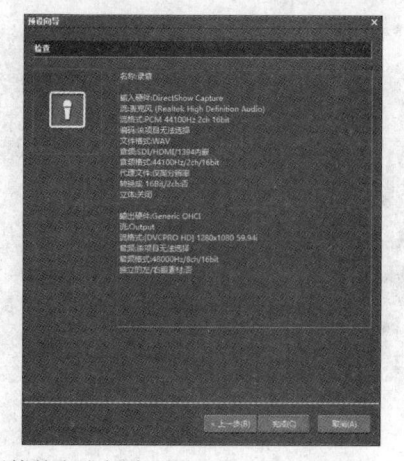

图 4-65 设置输出硬件并完成创建预设

117

6 返回主窗口后，选择【采集】|【同步录音】命令，在打开的【同步录音】对话框中选择设备预设，如图4-66所示。

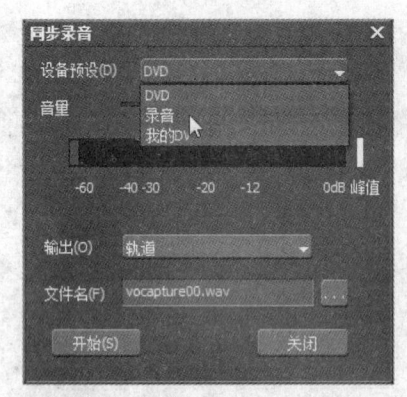

图4-66 选择【同步录音】命令并选择设备预设

7 在【同步录音】对话框中设置【输出】选项为【素材库】，然后设置录音的文件名，如图4-67所示。

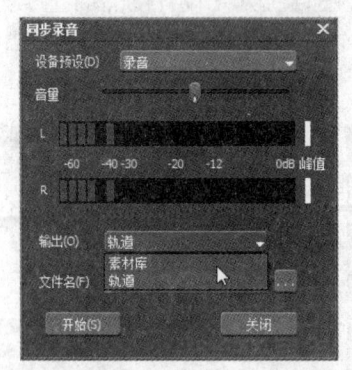

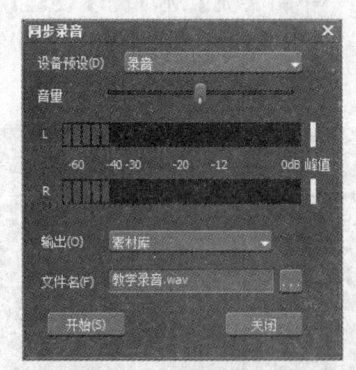

图4-67 设置录音输出和文件名

8 在【同步录音】对话框中单击【开始】按钮，然后通过麦克风为教学影片素材进行配音，此时录制窗口将同时播放时间线，并在录制窗口左上方显示红色圆形的录制图标，如图4-68所示。

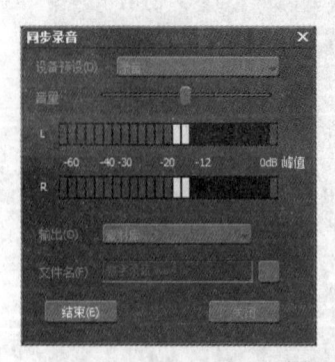

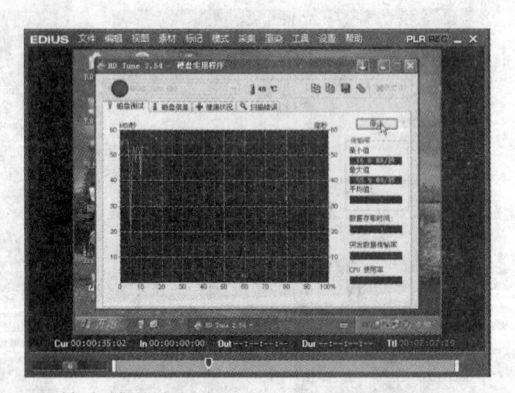

图4-68 开始为教学片录音

9 录音完成后，在【同步录音】对话框中单击【结束】按钮，然后在弹出的提示对话框中单击【是】按钮，即可将录音素材添加到素材库中，如图 4-69 所示。

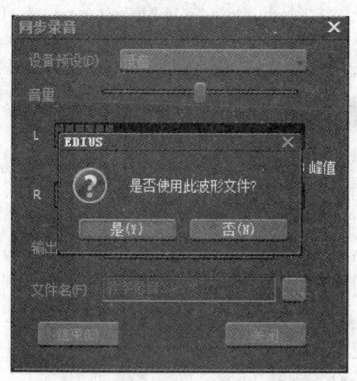

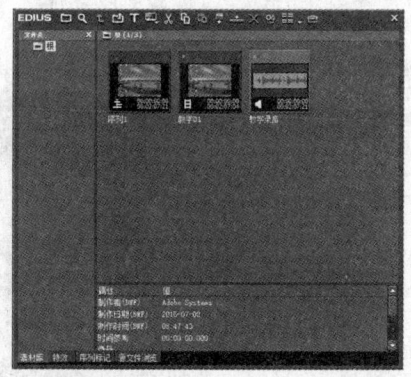

图 4-69 结束录制并使用波形文件

10 在【素材库】面板中选择录音素材，然后将该素材添加到时间线的音频轨道上即可，如图 4-70 所示。

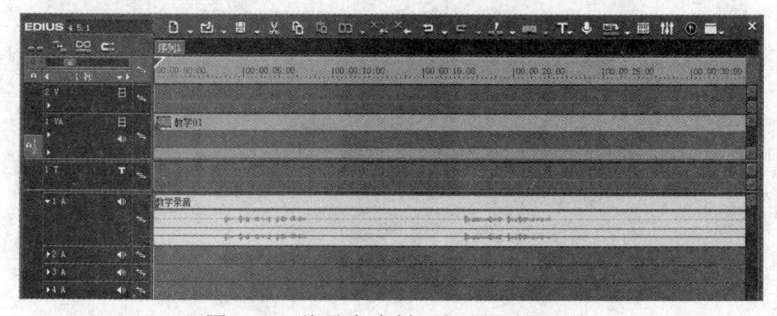

图 4-70 将录音素材添加到音频轨道

4.5.2 上机练习 2：为广告片调整音量效果

本例将为广告片素材中的音频添加多个调节点，然后通过调整各个调节点的音量，使广告影片播放时产生特殊的音量效果。

操作步骤

1 打开光盘中的"..\Example\Ch04\4.5.2.ezp"练习文件，在广告片素材所在的 VA 轨道左端单击三角形按钮，展开音频轨道，然后调整轨道的高度，如图 4-71 所示。

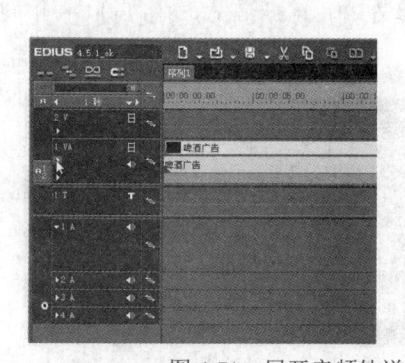

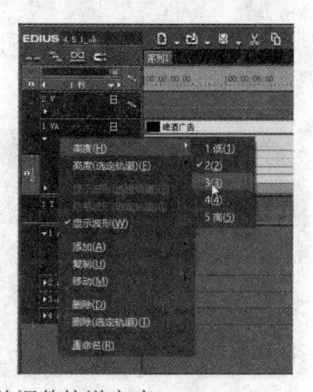

图 4-71 展开音频轨道并调整轨道高度

2 在素材所在的音频轨道上单击【音量/声相】按钮▇，使该按钮显示为 VOL，然后选择音量线的调节点并单击右键，再选择【移动所有】命令，在【调节点】对话框中设置值为 120%，以增加素材音量，如图 4-72 所示。

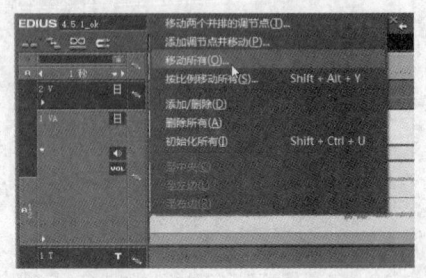

图 4-72　显示音量线并提高素材音量

3 使用鼠标在音频素材的音量线上单击添加多个调节点，如图 4-73 所示。

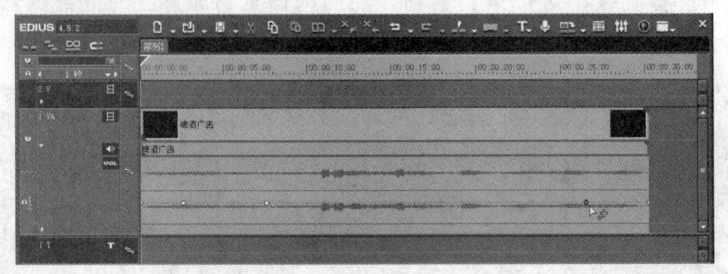

图 4-73　在音量线上添加多个调节点

4 使用鼠标选择音频音量线入点的调节点，然后垂直向下移动，降低该调节点的音量，如图 4-74 所示。

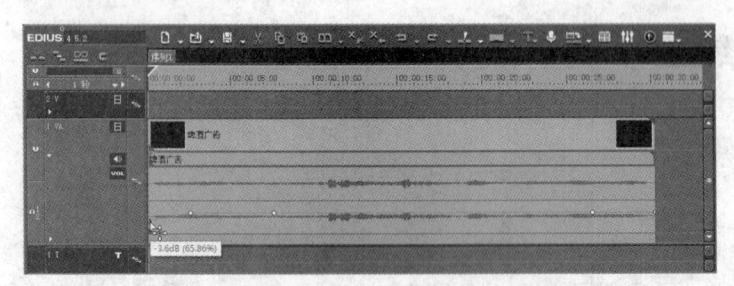

图 4-74　降低音量线入点调节点的音量

5 使用步骤 4 的方法，分别选择其他调节点并移动调节点，以设置对应调节点的音量，如图 4-75 所示。

图 4-75　调整其他调节点的音量

4.5.3 上机练习 3：通过调音台制作广告片音效

本例将通过【调音台】面板播放广告片并通过调音台的轨道控制器实时调整广告片音效，使之产生淡入－升高音量－降低音量的音效变化。

操作步骤

1 打开光盘中的"..\Example\Ch04\4.5.3.ezp"练习文件，打开【调音台】面板，然后单击 VA 轨道控制器的【单独】按钮，设置操作模式为【锁定】，如图 4-76 所示。

2 使用鼠标按住 VA 轨道控制器中衰减器的调整滑块，并向下移动该滑块，以降低 VA 轨道中广告素材的音量，如图 4-77 所示。

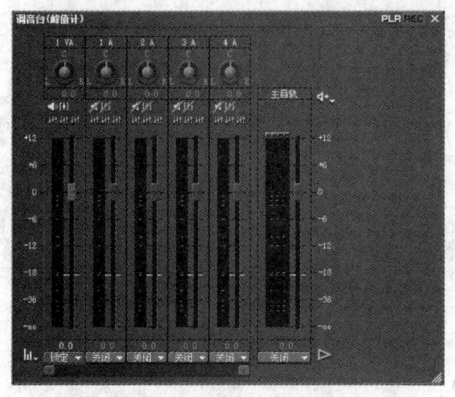

图 4-76　设置 VA 轨道控制器 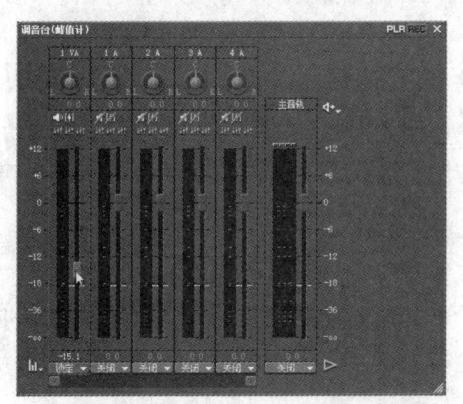　　　　　图 4-77　降低 VA 轨道的音量

3 将当前时间指示器移到素材的入点处，然后在【调音台】面板中单击【播放】按钮，按住衰减器的调整滑块并缓慢向上移动，逐渐提高素材音频的音量，如图 4-78 所示。

4 当广告片播放到中段，再次按住衰减器的调整滑块并缓慢向上移动，再次提高素材音频的音量，如图 4-79 所示。

图 4-78　逐渐提高音频前部分的音量 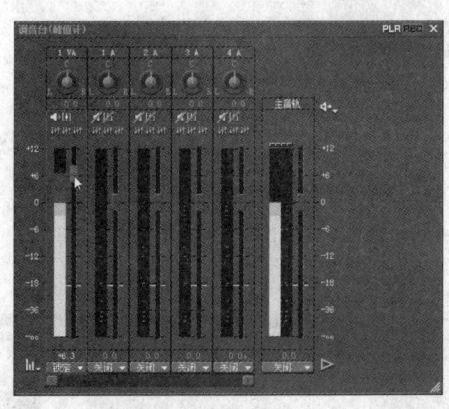　　　　　图 4-79　逐渐提高音频中段的音量

5 播放广告片，当播放到后段时，按住衰减器的调整滑块并缓慢向下移动，逐渐降低音频的音量，如图 4-80 所示。

6 通过调音台调音后，打开素材所在的 VA 轨道的音频轨道，然后显示【音量】编辑模式，即可查看到经过调音的音量线结果如图 4-81 所示。

图 4-80　逐渐降低音频后段的音量 　　　　　图 4-81　查看调音后的结果

4.5.4　上机练习 4：制作影片切换左右声道音效

本例先为音频轨道开启【声相】编辑功能，然后在声相线上添加多个调节点，并通过调节点控制影片在左右声道之间切换，制作出声道互换的音效。

操作步骤

1 打开光盘中的 "..\Example\Ch04\4.5.4.ezp" 练习文件，在广告片素材所在的 VA 轨道左端单击三角形按钮，展开音频轨道，如图 4-82 所示。

2 在素材所在的音频轨道上单击【音量/声相】按钮 ▇，使该按钮显示为 PAN，然后在声相线上添加两个调节点，如图 4-83 所示。

图 4-82　展开素材所在的音频轨道 　　　　　图 4-83　显示声相线并添加调节点

3 选择声相线左侧第二个调节点，并将此调节点移到上方，使声音切换到左声道，然后选择倒数第二个调节点并移到下方，使声音切换到右声道，如图 4-84 所示。

4 在声相线出点调节点左侧添加一个新的调节点，选择该调节点后单击右键并选择【移动】命令，设置值为 0%，使声音恢复到双声道中，如图 4-85 所示。

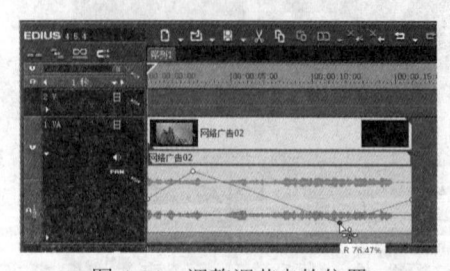

图 4-84　调整调节点的位置 　　　　　图 4-85　添加调节点并设置值

5 完成上述操作后，即可返回录音窗口中，然后单击【播放】按钮，播放时间线预听影

片音频出现左右声道互换的效果，如图4-86所示。

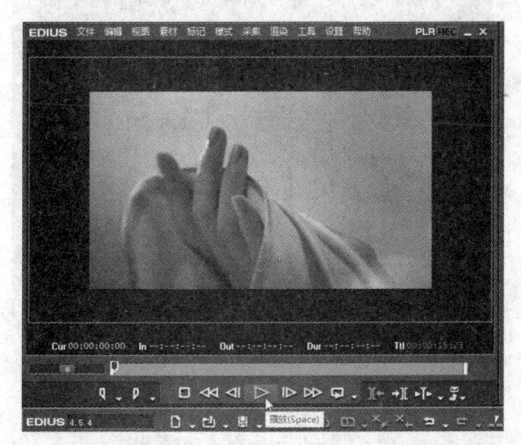

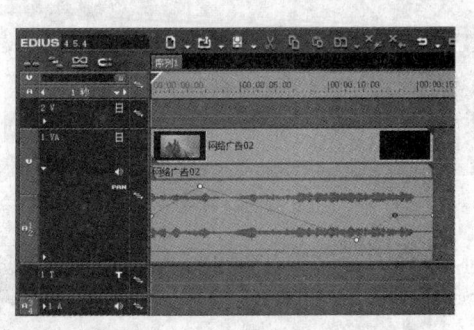

图4-86 播放时间线以预听音效

4.5.5 上机练习5：制作片头素材的混音效果

本例将分别为片头影片素材应用【参数平衡器】、【变调】、【1kHz 消除】和【延迟】4 种音频滤镜，并根据设计需要分别设置各个音频滤镜的属性，为片头素材制作出好听的混音效果。

操作步骤

1 打开光盘中的"..\Example\Ch04\4.5.5.ezp"练习文件，打开【特效】面板并在【音频滤镜】目录中选择【参数平衡器】滤镜，然后将该特效拖到音频素材上，如图4-87所示。

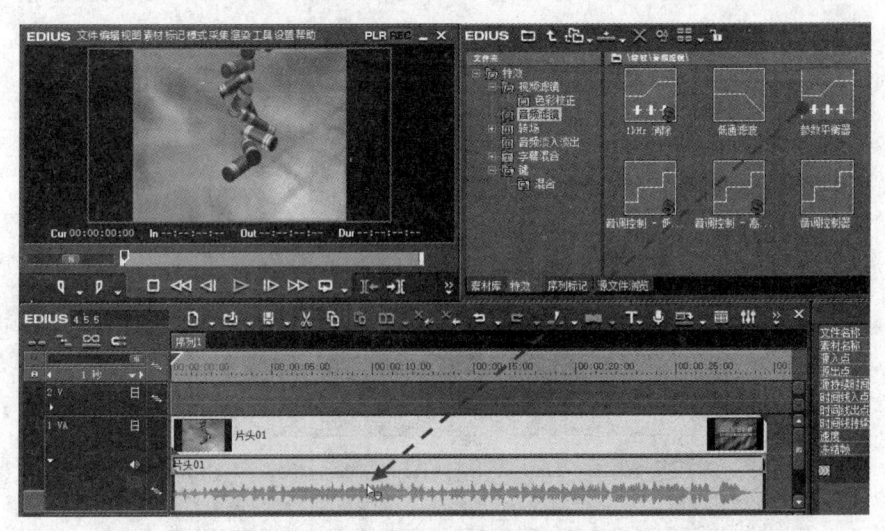

图4-87 为音频应用【参数平衡器】滤镜

2 打开【信息】面板，选择【参数平衡器】项，然后单击【打开设置对话框】按钮，在【参数平衡器】对话框中分别设置波段1、波段2、波段3的各项参数，再单击【确定】按钮，如图4-88所示。

3 通过【特效】面板将【变调】滤镜应用到音频上，然后在【信息】面板中单击【打开设置对话框】按钮，设置变调的音高值为120%，如图4-89所示。

123

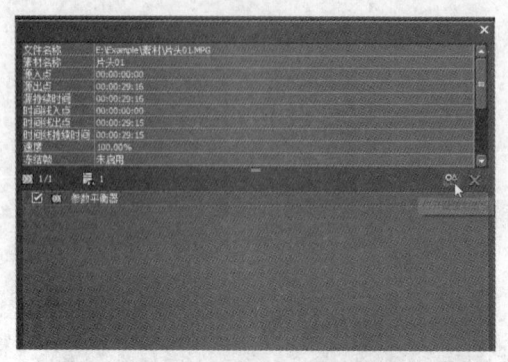

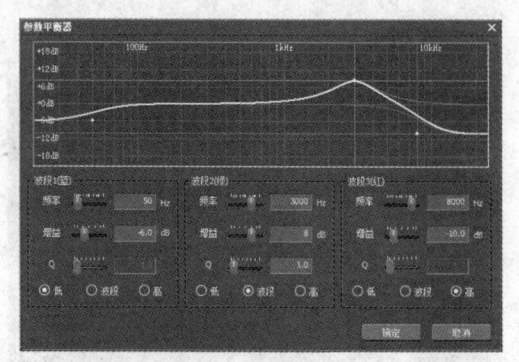

图 4-88 设置【参数平衡器】滤镜的属性

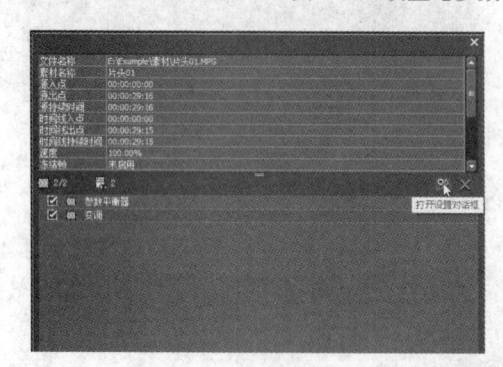

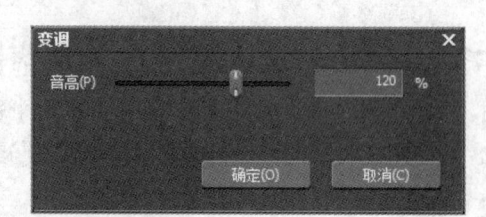

图 4-89 应用【变调】滤镜并设置属性

4 在【特效】面板中选择【1kHz 消除】滤镜,然后将该滤镜拖到素材的音频上,如图 4-90 所示。

图 4-90 应用【1kHz 消除】滤镜

5 通过【特效】面板将【延迟】滤镜应用到音频上,然后在【信息】面板中单击【打开设置对话框】按钮,通过【延迟】对话框设置各项属性并单击【确定】按钮,如图 4-91 所示。

124

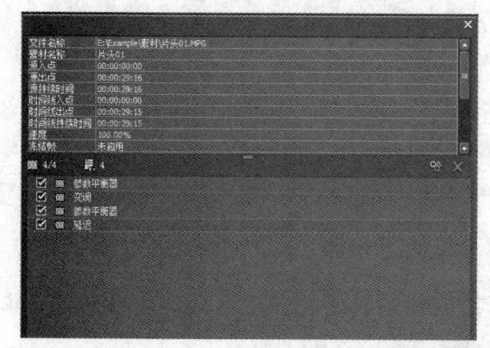

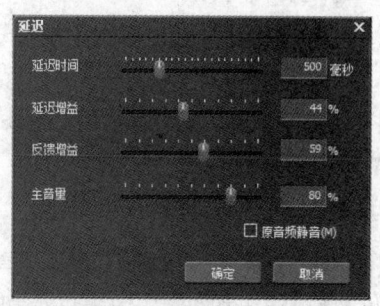

图 4-91　应用【延迟】滤镜并设置属性

6 完成上述操作后，即可返回录制窗口中，单击【播放】按钮，播放时间线以检查片头播放时的声音效果，如图 4-92 所示。

图 4-92　播放时间线以检查音效

4.6　评测习题

1. 填充题

（1）_____轨道可在同一轨道中同时容纳单声道和立体声。

（2）EDIUS Pro 7 程序的_____面板，是用来调整声音的主要场所。

（3）EDIUS Pro 7 为用户提供了一个_____的功能，使用这个功能可以将素材的音频向前或向后偏移，即提前播放音频或延后播放音频。

（4）无论是音量线或是声相线，都是通过_____来进行编辑的。

2. 选择题

（1）音频轨道可以设置单声道或立体声声道，并最多可以设置多少条声道？　　（　　）

　　A. 5 条　　　　　B. 8 条　　　　　C. 10 条　　　　　D. 12 条

（2）【调音台】面板提供哪两种计量形式表示音频音量变化？　　（　　）

　　A. 线形表与 VU 表　　　　　B. 峰值表与声相表

125

　　　　C. 峰值表与 VU 表　　　　　　　　D. 音量表与音效表
（3）【调音台】面板提供多种操作模式，以下哪项不属于调音台的操作模式？　（　）
　　　　A. 读取　　　　B. 写入　　　　C. 锁定　　　　D. 触及
（4）以下哪种音频滤镜可以转换音调的同时保持音频的播放速度？　　　　（　）
　　　　A. 低通滤波　　B. 高通滤波　　C. 变调　　　　D. 图形均衡器

3. 判断题

（1）【调音台】面板跟主窗口一样，具有播放和录制两种面板形式，可以通过【调音台】面板左上角的 PLR 按钮和 REC 按钮来进行切换。　　　　　　　　　　　　　　（　）
（2）【延迟】音频滤镜主要用于分别调节左右声道和各自的音量。　　　（　）

4. 操作题

　　为练习文件上素材的音频应用【音调控制器】滤镜，通过【信息】面板打开该滤镜的设置对话框，设置如图 4-93 所示的属性。

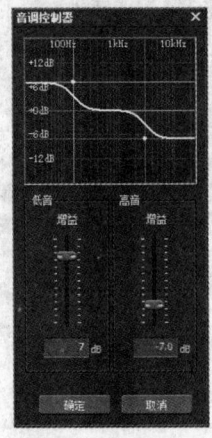

图 4-93　为音频应用【音调控制器】滤镜

操作提示

（1）打开光盘中的"..\Example\Ch04\4.6.ezp"练习文件，打开【特效】面板中的【音频滤镜】目录。
（2）选择【音调控制器】滤镜，将该滤镜拖到素材的音频中。
（3）打开【信息】面板，选择【音调控制器】项，再单击【打开设置对话框】按钮 。
（4）打开【音调控制器】对话框后，设置低音和高音的增益属性即可。

第 5 章　EDIUS 进阶技术的应用

学习目标

本章将详细介绍 EDIUS Pro 7 中的影像合成、剪辑模式和多机位模式、矢量图和示波器、素材校色、特效编辑等进阶技术的应用方法和技巧。

学习重点

- ☑ 了解合成的概念
- ☑ 定义影像的透明效果
- ☑ 应用键控效果合成影像
- ☑ 应用混合模式合成影像
- ☑ 使用剪辑模式和多机位模式
- ☑ 使用矢量图和示波器
- ☑ 素材校色和二级校色应用
- ☑ 使用多个特效设计影片效果

5.1　影像的合成

对于影视作品制作来说，合成是指通过添加多个影像素材来产生一个合成影片的处理过程。

5.1.1　合成的概念

要从多个影像创建一个合成，可以使一个或多个影像的一部分变得透明，以使其他影像通过透明部分显示出来。在 EDIUS 中，可以使用多种功能使某影像的整体或某部分变得透明。

当影像的某部分是透明时，透明信息会存储在素材的 Alpha 通道中。通过覆叠视频轨道可以将影像透明部分合成在一起，并通过使用影像的颜色通道在低层轨道素材中创建效果，如图 5-1 所示为利用影像透明部分产生影像合成的效果。

图 5-1　合成影像的效果

> 影像一般是由3个通道（Red通道、Green通道和Blue通道）合成的。这样的影像称为RGB影像。RGB影像中还包含有第四个通道——Alpha通道。Alpha通道用来定义影像中的透明、不透明和半透明区域，其中黑表示透明，白表示不透明，灰表示半透明。

5.1.2 通过混合器定义素材不透明度

如果一个剪辑的不透明度设置低于100%，在它下面轨道的剪辑就可以看见；当不透明度为0%，那么这个剪辑是完全透明度的；如果在透明素材的下面没有其他素材，序列就会显示黑色背景。

要定义素材的整体不透明度，可以通过素材所在轨道的混合器来设置素材的不透明度低于100%来实现。这种方法会影响素材的整体透明度，即设置素材不透明度低于100%后，素材从入点到出点都产生透明效果。

动手操作　定义素材不透明度

1 在素材所在轨道上打开混合器轨道，然后单击【混合器】按钮，此时混合器轨道上显示不透明度的水平线，如图5-2所示。

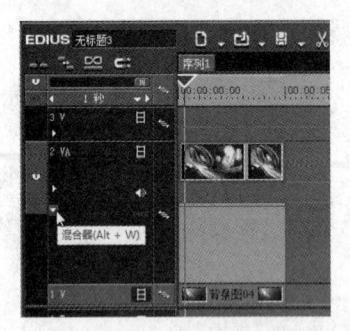

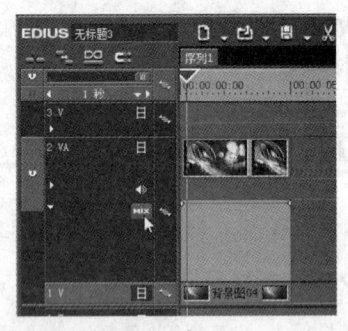

图5-2　展开混合器轨道并启用混合器

2 不透明度水平线上默认在素材入点和出点处有两个调节点。可以拖动这两个调节点来修改素材不透明度属性，也可以在水平线上单击添加调节点，并向下拖动调节点降低不透明度，如图5-3所示。

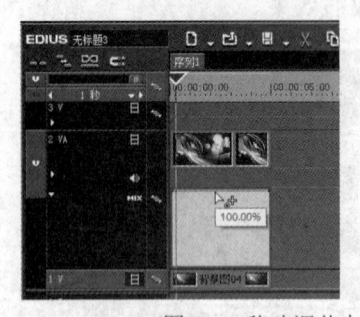

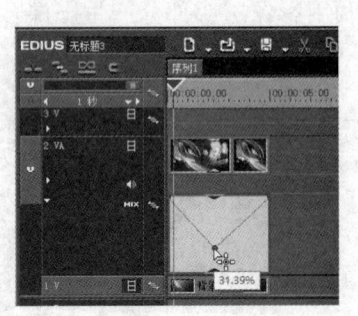

图5-3　移动调节点来说明素材不透明度

3 如果想要移动整个不透明度水平线，可以在调节点上单击右键并选择【移动所有】命令，然后在【调节点】对话框中设置值，如图5-4所示。

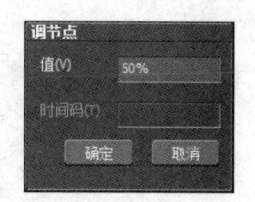

图 5-4　调整所有调节点的不透明度

4 经过设置素材的不透明度后，即可看到素材与下方覆叠轨道素材合成的效果，如图 5-5 所示。

图 5-5　通过设置不透明度合成素材的效果

5.1.3　使用关键帧定义素材不透明度

通过对应素材的【视频布局】对话框，可以为素材设置不透明度属性，且该属性通过关键帧来控制。使用关键帧控制素材的不透明度，可以设置素材在关键帧所在时间点的不透明度属性，更可以通过多个关键帧之间，创建素材不透明度变化的效果。

动手操作　使用关键帧定义素材不透明度

1 打开光盘中的"..\Example\Ch05\5.1.3.prproj"练习文件，在【时间线】面板中单击【切换 插入/覆盖】按钮，切换到覆盖模式，然后通过【素材库】面板将【夜景 02】素材加入到 V 轨道，如图 5-6 所示。

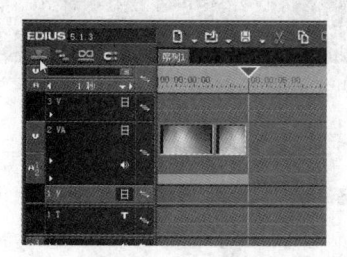

图 5-6　将视频素材加入轨道

2 选择【夜景02】素材，然后在【信息】面板中选择【视频布局】项，再单击【打开设置对话框】按钮，在对话框中打开【可见度和颜色】列表并选择【素材不透明度】复选框，如图5-7所示。

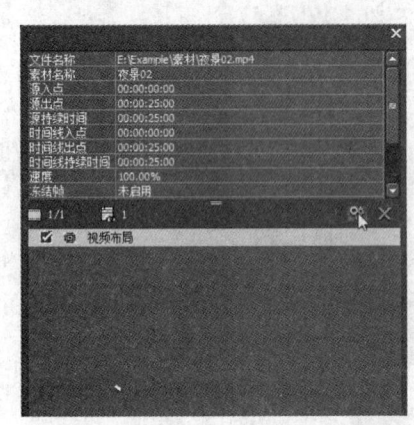

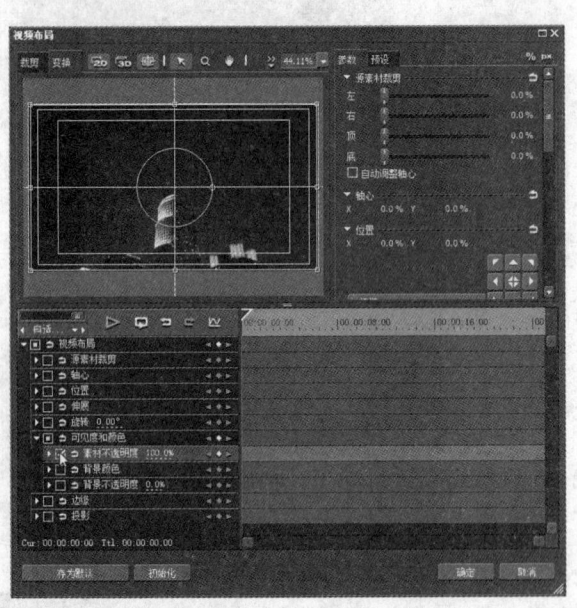

图5-7　打开素材的【视频布局】对话框并启用【素材不透明度】属性

3 将当前时间指示器移到约5秒处，然后单击【图形模式】按钮，在【素材不透明度】项中单击【添加/删除关键帧】按钮，添加一个关键帧，如图5-8所示。

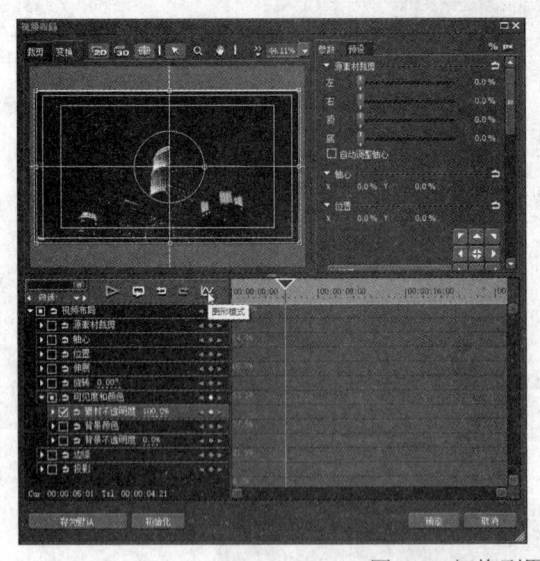

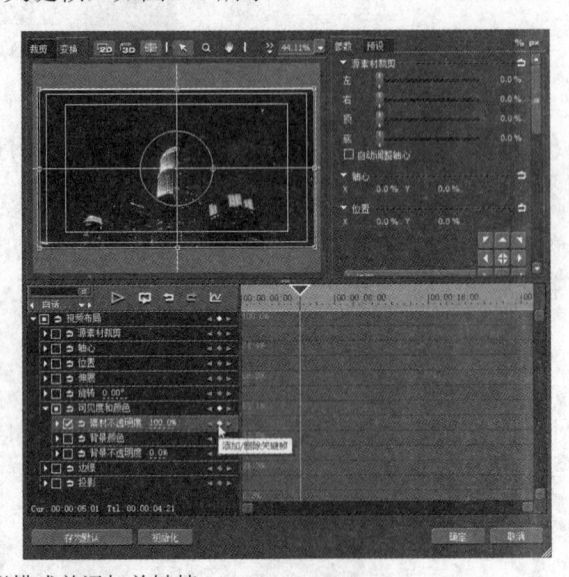

图5-8　切换到图形模式并添加关键帧

4 将当前时间指示器移到素材的入点处，然后单击【素材不透明度】项中的【添加/删除关键帧】按钮，按住该关键帧并向下拖动到数值为0%，设置素材不透明度为0%（即完全透明），如图5-9所示。

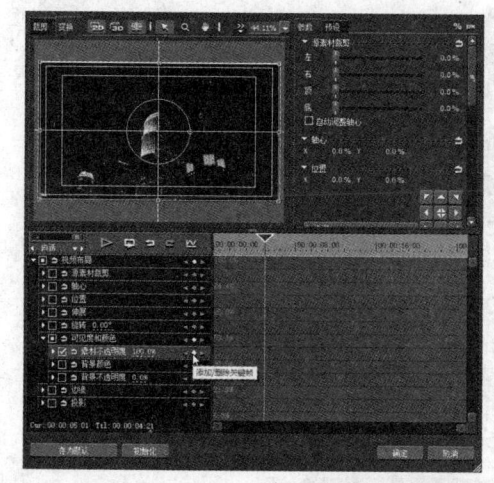

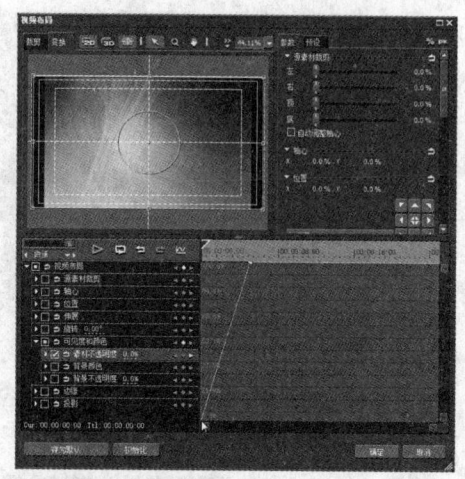

图 5-9　再次添加关键帧并设置不透明度

5 返回主窗口中，单击【播放】按钮，查看素材通过关键帧设置不透明的效果，如图 5-10 所示。

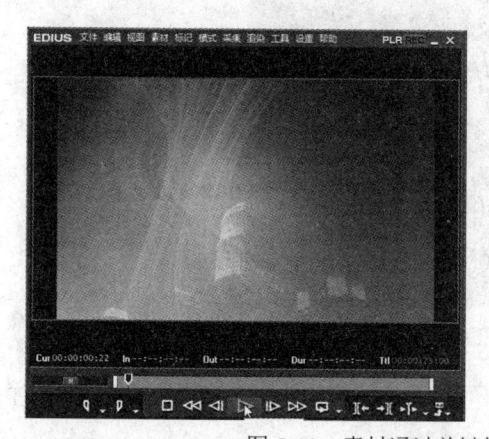

图 5-10　素材通过关键帧设置不透明的播放效果

5.1.4　应用键控合成影像

在 EDIUS 中，可以根据颜色或亮度应用键控（或称为"键"）来定义影像的透明区域。例如，使用色度键可以消除背景，使用亮度键可以添加纹理或特定的效果。此外，通过轨道遮罩特效可以选择使用 Alpha 遮罩和亮度遮罩调整素材的透明效果。

1. 应用色度键

应用色度键，可以选择素材中的一种颜色或一定的颜色范围，使其变透明。这种键控可以用于包含一定颜色范围的屏幕为背景的场景，如从背景为蓝色的图片中抠出里面的影像。

动手操作　应用键控合成影像

1 打开【特效】面板，再打开【键】目录，选择【色度键】特效，将此特效应用到目标素材的混合器上，如图 5-11 所示。

2 通过【信息】面板打开【色度键】对话框，单击【键设置】选项卡中的吸管按钮，然后在对话框的监视器上单击采样素材的背景色，如图 5-12 所示。

图 5-11 将【色度键】特效应用到素材

图 5-12 设置色度键的采样颜色

3 设置色度键颜色后，再设置色度键的其他选项，然后单击【确定】按钮，返回主窗口查看影像合成的效果，如图 5-13 所示。

图 5-13 使用色度键合成影像的效果

2. 应用亮度键

亮度键可以使影像中比较暗的值产生透明，而保留比较亮的颜色为不透明，同时可以产生敏感的叠印或键出黑色区域。

第 5 章 EDIUS 进阶技术的应用

动手操作　应用亮度键

1 打开【特效】面板，再打开【键】目录，选择【亮度键】特效，将此特效拖到目标素材混合器上，如图 5-14 所示。

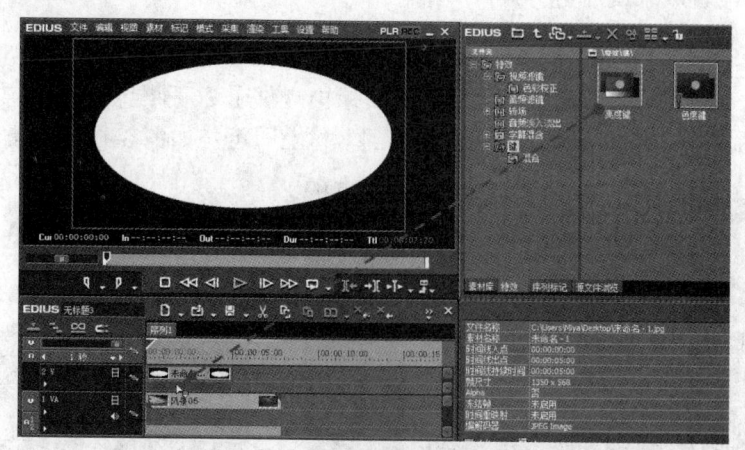

图 5-14　应用【亮度键】特效

2 通过【信息】面板打开【亮度键】对话框，设置亮度下限、亮度上限、过渡和过渡形式等属性，然后单击【确定】按钮，如图 5-15 所示。

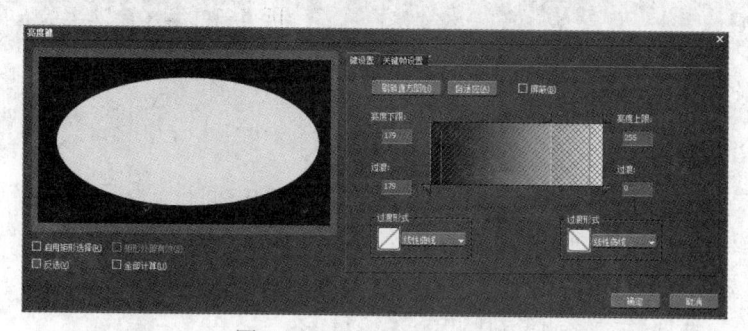

图 5-15　设置亮度键的属性

3 设置特效属性后，即可返回主窗口中，查看素材覆叠后进行亮度键处理而产生的影像合成效果，如图 5-16 所示。

图 5-16　查看影像合成的效果

133

5.1.5 应用混合模式

在 EDIUS 中，可以使用一些特定的色彩混合算法，将两个轨道的影像素材叠加在一起，这对于某些特效的合成来说非常有效。

1. 使用混合模式

EDIUS Pro 7 在【特效】面板的【混合】目录中提供了 16 种混合模式特效，当需要使用混合处理影像时，只需将合适的混合特效应用到素材上即可，如图 5-17 所示。

图 5-17　应用混合模式特效到素材

2. 了解混合模式

- 叠加模式：以中性灰（RGB=128，128，128）为中间点，大于中性灰（更亮），则提高背景图亮度；反之则变暗，中性灰不变。
- 滤色模式：应用到一般画面上的主要效果是提高亮度。黑色与任何背景叠加得到原背景，白色与任何背景叠加得到白色。
- 柔光模式：同样以中性灰为中间点，大于中性灰，则提高背景图亮度；反之则变暗，中性灰不变。无论提亮还是变暗的幅度都比较小，效果柔和，所以称之为"柔光"。
- 强光模式：根据像素与中性灰的比较进行提亮或变暗，幅度较大，效果强烈。
- 艳光模式：根据像素与中性灰的比较进行提亮或变暗，与强光模式相比效果显得更为强烈和夸张。
- 点光模式：根据基础颜色替换颜色。如果基础颜色比 50%灰色亮，则比基础颜色暗的像素将被替换，而比基础颜色亮的像素保持不变。如果基础颜色比 50%灰色暗，则比基础颜色亮的像素将被替换，而比基础颜色暗的像素保持不变。
- 线性光模式：根据基础颜色减小或增加亮度，使颜色加深或减淡。如果基础颜色比 50%灰色亮，则图层将变亮，因为亮度增加了。如果基础颜色比 50%灰色暗，则图层将变暗，因为亮度减小了。
- 正片叠底：应用到一般画面上的主要效果是降低亮度。白色与任何背景叠加得到原背景，黑色与任何背景叠加得到黑色。与滤色模式正好相反。
- 相加模式：将上下影像像素相加成为混合的颜色，因而画面变亮的效果非常强烈。

- 差值模式：将上下影像像素相减后取绝对值。常用来创建类似负片的效果。
- 变亮模式：将上下影像像素进行比较后，取高值成为混合后的颜色，因而总的颜色灰度级升高，造成变亮的效果。用黑色合成图像时无作用，用白色时则仍为白色。
- 变暗模式：取上下影像像素中较低的值成为混合后的颜色，总的颜色灰度级降低，造成变暗的效果。用白色去合成图像时毫无效果。
- 减色模式：与正片叠底作用类似，但效果更为强烈和夸张。
- 颜色加深：应用到一般画面上的主要效果是加深画面，且根据叠加的像素颜色相应增加底层的对比度。
- 颜色减淡：与颜色加深效果正相反。
- 排除模式：与差值模式作用类似，但效果比较柔和，产生的对比度比较低。

5.2 剪辑模式和多机位模式

在默认情况下，所有的工作都在 EDIUS 的常规模式下进行，EDIUS 还为用户提供了"剪辑模式"和"多机位模式"。下面将介绍这两种模式的应用。

5.2.1 剪辑模式

在 EDIUS 中，大多数工作应该是素材的整理和组接，即剪辑工作，EDIUS 为用户提供了 5 种剪辑方式和专门用于转场的剪辑模式。

选择【模式】|【剪辑模式】命令，或者直接按 F6 即可进入剪辑模式。按 F5 键即可恢复为常规模式。

1. 剪切点

EDIUS 在素材上添加了一项操作元素——剪切点（又称为剪辑点）。一段视音频完整的素材共有 8 个剪切点（入出点各 4 个），被选中的剪切点呈现黄色，如图 5-18 所示。

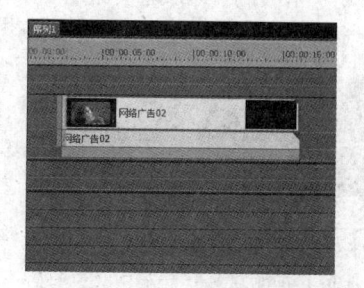

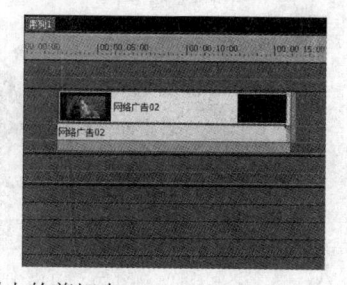

图 5-18　素材上的剪切点

2. 剪辑方式

通过选择不同的剪切点，能做出 5 种不同的裁剪动作，而每种裁剪动作的鼠标光标都不相同。

- 常规裁剪：改变放置在时间线上素材的入出点，是最常使用的一种裁剪方式。用鼠标激活素材内侧的剪切点并进行拖拽即可，如图 5-19 所示。
- 滚动裁剪：改变相邻素材间的边缘，不改变两段素材的总长度。用鼠标激活素材相接处"内外"4 个剪切点进行拖拽，相当于同时调整前一段素材的出点及后一段素材的入点，如图 5-20 所示。

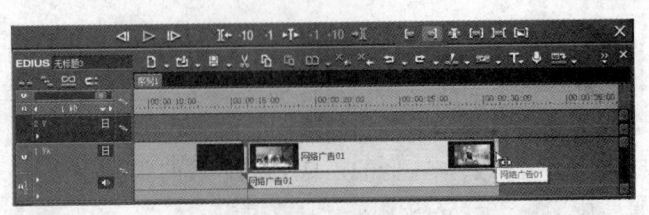

图 5-19　使用常规裁剪方式

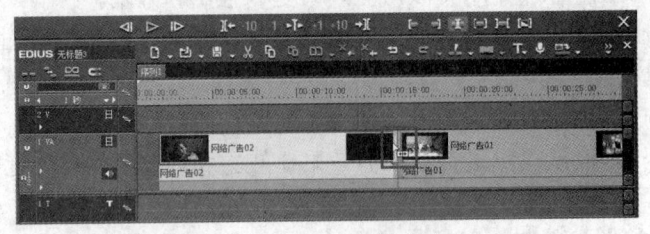

图 5-20　使用滚动裁剪方式

- 滑动裁剪：仅改变选中素材中要使用的部分，不影响素材当前的位置和长度。用鼠标激活素材自身"内侧"的共 4 个剪切点进行拖拽，如图 5-21 所示。相当于在不影响素材位置和长度的情况下，调整放置在时间线上的内容。

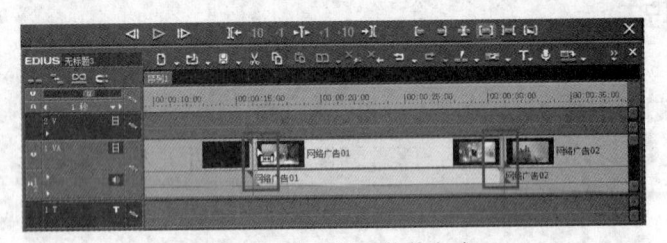

图 5-21　使用滑动裁剪方式

- 滑过裁剪：仅改变选中素材的位置，而不改变其长度。用鼠标激活素材自身"外侧"的共 4 个剪切点进行拖拽，如图 5-22 所示。相当于移动选中素材的同时，调整前一段素材的出点及后一段素材的入点。

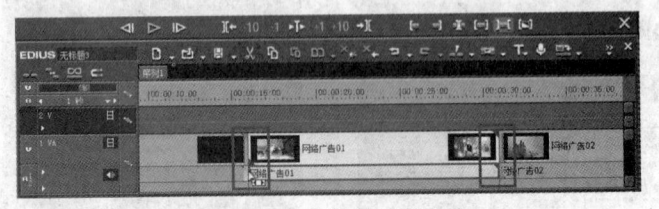

图 5-22　使用滑过裁剪方式

- 分离裁剪：分别调节素材的视频和音频部分。将鼠标移到剪切点处，当出现鼠标指针显示为 时，拖动视频或音频剪切点即可，如图 5-23 所示。

> 在调整素材时，需确认【时间线】面板的【波纹模式】开关 处于何种状态，如图 5-24 所示。以上示例中，波纹模式处于关闭状态。若打开波纹模式，当前素材的裁剪将对其后面素材的位置产生影响。

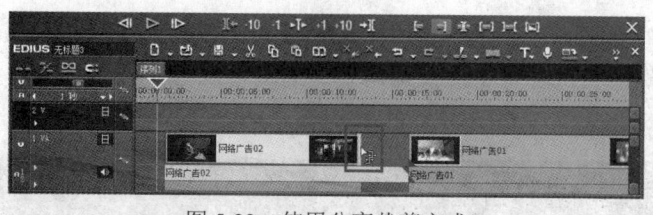

图 5-23　使用分离裁剪方式

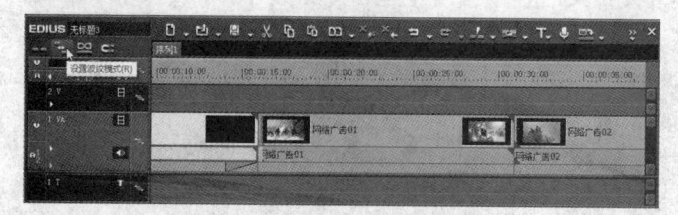

图 5-24　设置波纹模式开关

3. 转场剪辑模式

转场剪辑模式专门用于调整转场的持续时间。

方法为：

其在录制窗口中单击【剪辑模式（转场）】按钮，然后在监视器中拖动。或者在混合器轨道上选择转场的剪切点并拖拽，可以增加或缩短转场持续时间，如图 5-25 所示。

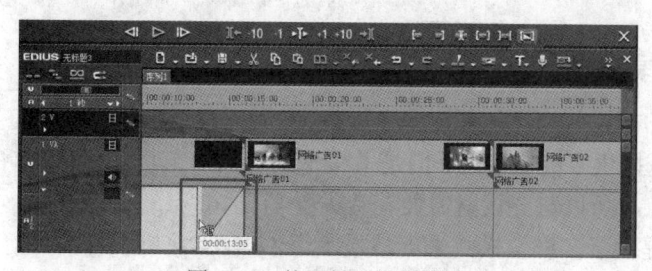

图 5-25　使用转场编辑模式

4. 剪辑模式下的监视器操作

除了在时间线上操作素材的剪切点以外，在剪辑模式下还可以直接在录制窗口的监视器中进行裁剪的操作。

- 操作入点和出点：在录制窗口中单击【裁剪（入点）】按钮 或【裁剪（出点）】按钮，然后将鼠标放在监视器创建，并拖动操作入点或出点，如图 5-26 所示。

图 5-26　在监视器中操作入点和出点

137

- 操作素材交界剪切点：在录制窗口中选择【滚动裁剪】、【滑动裁剪】、【滑过裁剪】方式的一种，然后将鼠标置于监视窗口处并拖动，此时监视器显示 2 个画面，以显示素材间裁剪的相互关系，如图 5-26 所示。

图 5-27　操作素材交界剪切点

> 以上示例中，素材都放在同一轨道上，若制作人员习惯将素材分别放置在不同轨道上剪辑，同样可以使用 EDIUS 的剪辑模式进行有效的工作。

5.2.2　多机位模式

很多大型活动的节目剪辑往往需要多角度切换，所以在活动现场一般有数台摄像机同时拍摄，为后期编辑人员提供多机位素材。但是多机位的剪辑，尤其是在有同期声的情况下，因为需要严格对准时间点，所以对齐素材需要花费大量功夫。

不过，EDIUS 提供了多机位模式来支持最多达 16 台摄像机素材同时剪辑。通过这种多机位模式的应用，可以快速而准确地进行多机位拍摄素材的编辑。

1．进入多机位模式

选择【模式】|【多机位模式】命令，或者按 F8 功能键即可进入多机位模式，如图 5-28 所示。

进入多机位模式后，录制窗口划分出多个小窗口。默认状态下，支持 3 台摄像机的素材。其中三个小窗口即是三个机位，大的主机位窗口即最后选择的机位，如图 5-29 所示。

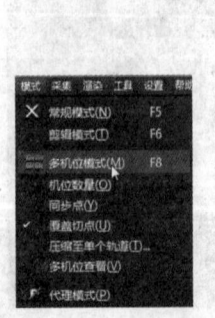

图 5-28　进入多机位模式　　　　图 5-29　多机位模式的录制窗口

2. 设置机位数量与指定机位

如果需要增加或减少机位,可以打开【模式】|【机位数量】子菜单,然后从子菜单中选择需要的数量,如图 5-30 所示。

将不同机位拍摄的素材加入到不同轨道后,各个轨道显示机位映射的标识,如 C1 表示映射机位 1。当需要将不同素材分配到不同机位中时,可以通过指定映射机位来实现。例如,要将指定轨道素材显示在机位 1 的小窗口中(即录制窗口中的 1 号小窗口),则可以在该轨道的机位映射表示上单击,然后在列表框中选择【映射机位 1】选项,如图 5-31 所示。

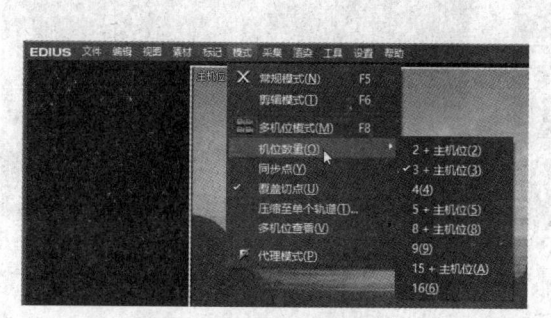

图 5-30 设置机位数量　　　　图 5-31 指定映射机位

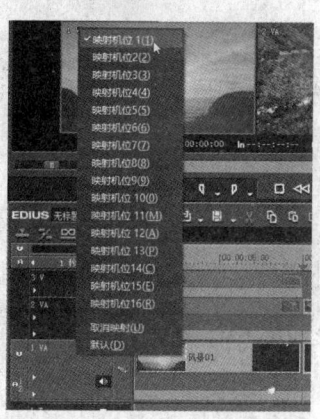

3. 应用同步点

对于多机位剪辑非常重要的是准确的时间对位——这在 EDIUS 中被称作"同步点"。同步点其实就是素材的对齐方式,除了不同步以外,EDIUS 提供了 4 种同步方式:时间码、录制时间、素材入点和素材出点。

要选择同步方式,可以打开【模式】|【同步点】子菜单,然后选择合适的同步方式,如图 5-32 所示。

4. 切换镜头以创建剪切点

EDIUS 支持最多达 16 台摄像机素材同时剪辑,因此,可以根据机位数量创建对应数量的视频轨道或视音轨道来放置各个摄像机拍摄的素材。如图 5-33 所示为使用【5+主机位】机位数量的录制窗口。

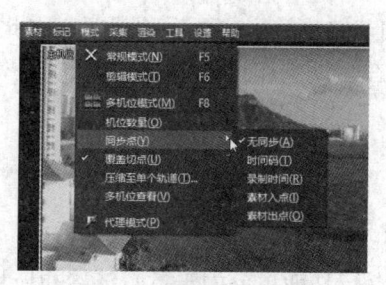

图 5-32 设置同步点　　　　图 5-33 设置机位数量

当将不同机位摄像机拍摄的素材加入对应轨道后,接下来只需播放时间线,并直接在监视窗口中单击选择需要的镜头,如图 5-34 所示,或者使用数字小键盘切换镜头即可。

在选择镜头的同时,EDIUS 在时间线上自动创建剪切点标记,一旦用户停止播放,各个素材就在这些剪切点处被裁剪开了,也就是说初剪完成了,后续将这些初剪的素材进行组合即可,如图 5-35 所示。移动剪切点还可以修改各素材的入出点。

图 5-34　在监视窗口单击选择切换镜头 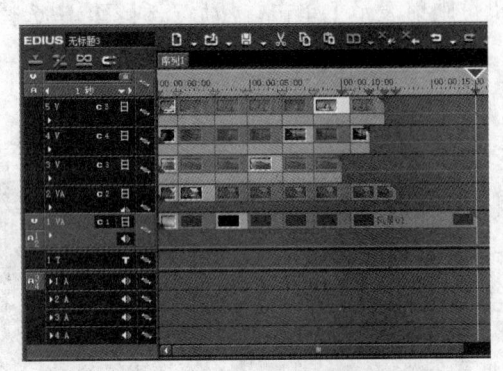　　　　图 5-35　通过多机位镜头切换创建剪切点的结果

5. 压缩至单个轨道

为了使工程文件更简洁,可以将剪辑完的多轨道素材压缩为一条轨道。

选择【模式】|【压缩至单个轨道】命令,然后选择一个当前未使用的轨道,或者新建一条新的轨道来放置剪辑后的多机位摄像素材即可,如图 5-36 所示。

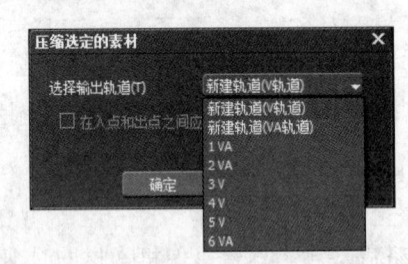

图 5-36　将多机位素材压缩到单个轨道

5.3　校色的高级处理技巧

在制作影视作品的过程中,由于电视系统能显示的亮度范围要小于计算机显示器的显示范围,一些在电脑屏幕上鲜亮的画面也许在电视机上将出现细节缺失等影响画质的问题,因此,专业的制作人员会根据播出要求来控制画面的色彩。同时,在后期制作过程中,制作人员还常常需要对画面进行校色和调色。

5.3.1　使用矢量图/示波器

1. 打开矢量图/示波器

视频信号由亮度信号和色差信号编码而成,因此,示波器按功能可分为矢量示波器和波形

示波器，在 EDIUS Pro 7 中，它们可由【视图】|【矢量图/示波器】命令打开，如图 5-37 所示。

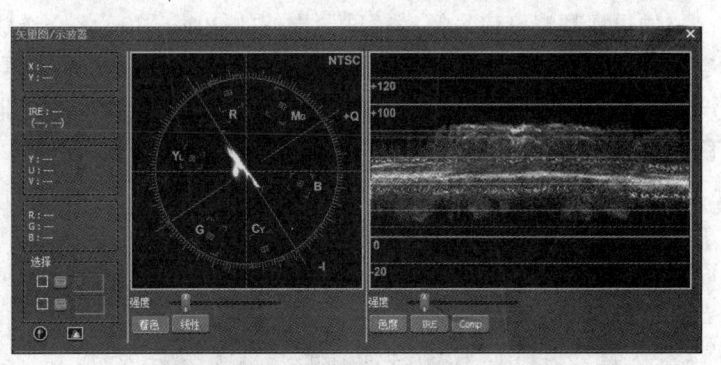

图 5-37　打开【矢量图/示波器】对话框

2. 矢量图

在【矢量图/示波器】对话框中，最左侧是信息区，然后是矢量图和波形示波器。

矢量图是一种检测色相和色饱和度的工具，它以极坐标的方式显示视频的色度信息。矢量图中矢量的大小，也就是某一点到坐标原点的距离，代表色饱和度。矢量的相位，即某一点和原点的连线与水平 Yl—B 轴的夹角，代表色相。在矢量图中 R、G、B、Mg、Cy、Yl 分别代表彩色电视信号中的红色、绿色、蓝色及其对应的补色：青色、品红和黄色。如图 5-38 所示为矢量图检测示意图。

圆心位置代表色饱和度为 0，因此黑色、白色和灰色都在圆心处，离圆心越远饱和度越高。标准彩条颜色都落在相应"田"字的中心。

如果饱和度向外超出相应"田"字的中心，就表示饱和度超标，必须进行调整。对于一段视频来讲，只要色彩饱和度不超过由这些"田"字围成的区域，就可认为色彩符合播出标准。纯色的点都表示在"田"字以外，所以在电视后期制作中应避免使用纯色。

图 5-38　矢量图检测示意图

3. 波形示波器

波形示波器主要用于检测视频信号的幅度和单位时间内所有脉冲扫描图形，使用户看到当前画面亮度信号的分布。

波形示波器的横坐标表示当前帧的水平位置，纵坐标在 NTSC 制式下表示图像每一列的色彩密度，单位是 IRE；在 PAL 制式下则表示视频信号的电压值。在 NTSC 制式下，以消隐电平 0.3V 为 0IRE，将 0.3-1V 进行 10 等分，每一等分定义为 10IRE。

我国 PAL/D 制电视技术标准对视频信号的要求：全电视信号幅度的标准值是 1.0V（p-p值），以消隐电平为零基准电平，其中同步脉冲幅度为向下的-0.3V，图像信号峰值白电平为向上的 0.7V（即 100%），允许突破但不能大于 0.8V（更准确地说，亮度信号的瞬间峰值电平≤0.77V，全电视信号的最高峰值电平≤0.8V）。

4. 应用矢量图和示波器

在处理影片的过程中，可以运用矢量图和示波器作为校色和调色的依据，观察整个画面的色饱和度、色彩偏向、亮度以及检查色彩是否超标。

如果视频亮度信号幅度超过允许值的 20%～30%将会造成白限幅，影响画面的层次感。黑电平过高会使画面有雾状感，清晰度不高，整个画面因此灰蒙蒙一片。而黑电平过低，正常情况下虽突出图像的细节，但会因图像偏暗或缺少层次，显得非常厚重，色彩不清晰、自然，肤色出现失真。

在 EDIUS 中，除了"三路色彩校正"特效和"单色"特效外，其他校色特效都提供了一个【安全色】选项（如图 5-39 所示为【颜色轮】特效）。选择这个选项，EDIUS 会自动将画面的亮度限制在 0～100IRE 之间，如图 5-40 所示。

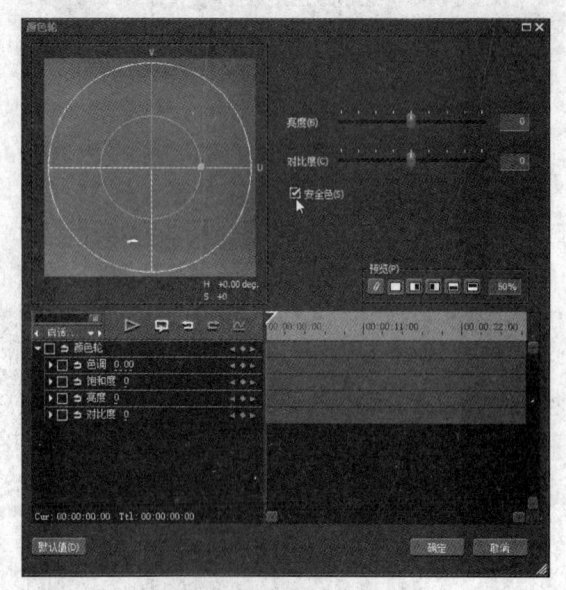

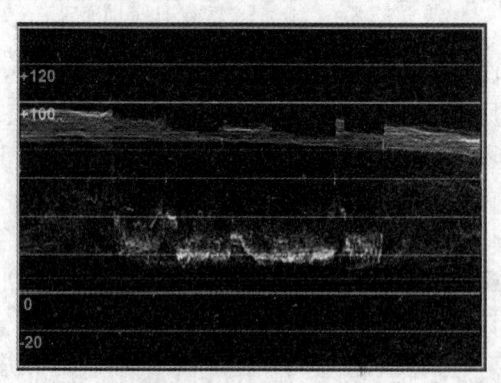

图 5-39　校色是选择安全色　　　　图 5-40　将画面的亮度限制在 0～100IRE 之间

> 使用安全色时，通过示波器可以发现，程序只是简单地削去峰值和最低值而已，这意味着画面高光和阴影部位细节的损失。同时，【安全色】选项并不会对画面的饱和度作任何调整，所以，对于一些对比度较大、细节丰富的画面来说，应通过校色手段来保证整个波形的峰值大部分落在 0～100IRE 范围内，饱和度落在上文所述的"田"字范围内，而不是仅仅简单地使用【安全色】选项来校正超标画面。

5.3.2　素材正确校色的处理

1．关于偏色

室内拍摄一般可以通过背景和灯光预设好基本颜色。但对于外景拍摄来说，外景现场是在各种不同颜色的光线下拍摄的，对于摄像机等器材来说，实际光线的色调，因场所和时间的不同差异非常大。

对于不同时间的外景拍摄，或者是使用不同灯光类型的室内拍摄，得到的拍摄结果都可能会出现很大的颜色落差，所以针对不同的素材进行组合剪辑时，需要经过正确的校色处理才可以更好地在颜色上表现作品。如图 5-41 所示为室外和室内拍摄产生不同色彩效果的素材画面。

图 5-41　室外和室内拍摄产生不同色彩效果的素材画面

2．查看偏色

如图 5-42 所示是一个冬天街道的视频素材，由于拍摄时没有校正白平衡，所以出现偏色的问题。

图 5-42　出现偏色的素材

打开矢量图和示波器，可以查看到素材色彩偏蓝和偏青，亮度正常，如图 5-43 所示。

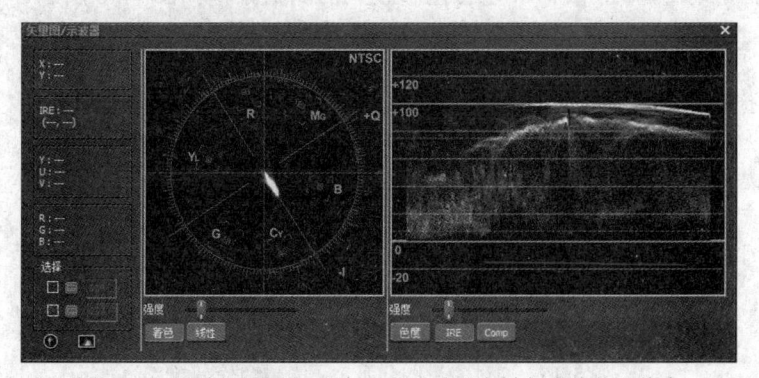

图 5-43　通过矢量图和示波器可以看到素材色彩偏蓝和偏青

143

3. 校色处理

要对素材进行校色,可以通过应用【三路色彩校正】特效来实现。将【三路色彩校正】特效应用到素材上并打开对应的设置对话框。【三路色彩校正】特效的取色器默认在"自动"档,可以直接在画面上点选暗部、中间灰和亮部,EDIUS 能自动分辨出用户点选的部分,而调整相应的色轮进行校正,如图 5-44 所示。

图 5-44 通过采色自动校正

自动校正的效果虽然不错,但是还可以通过手动调整色轮的方式,更加细致地校正素材的色彩,如图 5-45 所示。

图 5-45 更加细致地校正素材的色彩

最后在此打开矢量图和示波器,查看色彩校正后的效果,如图 5-46 所示。

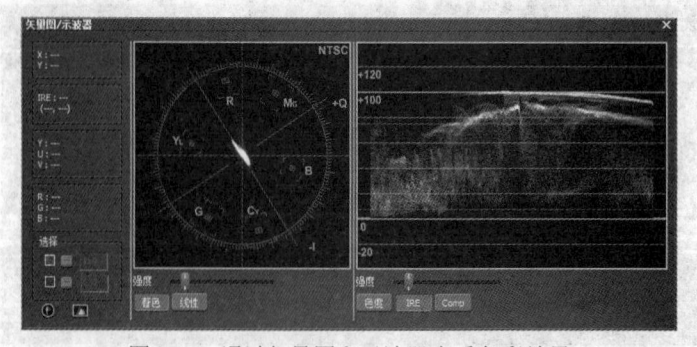

图 5-46 通过矢量图和示波器查看色彩效果

5.3.3 二级校色的应用

在 EDIUS 中，共有两种方法进行二级校色（默认状态下所有的校色工具都是对画面的一次校色）。第一种方法是利用【三路色彩校正】特效的二级校色区进行校色；第二种方法是使用【色度】特效进行校色。

1. 使用【三路色彩校正】特效进行二级校色

在【三路色彩校正】对话框中提供了校色区和二级校色区，如图 5-47 所示。

- 校色区：是主要的校色区域，提供黑平衡、灰平衡和白平衡校色功能。白、灰、黑平衡可以分别视作画面的高光、中间调和暗调区域。
- 二级校色区：是进行二级校色的地方。从二级校色的定义可以看出，必须先定义出哪一部分色彩需要校色，因此必须先有一个遮罩。由于视频是运动的，可以分别从色度、饱和度和亮度三个特性入手得出一个运动的遮罩。一旦选择二级校色区的选项后，上方校色区的调整就只对这个遮罩内部的图像起作用，即进行二级校色。

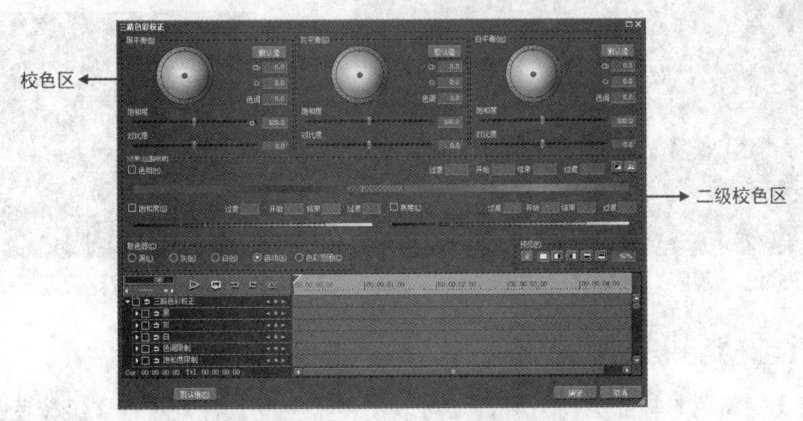

图 5-47 【三路色彩校正】对话框的校色区和二级校色区

下面使用如图 5-48 所示的素材，通过二级校色的方法，处理素材画面中的花朵颜色。

图 5-48 用于校色的素材

动手操作　使用三路色彩校正特效进行二级校色

1 将素材画面中需要校色的区域定义出来。在【三路色彩校正】对话框中单击【显示键】按钮和【显示直方图】按钮。

- 【显示键】按钮：在窗口中显示键效果，也就是遮罩效果，以便可以观察选择的区域。其中，白色代表选中，黑色代表未选择。

145

- 【显示直方图】按钮：在二级校色区的色度、饱和度和亮度选择范围上，标出当前画面的色度、饱和度和亮度直方图。

2 选择【色相】控制，移动范围选择滑块，使其包括所有黄色、红色和紫色。范围选择滑块中有交叉斜线的区域是绝对选择区，单斜线区域是过渡区，选择强度由 100 衰减到 0。移动范围选择滑块时，可以通过录制窗口查看键的效果，如果只依靠色相选择还不够（选区比较粗糙生硬），则可以选择【饱和度】和【亮度】复选框，再进行调整，如图 5-49 所示。

3 通过二级校色区在素材中设定素材的作用区域后（在录制窗口中看到的白色区域），即可取消按下【显示键】按钮，然后通过校色区进行校色。如图 5-50 所示为对花朵进行校色的结果。

图 5-49 使用二级校色区创建出选区 　　　　　图 5-50 对花朵进行校色的结果

2. 使用【色度】特效进行二级校色

除了使用【三路色彩校正】特效外，还可以使用【色度】特效进行二级校色处理。

同样使用图 5-48 所示的素材，通过【特效】面板的【视频滤镜】目录中将【色度】特效应用到素材。

动手操作　使用色度特效进行二级校色

1 打开【色度】对话框，然后选择【键显示】复选框，首先使用色度形状和形状 Alpha 初步定义出花朵选择区域，如图 5-51 所示。

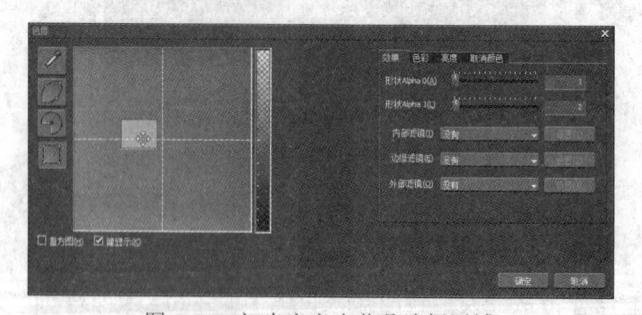

图 5-51 初步定义出花朵选择区域

2 在对话框中通过【色彩】、【亮度】等选项卡对各个选项进行微调，准确设定花朵作为选择区域。

3 取消选择【键显示】复选框,然后在【效果】选项卡中指定内部、边缘和外部滤镜,并通过设置滤镜来对素材中的花朵进行校色,如图 5-52 所示。对花朵进行校色的结果如图 5-53 所示。

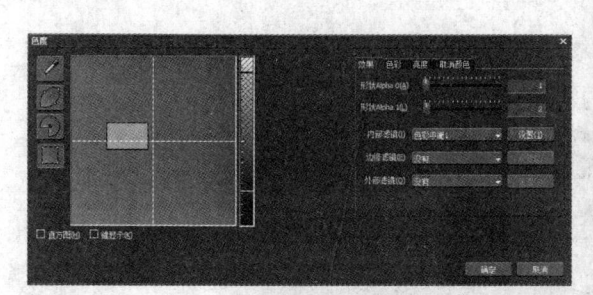

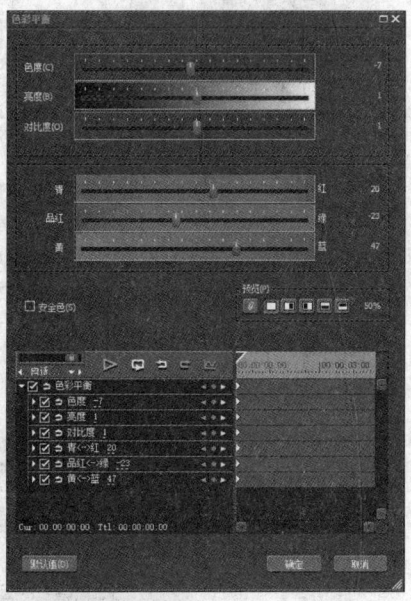

图 5-52 设置效果滤镜并设置滤镜

图 5-53 对花朵进行二级校色处理的结果

5.4 技能训练

下面通过多个上机练习实例,巩固所学技能。

5.4.1 上机练习 1:制作教学片的图像合成效果

本例先将准备好的图像素材加入到视频轨道并设置剪切点,然后为图像素材应用【色度键】特效并设置特效的选项,最后通过【视频布局】对话框调整图像素材的大小和位置即可。

操作步骤

1 打开光盘中的 "..\Example\Ch05\5.4.1.ezp" 练习文件,在【素材库】面板中选择【图像 1】素材,然后将该图像素材以覆盖方式加入到 2V 视频轨道上,如图 5-54 所示。

图 5-54 将图像素材加入视频轨道

2 选择图像素材,然后将鼠标移到素材出点的剪切点上,再按住剪切点并向右移动,调整图像素材与视频素材的播放持续时间一样,如图 5-55 所示。

图 5-55 调整图像素材的出点剪切点

3 切换到【特效】面板,然后打开【键】目录,将【色度键】特效拖到图像素材的混合轨上,如图 5-56 所示。

图 5-56 为图像素材应用【色度键】特效

4 在【信息】面板中选择【色度键】项,然后单击【打开设置对话框】按钮,打开【色度键】对话框后,单击 按钮,在图像素材的蓝色背景上单击进行采色,接着单击【确定】按钮,如图 5-57 所示。

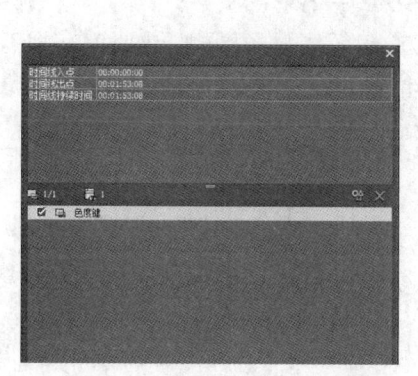

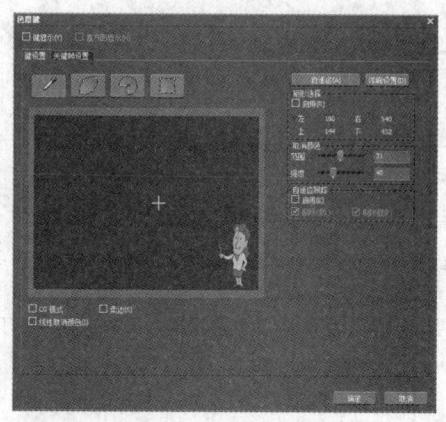

图 5-57 设置色度键的选项

5 选择图像素材,在【信息】面板中选择【视频布局】项,单击【打开设置对话框】按钮,打开【视频布局】对话框后,适当调整图像素材的大小和位置,接着单击【确定】按钮即可,如图 5-58 所示。

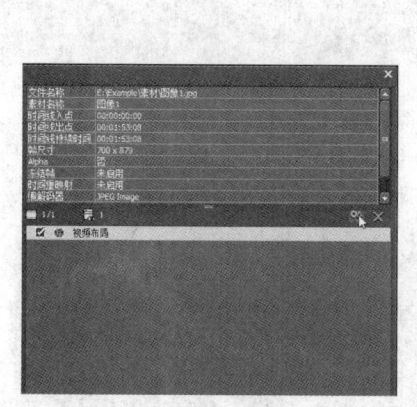

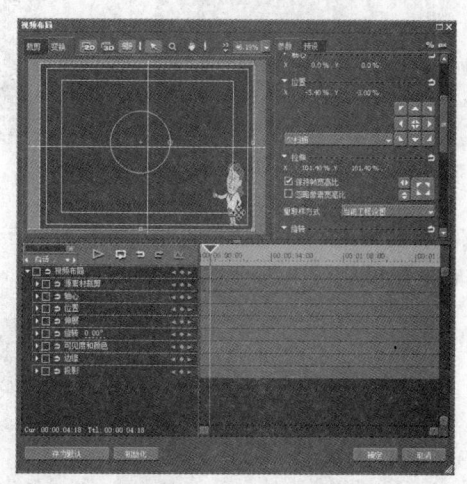

图 5-58 设置图像素材的变换属性

6 返回主窗口中,然后单击录制窗口下方的【播放】按钮,播放时间线查看视频与图像合成的结果,如图 5-59 所示。

图 5-59 播放时间线查看合成的结果

5.4.2 上机练习 2：制作创意十足的画中画效果

本例先切换到剪辑模式，通过编辑素材的剪切点，设置素材的播放持续时间，然后通过【视频布局】对话框缩小上层视频轨道上的素材并调整位置，再为该素材应用【手绘遮罩】视频滤镜，并以绘制路径的方式创建与编辑遮罩区域；最后设置遮罩外部的可见度和边缘柔化属性，创建出手绘遮罩形状的画中画效果。

操作步骤

1 打开光盘中的"..\Example\Ch05\5.4.2.ezp"练习文件，选择【模式】|【剪辑模式】命令，如图 5-60 所示。

2 将鼠标移到【风景 01】素材出点的剪切点上，按住剪切点并向左移动，使【风景 01】素材与【动物 01】素材的播放持续时间一样，如图 5-61 所示。

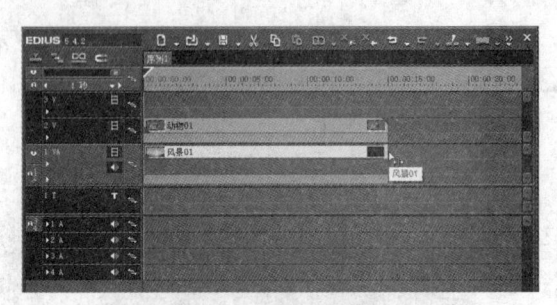

图 5-60　进入剪辑模式　　　　　　　　图 5-61　修改素材出点的剪切点

3 按 F5 键切换到常规模式，然后选择【动物 01】素材，通过【信息】面板打开该素材的【视频布局】对话框，缩小素材尺寸并将素材移到屏幕左上角，如图 5-62 所示。

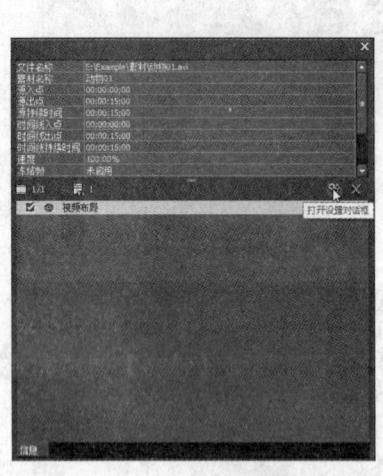

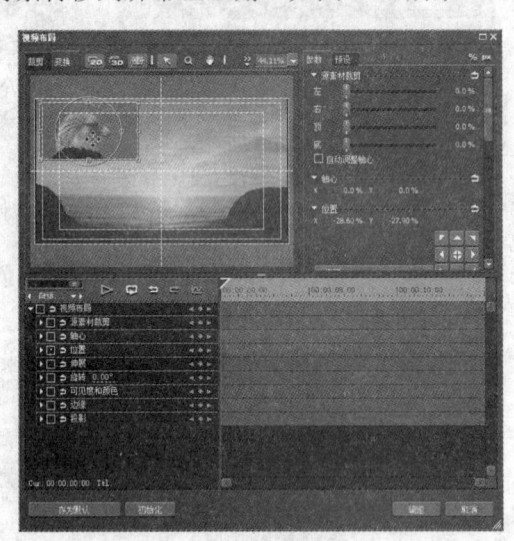

图 5-62　切换到常规模式并变换素材

4 在【时间线】面板中选择【动物 01】素材，在【特效】面板中打开【视频滤镜】目录，再选择【手绘遮罩】特效并单击右键，接着选择【添加到时间线】命令，如图 5-63 所示。

5 打开【手绘遮罩】对话框后，单击【绘制路径】按钮，然后在素材画面中沿着动物图像绘制路径，如图 5-64 所示。

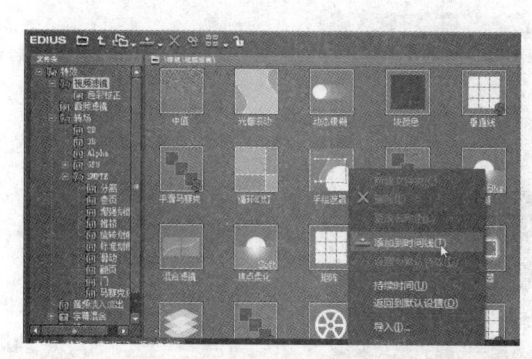

图 5-63 选择素材并应用【手绘遮罩】特效

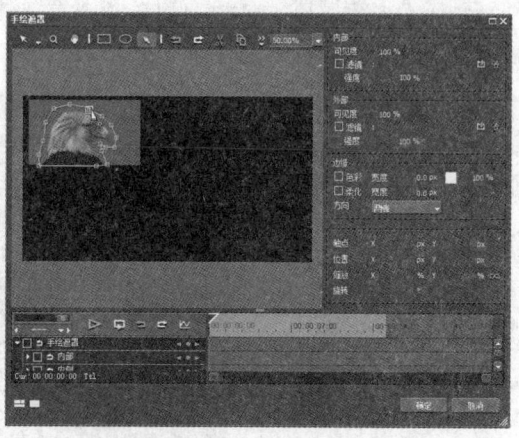

图 5-64 绘制遮罩路径

6 在【手绘遮罩】对话框中单击【选择对象】右侧的倒三角形按钮,然后选择【编辑控制点】选项,再选择需要编辑的控制点,通过拖动方向手柄编辑路径控制点,如图 5-65 所示。

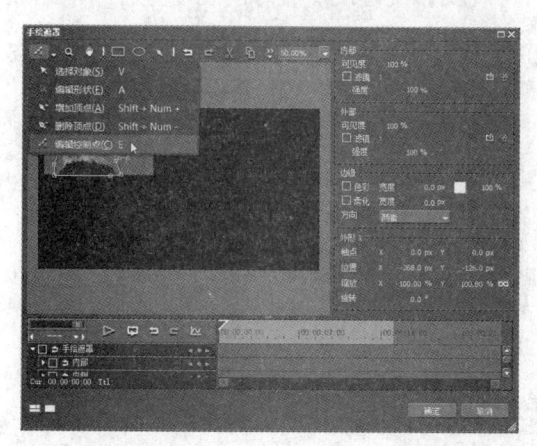

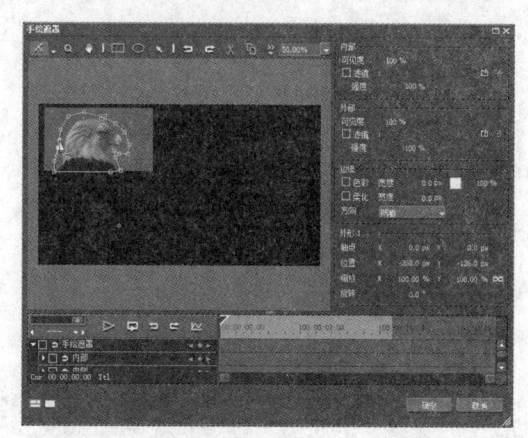

图 5-65 编辑路径控制点

7 打开工具列表框,然后选择【编辑形状】选项,接着选择路径的控制点并调整控制点的位置,如图 5-66 所示。

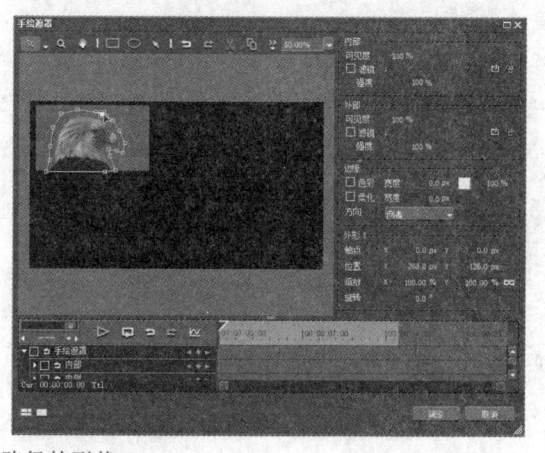

图 5-66 编辑路径的形状

8 在【手绘遮罩】对话框的右侧中设置外部可见度为 0%，再选择【柔化】复选框，并设置柔化宽度为 30px，单击【确定】按钮，如图 5-67 所示。

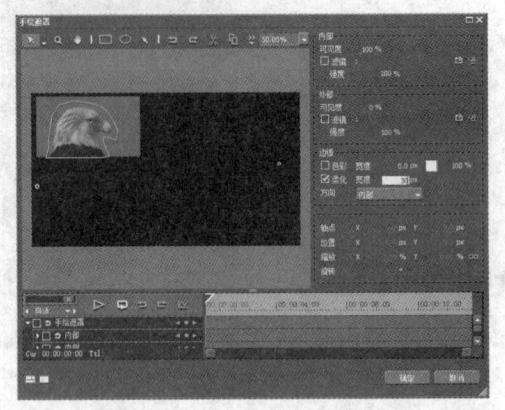

图 5-67 设置遮罩外部可见度和边缘柔化属性

9 返回主窗口中，即可单击录制窗口下方的【播放】按钮，播放时间线以查看画中画效果，如图 5-68 所示。

图 5-68 查看画中画的效果

5.4.3 上机练习 3：通过校色解决素材跳色问题

本例先使用【三路色彩校正】特效为其中一个素材进行校色处理，在进行校色前通过矢量图和示波器查看素材偏色的问题，然后在【三路色彩校正】对话框中设置两段素材的对比预览画面，并以前段素材的画面色彩为参考，对偏色的素材进行校色处理。

操作步骤

1 打开光盘中的"..\Example\Ch05\5.4.3.ezp"练习文件，可以看到时间线的 VA 轨道上有两段视频素材。虽然是两段相关的素材，但由于拍摄时间不同，画面的色彩也出现较大的差别，因此拼接在一起会出现跳色的感觉，如图 5-69 所示。

图 5-69 两段视频素材的色彩效果

2 使用矢量图和示波器查看素材偏色的问题，如图 5-70 所示。

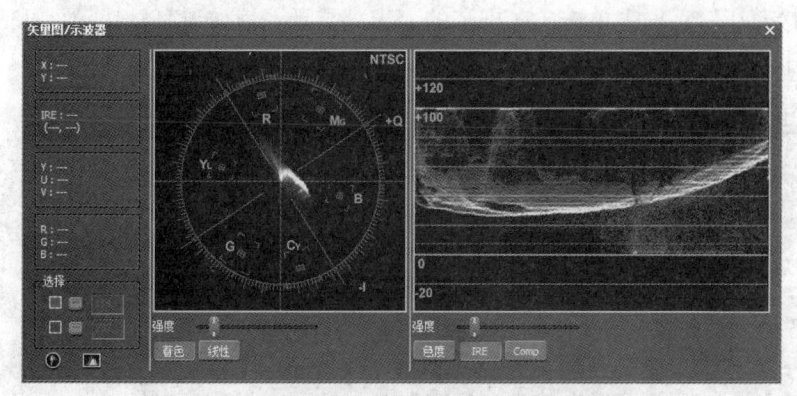

图 5-70　使用矢量图和示波器查看素材偏色的问题

3 打开【特效】面板的【色彩校正】目录，然后将【三路色彩校正】特效拖到第二段素材上，如图 5-71 所示。

图 5-71　为素材应用【三路色彩校正】特效

4 打开【三路色彩校正】对话框后，将时间线上的当前时间指示器移到第 1 段素材上，然后在【三路色彩校正】对话框中单击【用当前的屏幕显示滤镜效果】按钮，如图 5-72 所示。

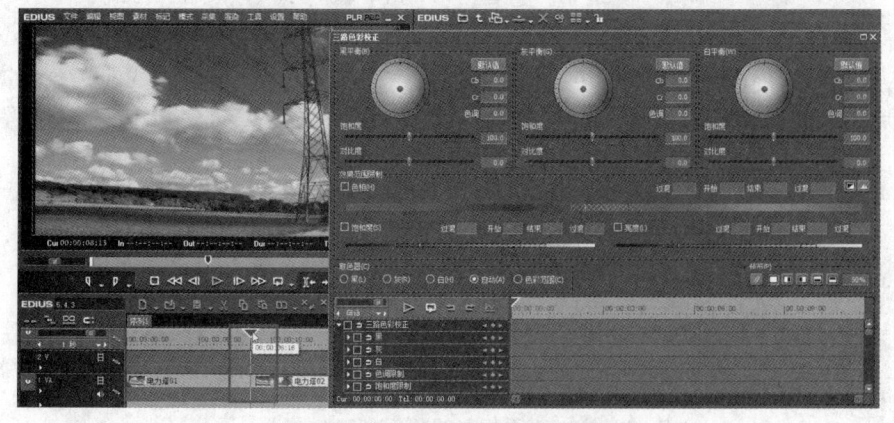

图 5-72　设置显示滤镜效果的画面

153

5 维持【三路色彩校正】对话框的不关闭状态,然后将时间线的当前时间指示器移到第 2 段素材上,接着在对话框中单击【在屏幕的上半部显示滤镜效果】按钮■,以使用两段素材的画面进行对比,如图 5-73 所示。

图 5-73 设置预览滤镜效果的方式

6 通过录制窗口中参考第 1 段素材的色彩,在【三路色彩校正】对话框中分别设置黑平衡、灰平衡和白平衡的属性,调整第 2 段素材的色彩效果,如图 5-74 所示。

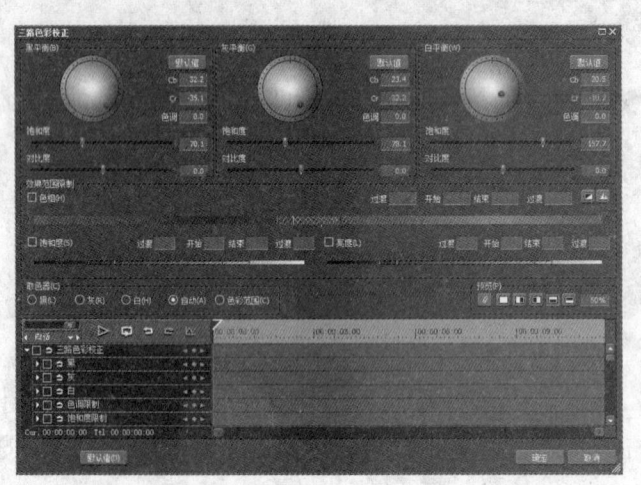

图 5-74 设置校色的属性

7 完成素材的校色处理后,即可返回主窗口,通过录制窗口播放时间线,查看两段素材的色彩效果,如图 5-75 所示。

图 5-75 查看素材校色后的色彩效果

第 5 章 EDIUS 进阶技术的应用

5.4.4 上机练习 4：制作彩色铅笔画的影片效果

本例通过对多个视频轨道覆叠的素材应用【单色】、【焦点柔化】、【YUV 曲线】、【叠加模式】、【铅笔画】、【柔光模式】、【正片叠底】等特效，制作出彩色铅笔划的影片效果。

操作步骤

1 打开光盘中的 "..\Example\Ch05\5.4.4.ezp" 练习文件，打开【特效】面板的【色彩校正】目录，然后选择【单色】特效，并将该特效拖到序列中的视频素材上，如图 5-76 所示。

图 5-76 应用【单色】特效

2 在【特效】面板中打开【视频滤镜】目录，然后选择【焦点柔化】特效，并将该特效应用到序列的素材上，接着通过【信息】面板打开【焦点柔化】特效的设置对话框，再设置半径、模糊和亮度等属性，如图 5-77 所示。

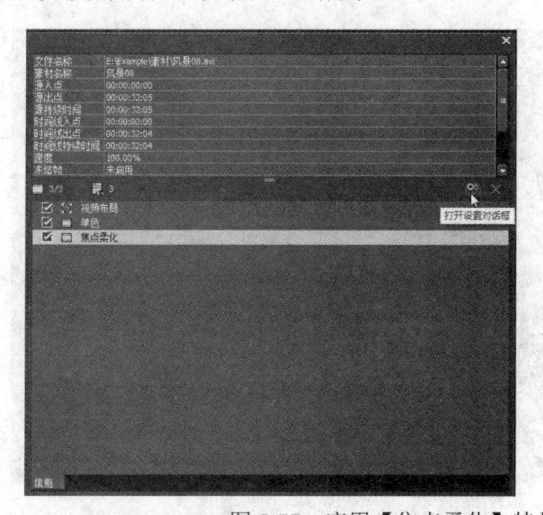

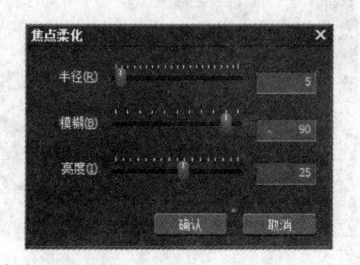

图 5-77 应用【焦点柔化】特效并设置属性

3 打开【特效】面板的【色彩校正】目录，然后将【YUV 曲线】特效应用到素材上，并通过【信息】面板打开该特效的设置对话框，设置 Y 的曲线效果，如图 5-78 所示。

155

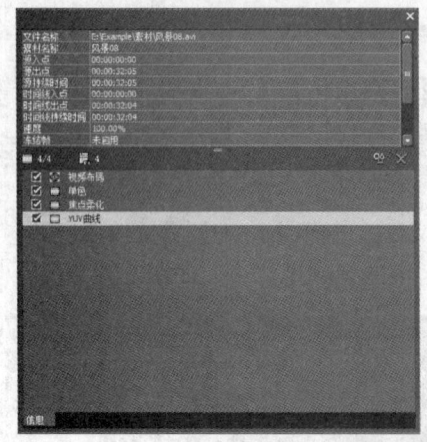

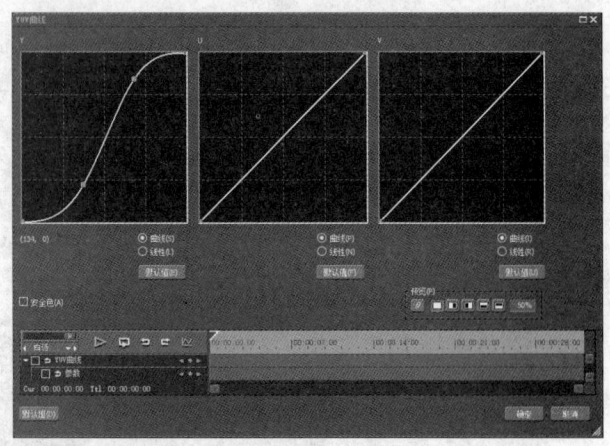

图 5-78 应用【YUV 曲线】特效并设置属性

4 切换到【素材库】面板,将【风景 08】素材以覆盖的方式加入到 2V 轨道上,如图 5-79 所示。

图 5-79 将源素材加入到另一个视频轨道

5 在【特效】面板的【混合】目录中选择【叠加模式】特效,并将此特效应用到 2V 轨道的素材上,如图 5-80 所示。

图 5-80 应用【叠加模式】特效

6 在 2V 轨道上单击右键,再选择【添加】|【在上方添加视频轨道】命令,打开【添加轨道】对话框后,设置数量为 3,然后单击【确定】按钮,如图 5-81 所示。

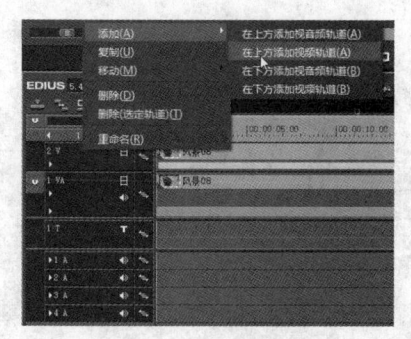

图 5-81　添加 3 条视频轨道

7 通过覆盖方式将【风景 08】素材加入到 3V 轨道上，然后选择该轨道的素材，并为素材应用【铅笔画】特效，如图 5-82 所示。

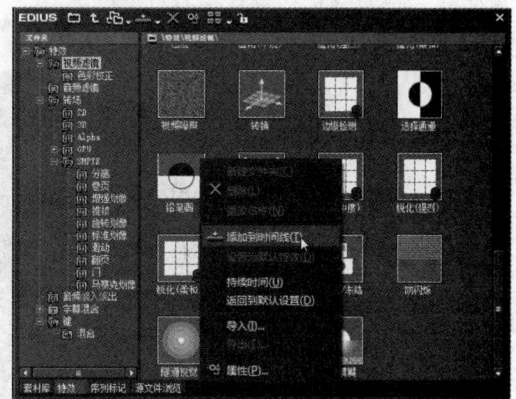

图 5-82　加入素材到轨道并应用【铅笔画】特效

8 通过【信息】面板打开【铅笔画】特效的设置对话框，然后设置特效的属性并单击【确定】按钮，接着在【特效】面板中将【柔光模式】特效应用到 3V 轨道的素材上，如图 5-83 所示。

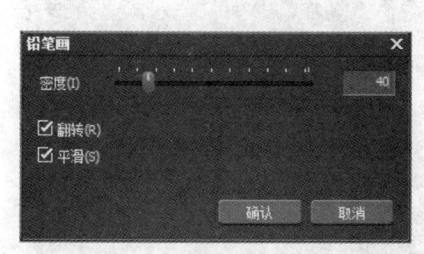

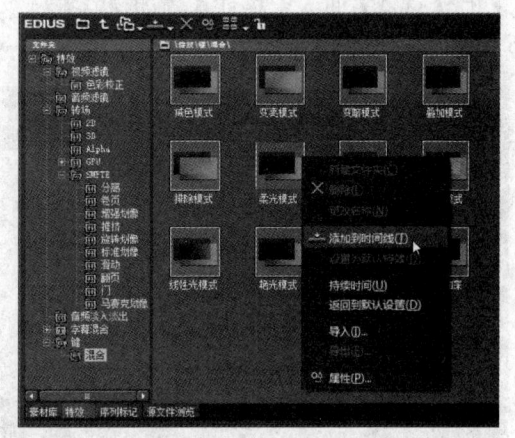

图 5-83　设置铅笔画特效属性并应用【柔光模式】特效

9 通过覆盖方式将【风景 08】素材加入到 4V 轨道上，然后将【YUV 曲线】特效应用到该隧道的素材上，如图 5-84 所示。

157

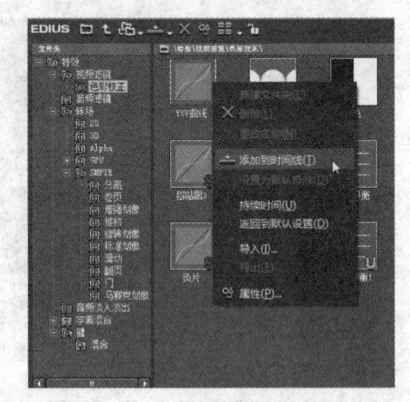

图 5-84 加入素材到轨道并应用【YUV 曲线】特效

10 通过【信息】面板打开【YUV 曲线】对话框,然后分别设置 Y、U、V 的曲线,再单击【确定】按钮,如图 5-85 所示。

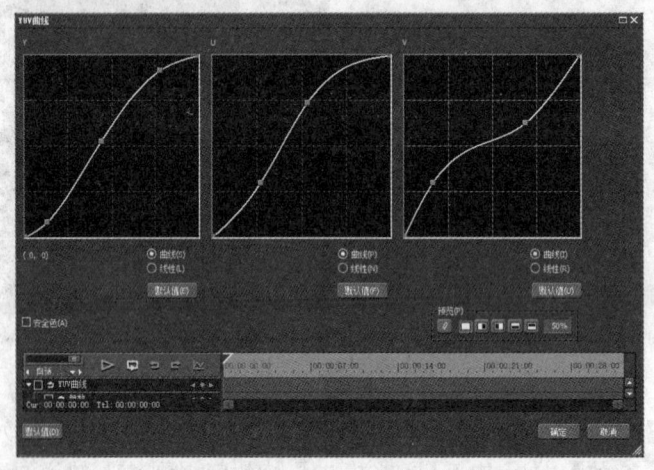

图 5-85 设置【YUV 曲线】特效的属性

11 在【特效】面板中选择【叠加模式】特效,并将该特效应用到 4V 轨道的素材上,如图 5-86 所示。

图 5-86 应用【叠加模式】特效

12 在【素材库】面板中单击右键并选择【添加文件】命令,打开【打开】对话框后选择【图像2.jpg】素材,然后将该图像素材加入5V轨道上,并设置与其他轨道素材一样的播放持续时间,如图5-87所示。

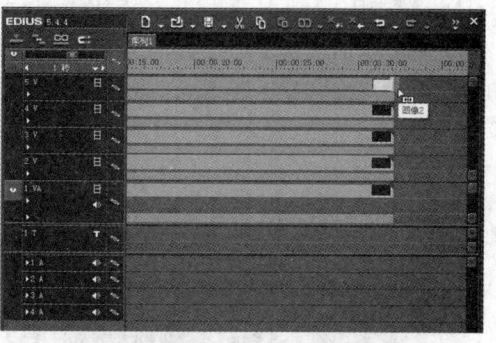

图 5-87　添加图像素材并加入轨道

13 选择5V轨道上的图像素材,打开【视频布局】对话框,适当扩大图像素材,将【正片叠底】特效应用到图像素材上,如图5-88所示。

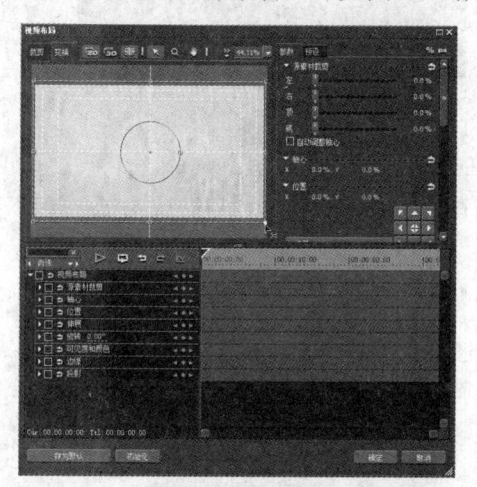

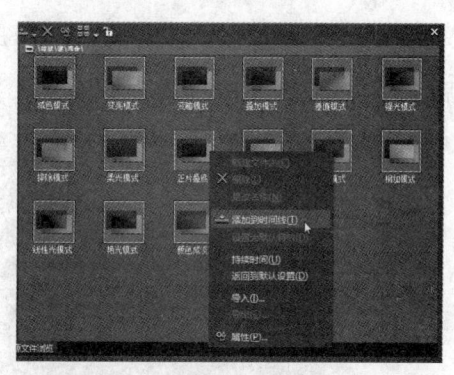

图 5-88　调整图像素材大小并应用【正片叠底】特效

14 经过上述操作后,即可将原来的视频素材制作出具有彩色铅笔画效果的影片作品,如图5-89所示。

图 5-89　原来素材画面与完成制作素材画面的对比

5.4.5 上机练习 5：通过多机位模式编辑舞台影片

本例先将多机位拍摄的素材加入素材库，为项目添加 2 条视频轨道，然后将素材加入到视频轨道中，再进入多机位模式，设置机位数量，接着播放时间线并通过录制窗口在播放时切换机位，以创建剪切点，最后将在多机位模式下编辑的素材压缩到单个轨道。

操作步骤

1 打开光盘中的"..\Example\Ch05\5.4.5.ezp"练习文件，在【素材库】面板空白处单击右键，再选择【添加文件】命令，然后通过【打开】对话框将舞者视频素材添加到素材库，如图 5-90 所示。

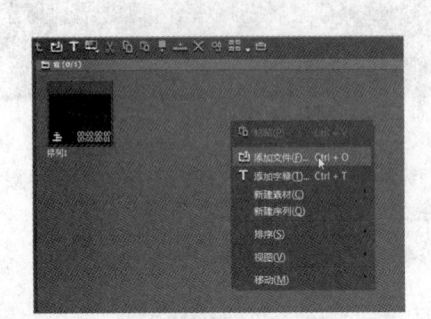

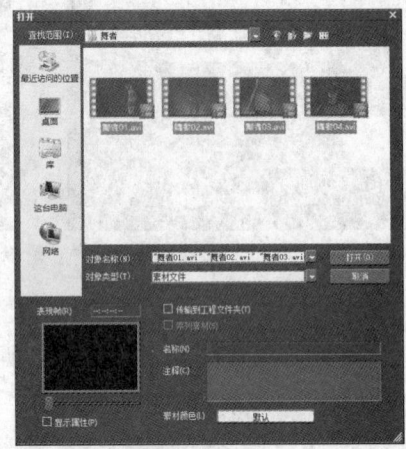

图 5-90　添加文件到素材库

2 选择 2V 并单击右键，选择【添加】|【在上方添加视频轨道】命令，打开【添加轨道】对话框后，设置数量为 2，然后单击【确定】按钮，如图 5-91 所示。

图 5-91　添加 2 条视频轨道

3 通过【素材库】面板将 4 个多机位拍摄的素材分别添加到 4 条视频轨道上，如图 5-92 所示。

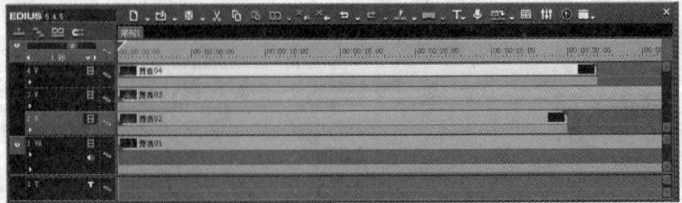

图 5-92　将素材添加到视频轨道上

4 选择【模式】|【多机位模式】命令，进入多机位模式，然后选择【模式】|【机位数量】|【4】命令，设置4个机位，如图5-93所示。

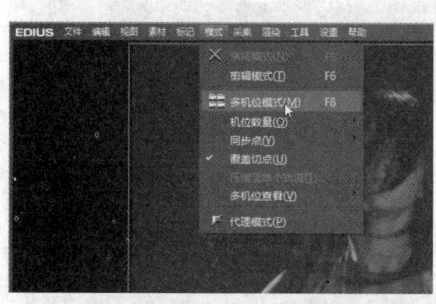

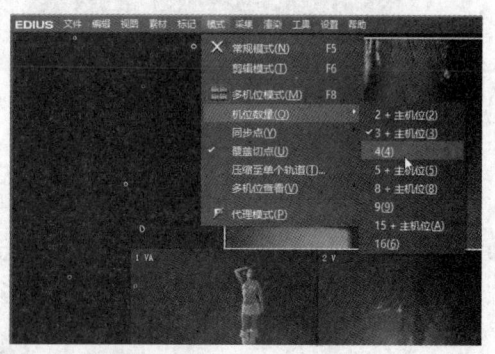

图5-93　进入多机位模式并设置机位数量

5 此时录制窗口中出现4个小监视器窗口，分别显示4条轨道上的素材在对应的机位上。在录制窗口中单击【2V】机位监视器，指定该机位素材为首先播放的素材，如图5-94所示。

6 将当前播放时间指示器移到入点处，单击录制窗口的【播放】按钮，在播放过程中，根据需要在录制窗口中选择要切换的机位，以根据选择的机位为素材创建对应的剪切点，如图5-95所示。

图5-94　选择2V机位为素材首播 　　　　图5-95　播放时间线并适当切换机位

7 当播放完成后，程序会根据切换机位的操作，为素材创建对应的剪切点，结果如图5-96所示。

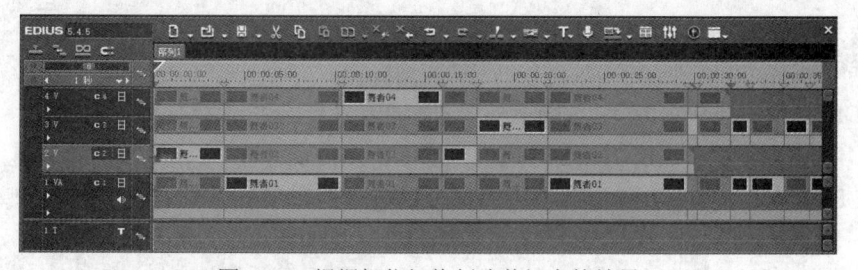

图5-96　根据机位切换创建剪切点的结果

8 选择【模式】|【压缩至单个轨道】命令，打开对话框后选择输出轨道为【新建轨道（VA轨道）】，接着单击【确定】按钮，如图5-97所示。

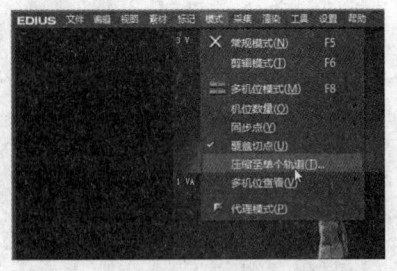

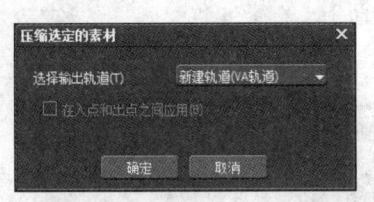

图 5-97 将多机位剪辑的素材压缩至新轨道

❾ 选择【模式】|【常规模式】命令，切换到常规模式中，然后单击录制窗口下方的【播放】按钮，查看经过多机位模式编辑后的舞台影片，如图 5-98 所示。

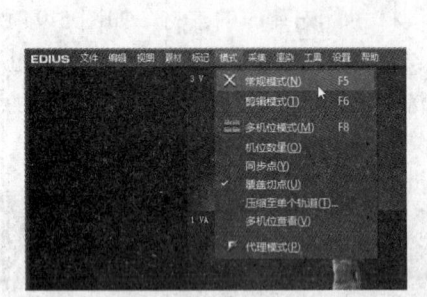

图 5-98 切换到常规模式并查看结果

5.5 评测习题

1. 填充题

（1）当影像的某部分是透明时，透明信息会存储在素材的_____通道中。

（2）定义素材的整体不透明度，可以通过素材所在轨道的_____来设置素材的不透明度低于 100%来实现。

（3）在 EDIUS 中，可以根据颜色或亮度应用键控（或称为"键"）来定义影像的_____。

2. 选择题

（1）RGB 影像中还包含有第四个通道，这个通道是什么通道？　　　　　（　　）
  A．黑白通道　　　B．HLS 通道　　　C．Alpha 通道　　　D．信息通道

（2）在 EDIUS Pro 7 中，按下哪个快捷键可以进入剪辑模式？　　　　　（　　）
  A．F5　　　　　　B．F6　　　　　　C．Ctrl+F　　　　　D．Alt+F6

（3）一个素材的不透明度设置低于多少，在它下面轨道的素材就可以看见？（　　）
  A．100%　　　　 B．0%　　　　　 C．-100%　　　　　D．低于任何值都不行

（4）通过【轨道遮罩】特效可以选择使用 Alpha 遮罩和以下哪种来可以调整素材的透明效果？　　　　　　　　　　　　　　　　　　　　　　　　　　　　　　　　　（　　）

　　　　A．轨道遮罩　　　　B．预乘遮罩　　　　C．减去遮罩　　　　D．亮度遮罩
3．判断题

（1）应用亮度键，可以选择素材一种颜色或一定的颜色范围，使其变透明。　　　　（　　）

（2）在 EDIUS 中，可以使用一些特定的色彩混合算法，将两个轨道的影像素材叠加在一起，这对于某些特效的合成来说非常有效。　　　　（　　）

（3）波形示波器主要用于检测视频信号的幅度和单位时间内所有脉冲扫描图形，让用户看到当前画面亮度信号的分布。　　　　（　　）

4．操作题

使用混合特效制作素材的转场效果，结果如图 5-99 所示。

图 5-99　本章操作题的结果

操作提示

（1）打开光盘中的"..\Example\Ch05\5.5.ezp"练习文件，将当前时间指示器移到 1VA 轨道素材的出点处，然后选择 2V 轨道上的素材。

（2）在【时间线】面板中单击【添加剪切点-选定轨道】按钮，然后将剪切点右侧的素材删除。

（3）使用覆盖的方式从【素材库】面板中将【风景 05】素材加入到 3V 轨道，并对于 2V 轨道素材的入点。

（4）打开 3V 轨道的混合器，然后在当前时间指示器处添加一个调节点，再将入点中的调节点移到下方，设置素材入点的透明度为 0%。

（5）在【特效】面板的【混合】目录中选择【叠加模式】特效，然后将该特效添加到 2V 轨道的素材上。

163

第 6 章　字幕的创建、编辑与设计

学习目标

字幕对于影视作品来说是很重要的元素，作品的一些重要信息有时都需要字幕来呈现。本章将针对字幕在作品上的应用，详细介绍新建字幕、将字幕添加到轨道、应用与修改字幕样式、设计动态字幕类型，以及在字幕中应用图像和图形对象的方法。

学习重点

- ☑ 认识 Quick Titler
- ☑ 新建和编辑字幕
- ☑ 应用和修改字幕样式
- ☑ 设计运动的字幕
- ☑ 在字幕中使用图像和图形
- ☑ 应用字幕混合特效

6.1　认识 Quick Titler

在 EDIUS Pro 7 中，字幕的编辑与设计默认都是通过 Quick Titler（快速字幕编辑器）完成的。在【Quick Titler】窗口中，可以制作出各种常用字幕类型，包括普通的文本字幕和精美的图形字幕，甚至是运动的字幕。

6.1.1　关于 Quick Titler

在 Quick Titler 中，可以完成字幕的创建、编辑、美化和输出，以及图形字幕的制作等工作。

在 EDIUS 中，可以使用以下方法打开 Quick Titler。

方法 1　选择【素材】|【创建素材】|【QuickTitler】命令，如图 6-1 所示。

方法 2　在【素材库】面板右侧空白处单击右键，再选择【新建素材】|【QuickTitler】命令，如图 6-2 所示。或在打开的菜单中直接选择【添加字幕】命令，或者直接按 Ctrl+T 键。

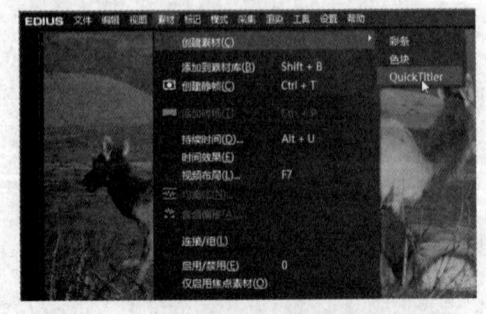

图 6-1　通过菜单命令打开 Quick Titler 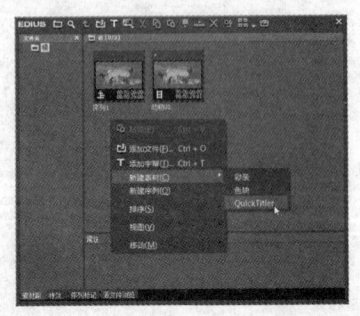　　　　图 6-2　通过素材库打开 Quick Titler

方法3 在【素材库】面板顶端工具栏中单击【添加字幕】按钮 T。
方法4 在【时间线】面板顶端工具栏中单击【创建字幕】按钮 T，然后在打开菜单中选择除【彩条】和【色块】命令外的其他任意命令，如图6-3所示。

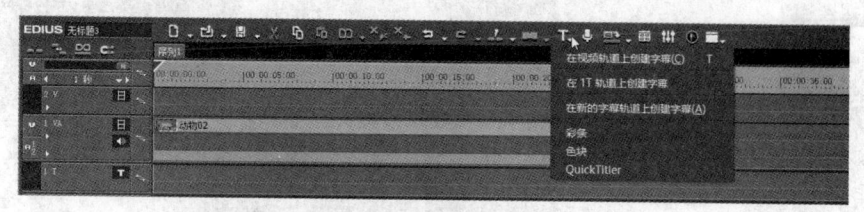

图6-3 通过【时间线】面板打开 Quick Titler

6.1.2 Quick Titler 的界面

Quick Titler 的界面如图6-4所示。

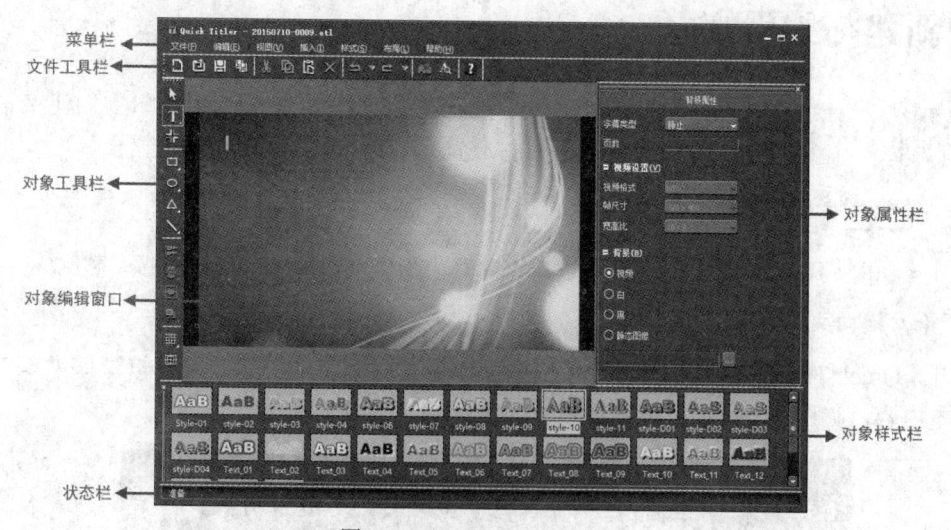

图6-4 Quick Titler 的界面

- 菜单栏：提供了标准 Windows 程序格式的菜单选项，绝大多数的功能指令都可以在这里找到。如文件、编辑等。
- 文件工具栏：提供了一系列常规的文件操作功能，如新建、打开、保存等。
- 对象工具栏：提供了一系列可创建对象和编辑对象的工具，如文本工具、图像工具、图形工具等，如图6-5所示。
- 对象编辑窗口：创建、编辑字幕和图形对象。
- 对象属性栏：设置对象的各种属性。依据当前选择的不同，会有相应的内容变化。实际上，设置字幕对象的大部分工作都将在这里进行。
- 对象样式栏：为创建的对象应用各种预先设定好的样式预设。除了软件自带的以外，还可以进行自定义样式。
- 文本输入栏：可以输入和修改文本内容。该窗口组件在默认情况下没有显示，可以选择【视图】|【文本输入栏】命令打开，如图6-6所示。
- 状态栏：显示当前状态信息。

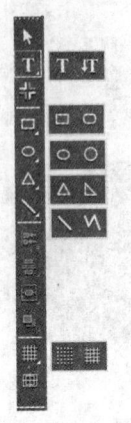

图 6-5　对象工具栏　　　　　　　　　　　图 6-6　文本输入栏

6.2　新建与编辑字幕

在为影片设计字幕时，需要先新建字幕素材，通过在【Quick Titler】窗口上创建字幕内容（可以是文本、图像和图形），然后将字幕素材放置在视频轨道上即可。

6.2.1　创建文本字幕

打开【Quick Titler】窗口后，可以使用文本工具在对象编辑窗口中输入文本内容。

1．输入横向文本

打开【Quick Titler】窗口后，选择【横向文本】工具，然后在对象编辑窗口中单击，再输入文本内容，如图 6-7 所示。或者通过文本输入栏输入文本内容。

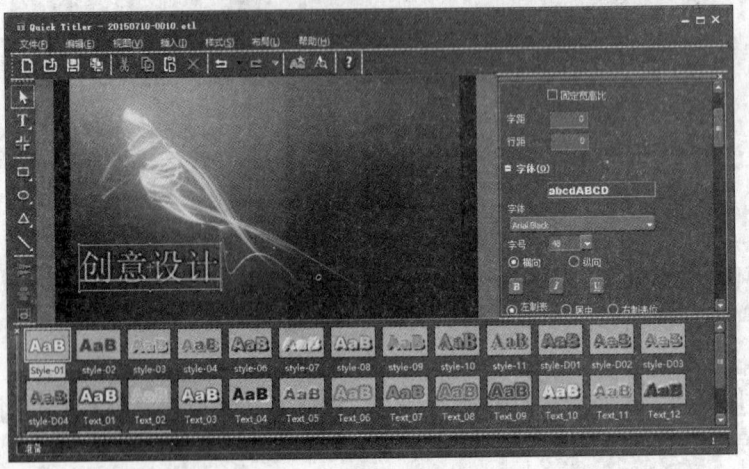

图 6-7　输入横向的字幕文本

2．输入纵向文本

打开【Quick Titler】窗口后，选择【纵向文本】工具，然后在对象编辑窗口中单击，再输入文本内容，或者通过文本输入栏输入文本内容，如图 6-8 所示。

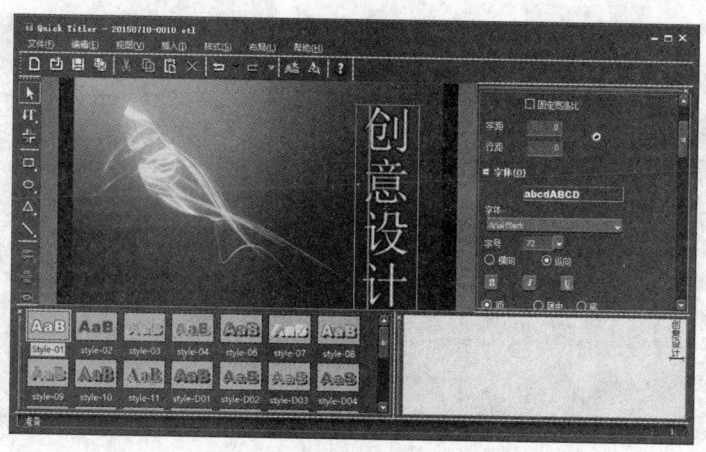

图 6-8　输入纵向的字幕文字

6.2.2　设置文本的属性

1．设置文本属性

输入字幕文本后，还需要通过【Quick Titler】窗口右侧的对象属性栏设置文本属性，包括字体、字号、字距、对齐方式、颜色、透明度、阴影等属性，如图 6-9 所示。

2．预览字幕效果

设置文本的属性后，Quick Titler 的对象编辑窗口会即时反映出改变属性的效果。但是在制作过程中，Quick Titler 会降低字体的显示质量，以便于用户顺利编辑字幕。如果想要预览全质量显示的字幕，可以单击【预览模式】按钮，以 100%质量查看字幕，如图 6-10 所示。

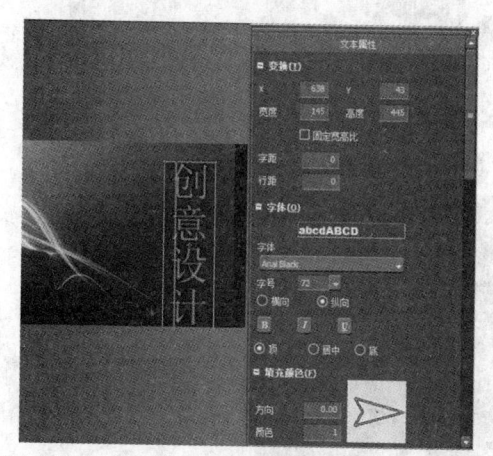

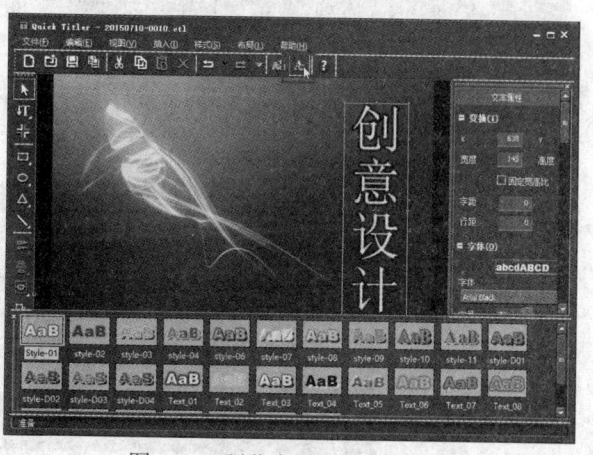

图 6-9　设置字幕文本属性　　　　图 6-10　预览全质量显示的字幕

6.2.3　创建图像和图形字幕

在 Quick Titler 中，不仅可以创建文本字幕对象，也可以创建图像或图形内容的字幕。

1．创建图像字幕

在【Quick Titler】窗口的对象工具栏中选择【图像】工具，然后在对象编辑窗口上单击创建图像字幕，此时图像字幕会应用默认样式，如图 6-11 所示。

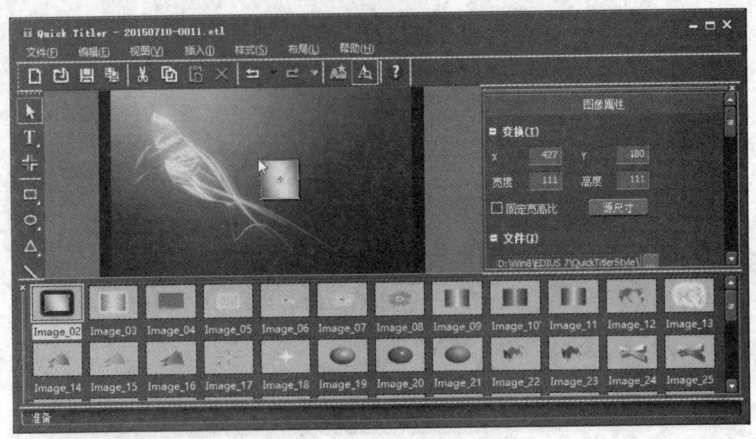

图 6-11 创建图像字幕

选择创建的图像字幕,然后在对象属性栏中单击【文件】文本框右侧的【浏览】按钮,再通过【选择图像文件】对话框选择图像文件,如图 6-12 所示。指定图像文件后的图像字幕结果如图 6-13 所示。

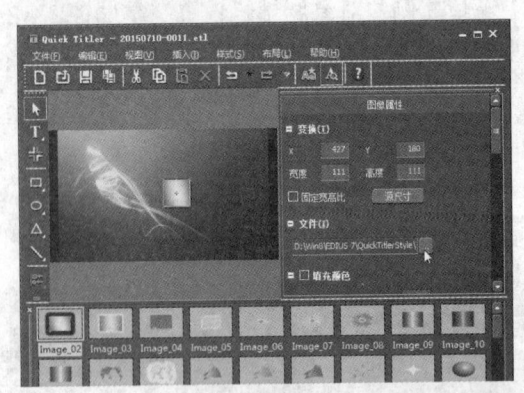

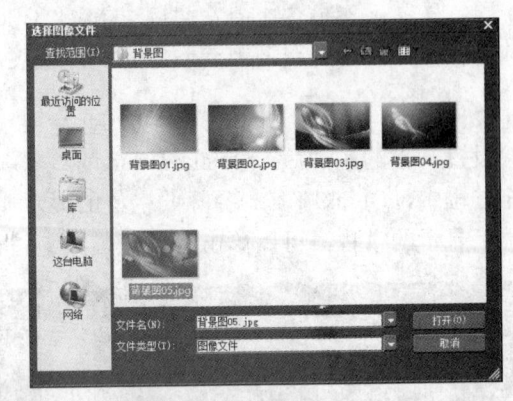

图 6-12 指定图像字幕的文件

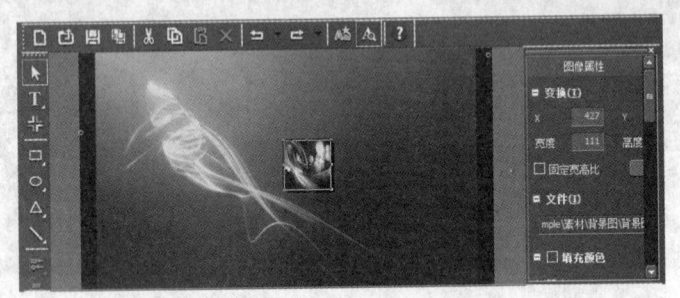

图 6-13 为图像字幕对象指定文件的结果

2. 创建图形字幕

在对象工具栏中选择图形工具,如矩形工具、椭圆形工具、等腰三角形工具等,然后在对象编辑窗口中拖动鼠标绘制图形字幕对象,如图 6-14 所示。

绘制图形后,可以根据对象属性栏设置图形属性,如为图形指定纹理文件,如图 6-15 所示。

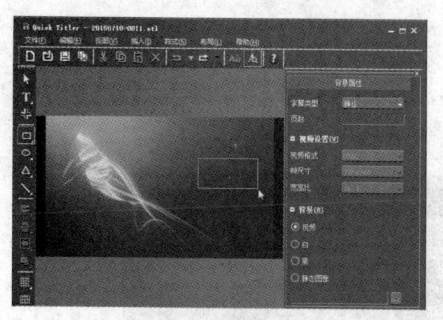

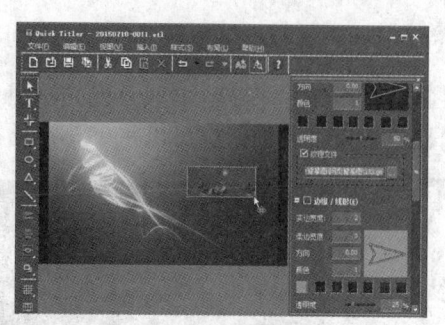

图 6-14　绘制图形　　　　　　　　图 6-15　指定图形纹理文件

6.2.4　保存字幕与使用字幕

1．保存字幕

通过【Quick Titler】窗口创建字幕后，可以直接将字幕保存在工程文件所在目录，也可以另存到其他指定位置上，如图 6-16 所示。

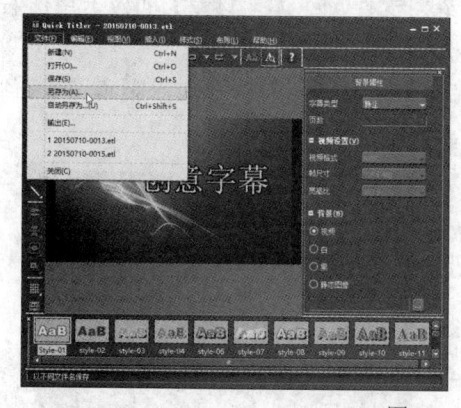

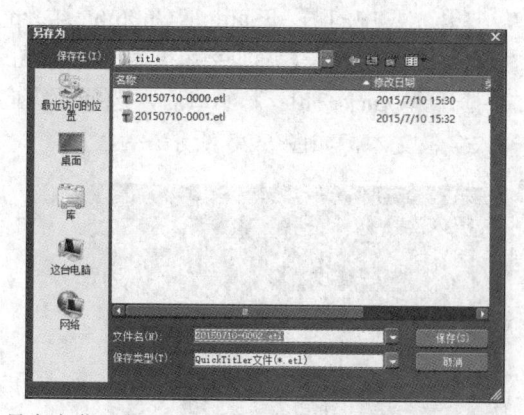

图 6-16　另存字幕对象

2．添加字幕到轨道

如果是通过【素材库】面板创建的字幕，当字幕保存后，会自动添加到【素材库】面板中。如果是通过【时间线】面板创建的字幕，当字幕保存后，不仅自动添加到【素材库】面板，同时也添加到指定轨道。

要将素材库中的字幕添加到轨道，只需在【素材库】面板选择字幕，并将字幕拖到序列的字幕轨道或视频轨道即可，如图 6-17 所示。

图 6-17　将字幕添加到字幕轨道上

3．查看字幕播放效果

将字幕添加到字幕轨道或者视频轨道后，可以通过录制窗口播放时间线，查看字幕在作品上的显示效果。此外，也可以将字幕在播放窗口中显示，如图 6-18 所示。

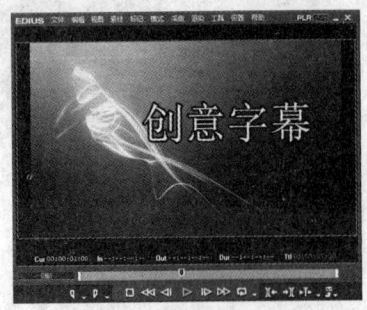

图 6-18　从录制创建和播放窗口中查看字幕效果

动手操作　创建并使用标题字幕

1 打开光盘中的 "..\Example\Ch06\6.2.4.ezp" 练习文件，在【素材库】面板上单击右键，并从打开的菜单中选择【添加字幕】命令，如图 6-19 所示。

2 打开【Quick Titler】窗口后，选择【纵向文本】工具，然后在对象编辑窗口右侧单击并输入字幕文本，如图 6-20 所示。

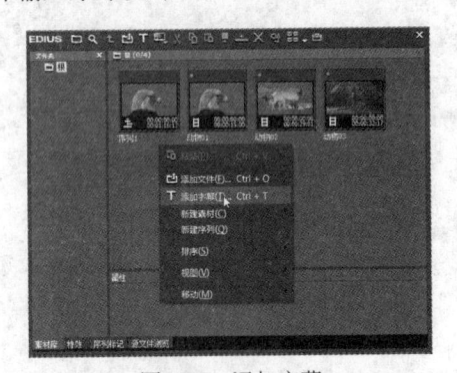

图 6-19　添加字幕 　　　　　　　　　图 6-20　输入纵向文本字幕内容

3 拖动鼠标选择所有文本内容，然后在对象属性栏中设置字体为【隶书】、字号为 48、格式为【斜体】，如图 6-21 所示。

4 在对象属性栏中向下拖动滚动条，然后设置文本的颜色为【黄色】、边缘颜色为【深红色】，如图 6-22 所示。

图 6-21　设置文本的基本属性 　　　　　图 6-22　设置文本的填充颜色和边缘颜色

5 完成字幕文本的编辑后，选择【文件】|【保存】命令，将字幕保存到项目文件目录中，然后从【素材库】面板中将字幕添加到字幕轨道，如图 6-23 所示。当字幕添加到字幕轨道后，软件会自动为字幕添加入点和出点的转场特效。

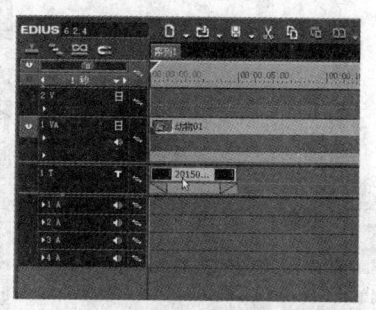

图 6-23　保存字幕并添加到字幕轨道上

6 单击轨道上的字幕素材，然后将鼠标移到字幕出点上的剪切点，再按住鼠标将字幕素材点移到与视频 1VA 轨道素材的出点一样的位置，如图 6-24 所示。

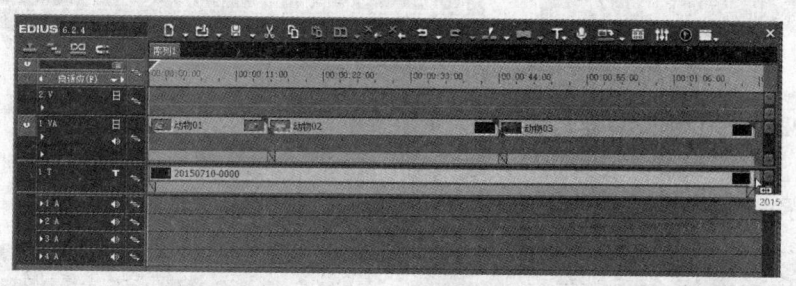

图 6-24　设置字幕播放持续时间

7 在录制窗口上单击【播放】按钮，播放时间线以查看字幕在项目上的效果，如图 6-25 所示。

图 6-25　查看播放字幕的效果

6.2.5　编辑轨道上的字幕

如果想要编辑添加到轨道的字幕对象，可以在轨道上双击字幕对象，打开【Quick Titler】

窗口，然后通过窗口添加或删除字幕文本，或者调整字幕的属性和相关设置，如调整字幕的位置，如图 6-26 所示。

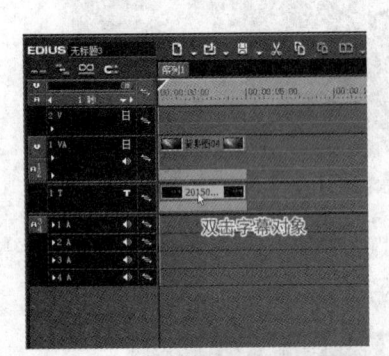

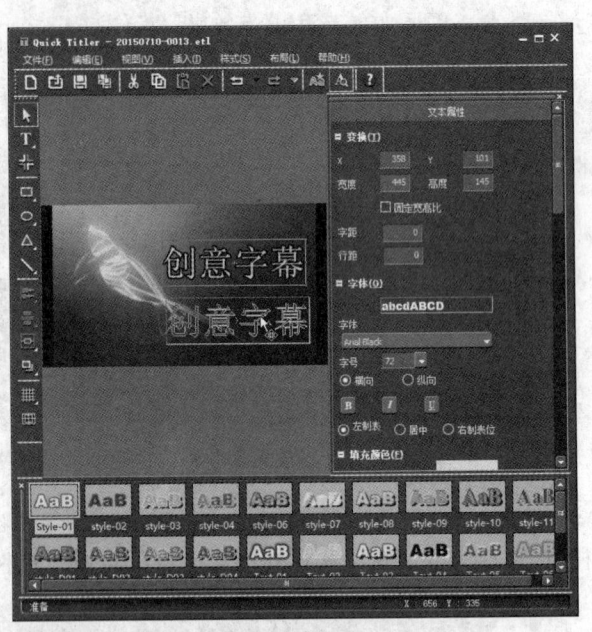

图 6-26　双击字幕打开【Quick Titler】窗口编辑字幕

在【Quick Titler】窗口中编辑字幕时，最重要的是背景的参考。因此，在调整字幕位置或其他属性时，可以先设置背景属性，并选择使用视频、白色、黑色或指定静态图像作为背景，如图 6-27 所示。

图 6-27　在 Quick Titler 上设置背景

6.2.6　为字幕设置常见效果

1. 设置边缘

通过 Quick Titler 可向字幕中添加边缘属性，即添加字幕的描边效果。其中包括添加纯色边缘和渐变色边缘。

打开【Quick Titler】窗口，选择字幕对象。在【对象属性栏】中选择【边缘】复选框。然后设置以下任一选项，如图 6-28 所示。

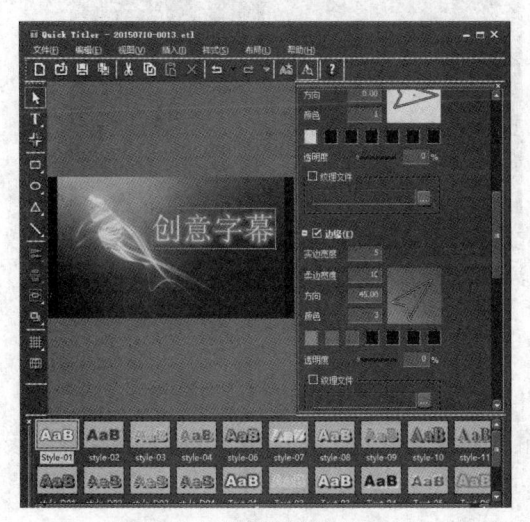

图 6-28　设置字幕边缘属性　　　　　　图 6-29　设置边缘颜色

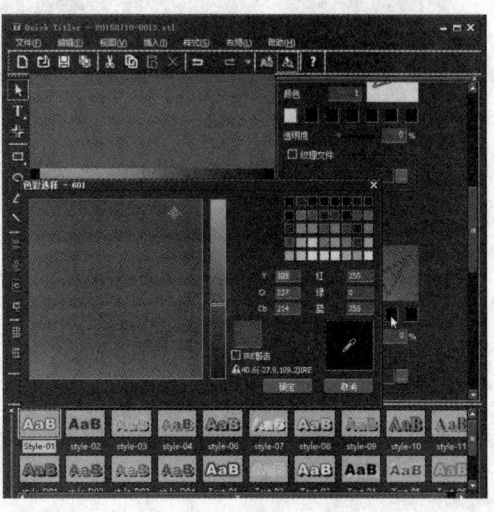

- 实边宽度：指定实际边缘描边的宽度。
- 柔边宽度：指定羽化边缘描边的宽度。
- 方向：边缘填充颜色的方向。
- 颜色：边缘填充颜色的数量，最多可以设置使用 7 种颜色。单击【颜色】项下方的色块按钮，可以打开【色彩选择】对话框选择颜色，如图 6-29 所示。
- 透明度：指定边缘的透明度。
- 纹理文件：选择【纹理文件】复选框可以指定一个文件作为边缘填充图案。

2．设置阴影

通过 Quick Titler 可以向字幕对象添加阴影效果。通过各种阴影选项，可以设置阴影的宽度、颜色、透明度、方向等属性。

在【Quick Titler】窗口中选择对象。在【对象属性栏】面板中选择【阴影】复选框。然后设置如下任何选项的值，如图 6-30 所示。

- 实边宽度：指定阴影实际扩展边缘的宽度。
- 柔边宽度：指定阴影羽化扩展边缘的宽度。
- 方向：指定阴影颜色的角度。
- 颜色：指定阴影填充颜色的数量。
- 透明度：指定阴影的透明度。
- 横向/纵向：指定阴影在水平/垂直方向上的位移属性。

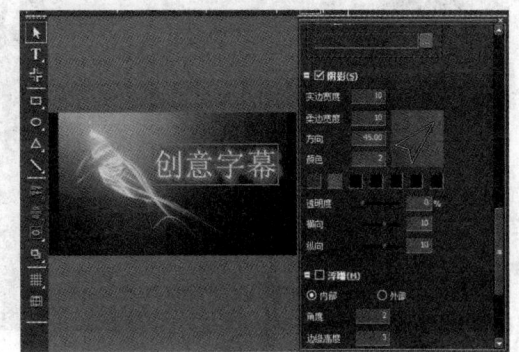

图 6-30　设置字幕的阴影属性

3．设置浮雕和模糊

除了可以为字幕对象应用边缘和阴影效果外，还可以为字幕设置浮雕和模糊效果，如图 6-31 所示。

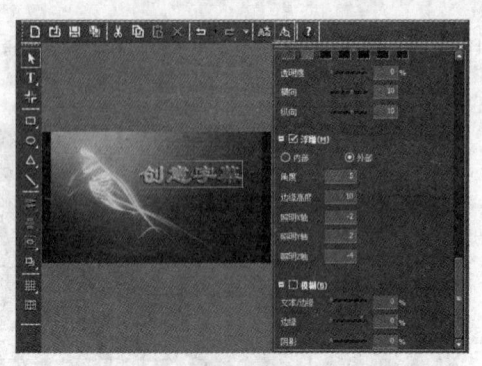

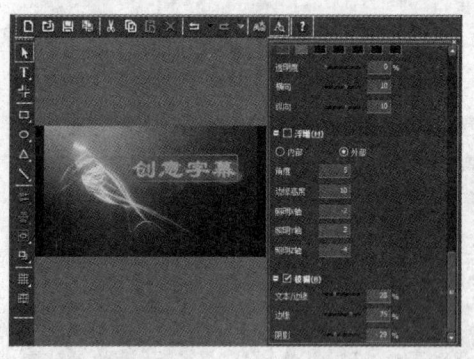

图 6-31　为字幕设置浮雕和模糊效果

6.3　应用与修改字幕样式

Quick Titler 默认提供了 89 种字幕样式，在输入字幕文字后，可以直接套用预设的样式设计字幕。套用预设样式后，也可以根据设计需求对样式进行修改，如改变颜色、改变阴影等。

6.3.1　为字幕应用样式

打开【Quick Titler】窗口，输入字幕文本或选择字幕对象，在【字幕对象样式栏】中双击需要应用的字幕样式图标即可应用字幕样式。

动手操作　使用预设样式设计字幕

1 打开光盘中的"..\Example\Ch06\6.3.1.ezp"练习文件，在【时间线】面板的轨道上上双击字幕对象，打开【Quick Titler】窗口，如图 6-32 所示。

2 使用鼠标按住【Quick Titler】窗口中【字幕对象样式栏】的分界框，然后向上拖动，以显示更多的字幕样式，如图 6-33 所示。

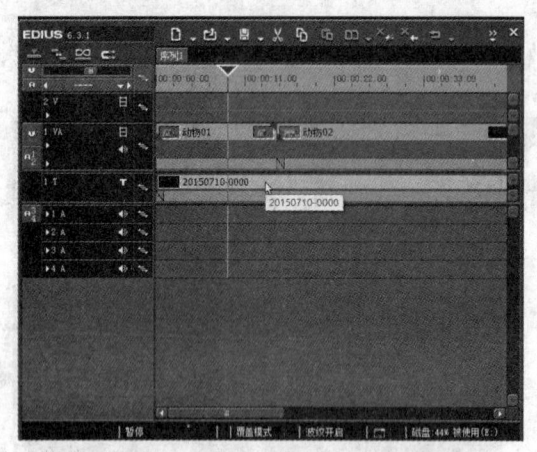

图 6-32　双击字幕对象打开 Quick Titler　　　图 6-33　调整字幕对象样式栏的大小

3 选择编辑窗口上的字幕对象，然后在【字幕对象样式栏】上选择合适的样式，并在样式图标上双击鼠标，为字幕应用样式，如图 6-34 所示。

4 当应用样式后，会改变原来字幕的字体，可以通过【字幕对象属性栏】设置字幕文本的字体、大小、格式等属性，如图 6-35 所示。

第 6 章　字幕的创建、编辑与设计

图 6-34　选择并应用预设样式

图 6-35　更改字幕文本的属性

5 选择【文件】|【另存为】命令，将编辑后的字幕另存为新文件，然后返回主窗口中查看字幕应用样式后的效果，如图 6-36 所示。

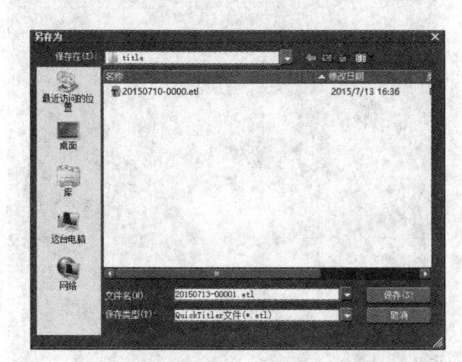

图 6-36　另存字幕并查看效果

6.3.2　修改字幕的样式

虽然 EDIUS 预设了多种字幕样式，但并非所有的样式都适合不同作品的字幕设计。因此，当应用预设的样式后，可以针对设计的需求，对应用样式后的字幕进行适当的修改。

动手操作　修改字幕的样式

1 打开光盘中的"..\Example\Ch06\6.3.2.ezp"练习文件，在【时间线】面板上双击字幕对象，打开【Quick Titler】窗口，如图 6-37 所示。

2 打开 Quick Titler 后，选择字幕对象，然后将鼠标移到对象属性栏的【字距】属性值上，当鼠标旁出现上下移动图标时，按住数值向上拖动，增加字幕文字的字距，如图 6-38 所示。

3 在编辑窗口中选择字幕文本，然后在对象属性栏中单击【粗体】按钮 **B**，以设置文本的粗体格式，如图 6-39 所示。

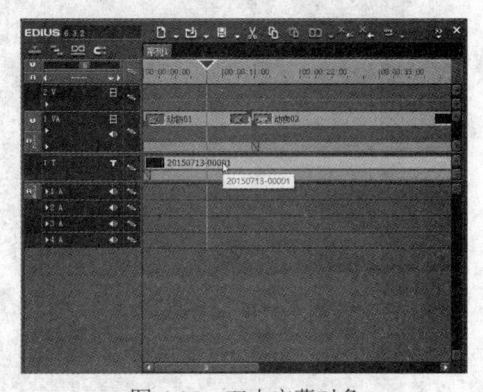

图 6-37　双击字幕对象

175

图 6-38　修改字幕文本的字距 　　　　　　　　图 6-39　调整字幕文本的格式

4 在对象属性栏中显示【填充颜色】属性，然后修改方向为 45 度、颜色数量为 4，接着分别设置 4 种填充颜色，如图 6-40 所示。

5 在对象属性栏中显示【边缘】属性，然后设置实边宽度为 6、柔边宽度为 0、方向为 90 度、颜色数量为 2，接着设置边缘的颜色分别为紫色和深蓝色，如图 6-41 所示。

图 6-40　修改字幕文本的填充属性 　　　　　　图 6-41　修改字幕的边缘属性

6 显示【阴影】属性，然后设置各项阴影属性的值和阴影颜色，显示【浮雕】弧形，修改各项浮雕属性的值，如图 6-42 所示。

图 6-42　分别修改字幕阴影和浮雕属性

7 修改字幕文本的各种属性后，选择【样式】|【另存为新样式】命令，然后在【保存当前样式】对话框中设置样式名称，再单击【确定】按钮，如图6-43所示。

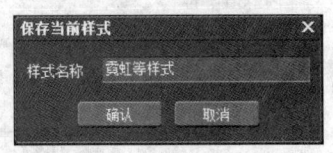

图6-43 保存当前样式

8 选择【文件】|【另存为】命令，然后在【另存为】对话框中将字幕保存为新文件，返回主窗口中，查看修改字幕样式的效果，如图6-44所示。

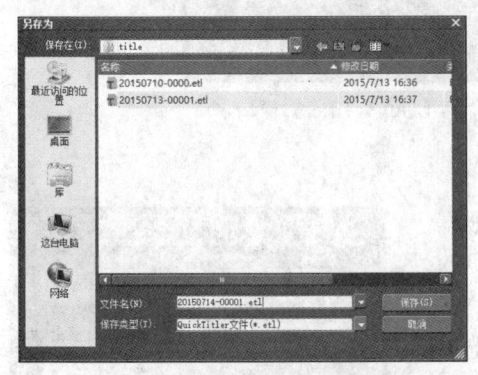

图6-44 另存字幕文件并查看修改样式的效果

6.3.3 字幕样式的其他操作

为了操作上的方便和字幕设计的需求，可以通过不同的字幕样式操作方法来配合字幕的设计。

1. 浮动与集合对象样式栏

在默认的情况下，【字幕对象样式栏】集合在【Quick Titler】窗口下方，如果想要设计字幕时移动【字幕对象样式栏】，可以将它设置为浮动的面板。

在【字幕对象样式栏】使用鼠标按住左端边框，然后拖动鼠标，即可使【字幕对象样式栏】变成浮动的面板，如图6-45所示。

如果要将浮动的【字幕对象样式栏】集合到【Quick Titler】窗口，只需按住【字幕对象样式栏】标题，然后拖到窗口可集合面板的位置上即可，如图6-46所示。

177

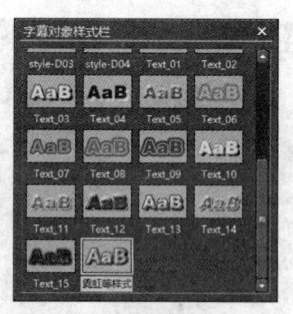

图 6-45 浮动字幕对象样式栏

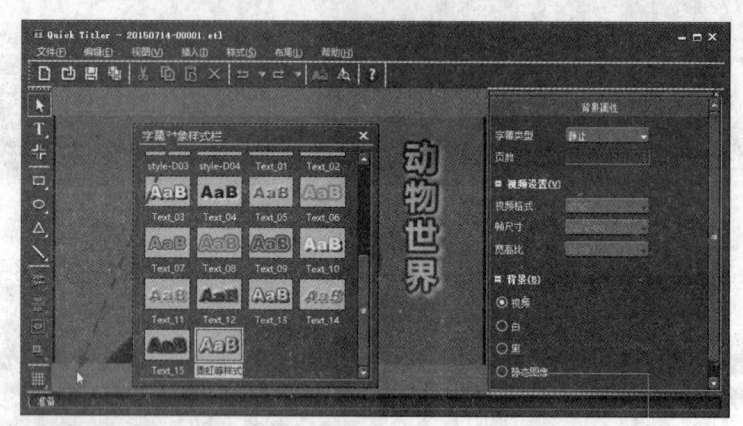

图 6-46 将【字幕对象样式栏】集合到【Quick Titler】窗口

2. 删除样式

对于通过另存样式方式创建的字幕样式，可以根据需要执行删除样式的处理。但需要注意，EDIUS 预设的样式是无法删除的。

在需要删除的自建样式图标上单击右键，然后选择【删除样式】命令即可，如图 6-47 所示。删除样式后不可恢复。

3. 重命名样式

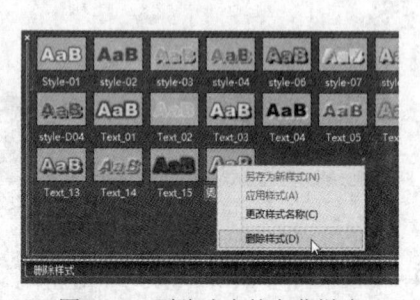

图 6-47 删除选中的字幕样式

在自建样式图标上单击右键并选择【更改样式名称】命令，通过键盘输入样式新名称并按下 Enter 键即可，如图 6-48 所示。

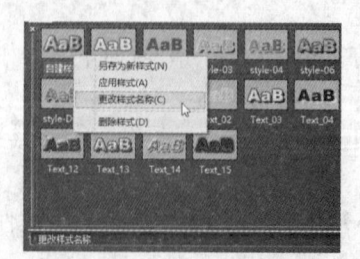

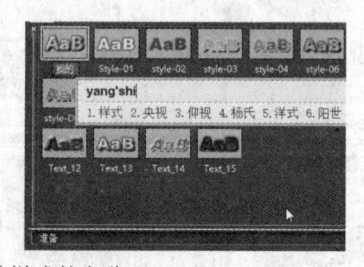

图 6-48 更改样式的名称

4. 将样式输出为图像

在【Quick Titler】窗口中选择【文件】|【输出】命令，打开【另存为】对话框后，设置文件名称并指定保存类型，然后单击【保存】按钮即可，如图 6-49 所示。

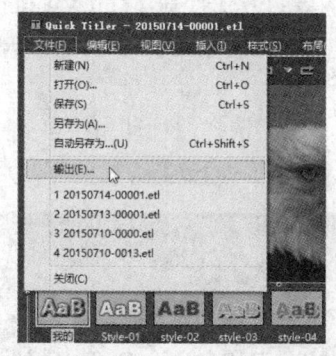

图 6-49 将字幕输出为图像

6.4 设计字幕的技巧

下面将介绍一些设计字幕的技巧，以丰富字幕在工程项目中的应用。

6.4.1 创建运动的字幕

在【Quick Titler】窗口中，可以为字幕设置类型，其中包括【静止】、【滚动（从下）】、【滚动（从上）】、【爬动（从右）】和【爬动（从左）】等，如图 6-50 所示。

字幕类型的说明如下：
- 静止：静态的字幕。
- 滚动（从下）/滚动（从上）：字幕在屏幕上垂直移动称为滚动，该类型可以使字幕从下到上/从上到下垂直移动。
- 爬动（从右）/爬动（从左）：字幕在屏幕上水平移动称为爬动，该类型可以使字幕从右到左/从左到右水平移动。

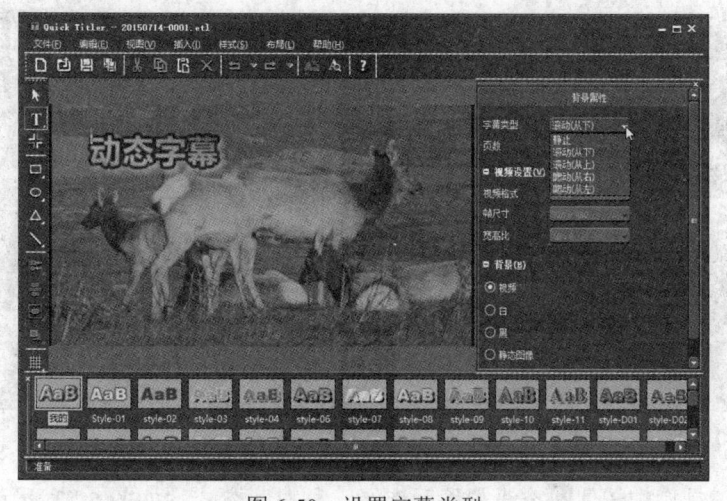

图 6-50 设置字幕类型

动手操作　创建运动的字幕

1 执行以下操作之一：

（1）如果没有字幕对象，可以通过添加字幕的方法打开【Quick Titler】窗口。

（2）如果已经创建了字幕对象，则可以通过编辑字幕的方式打开【Quick Titler】窗口。

2 在【Quick Titler】窗口中，使用【选择对象】工具在编辑窗口中单击视频背景，以取消选择所有字幕对象。

3 在【背景属性栏】中打开【字幕类型】列表框，然后选择一种动态字幕类型。

4 直接保存或另存字幕即可。如图 6-51 所示为【滚动（从下）】类型的字幕运动效果。

图 6-51　从下向上滚动的字幕效果

6.4.2　多字幕对象的编辑

在 Quick Titler 中，可以创建多个字幕对象，包括文本对象、图形对象和图像对象。在多个字幕对象中，适当的编排是非常必要的手段。

1．对齐字幕对象

打开【Quick Titler】窗口，按住 Ctrl 键选择到编辑窗口上的字幕对象。然后执行以下的操作之一：

（1）在对象工具栏中按住按钮，然后选择一种对齐方式，如图 6-52 所示。

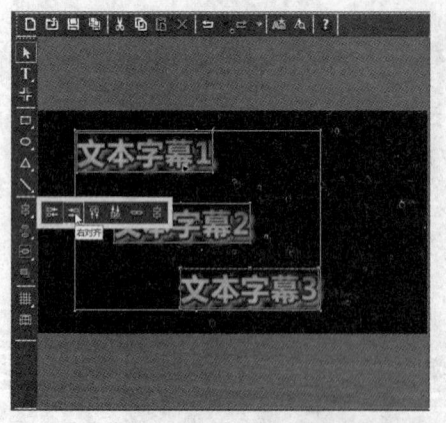

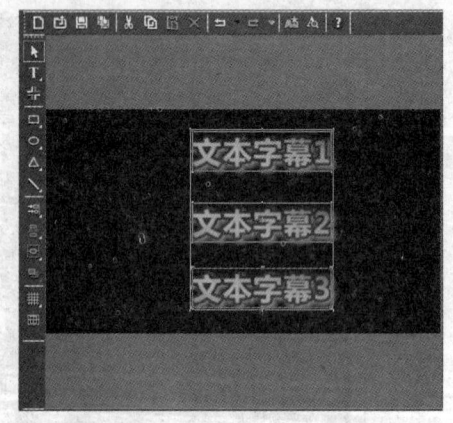

图 6-52　设置右对齐方式

（2）在对象工具栏中按住按钮，然后选择一种对齐方式，如图 6-53 所示。

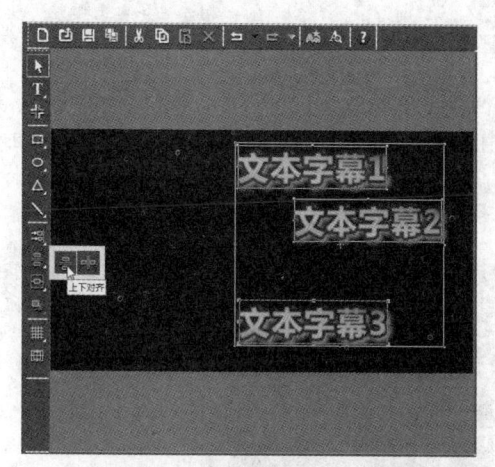

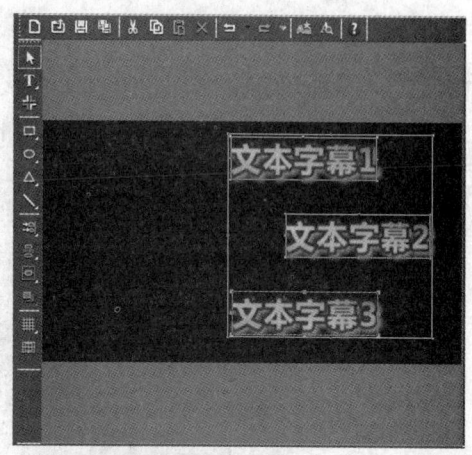

图 6-53 设置上下对齐方式

（3）在对象工具栏中按住■按钮，然后选择一种对齐方式，如图 6-54 所示。

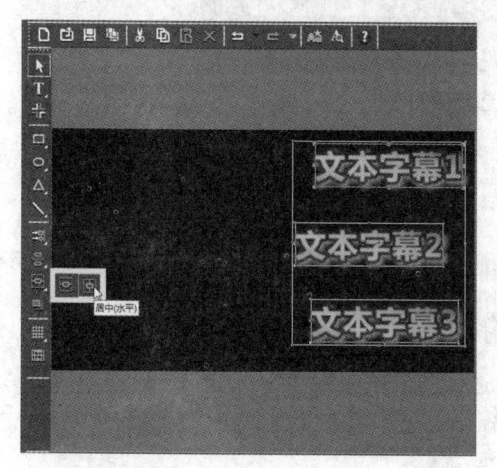

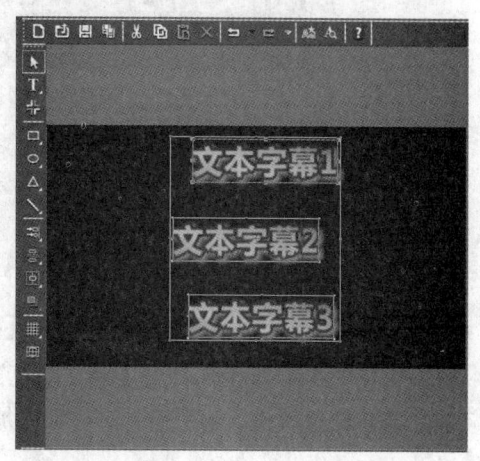

图 6-54 设置水平居中对齐方式

2．调整字幕排列顺序

打开【Quick Titler】窗口，选择需要调整排列顺序的字幕对象。在对象工具栏中按住■按钮，然后在弹出的列表框中选择一种调整顺序的工具按钮，如图 6-55 所示。

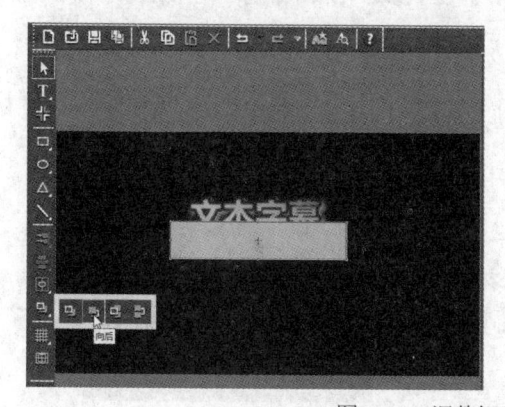

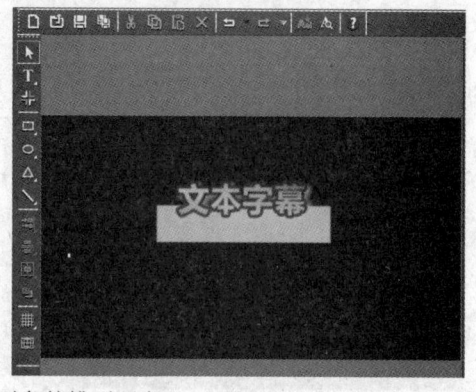

图 6-55 调整矩形对象的排列顺序

181

3．切换选定的对象

打开【Quick Titler】窗口，按住 Ctrl 键单击对象以选择多个或所有字幕对象。

默认情况下，最后单击的对象为当前选定的组对象，可以通过对象属性栏设置该对象属性。如果要切换到下一个选定组对象中的字幕对象，则可以单击右键并选择【下个对象】命令，以切换到另外一个选定的字幕对象。此时再通过对象属性栏查看或修改属性，如图 6-56 所示。

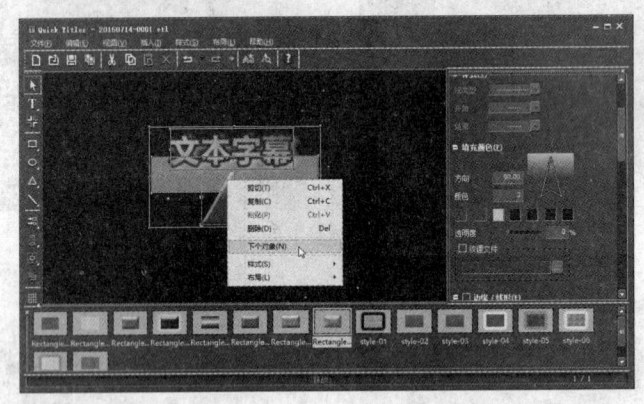

图 6-56　切换选定的对象

6.5　技能训练

下面通过多个上机练习实例，巩固所学技能。

6.5.1　上机练习 1：设计舞台影片的标题

本例先新建一个字幕作为标题素材，然后通过【Quick Titler】窗口绘制一个矩形图形，再输入字幕文本并设置属性，最后将字幕对象添加到字幕轨道并调整字幕的持续时间与舞台影片素材播放时间一致。

操作步骤

1 打开光盘中的 "..\Example\Ch06\6.5.1.ezp" 练习文件，在【素材库】面板右侧空白处单击右键，然后选择【添加字幕】命令，如图 6-57 所示。

2 打开【Quick Titler】窗口后，选择【矩形】工具，在编辑窗口左侧绘制一个矩形，如图 6-58 所示。

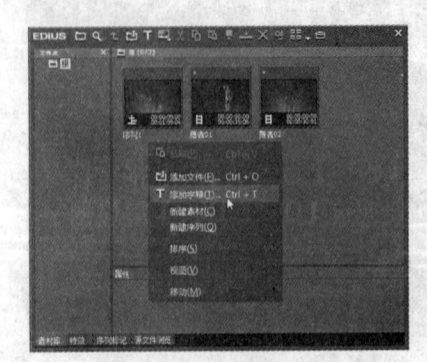

图 6-57　新建字幕素材　　　　图 6-58　绘制矩形对象

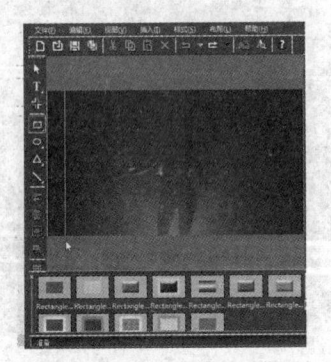

3 选择矩形对象，然后为矩形应用一种样式，再通过对象属性栏修改矩形填充颜色中的第三个颜色，如图 6-59 所示。

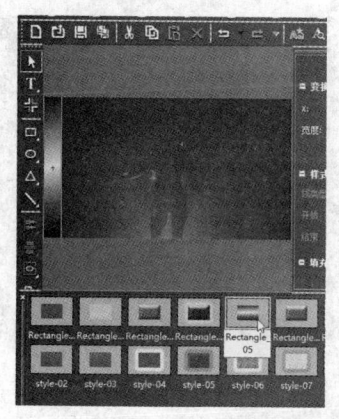

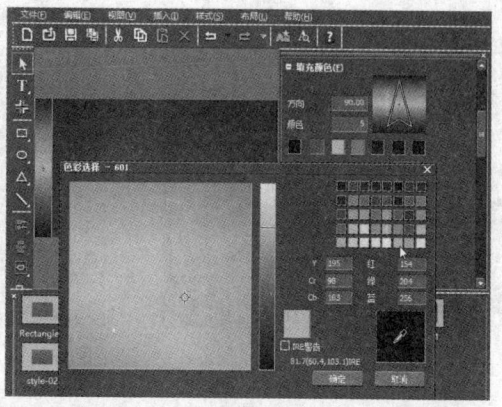

图 6-59 为矩形应用样式并修改填充颜色

4 在【Quick Titler】窗口中选择【纵向文本】工具，然后在矩形对象右侧输入字幕文本，如图 6-60 所示。

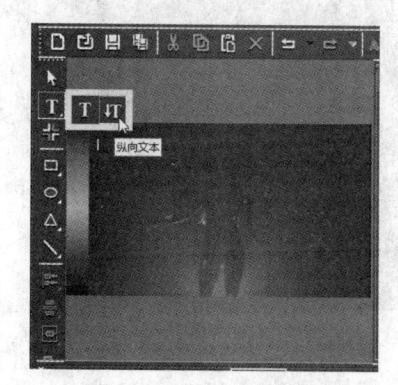

图 6-60 输入纵向文本

5 选择字幕文本，再为文本应用【style-11】样式，然后修改文本的字体、字号、格式、填充颜色等属性，如图 6-61 所示。

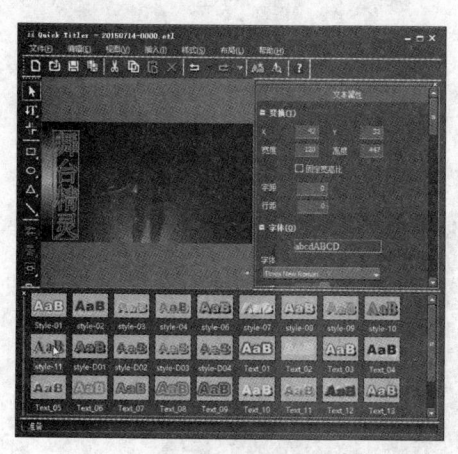

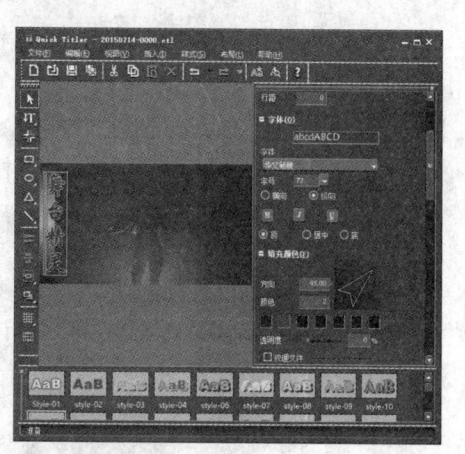

图 6-61 应用字幕样式并修改属性

183

6 制作字幕内容后，单击【保存】按钮保存字幕，然后将字幕素材添加到字幕轨道中，并设置与1VA轨道素材一样的播放时长，如图6-62所示。

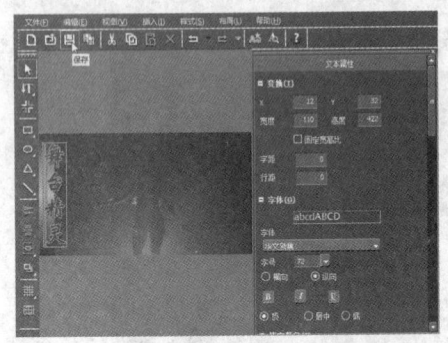

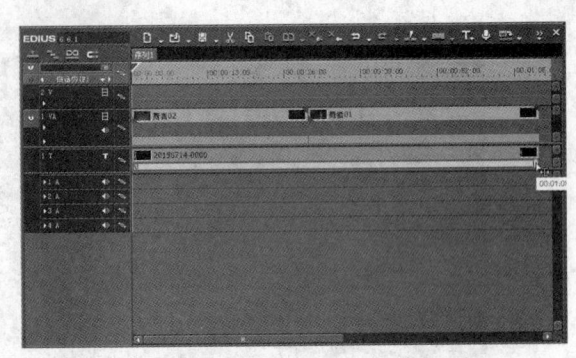

图 6-62　保存字幕并添加到轨道

7 完成上述操作后，即可通过录制窗口播放时间线，查看影片添加字幕后的效果，如图6-63所示。

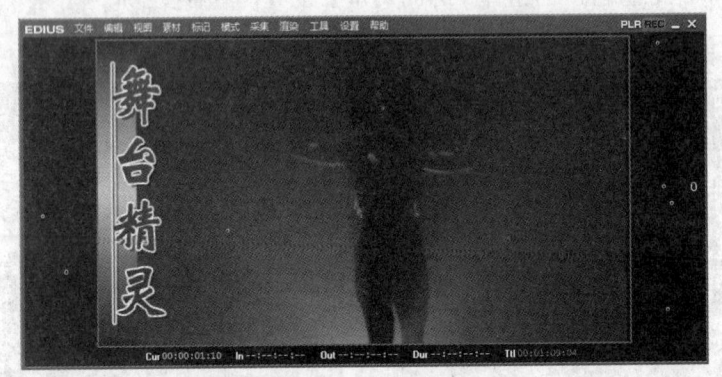

图 6-63　播放时间线以查看字幕效果

6.5.2　上机练习2：设计立体浮雕标题字幕

本例先在字幕轨道上新建一个字幕素材，然后通过【Quick Titler】窗口输入字幕文本，并通过设置文字属性的方式制作出文字的立体浮雕效果，接着将制作好的字幕文本另存为新文件，最后适当修改轨道的字幕出点剪切点。

操作步骤

1 打开光盘中的"..\Example\Ch06\6.5.2.ezp"练习文件，在【时间线】面板的字幕轨道上单击右键，从弹出的菜单中选择【新建素材】|【QuickTitler】命令，如图6-64所示。

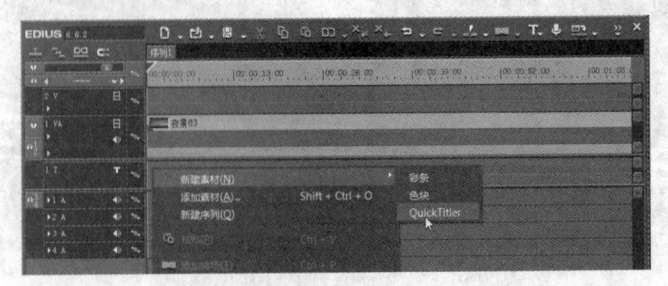

图 6-64　在字幕轨道上新建字幕

2 打开【Quick Titler】窗口后，选择【横向文本】工具■，然后在编辑窗口下方输入字幕文本，如图 6-65 所示。

3 使用【选择对象】工具■选择字幕文本，然后设置文本的字距、字体、下划线格式等属性，如图 6-66 所示。

图 6-65　输入字幕文本 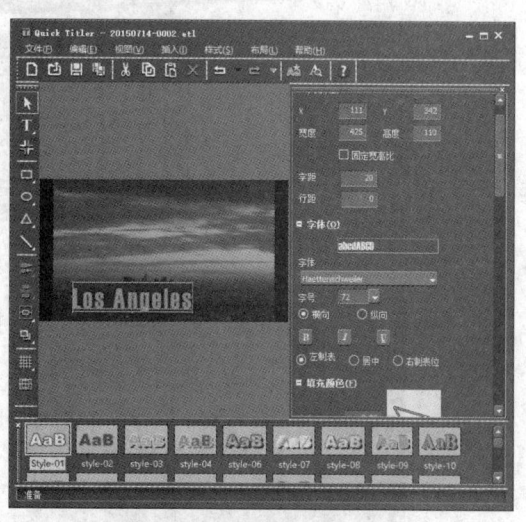　　　　　　　　　图 6-66　设置文本的属性

4 向下拖动对象属性栏的滚动条以显示【填充颜色】属性，然后设置填充颜色的方向和颜色数量，接着分别设置填充颜色为红、绿、蓝、紫，如图 6-67 所示。

5 显示【边缘】属性，然后设置实边宽度为 10、柔边宽度为 0、方向为 0、颜色为 1，接着设置边缘颜色为【白色】，如图 6-68 所示。

图 6-67　设置字幕文本的填充属性 　　　　图 6-68　设置字幕文本的边缘属性

6 显示【浮雕】属性，选择【浮雕】复选框，然后设置浮雕方向为【内部】，接着设置各项浮雕属性，如图 6-69 所示。

7 在对象属性栏中显示【边缘】属性，然后设置边缘透明度为 50%，再选择【文件】|【另存为】命令，并通过【另存为】对话框保存字幕文件，如图 6-70 所示。

图 6-69 设置字幕的浮雕属性

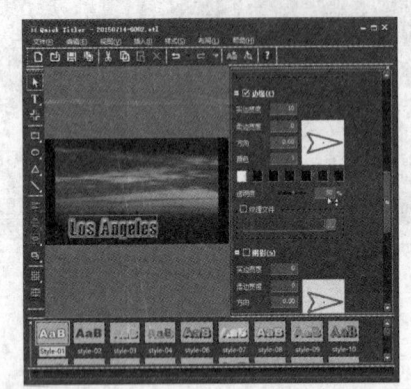

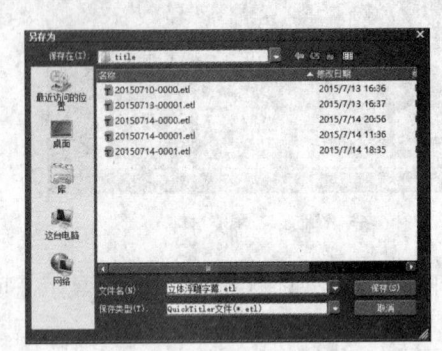

图 6-70 设置边缘透明度并另存字幕

8 关闭【Quick Titler】窗口后，字幕素材会自动添加到字幕轨道上，此时可以向右拖动字幕出点剪切点，使之与 1VA 轨道素材的出点对齐，如图 6-71 所示。

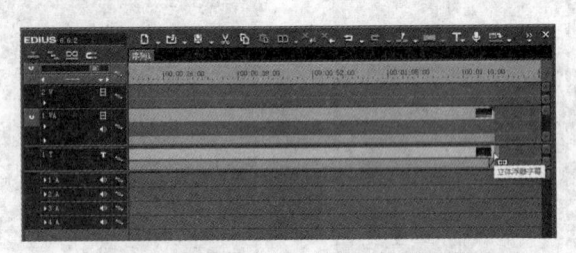

图 6-71 修改字幕素材的出点剪切点

9 完成上述操作后，即可通过录制窗口播放时间线，以查看为影片制作立体浮雕效果字幕的效果，如图 6-72 所示。

图 6-72 查看立体浮雕字幕的效果

6.5.3 上机练习 3：设计爬动过屏字幕效果

本例先通过【时间线】面板创建一个字幕素材，然后通过【Quick Titler】窗口输入字幕文本，再应用字幕样式并设置文本的相关属性，接着设置【爬动】字幕类型，并将字幕另存为新文件，最后适当调整字幕播放持续时间。

操作步骤

1 打开光盘中的 "..\Example\Ch06\6.5.3.ezp" 练习文件，在【时间线】面板中单击【创建字幕】按钮，然后在菜单中选择【在 1T 轨道上创建字幕】命令，如图 6-73 所示。

2 打开【Quick Titler】窗口后，选择【横向文本】工具，然后在编辑窗口中输入文本，如图 6-74 所示。

图 6-73 在字幕轨道上创建字幕　　图 6-74 输入字幕文本

3 选择字幕文本，然后为文本应用【Text_12】样式，接着通过对象属性栏修改文本的字体、字号等属性，如图 6-75 所示。

图 6-75 为文本应用样式并设置属性

4 选择字幕文本并将它移到编辑窗口的右下方，接着取消选择字幕对象，再通过属性栏设置字幕类型为【爬动（从右）】，如图 6-76 所示。

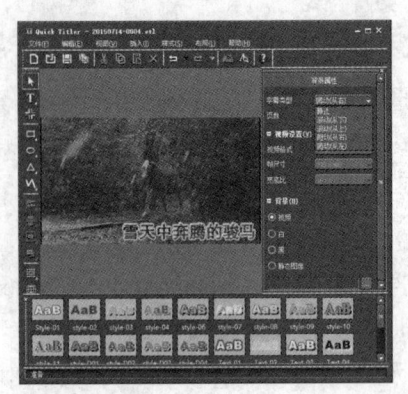

图 6-76 调整文本的位置并设置字幕类型

5 选择【文件】|【另存为】命令,打开【另存为】对话框后,设置文件名称再单击【保存】按钮,如图 6-77 所示。

图 6-77 另存字幕文件

6 【Quick Titler】窗口关闭后,向右拖动字幕素材出点剪切点,使之播放持续时间与 1VA 轨道素材的时间一样,接着播放时间线,查看字幕爬动移过屏幕的效果,如图 6-78 所示。

图 6-78 编辑字幕剪切点并查看效果

6.5.4 上机练习 4:设计节目台标字幕效果

本例先新建字幕素材,然后在【Quick Titler】窗口中添加图像对象并指定台标图像为源文件,接着设置大小、边缘、阴影等属性,最后设置字幕类型为【静止】,将字幕添加到字幕轨道。

操作步骤

1 打开光盘中的"..\Example\Ch06\6.5.1.ezp"练习文件,在【素材库】面板右侧空白处单击右键,再选择【添加字幕】命令,如图 6-79 所示。

2 打开【Quick Titler】窗口后,选择【图像】工具,然后在编辑窗口上单击添加图像对象,如图 6-80 所示。

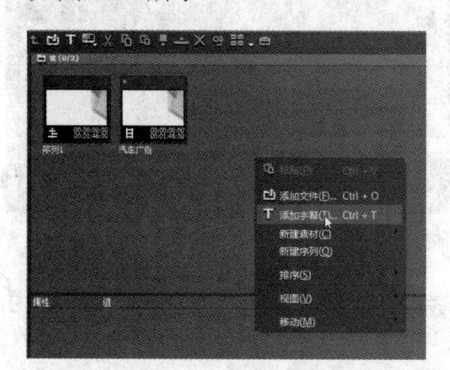

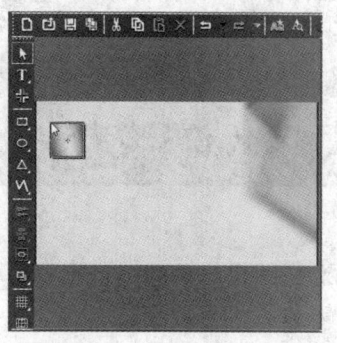

图 6-79 创建字幕　　　　　　　　　图 6-80 添加图像对象

3 选择图像对象,在对象属性栏中单击【文件】文本框后的【浏览】按钮,打开【选择图像文件】对话框后,选择台标图像,然后单击【打开】按钮,如图 6-81 所示。

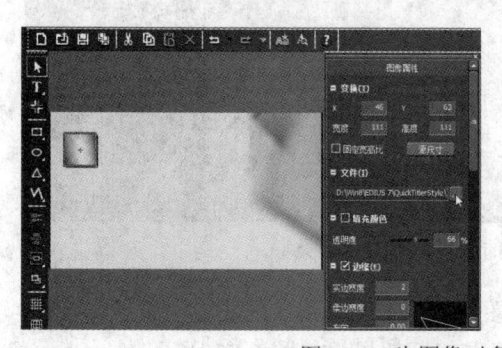

图 6-81 为图像对象指定图像文件

4 返回【Quick Titler】窗口的对象属性栏中,单击【源尺寸】按钮,再选择【固定宽高比】复选框,然后修改对象的宽高属性,如图 6-82 所示。

图 6-82 设置图像对象的尺寸

5 显示【边缘】属性，然后取消选择【边缘】复选框，显示【阴影】属性并设置阴影的属性，如图 6-83 所示。

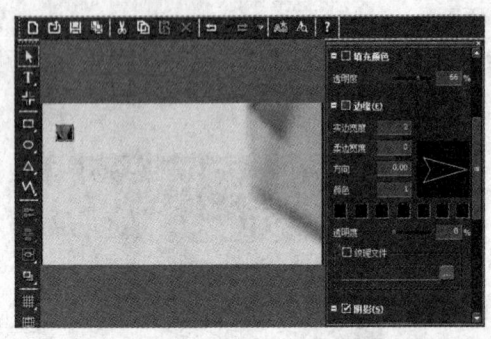

图 6-83　取消边缘属性和修改阴影属性

6 选择图像对象并适当调整其位置，然后取消选择对象并设置字幕类型为【静止】，如图 6-84 所示。

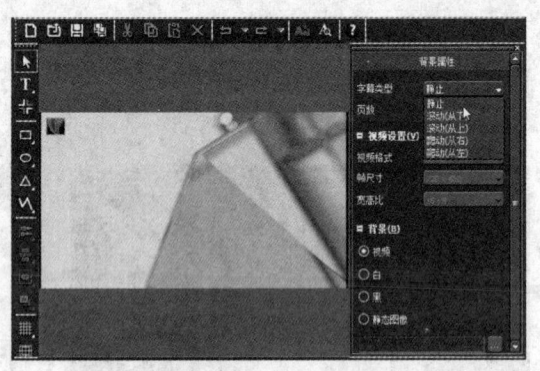

图 6-84　调整图像的位置并设置字幕类型

7 保存字幕并返回 EDIUS 界面，将图像字幕对象添加到字幕轨道，设置与 1VA 轨道素材一样的播放持续时间，最后播放时间线，查看字幕效果，如图 6-85 所示。

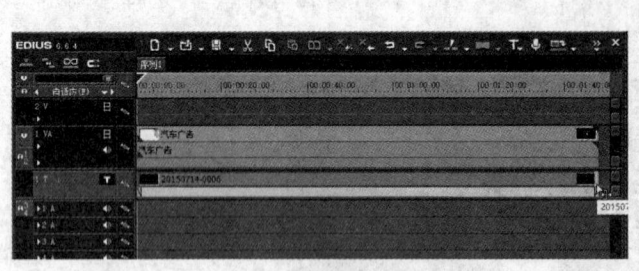

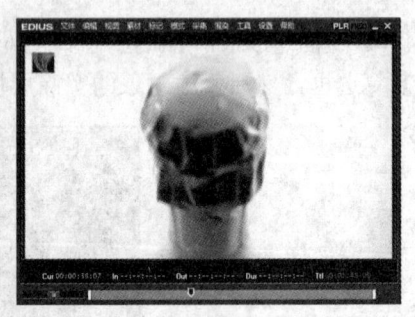

图 6-85　将字幕加入轨道并查看效果

6.5.5　上机练习 5：制作教学片多轨道字幕

本例先在 1T 轨道上添加文本字幕对象，输入文本内容和设置属性，然后添加另一个字幕轨道，再为该轨道添加图像字幕对象并应用样式和设置属性，接着删除两个字幕默认的出点字幕混合特效，最后分别为两个字幕更换入点的字幕混合特效。

操作步骤

1 打开光盘中的 "..\Example\Ch06\6.5.5.ezp" 练习文件，在【时间线】面板中选择 1T 轨道（默认的字幕轨道），然后单击右键并选择【新建素材】|【QuickTitle】命令，如图 6-86 所示。

2 打开【Quick Titler】窗口后，在编辑窗口中输入横向字幕文本，如图 6-87 所示。

图 6-86　为字幕轨道新建字幕素材　　　　　　图 6-87　输入字幕文本

3 选择字幕文本对象，再为对象应用【Text_10】样式，然后在对象属性栏中设置字体、字号等属性，接着将文本移到编辑窗口右下角，如图 6-88 所示。

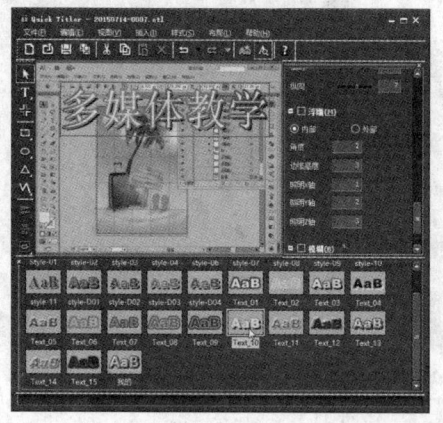

图 6-88　应用样式并修改文本属性和位置

4 选择字幕文本，然后按住 Ctrl 键并将鼠标移到对象边角上，当出现旋转图示后按住对象并旋转对象，接着修改字幕文本的阴影属性，如图 6-89 所示。

图 6-89　旋转文本并修改阴影属性

5 完成上述编辑后，保存字幕，然后在 1T 轨道上单击右键并选择【添加】|【在下方添加字幕轨道】命令，接着设置添加轨道的数量为 1，如图 6-90 所示。

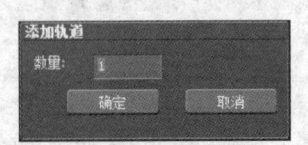

图 6-90 添加 1 条字幕轨道

6 在新增的字幕轨道上单击右键并选择【新建素材】|【QuickTitle】命令，在【QuickTitle】窗口中创建图像字幕，如图 6-91 所示。

图 6-91 在新增字幕轨道上新建图像字幕

7 选择图像对象，应用【Image_23】样式，然后将图像对象移到编辑窗口右下角，接着使用步骤 3 的方法轻微旋转对象，最后保存字幕，如图 6-92 所示。

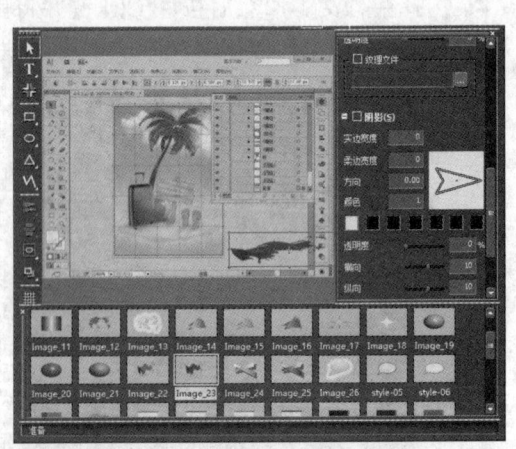

图 6-92 应用样式并旋转图像对象

8 新建的字幕素材会自动添加字幕混合特效，选择其中一个字幕对象，然后通过【信息】面板删除出点的字幕混合特效，接着使用相同的方法，删除另外一个字幕对象出点的混合特效，如图 6-93 所示。

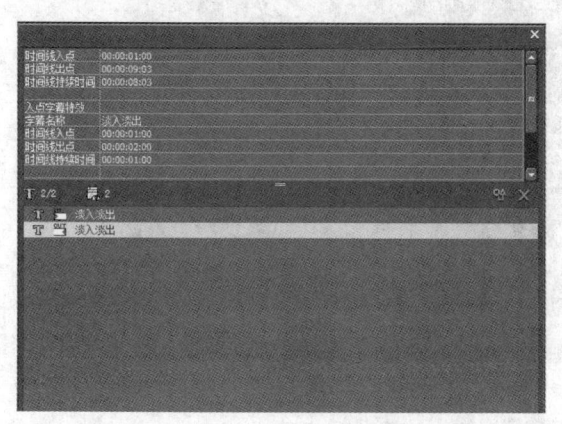

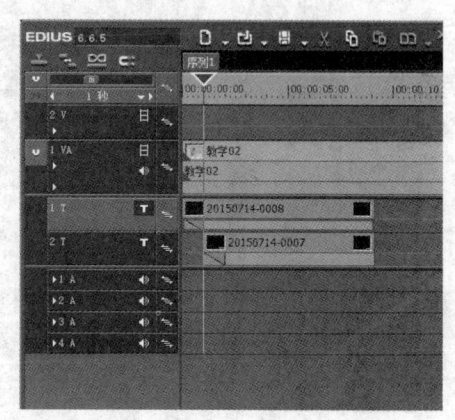

图 6-93　删除字幕出点的混合特效

9 选择字幕中出点混合特效的出点剪切点，再向右移动以设置混合特效时长为 3 秒，然后使用相同的方法处理另外一个字幕的混合特效，接着将 2T 轨道上的字幕对象入点对齐 1T 轨道字幕的混合特效出点，如图 6-94 所示。

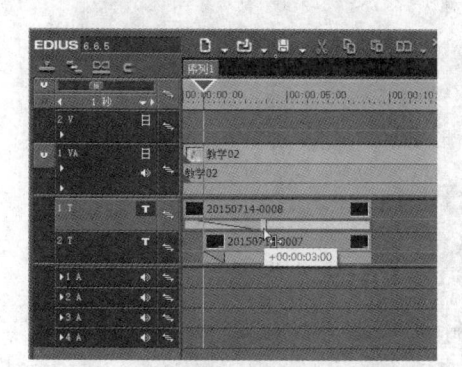

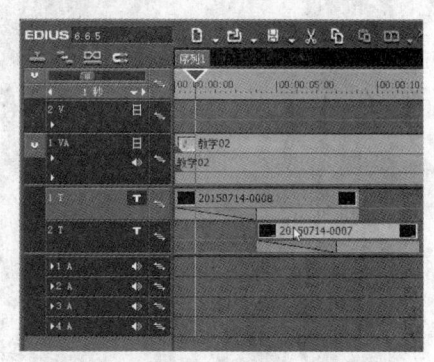

图 6-94　编辑字幕混合特效并调整字幕在轨道的位置

10 选择其中一个字幕素材的出点剪切点，然后将该剪切点向右移动并对齐 1VA 轨道素材的出点，接着使用相同的方法编辑另一个字幕素材的出点剪切点，如图 6-95 所示。

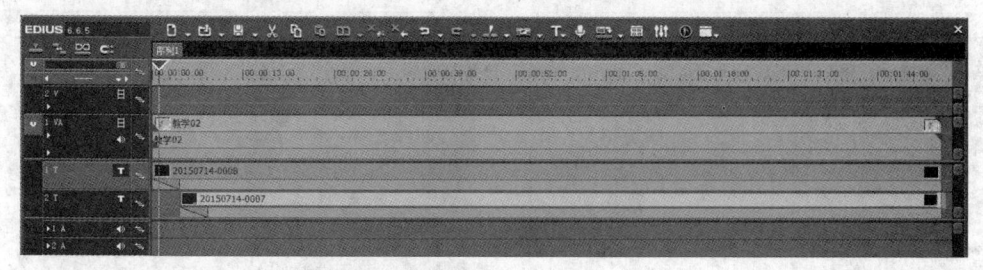

图 6-95　编辑字幕素材的出点剪切点

11 在【特效】面板中打开【字幕混合】|【软划像】目录，然后选择【向右软划像】特效并将它拖到 1T 轨道字幕素材混合器入点上，以替换原来字幕的混合特效，如图 6-96 所示。

图 6-96 替换第一个字幕素材的混合特效

12 使用步骤 10 的方法,将【右面激光】特效替换 2T 轨道上字幕素材的混合特效,如图 6-97 所示。

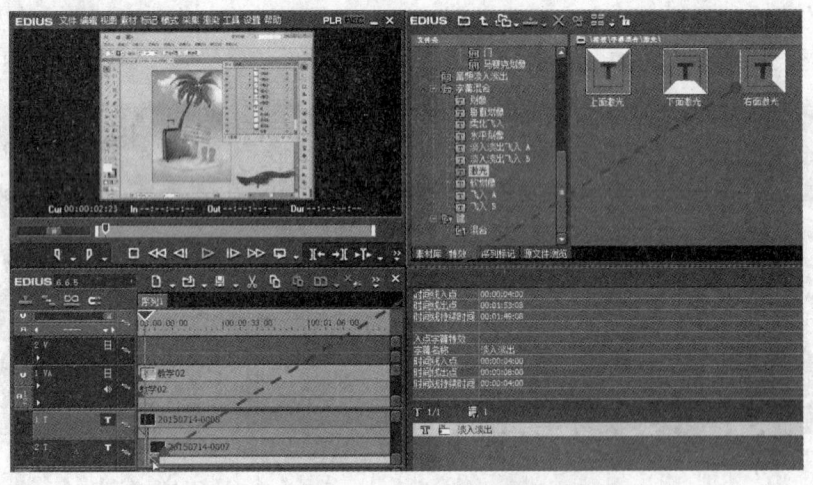

图 6-97 替换第二个字幕素材的混合特效

13 完成上述操作后,即可播放时间线,通过录制窗口查看字幕的效果,如图 6-98 所示。

图 6-98 通过录制窗口查看字幕的效果

6.6 评测习题

1．填充题

（1）在 EDIUS 中，字幕的编辑与设计都是通过_____完成。
（2）如果想要编辑添加到轨道的字幕素材，可以在轨道上_____字幕素材。
（3）字幕在屏幕上垂直移动称为滚动，字幕在屏幕上水平移动称为_____。

2．选择题

（1）按下哪个快捷键，可以打开【Quick Titler】窗口？　　　　　　　　　　（　　）
　　　A．Ctrl+T　　　　B．Ctrl+H　　　　C．Ctrl+V　　　　D．Ctrl+G
（2）Quick Titler 默认使用什么作为字幕编辑窗口的背景？　　　　　　　　（　　）
　　　A．白色　　　　　B．黑色　　　　　C．静态图像　　　D．视频
（3）在 Quick Title 中，按住哪个键单击多个字幕，可以将这些字幕选中？　（　　）
　　　A．Alt 键　　　　B．Shift 键　　　　C．Ctrl 键　　　　D．空格键

3．判断题

（1）在 EDIUS Pro 7 中，字幕的编辑与设计默认都是通过 Quick Titler（快速字幕编辑器）完成。（　　）
（2）在 Quick Titler 中，不仅可以创建文本字幕对象，也可以创建图像或图形内容的字幕。（　　）
（3）如果想要预览全质量显示的字幕，则可以单击【预览模式】按钮，以 100%质量查看字幕。（　　）
（4）EDIUS 预设的字幕样式是可以删除的。（　　）

4．操作题

为练习文件创建一个静态字幕并在 Quick Titler 中输入字幕文本，然后应用其中一种预设样式，将字幕添加到字幕轨道并设置持续播放时间，效果如图 6-99 所示。

图 6-99　制作字幕的效果

操作提示

（1）打开光盘中的 "..\Example\Ch06\6.6.ezp" 练习文件，在【素材库】面板中单击右键并选择【添加字幕】命令。

(2)打开【Quick Titler】窗口后,选择【横向文本】工具■,然后在对象编辑窗口中单击,再输入文本内容。

(3)选择字幕文本,然后应用【style-D03】样式。

(4)修改文本的字体为【隶书】、字号为48,最后保存字幕。

(5)将字幕添加到字幕轨道并设置播放持续时间。

第 7 章　EDIUS 的渲染和输出

学习目标

通过 EDIUS 程序完成工程的设计后，就可以进行渲染和输出的操作，将工程文件输出为成品。本章将详细介绍渲染工程和序列、渲染选定素材和指定时间线区域，以及将工程根据用途输出为文件或刻录光盘，还有导出为 EDL 或 AAF 文件的方法。

学习重点

- ☑ 渲染序列和工程
- ☑ 选择指定区域或选定文件
- ☑ 设置输出器和预设
- ☑ 将工程输出为文件
- ☑ 将工程刻录为光盘
- ☑ 将工程导出为 EDL 或 AAF 文件

7.1　文件的渲染

EDIUS Pro 7 会尝试以全帧速率实时播放任何序列，而且通常会对不需要渲染或已经渲染的预览文件的所有部分实现这一点。

但是，对于没有预览文件的复杂部分（未渲染的部分），实时的全帧速率播放并不是始终都能实现。因此，要以全帧速率实时播放复杂的部分，就需要先渲染这些部分的预览文件。

7.1.1　渲染工程与序列

1. 关于渲染

在 EDIUS 中，渲染就是预先输出，简单地说就是将工程、序列或者指定素材进行预输出，在硬盘上生成影片文件（生成位置视工程设置而定），以便可以使工程输出更加快捷，以及在预览效果时可以流畅地播放。EDIUS 会使用显示在序列时间标尺中的彩色渲染栏标记序列的渲染区域，如图 7-1 所示。

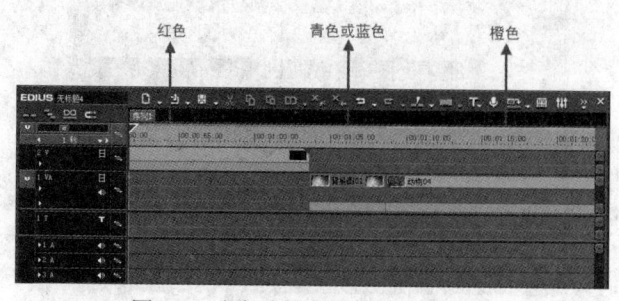

图 7-1　彩色渲染蓝标记的渲染区域

- 红色渲染栏表示：红色表示满载区域，必须在进行渲染之后才可实时地以全帧速率进行播放的未渲染部分。
- 橙色渲染栏表示：橙色表示过载区域，可能无需进行渲染即可实时地进行播放的未渲染部分，但可能出现不流畅的情况。
- 青色/蓝色渲染栏表示：青色表示正常区域；蓝色表示已渲染过的正常区域。这两种颜色标识的区域都无需渲染即可实时地以全帧速率进行播放。如果是在素材上显示青色渲染蓝（选定时），则表示该素材已经进行渲染处理。
- 绿色渲染栏表示：绿色渲染栏表示该区域已经进行渲染处理。如果在素材上显示绿色渲染蓝（未选定时），则表示该素材已经进行渲染处理，如图 7-2 所示。

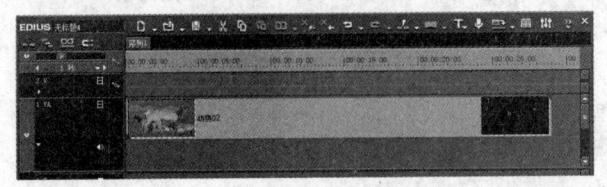

图 7-2　素材上方显示绿色渲染栏时表示素材已经被渲染

2. 渲染工程

如果工程所有序列中存在有满载区域，则需要对工程满载区域进行渲染才可以流畅播放满载区中的素材。另外，对于工程所有序列上的过载区域，也可以适当进行渲染，以保证预览时能流畅播放。

其方法为：打开【渲染】|【渲染整个工程】子菜单，然后选择【渲染过载区域】命令或【渲染满载区域】命令，如图 7-3 所示。渲染生成的预览文件会自动保存在工程文件所在目录的"rendered"文件夹中，如图 7-4 所示。

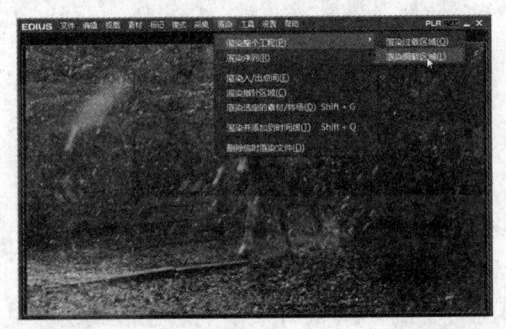

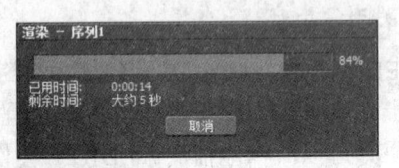

图 7-3　渲染整个工程的满载区域

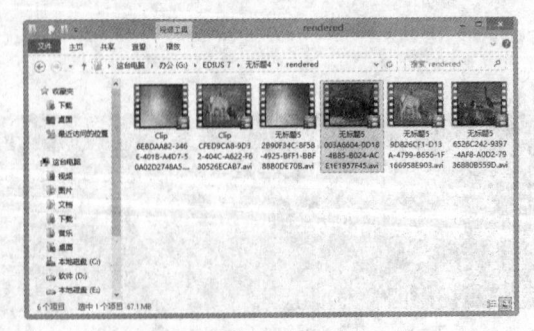

图 7-4　渲染生成的预览文件

3. 渲染序列

渲染序列与渲染工程的方法类似，不同之处在于渲染序列的操作只限于当前编辑的序列。其方法为：打开【渲染】|【渲染序列】子菜单，然后选择【渲染过载区域】命令（可按 Shift+Ctrl+Q 键）或【渲染满载区域】命令（可按 Shift+Ctrl+Alt+Q 键），如图 7-5 所示。

> 序列渲染后，同样会将预览文件保存在工程文件所在目录的"rendered"文件夹中。因此在没有进行其他编辑时执行一次渲染后，当执行工程渲染时，程序会自动直接播放上次渲染的结果，即不会再执行的渲染过程。

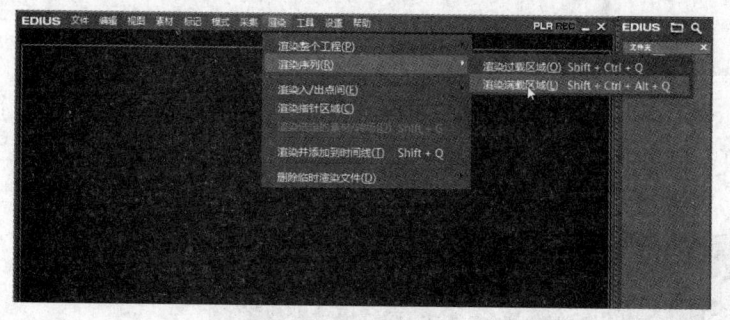

图 7-5 渲染当前序列的满载区域

7.1.2 渲染指定区域

在 EDIUS 中，除了渲染整个工程或序列外，还可以针对入点/出点区域和指针区域进行渲染处理。

1. 渲染入/出点间区域

渲染入点与出点间区域是指渲染在【时间线】面板中设置的入点与出点之间的满载区域或过载区域的素材，或入点和出点间的所有素材。

方法 1 在时间线上设置入点和出点，打开【渲染】|【渲染入/出点间】子菜单，再选择【渲染过载区域】命令、【渲染满载区域】命令或【所有】命令，如图 7-6 所示。

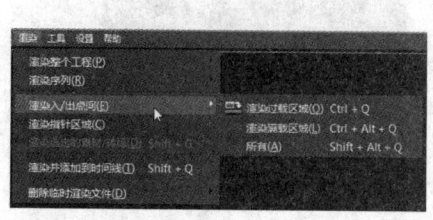

图 7-6 通过菜单命令渲染入点与出点间区域的素材

方法 2 在时间线上设置入点和出点，在【时间线】面板的工具栏中单击【渲染入/出点

199

间】按钮右侧的倒三角形按钮,打开【渲染入/出点间】子菜单,选择对应的命令项即可,如图 7-7 所示。

图 7-7 通过时间线渲染入点与出点间区域的素材

2. 渲染指针区域

指针区域是指当前播放时间指示器所在时间点的前后预卷时间之和的一段时间线区域。

EDIUS 默认的预卷时间为 3 秒,如果当前时间指示器位于时间线的第 10 秒处,那么当前指针区域就是时间线中第 7 秒到第 13 秒的一段区域,如图 7-8 所示。

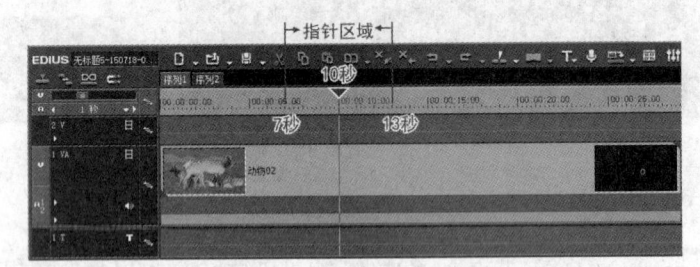

图 7-8 默认预卷时间线的指针区域示意图

如果要渲染指针区域,可以先设置播放指示器的位置,然后选择【渲染】|【渲染指针区域】命令,如图 7-9 所示。通常预览指针区域的时间幅度不大,所以常用于播放部分素材内容时。当渲染指针区域后,可以单击录制窗口下方的【播放指针区域】按钮,播放指针区域的素材,如图 7-10 所示。

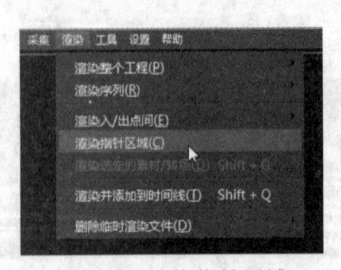

图 7-09 渲染指针区域　　　　　图 7-10 播放指针区域

第 7 章　EDIUS 的渲染和输出

> 问：如何修改默认的预卷时间？
> 答：选择【设置】|【用户设置】命令，打开【用户设置】对话框后，打开【预览】|【回放】选项卡，然后修改【预卷】项的时间码属性即可，如图 7-11 所示。

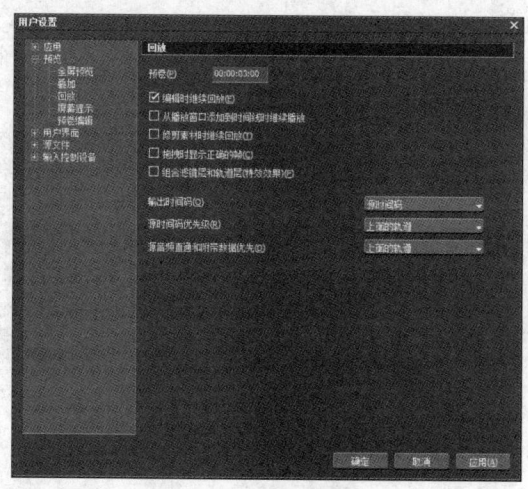

图 7-11　设置预卷选项

7.1.3　其他渲染处理

1. 渲染选定的素材/转场

方法 1　选择轨道上的素材或选择混合器轨道上的转场特效，然后选择【渲染】|【渲染选定的素材/转场】命令，或者按 Shift+G 键，如图 7-12 所示。

方法 2　选择轨道上的素材或选择混合器轨道上的转场特效，然后单击右键并选择【渲染】命令，如图 7-13 所示。

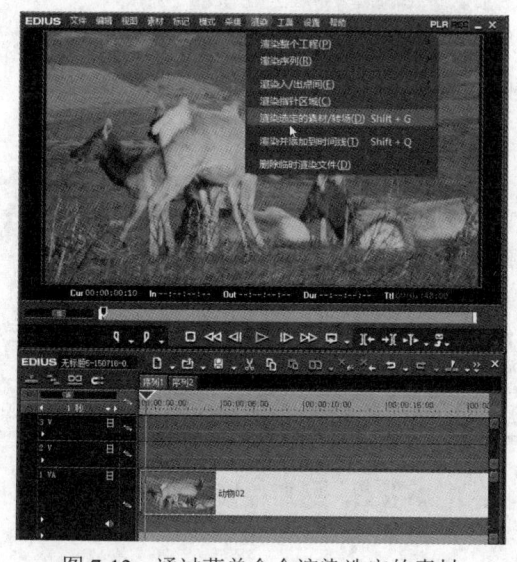

图 7-12　通过菜单命令渲染选定的素材 　　　图 7-13　通过快捷命令渲染选定的素材

201

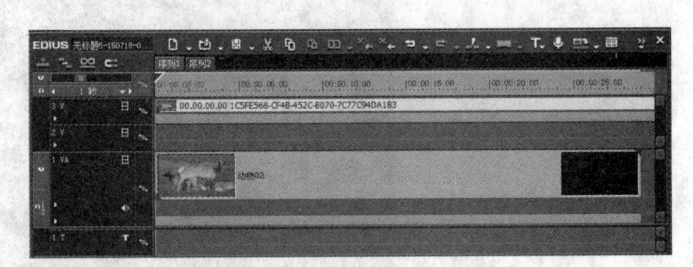

2. 渲染并添加到时间线

【渲染并添加到时间线】功能会渲染当前序列的所有素材，然后将渲染序列后的内容添加到当前时间线序列的空白轨道上。如果当前序列所有轨道已经添加了素材，EDIUS 会自动新建视频轨道来放置渲染后的内容。

选择【渲染】|【渲染并添加到时间线】命令，或者按 Shift+Q 键，程序将执行渲染处理。渲染的结果将添加到当前序列的轨道上，如图 7-14 所示。

图 7-14　渲染并添加到时间线

3. 删除临时渲染文件

当工程输出成品后，可以将所有或者没有使用的渲染文件删除，以节省电脑磁盘的空间。

选择【渲染】|【删除临时渲染文件】子菜单，然后选择【没有使用的文件】命令或【所有文件】命令，当弹出咨询对话框后，单击【是】按钮即可，如图 7-15 所示。

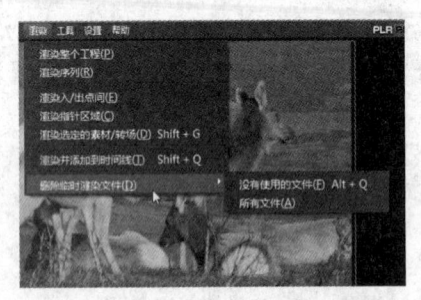

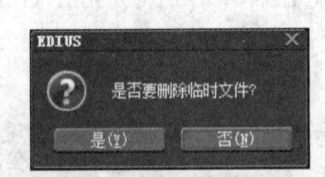

图 7-15　删除临时渲染文件

7.2　输出文件基础

在 EDIUS 中，可以将工程文件输出到磁带、视频文件，或刻录成 DVD 光盘。

7.2.1　输出概述

在 EDIUS 中，可以通过以下两种方法来执行输出文件的操作。

方法 1　打开【文件】|【输出】子菜单，然后根据输出的需求选择对应的输出命令，如图 7-16 所示。

方法 2　在录制窗口下方的工具栏中单击【输出】按钮，然后根据输出的需求选择对应的输出命令，如图 7-17 所示。

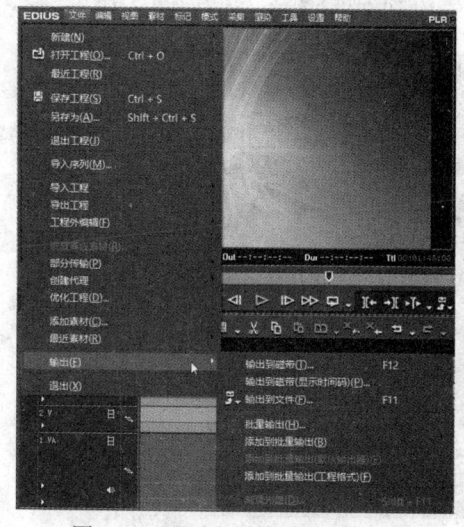

图 7-16　通过菜单命令输出文件 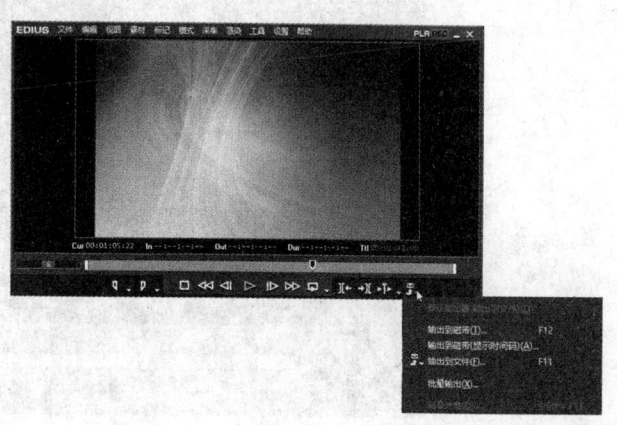　　　　　图 7-17　通过功能按钮选项输出文件

输出命令说明如下：

- 默认输出器（输出到文件）：可设置一个输出格式的快捷方式。
- 输出到磁带：如果连接有录像机，可以将时间线内容实时录制到磁带上。
- 输出到磁带（显示时间码）：与【输出到磁带】的作用相同，只是在输出的视频上覆盖有时间码。
- 输出到文件：选择各式各样的编码方式，将输出一个视频文件。
- 批量输出：管理文件批量输出列表。
- 刻录光盘：创建有菜单操作的 DVD 或蓝光盘片，并可刻录到光盘中。

7.2.2　设置输出器和预设

1. 设置默认输出器

【默认输出器】就是用户指定一个特定输出格式的快捷方式。在默认状态下，输出菜单的【默认输出器（输出到文件）】命令处于不可用状态。

在输出菜单中选择【输出到文件】命令（或按 F11 键），打开【输出到文件】对话框后，选择一种工作中会常用的输出文件格式，如 HQ AVI、静态图像序列、无压缩 RGB AVI 等，然后单击【保存为默认】按钮，即可创建默认输出器，如图 7-18 所示。

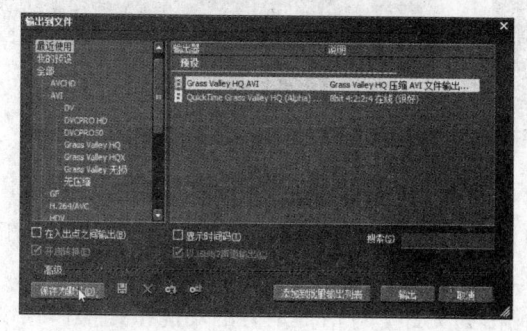

图 7-18　保存为默认输出器

203

当再次打开输出菜单时,即可使用【默认输出器(输出到文件)】命令,如图 7-19 所示。

图 7-19 使用【默认输出器(输出到文件)】命令

2. 设置输出器预设

除了设置一个默认输出器以外,还可以添加多个自定义的输出器预设。自定义的输出器预设是仅针对输出到文件应用的。

打开输出菜单,选择【输出到文件】命令(或按 F11 键),打开【输出到文件】对话框后选择一种输出器,然后打开对话框的【高级】选项卡并设置相关选项,单击【保存预设】按钮,在对话框中设置名称和选项即可设置输出器预设,如图 7-20 所示。

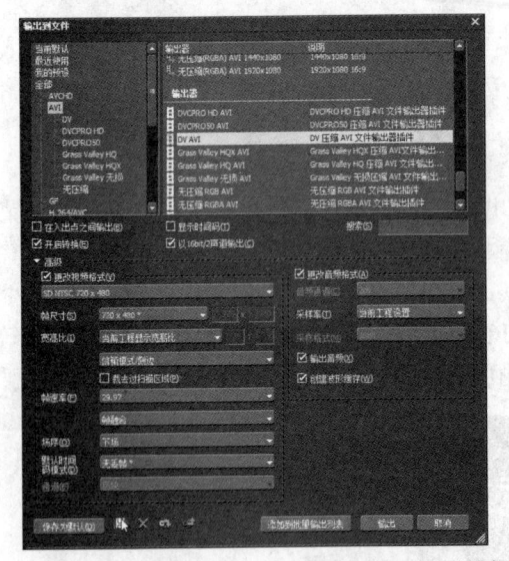

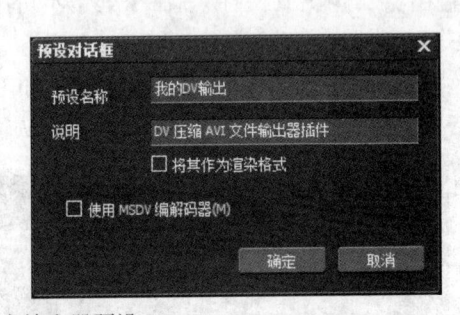

图 7-20 设置并保存输出器预设

保存输出器预设后,可以在【输出到文件】对话框中选择【我的预设】选项,然后在右侧窗格中可以看到保存的预设,如图 7-21 所示。

当选择输出器预设选项后,可以通过【输出到文件】对话框下方的功能按钮操作预设,如导入预设、输出预设、删除预设等。如图 7-22 所示为输出预设到电脑磁盘的操作。

第 7 章　EDIUS 的渲染和输出

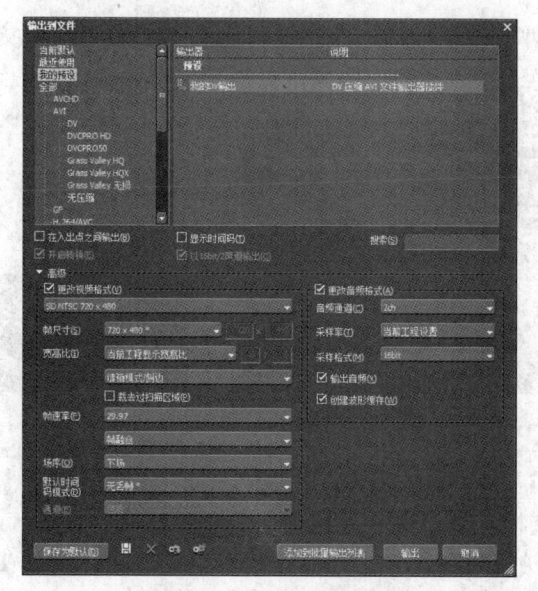

图 7-21　查看输出器预设

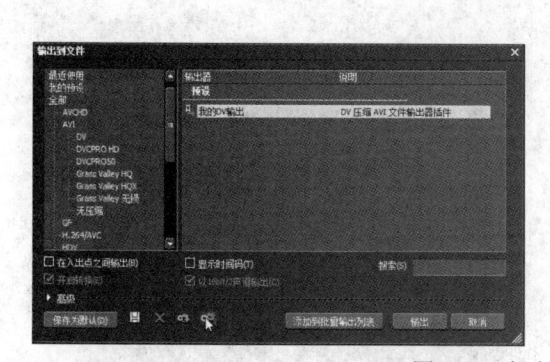

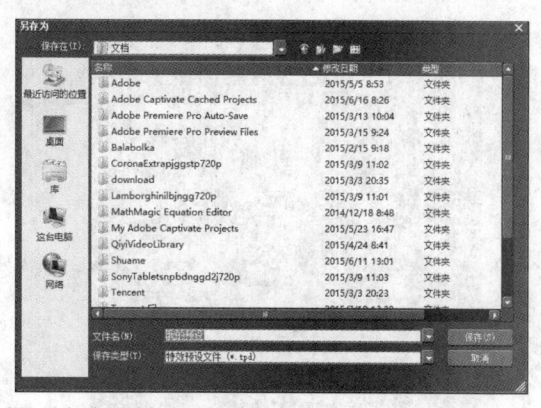

图 7-22　保存预设到电脑磁盘

动手操作　创建默认输出器和预设

1 打开光盘中的"..\Example\Ch07\7.2.2.ezp"练习文件，在录制窗口中单击【输出】按钮，然后在菜单中选择【输出到文件】命令，如图 7-23 所示。

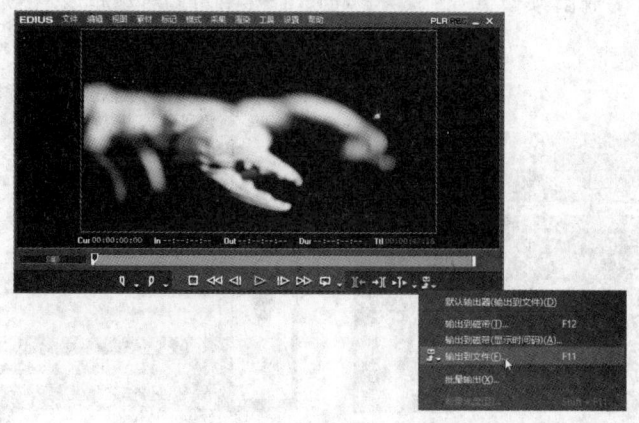

图 7-23　执行输出命令

205

2 打开【输出到文件】对话框后,在左侧窗格的【AVI】列表中选择【Grass Valley HQ】选项,然后在右侧窗格中选择一种输出器项,单击【保存为默认】按钮,如图 7-24 所示。

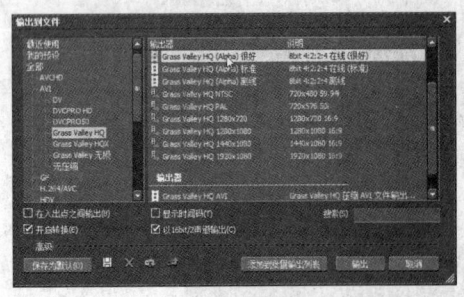

图 7-24 选择一种输出器并保存为默认输出器

3 在【输出到文件】对话框中打开【高级】选项卡,然后选择【更改视频格式】复选框和【更改音频格式】复选框,再设置其他选项,如图 7-25 所示。

4 设置输出器的高级选项后,单击【保存预设】按钮,打开【预设对话框】对话框,修改预设名称、说明和编解码器设置,然后单击【确定】按钮,如图 7-26 所示。

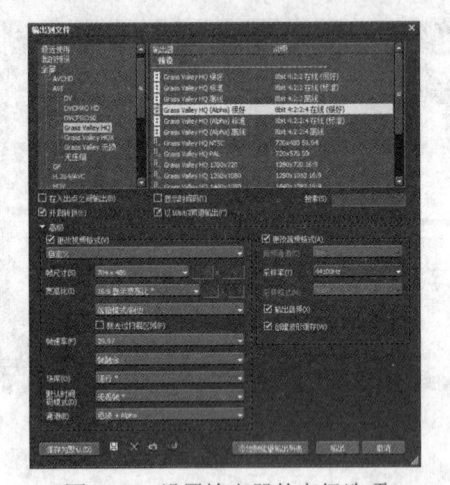

图 7-25 设置输出器的高级选项　　　　图 7-26 保存为预设

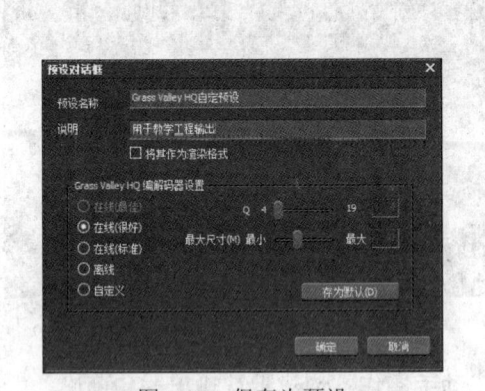

5 在【输出到文件】对话框中选择【我的预设】项,然后在右侧窗格中选择步骤 4 保存的输出器预设,单击【输出预设】按钮,通过【另存为】对话框保存预设文件,如图 7-27 所示。

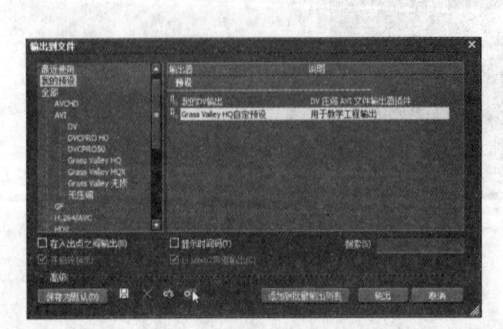

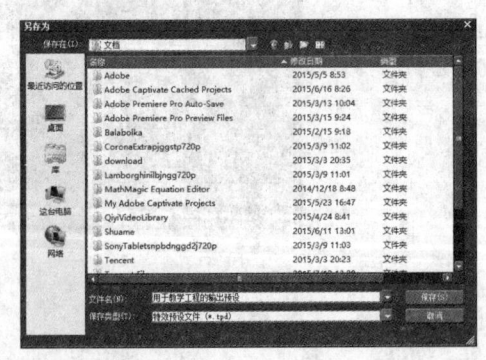

图 7-27 保存预设文件

❻ 保存预设文件后，对话框弹出【导出成功】的提示，此时单击【确定】按钮，关闭对话框，如图 7-28 所示。

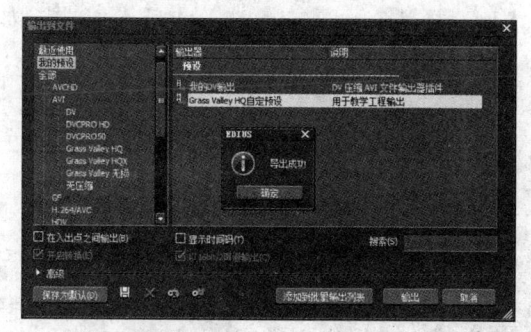

图 7-28 完成导出预设并关闭对话框

7.3 输出到文件

将工程输出成各种多媒体格式的文件是最常见的输出处理，包括输出为 AVI 影片、F4V 文件、QuickTime 媒体、音频文件或者静态图像等。

7.3.1 输出为视频文件

通过【输出到文件】命令，可以将工程输出为多个格式的视频文件。

EDIUS 的输出器支持输出以下文件格式：

- Canopus HQ AVI。
- Canopus 无损 AVI。
- DV AVI（仅当输出格式为 DV 时）。
- 无压缩 RGB AVI。
- 静态图像序列。
- 无压缩（UYVY）AVI。
- PCM AIFF。
- PCM WAVE。
- F4V 媒体。
- 无压缩（YUY2）AVI。
- Windows Media Audio。
- Windows Media Video。
- MPEG-2（可带 5.1 AC3 音频）。
- P2 素材（需硬件 Dongle 支持）。
- XDCAM 素材（需硬件 Dongle 支持）。
- Dolby Digital（AC-3）（支持 5.1 声道，EDIUS v4.5 以后支持）。

动手操作　输出工程为 AVI 影片

1 打开光盘中的 "..\Example\Ch07\7.3.1.ezp" 练习文件，选择【文件】|【输出】|【输出到文件】命令，如图 7-29 所示。

2 打开【输出到文件】对话框后,在左侧窗格的【AVI】列表中选择【Grass Valley HQ】项,然后在右侧窗格中选择输出器。【Grass Valley HQ】为用户提供了多种预设输出器,可以使用这些预设进行输出。本例选择【Grass Valley HQ AVI】输出器,如图 7-30 所示。

图 7-29　执行【输出到文件】命令　　　　　　　图 7-30　选择输出器

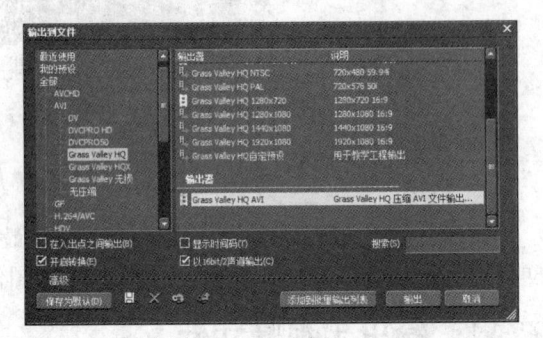

3 在【输出到文件】对话框中打开【高级】选项卡,然后选择【更改视频格式】复选框和【更改音频格式】复选框并设置这些选项,如图 7-31 所示。

4 设置输出器选项后,单击【输出】按钮,打开【Grass Valley HQ AVI】对话框后,设置文件名称,再设置编解码器选项,然后单击【保存】按钮,如图 7-32 所示。

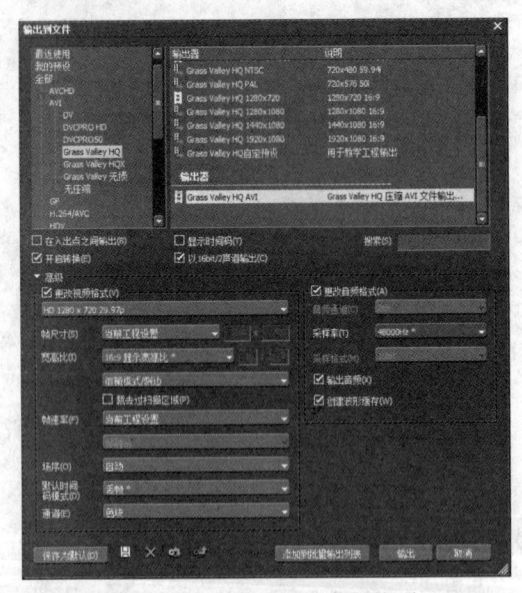

图 7-31　设置输出器高级选项　　　　　　　　图 7-32　输出并保存文件

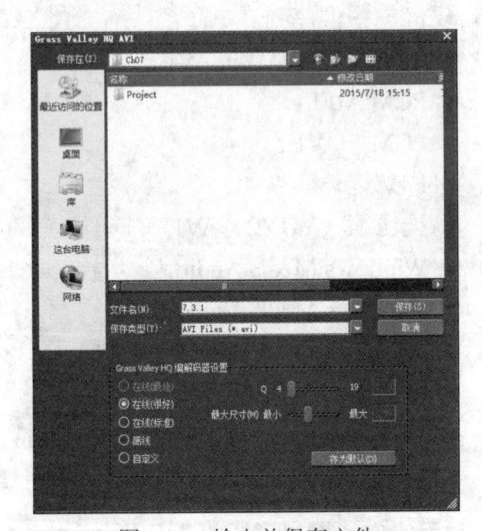

5 此时程序将对工程进行渲染并执行输出处理,输出完成后,即可在保存文件的目录中查看输出的 AVI 影片,如图 7-33 所示。

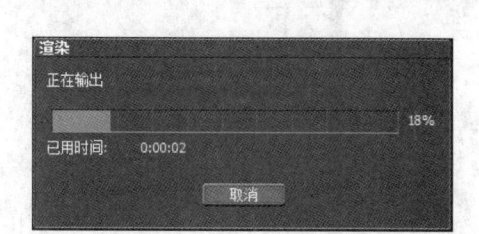

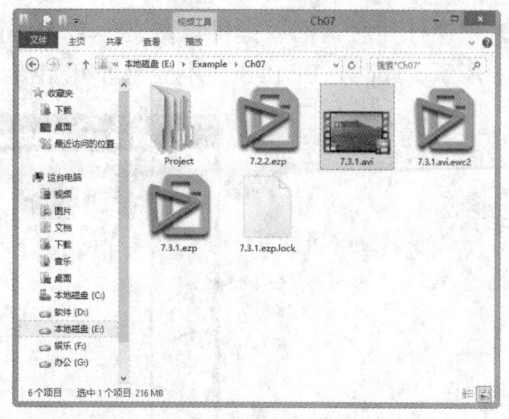

第 7 章　EDIUS 的渲染和输出

图 7-33　渲染输出并查看输出效果

7.3.2　批量输出的应用

如果在同一个工程文件中，需要输出多个不同格式、不同时间长度的视频文件，最好的方法就是使用 EDIUS 的【批量输出】功能。

在 EDIUS 中，使用【批量输出】功能的方法有两种：直接在时间线上指定文件到批量输出列表或在输出列表中添加任务到批量输出。

动手操作　直接在时间线上指定文件到批量输出列表

1 在【时间线】面板中设置入点和出点，确定输出的时间线区域，然后在该时间线区域上单击右键，再选择【添加到批量输出列表】命令，如图 7-34 所示。

> 如果不设置入点和出点，则程序会将时间线的序列中所有素材的区域添加到批量输出列表。

2 打开【输出到文件】对话框，按照上个小节介绍的方法，任意选择一个需要的编码器，确定并设置选项，然后单击【添加到批量输出列表】按钮，如图 7-35 所示。

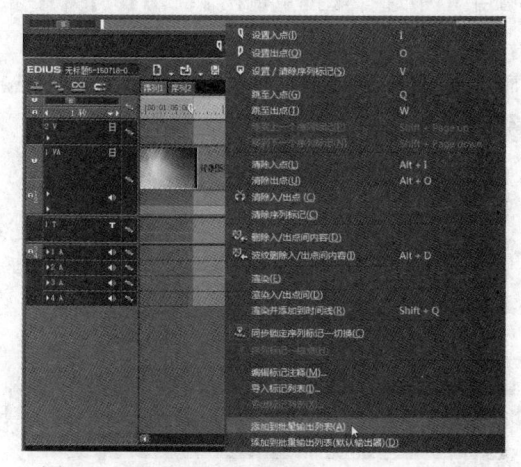

图 7-34　选择【添加到批量输出列表】命令 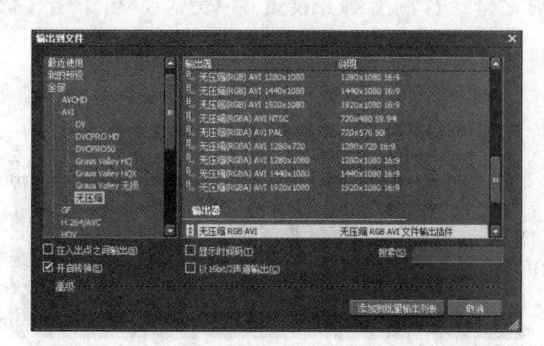　　　图 7-35　选择输出器并添加到批量输出列表

209

3 程序打开对话框以提供设置文件名和保存位置，完成设置后单击【保存】按钮，如图 7-36 所示。此时，EDIUS 并不会立即开始渲染输出。

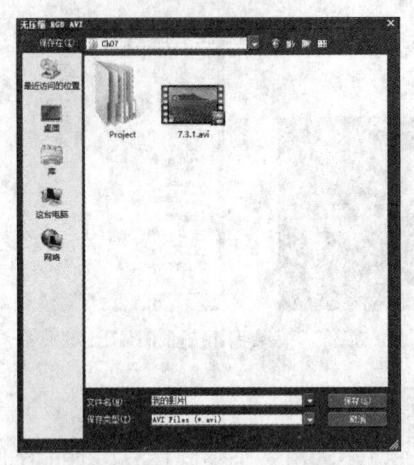

图 7-36 设置输出文件名称和保存位置

4 在录制窗口中单击【输出】按钮，然后在菜单中选择【批量输出】命令，打开【批量输出】对话框后，可以看到上述步骤的设置已经添加到批量输出列表中，如图 7-37 所示。

5 使用相同的方法，将其他要输出的内容添加到批量输出列表，然后单击【输出】按钮即可。除了可以添加不同的时间段、时间长度、输出器外，EDIUS 的批量输出还支持添加不同序列上的任务。

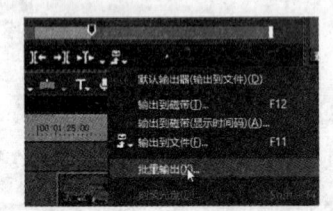

图 7-37 查看批量输出列表

动手操作　在输出列表中添加任务到批量输出

1 在录制窗口中单击【输出】按钮，然后在菜单中选择【批量输出】命令，打开【批量输出】对话框。

2 在【批量输出】对话框中单击【添加到批量输出列表】按钮，然后通过【输出到文件】对话框选择输出器并设置相关选项，再单击【添加到批量输出列表】按钮，如图 7-38 所示。

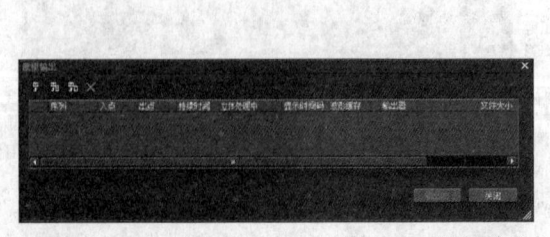

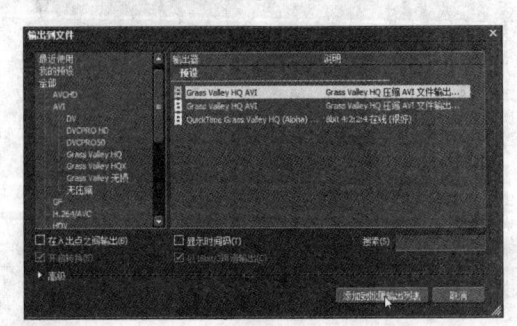

图 7-38 添加输出任务到批量输出列表

3 通过打开的对话框设置输出文件的名称和保存位置，再单击【保存】按钮，此时输出任务将显示在批量输出列表中，如图 7-39 所示。

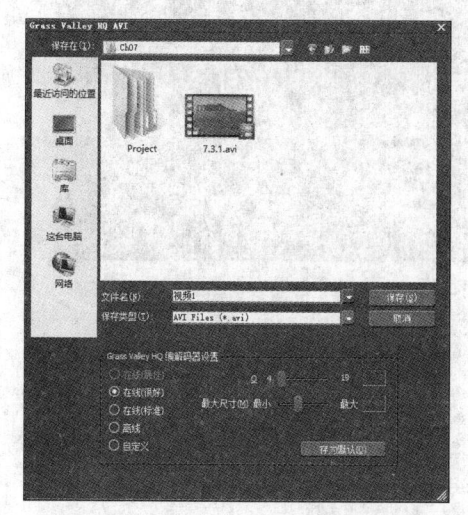

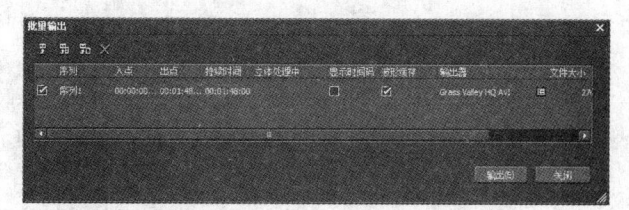

图 7-39　保存输出文件并查看批量输出列表

4 添加其他输出任务到批量输出列表，然后单击【输出】按钮，【批量输出】对话框将显示输出的状态，如图 7-40 所示。输出后的视频文件，将自动添加到【素材库】中。

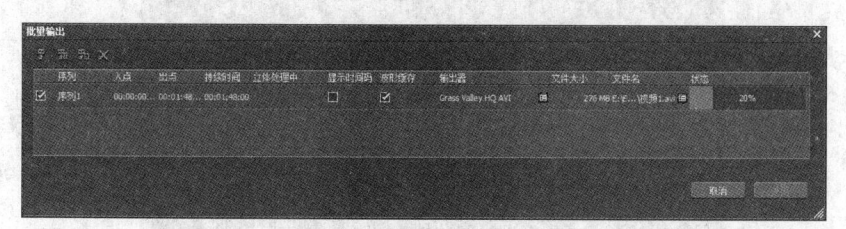

图 7-40　执行批量输出

7.4　刻录成光盘输出

在 EDIUS 中有两种方法将工程通过刻录光盘文件形式输出：直接刻录成可带交互式菜单的光盘输出；或刻录成光盘格式的文件保存在本地电脑。

7.4.1　刻录成 DVD 光盘

在 EDIUS Pro 7 中，使用输出菜单中的【刻录光盘】命令，可以刻录具有向导式菜单的 DVD 光盘或蓝光光盘。【刻录光盘】窗口向用户提供向导操作，通过简单的步骤流程刻录光盘，还可以在不同的步骤间反复调整以便更好地创建 DVD。

1. 解决【刻录光盘】命令不可用的问题

如果工程的场序选项设置了【逐行】，【刻录光盘】命令将不可使用。因此，要使用【刻录光盘】命令前，需要修改场序的设置。

其方法为：选择【设置】|【工程设置】命令，打开【工程设置】对话框后，单击【更改当前设置】按钮，然后更改场序选项为【上场优先】或【下场优先】，如图 7-41 所示。

211

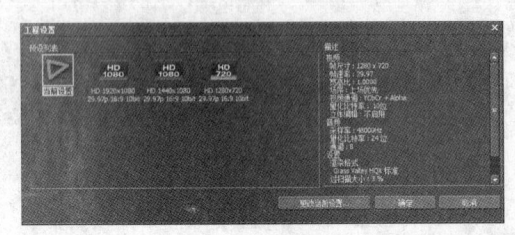

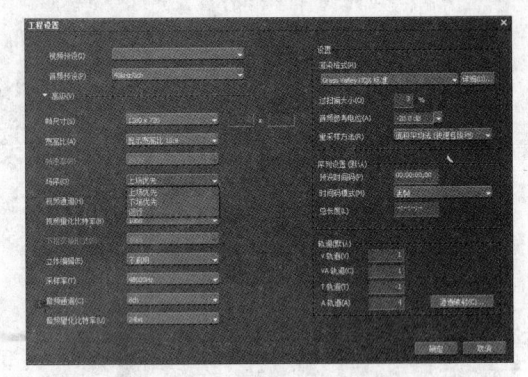

图 7-41　更改工程的场序设置

2. 刻录带菜单 DVD 光盘的步骤

（1）开始

执行【刻录光盘】命令后，打开【刻录光盘】窗口，首先出现的是【开始】页面。在其中，可以选择输出刻录的光盘形式、编解码器、是否使用菜单等选项，如图 7-42 所示。

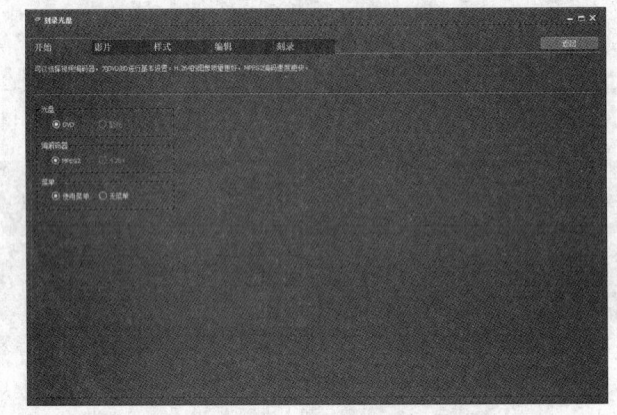

图 7-42　通过【开始】页面设置选项

（2）影片

在【影片】页面中，可以添加想要包含在 DVD 中的影片段落，它们既可以是 EDIUS 工程中的一个序列，也可以是一个标准的 MPEG 文件、DVD 文件或 HDD MOVIE 文件，如图 7-43 所示。

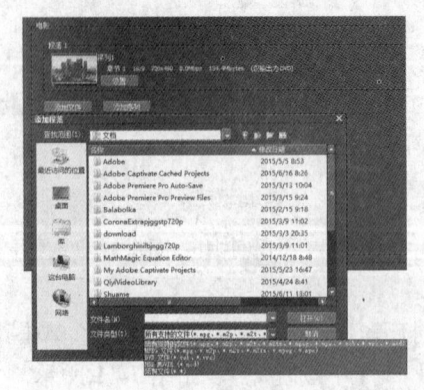

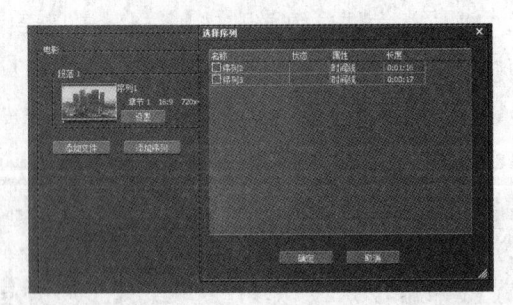

图 7-43　添加影片段落

使用 EDIUS 序列，将以时间线上设置的入点/出点为基准，并将标记点作为章节点，因此要确定已经正确地设置了它们。

在页面上方的光盘容量计对于确定所选择的影片占用多大空间是十分有用的。通过容量的数值，可以适当调整需要的内容，不要超出单张光盘的最大容量。如果刻录的是双面光盘，则可以选择媒介选项，如图 7-44 所示。

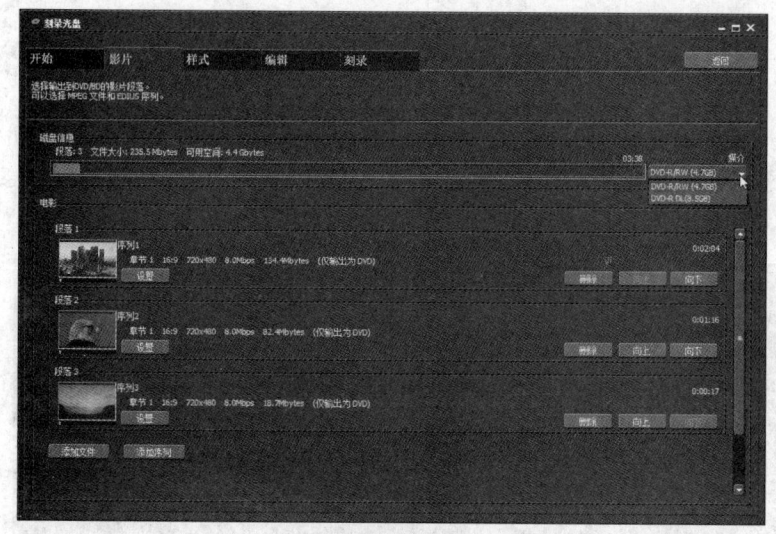

图 7-44　查看磁盘信息和设置媒介

（3）样式

在【样式】页面中，可以从内置的 DVD 菜单库中挑选合适的菜单模板，并应用到 DVD 上。DVD 菜单模板上的内容，可以在后面的步骤中调整。因此，在样式处理的步骤中，仅需要把注意力放在总体外观上即可，如图 7-45 所示。

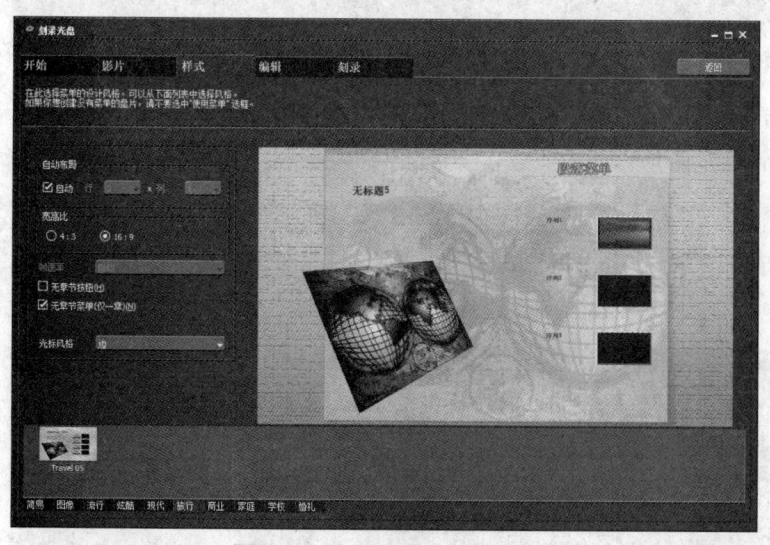

图 7-45　选择合适的菜单模板

在【自动布局】选项框中选择【自动】复选框的话，布局将会受选择样式的影响。当然，之后还可以自行调整各按钮的位置。

另外，需要为 DVD 菜单选择一个合适的宽高比。这个选项并不影响实际的 DVD 视频内容。

某些样式模板包含了为每个章节而设置的图形按钮。如果不想使用这些，则可以选择【无章节按钮】复选项。如果 DVD 光盘段落没有章节点，可以选择【无章节菜单（仅一章）】复选项。

（4）编辑

设置菜单样式后，可以进入【编辑】页面，通过该页面可以进一步调整 DVD 菜单页面效果。

在【编辑】页面中，可以定义文字的宽高、位置、字体、缩略图等界面上的各个参数，要编辑某个对象时，可以使用右侧的项目列表，它包含当前菜单界面内所有的元素，如图 7-46 所示。

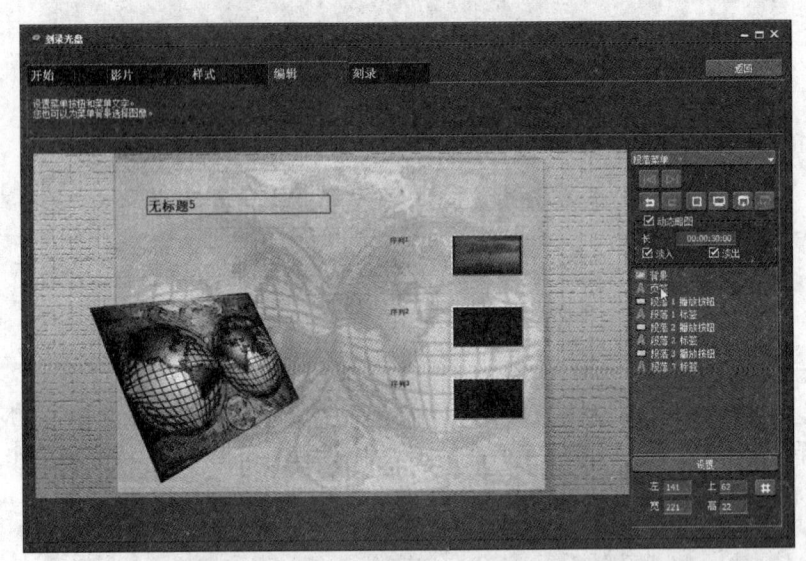

图 7-46　通过项目列表选择要编辑的项目

此外，在页面上双击菜单模板上的项目，就会弹出相应的设置对话框，通过该对话框设置详细的属性，如图 7-47 所示。

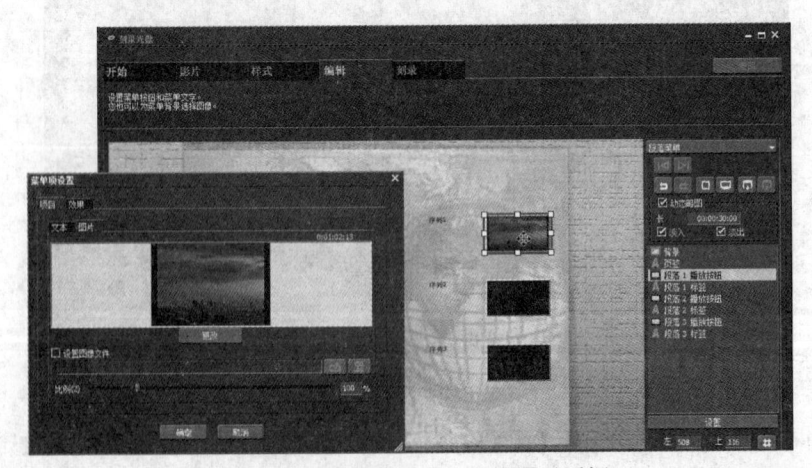

图 7-47　双击项目对象打开设置对话框

（5）刻录

【刻录】是刻录光盘的最后一个步骤。在此页面中，可以设置相关的输出选项，还有设置光盘播放影片的选项，如图 7-48 所示。

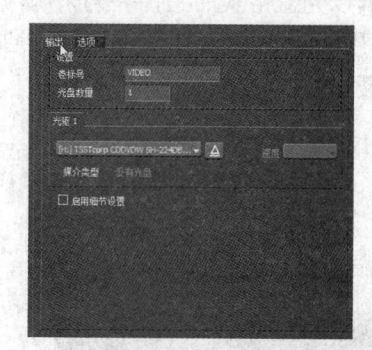

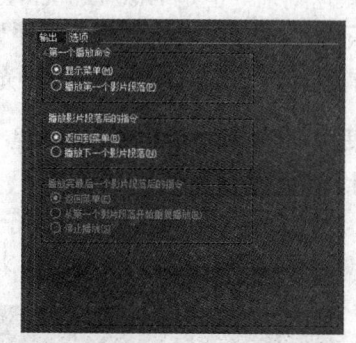

图 7-48 设置刻录的各个选项

如果想要先在硬盘上保存一个工程的 DVD 光盘文件，以备日后刻录多份光盘。可以选择【启用细节设置】复选框，然后设置保存文件夹和其他细节选项，如图 7-49 所示。

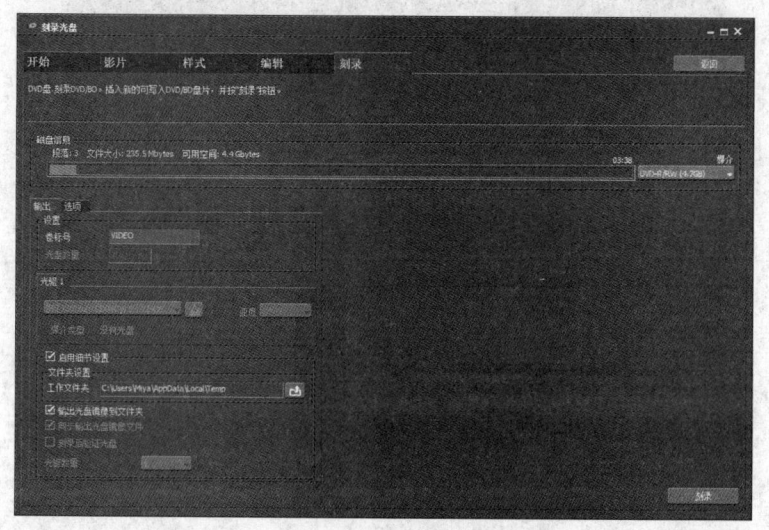

图 7-49 启用细节设置

设置完所有的项目后，单击【刻录】按钮即可开始刻录，如图 7-50 所示。完成刻录的时间取决于整个工程的长度、系统的速度（用于必要的 MPEG-2 视频流编码）和 DVD 刻录光驱本身的刻录速度。

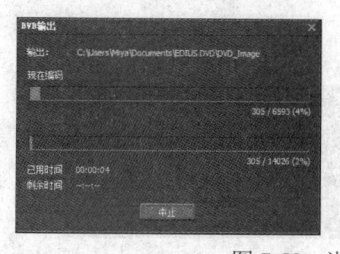

图 7-50 进行刻录处理

7.4.2 使用 Disc Burner 工具

除了通过输出菜单中的【刻录光盘】命令进行刻录输出外，还可以通过 EDIUS 提供的 Disc Burner 工具进行快速刻录。但是 Disc Burner 工具以光盘格式的文件夹为来源，将保存在本地磁盘的光盘文件刻录到光盘碟片中。因此，在使用 Disc Burner 工具前，需要通过上一小节介绍的启用细节设置功能，先创建工程的 DVD 光盘文件。

动手操作　使用 Disc Burner 工具刻录光盘

1 在进行刻录前先保存工程文件。

2 选择【工具】|【Disc Burner】命令，打开【刻录光盘】窗口同时也打开【浏览文件夹】对话框，通过此对话框选择 DVD 光盘格式的来源文件，如图 7-51 所示。

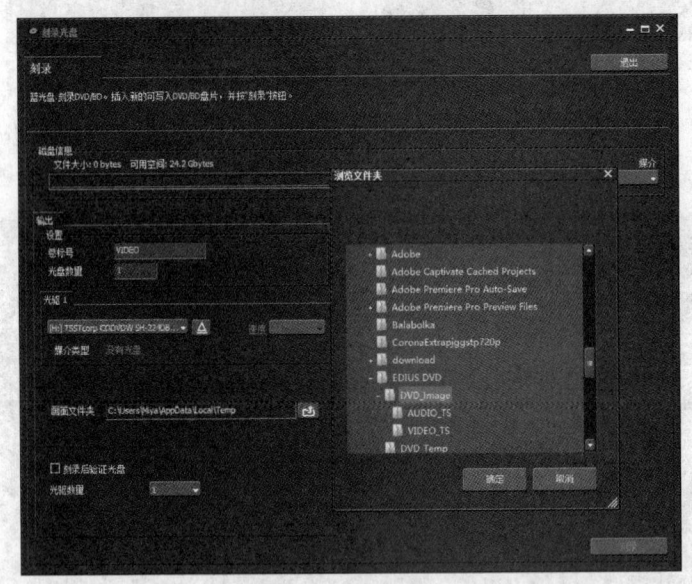

图 7-51　指定来源文件

> 上述的源文件是指光盘镜像（即具有光盘格式）文件，并非单纯的工程文件。如果是蓝光光盘文件，就需要选择包含"BDMV"和"CERTIFICATE"文件夹的目录；如果是 DVD 光盘文件，就需要选择包含"VIDEO_TS"文件夹的目录。如果选择目录不包括上述的指定文件夹，则 EDIUS 会弹出错误信息，如图 7-52 所示。

图 7-52　无法找到镜像文件的提示

3 指定画面文件夹（即光盘来源文件夹）后，即可设置输出选项和光驱选项，将光盘碟片放进刻录光驱中，再单击【刻录】按钮即可执行刻录，如图 7-53 所示。

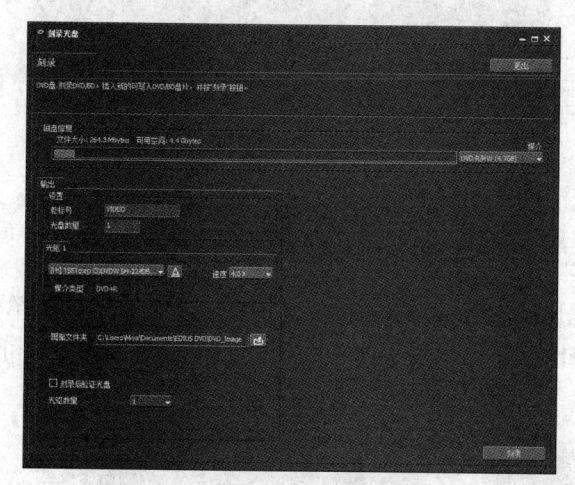

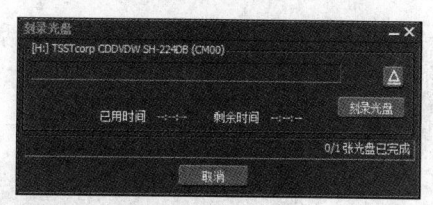

图 7-53　设置选项并执行刻录

7.5　共享时间线的应用

在 EDIUS 中，可以将时间线以特定的文件格式导出，以应用到其他不同软件或离线编辑上，从而很好地实现跨平台共享时间线（某些软件将时间线称为时间轴）。

7.5.1　导出与导入 EDL

EDL（英文全称为 Editorial Determination List），指编辑决策列表，是一个表格形式的列表，由时间码值形式的电影剪辑数据组成。

EDL 是在编辑时由很多编辑系统自动生成的，并可保存到磁盘中。当在离线或联机模式下工作时，编辑决策列表极为重要：离线编辑下生成的 EDL 被读入到联机系统中，作为最终剪辑的基础。

例如，在编辑大数据量的视频节目时，制作人员往往使用一种自线性编辑时代就有的较特殊的编辑手段——离线编辑来进行节目的制作（当然不同时代的离线编辑其具体步骤不同）。先以一个压缩比率较大的文件（画面质量差、数据量小）进行编辑，以降低编辑时对计算机运算和存储资源的占用，编辑完成后导出 EDL 文件，再通过导入 EDL 文件采集来压缩比率小甚至是无压缩的文件进行最终成片的输出。

动手操作　导出 EDL

1 现在时间线上设置入点和出点，明确时间线输出范围。如果不设置入点或出点，则默认为整个序列为输出范围。

2 执行以下的操作之一：

（1）选择【文件】|【导出工程】|【EDL】命令，如图 7-54 所示。

（2）在【时间线】面板中单击【保存工程】按钮 右侧的倒三角形按钮，并从打开菜单中选择【导出工程】|【EDL】命令，如图 7-55 所示。

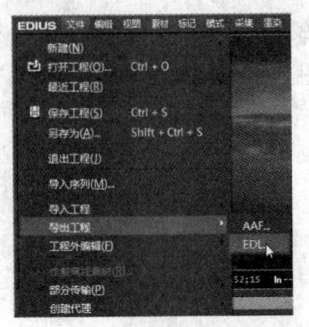

图 7-54　通过菜单导出 EDL 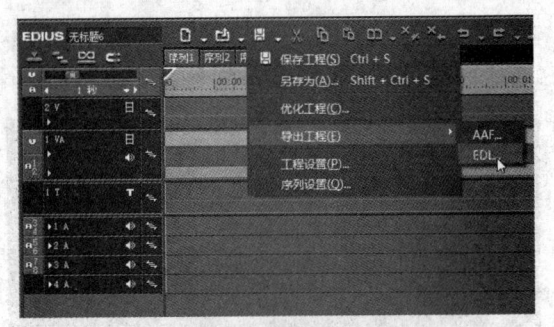　　　　　图 7-55　通过时间线导出 EDL

3 打开【工程导出器（EDL）】对话框后，设置 EDL 文件的名称和保存位置，然后单击【详细设置】按钮，通过【EDL 表导出详细设置】对话框设置相关选项，最后保存文件即可，如图 7-56 所示。

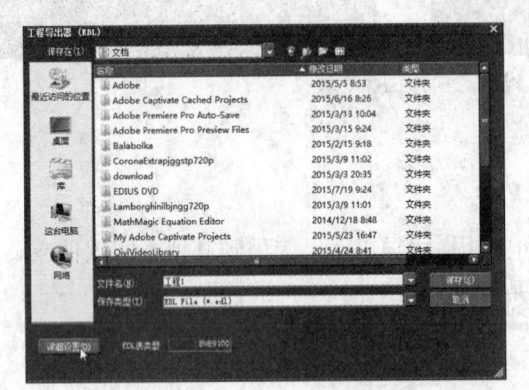

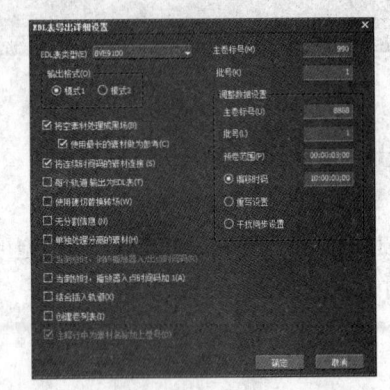

图 7-56　设置导出选项

> EDIUS 中的 EDL 只能导出以下轨道上的素材：1VA、2VA（1V、2V）轨道；1A 至 4A 轨道；T 轨道（全部轨道）。

EDL 表导出详细设置说明如下：
- EDL 表类型：1VA 至 2VA 轨道中的音频素材不会被导出。视 EDL 类型的不同，1A 至 4A 轨道的导出通道范围也不一样，如图 7-57 所示。

EDL 类型	轨道
BVE5000	1A 至 2A
BVE9100	1A 至 4A
CMX340	1A 至 2A
CMX3600	1A 至 4A

图 7-57　不同 EDL 类型的导出范围

- 输出模式：模式 1 不添加注释线；模式 2 添加注释线。如果其他公司的程序无法导入模式 1 的 EDL 文件，则可以选择模式 2。

- 将空素材处理成黑场：将时间线上的空白输出成黑色素材。选择【使用最长的素材作为参考】复选框，比较时间线终点处的素材出点，并将其与其他素材间的轨道空间输出成黑色素材。
- 使用连续时间码的素材连接：若连续多个素材的时间码是连续的，就将它们处理为一个素材。但如果它们之间应用了转场就不能连接。
- 每个轨道输出为 EDL 表：每个轨道输出一个 EDL 文件。以下字符将被加在每个文件名的结尾，如图 7-58 所示。
  - 1VA（1V）轨道：_V。
  - A 轨道：_A。
  - 2VA（2V）轨道：_INSERT。
  - T 轨道：_T。
  - 当 2VA（2V）轨道包含转场时，将用硬切替换转场。

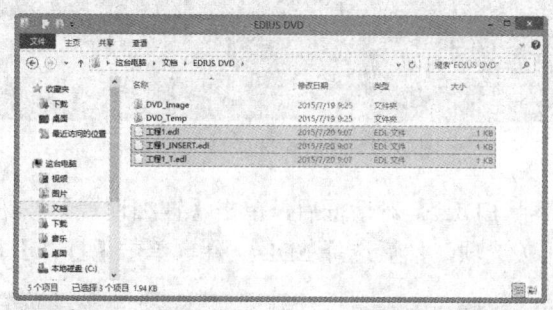

图 7-58 导出 EDL 文件的名称后带有相关字幕

- 使用硬切替换转场：使用硬切替换所有添加的转场或音频淡入淡出。
- 无分割信息：取消视频和音频的连接，将视频和音频素材单独处理。不能正确导入 EDL 文件时，选择该项。当选择了【单独处理分离的素材】复选项时，该选项不能选择。
- 单独处理分离的素材：拆散含分离的素材部分，以消除分离。如果素材的速度改变了，则素材不会被单独处理。当选择了【无分割信息】时此设置不可用。
- 当倒放时，倒转播放器入/出点时间码：倒放速度通常在播放窗口中显示为由入点至出点计算。在 EDL 类型中选择 CMX 选项时，该设置可用。
- 当倒放时，播放器入点的时间码加 1：当设置了倒放时，播放窗口时码添加 1 帧。当不能正确导入 EDL 文件时，选择此项。它可以防止源时间码前进 1 帧。通常，在倒放时播放窗口出点增加 1 帧。
- 结合插入轨道：选择此选项，用 2VA（或 2V）轨道的一个图像来覆盖 1VA（或 1V）轨道，并将两个轨道一起以一个 1 VA（或 1V）轨道导出。
- 创建卷列表：创建卷编号列表。
- 主卷标号：可以在使用 BVE9100 时设定主卷标号。设置范围为 0～9999。
- 批号：可以设置在 BVE5000 或 BVE9100 中使用的批号。设置范围为 0～999。
- 调整数据设置：
  - 主卷标号：当存在 A/A 循环（素材中的转场具有相同的卷号），这个卷号在相同的位置使用替换文件。当源素材具有相同的卷号，逐步递减卷号以防止卷号重复。
  - 批号：可以设置在 BVE5000 或 BVE9100 中使用的批号。设置范围为 0～999。

> 预卷范围：设置添加到源素材入点和出点的留边。
> 偏移时码：选择此选项输入开始时间码。
> 重写设置：设置开始时间码为第一个源素材的入点。
> 干扰同步设置：设置源素材的入点和出点为时间码的入点和出点。

动手操作　导入 EDL

1 执行以下的操作之一：

（1）选择【文件】|【导入工程】|【EDL】命令。

（2）在【时间线】面板中单击【打开工程】按钮右侧的倒三角形按钮，并从打开菜单中选择【导入工程】|【EDL】命令，如图 7-59 所示。

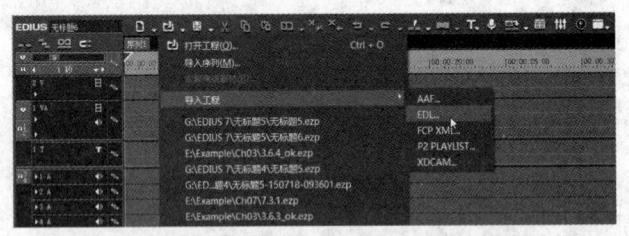

图 7-59　通过时间线导入 EDL

2 打开【工程导入器（EDL）】对话框后，单击【详细设置】按钮打开【EDL 导入详细设置】对话框，再设置相关选项，然后选择 EDL 文件，单击【打开】按钮，如图 7-60 所示。

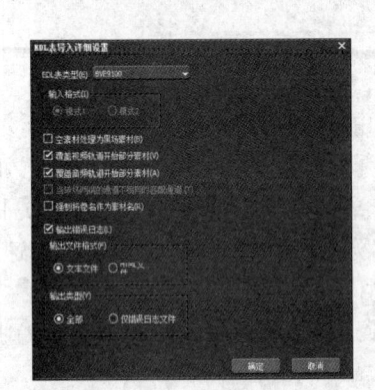

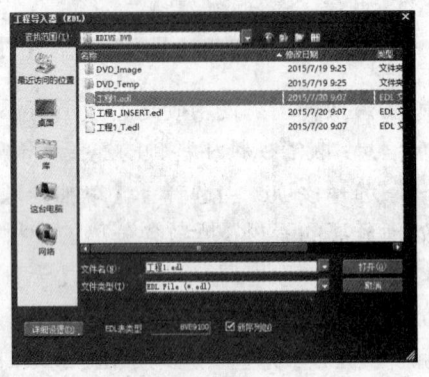

图 7-60　设置导入 EDL 选项并打开 EDL 文件

3 当导入 EDL 文件后，如果原工程文件所添加的素材被删除或移动了位置。程序会打开【恢复并传输离线素材】对话框，其中提供了多种恢复素材的方法。如图 7-61 所示，可以使用【打开素材恢复对话框】方法重新恢复离线素材。

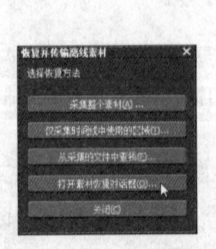

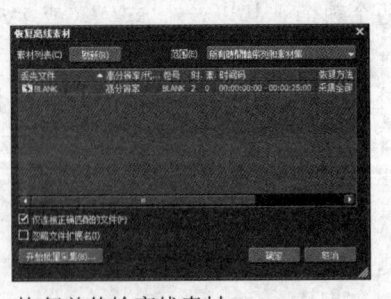

图 7-61　恢复并传输离线素材

7.5.2 导出与导入 AAF

当前,基于计算机平台的视音频处理设备越来越多,而绝大部分设备都采用文件传输进行数据的交换和处理。基于文件的传输方式可以方便地使用大量的 IT 通用设备,使成本及运行费用大大降低。所以以文件传输视音频及元数据可能是设备之间最理想的数据传送方式了。为推广文件传输方式,必然有统一的文件格式。目前流行的文件传输格式为 MXF、AAF 和 GXF。

AAF 是 Advanced Authoring Format 的缩写,意为"高级制作格式",是一种用于多媒体创作及后期制作、面向企业界的开放式标准。AAF 格式中含有丰富的元数据来描述复杂的编辑、合成、特效以及其他编辑功能,解决了多用户、跨平台以及多台电脑协同进行数字创作的问题。目前,Avid、Apple、Adobe、Digidesign 等厂商的相关视音频软件都可支持 AAF 文件。

动手操作　导出 AAF

1 执行以下的操作之一:

(1) 选择【文件】|【导出工程】|【AAF】命令。

(2) 在【时间线】面板中单击【保存工程】按钮 右侧的倒三角形按钮,并从打开菜单中选择【导出工程】|【AAF】命令,如图 7-62 所示。

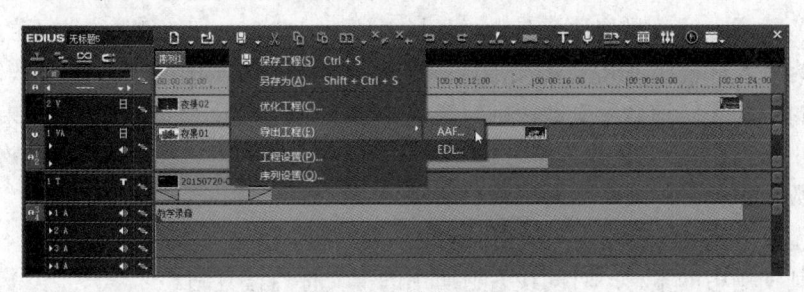

图 7-62　导出 AAF

2 打开【工程导出器(AAF)】对话框后,设置 AAF 文件的名称和保存位置,单击【详细设置】按钮,通过【AAF 导出详细设置】对话框设置相关选项,最后保存文件即可,如图 7-63 所示。

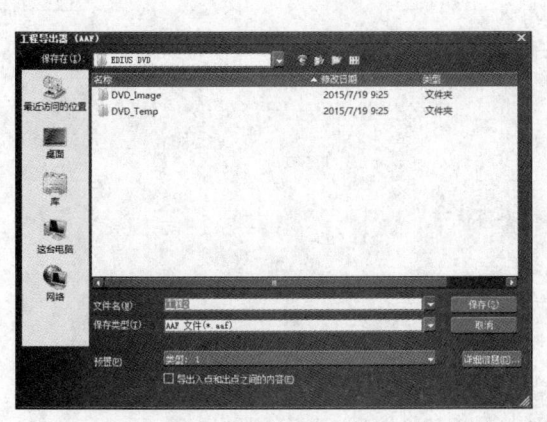

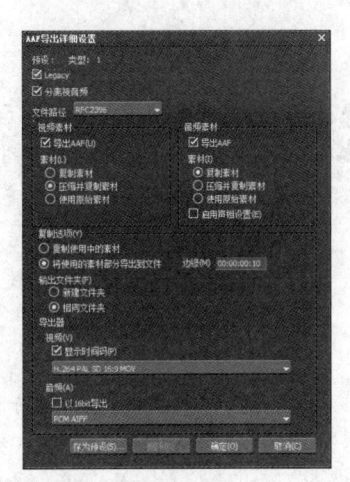

图 7-63　设置 AAF 导出选项并保存文件

AAF 导出详细设置说明如下:

221

- Legacy：选择该选项可使用传统设置。
- 分离视音频：将视频和音频作为独立元数据保存。
- 视频素材：包括导出 AAF 和素材两个选项，选择导出 AAF，在导出的 AAF 文件中将包含视频信息。而在素材选项中：
  ➢ 复制素材：复制源文件。
  ➢ 压缩和复制素材：将时间线上的源素材再输出成其他编码的文件。将第一个且所在轨道序号最小文件的文件名，作为导出文件的素材/文件名。
  ➢ 使用原始素材：直接指向源素材而不复制。
- 音频素材：包括导出 AAF 和素材两个选项，选择导出 AAF，在导出的 AAF 文件中将包含音频信息。而在素材选项中：
  ➢ 复制素材：复制源文件。
  ➢ 压缩和复制素材：将时间线上的音频素材当作一个素材进行处理。将第一个且所在轨道序号最小文件的文件名，作为导出文件的素材/文件名。
  ➢ 使用原始素材：直接指向源素材而不复制。
  ➢ 启用声相设置：选择此选项，以单独通道的非立体声轨道导出立体声轨道。1ch（L 侧）轨道上的素材将被命名为"素材名称 + L"，2ch（R 侧）轨道上的素材将被命名为"素材名称 + R"；如果未选择此选项，立体声轨道将被混合并导出为非立体声素材。如果轨道数为奇数，则轨道的 1ch（L 侧）用作通道映射；如果为偶数，则使用轨道的 2ch（R 侧）作为通道映射。奇数轨道的素材被命名为"素材名称 + L"，偶数轨道的素材被命名为"素材名称 + R"。
- 复制选项，其中的选项说明如下：
  ➢ 复制使用中的素材：时间线素材所用的源文件将被复制。
  ➢ 将使用的素材部分导出到文件：仅导出时间线素材所使用的范围。此时会启用【边缘】设置，以导出在入点/出点添加了指定时间余量的文件。
  ➢ 输出文件夹：设置输出文件夹的方式。
  ➢ 导出器：使用各种编码器以导出视频/音频文件。

> 目前在 EDIUS 中有以下限制：
> (1) 仅导出激活的序列。
> (2) 不能导出以下信息：
>   ➢ 不含素材的轨道。
>   ➢ 不含通道映射设置的音频轨道。
>   ➢ 字幕轨道。
>   ➢ 静音轨道。
>   ➢ 所有特效（至于声相和音量设置，反映其设置的源文件将被导出）。
> (3) 转场/淡入淡出部分将被导出为素材。
> (4) 无法将入点侧余量添加到位于时间线开始端的素材。

动手操作　导入 AAF

1 执行以下的操作之一：

（1）选择【文件】|【导入工程】|【AAF】命令。

（2）在【时间线】面板中单击【打开工程】按钮 右侧的倒三角形按钮，并从打开菜单中选择【导入工程】|【AAF】命令，如图 7-64 所示。

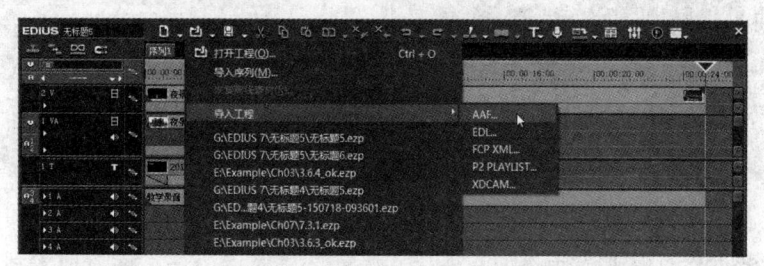

图 7-64　通过时间线导入 AAF

2 打开【工程导入器（AAF）】对话框后，如果选择左下角的【新建序列】复选框，EDIUS 会创建一个新序列以导入 AAF 文件；如果未选择，则会创建新的轨道来导入 AAF 文件，选择 EDL 文件并单击【打开】按钮，如图 7-65 所示。

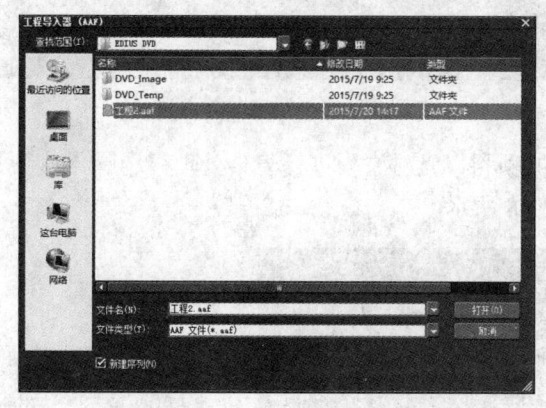

图 7-65　导入 AAF 文件

7.6　技能训练

下面通过多个上机练习实例，巩固所学技能。

7.6.1　上机练习 1：使用 EDIUS 转换视频格式

EDIUS Pro 7 程序的【输出文件】功能在输出时会经过视频编码处理，利用这个特性，可以通过输出器改变视频素材的格式。本例将 AVI 格式的视频素材进行输出文件处理，将视频格式转换为 MPEG 格式，以便通过新的视频格式应用该素材。

操作步骤

1 打开光盘中的"..\Example\Ch07\7.6.1.ezp"练习文件，在【素材库】面板空白处单击右键并选择【添加文件】命令，然后通过【打开】对话框选择【动物 03.avi】视频文件，再单击【打开】按钮，如图 7-66 所示。

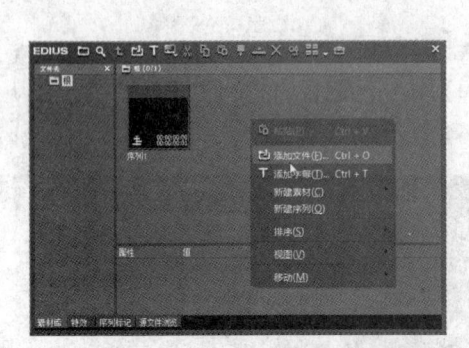

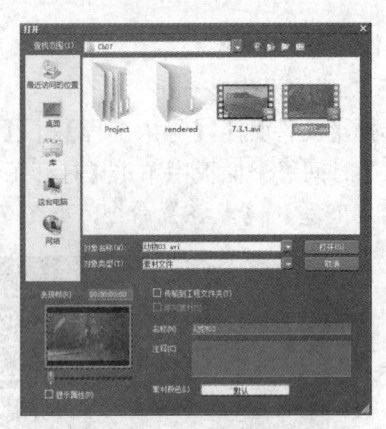

图 7-66　添加视频文件到素材库

2 在【素材库】面板中选择添加的视频文件,然后将这个视频素材拖入到 1VA 轨道中,如图 7-67 所示。

图 7-67　将视频素材加入轨道

3 为了后续输出更加顺利,先对序列进行渲染处理。选择【渲染】|【渲染序列】|【渲染满载区域】命令,如图 7-68 所示。

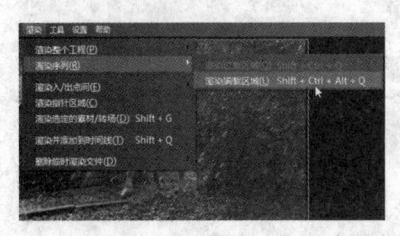

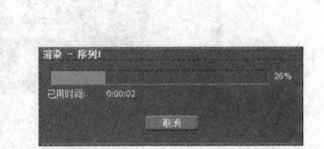

图 7-68　对序列进行渲染处理

4 完成渲染后,选择【文件】|【另存为】命令,将工程文件另存为新文件,如图 7-69 所示。

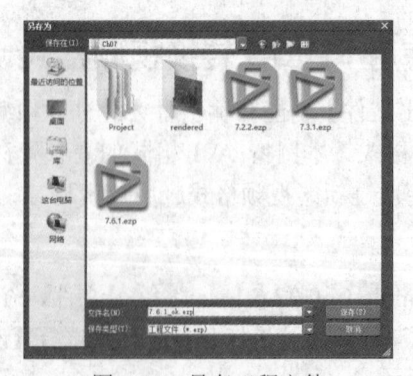

图 7-69　另存工程文件

5 在录制窗口中单击【输出】按钮，然后在菜单中选择【输出到文件】命令，打开【输出到文件】对话框后，在左侧窗格中选择【MPEG】格式类型，接着在右侧窗格中选择【MPEG 2 程序流】输出器，如图 7-70 所示。

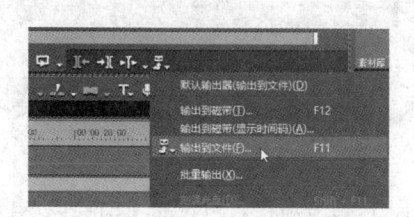

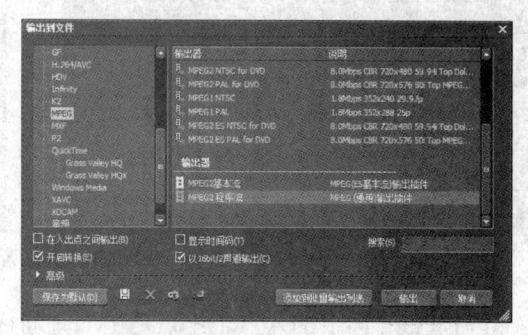

图 7-70 输出文件并选择输出器

6 在【输出到文件】对话框中打开【高级】选项卡，然后根据需要设计高级选项，再单击【输出】按钮，如图 7-71 所示。

7 打开【MPEG2 程序流】对话框后，设置输出的文件名称和保存位置，再选择基本设置选项，接着单击【保存】按钮，如图 7-72 所示。

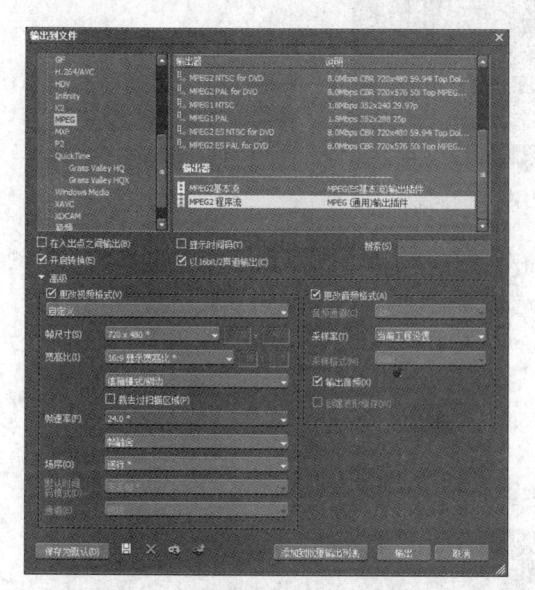

图 7-71 设置输出器的高级选项　　　　　　　　图 7-72 保存输出文件

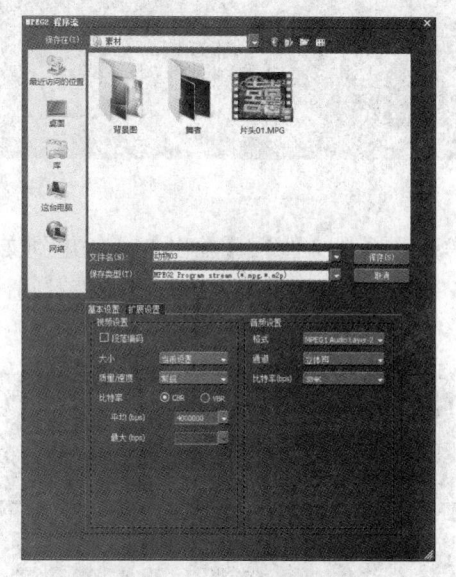

7.6.2　上机练习 2：输出视频素材的特定剪辑

本例将先通过【时间线】面板为轨道上的视频素材设置入点和出点，再进行渲染处理，然后通过【输出到文件】功能将视频中入点到出点之间的剪辑输出为 AVI 格式的视频文件，以从源视频素材中截取部分剪辑。

操作步骤

1 打开光盘中的 "..\Example\Ch07\7.6.2.ezp" 练习文件，在【时间线】面板中将当前播放指示器移到 5 秒处，然后单击右键并选择【设置入点】命令，或者直接按【I】键，在第 30

秒处设置出点，如图 7-73 所示。

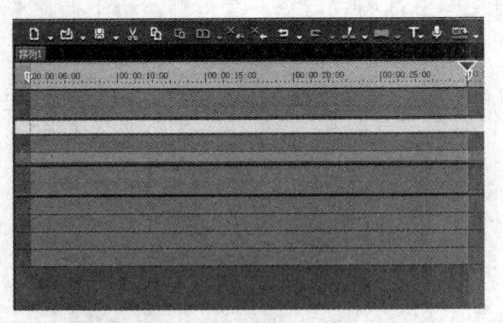

图 7-73 在时间线中设置入点和出点

2 在【时间线】面板的入点至出点范围的时间标尺上单击右键，再选择【渲染入/出点间】|【渲染满载区域】命令，对入点到出点间的素材进行渲染处理，如图 7-74 所示。

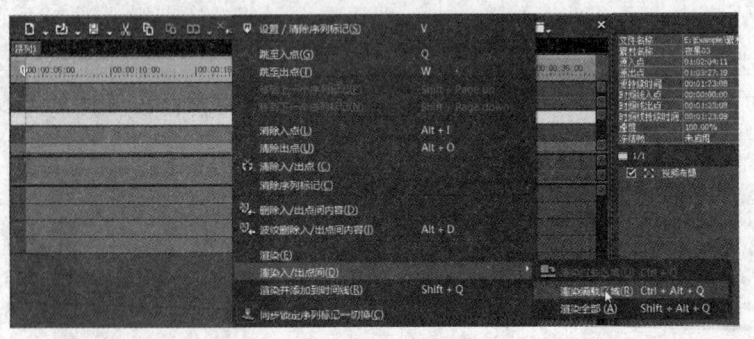

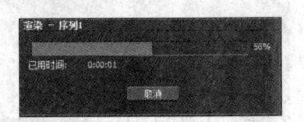

图 7-74 渲染入点与出点间的满载区域

3 选择【文件】|【输出】|【输出到文件】命令，打开【输出到文件】对话框后，在左侧窗格中选择【无压缩】选项，然后在右侧窗格中选择【无压缩 RGB AVI】输出器，接着选择【在入出点之间输出】复选框，如图 7-75 所示。

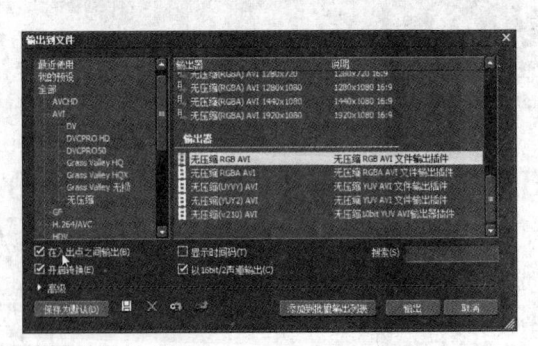

图 7-75 输出到文件并选择输出器

4 在【输出到文件】对话框中打开【高级】选项卡，然后根据需要设计高级选项，再单击【输出】按钮，如图 7-76 所示。

第 7 章　EDIUS 的渲染和输出

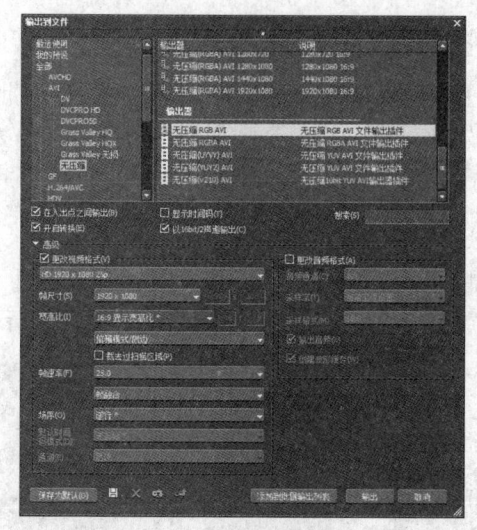

图 7-76　设置输出器的高级选项

5 打开【无压缩 RGB AVI】对话框后，设置文件名称和保存位置，然后单击【保存】按钮，即可输出视频文件，如图 7-77 所示。

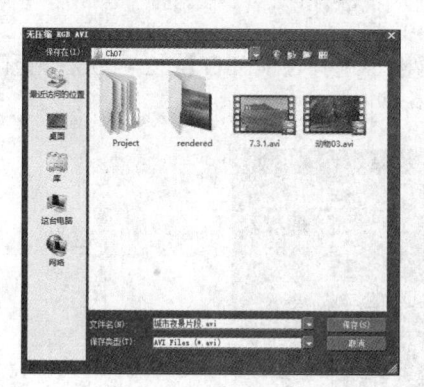

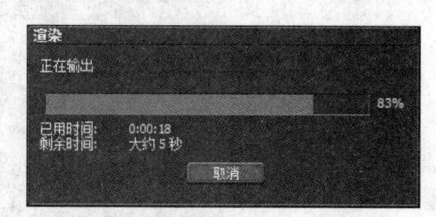

图 7-77　保存输出文件

6 输出文件后，即可使用影片播放器播放视频。可以看到视频播放时间为 25 秒，即从源视频素材的第 5 秒（入点）到第 30 秒（出点）部分的剪辑内容，如图 7-78 所示。

图 7-78　播放视频查看效果

227

7.6.3 上机练习3：将工程序列内容批量输出

本例先打开【批量输出】对话框，然后分别将三个序列添加到批量输出列表中，并设置对应的输出器，接着执行批量输出处理，将三个序列的内容分别输出为不同格式的视频文件。

操作步骤

1 打开光盘中的"..\Example\Ch07\7.6.3.ezp"练习文件，在录制窗口下方单击【输出】按钮，然后在菜单中选择【批量输出】命令，打开【批量输出】对话框后激活序列1为当前序列，接着单击【添加到批量输出列表】按钮，如图7-79所示。

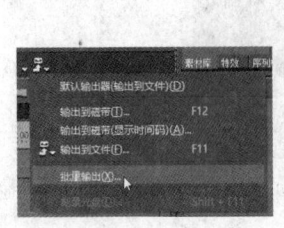

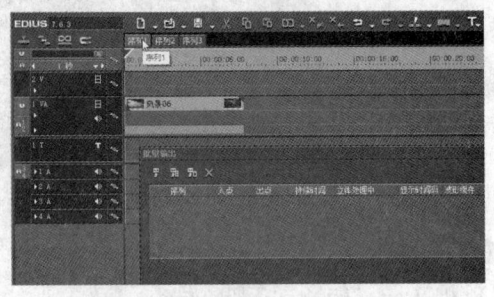

图7-79 将序列1添加到批量输出列表

2 打开【输出到文件】对话框后，在左侧窗格中选择【MPEG】，然后在右侧窗格中选择输出器，再单击【添加到批量输出列表】按钮，如图7-80所示。

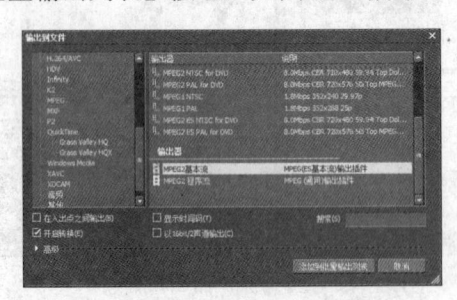

图7-80 选择输出器

3 打开【MPEG2基本流】对话框后，单击【视频】文本框后的【选择】按钮，然后在【另存为】对话框中指定保存文件的位置并设置文件名称，接着单击【保存】按钮，如图7-81所示。

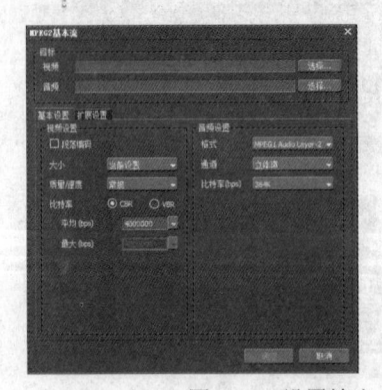

图7-81 设置输出文件的保存位置和名称

4 返回【MPEG2 基本流】对话框，在【基本设置】选项卡中设置各个选项，然后切换到【扩展设置】选项卡，再根据需要设置选项，接着单击【确定】按钮，如图 7-82 所示。

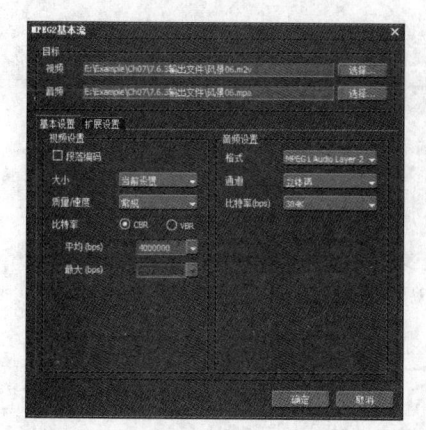

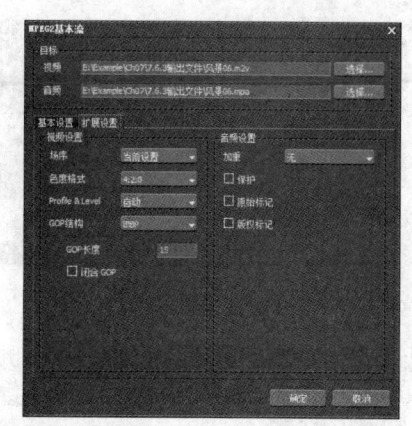

图 7-82 设置输出器的选项

5 返回 EDIUS 界面后，切换序列 2 为当前序列，然后在【批量输出】对话框中单击【添加到批量输出列表】按钮，如图 7-83 所示。

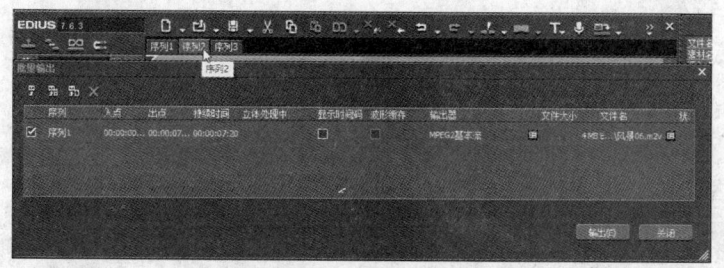

图 7-83 添加序列 2 到批量输出列表

6 打开【输出到文件】对话框后，在左侧窗格中选择【Grass Valley HQ】，然后在右侧窗格中选择输出器，再单击【添加到批量输出列表】按钮，接着在打开的对话框中设置保存文件的位置和文件名称，再单击【保存】按钮，如图 7-84 所示。

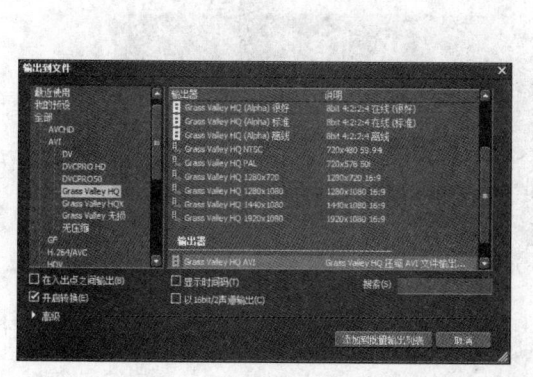

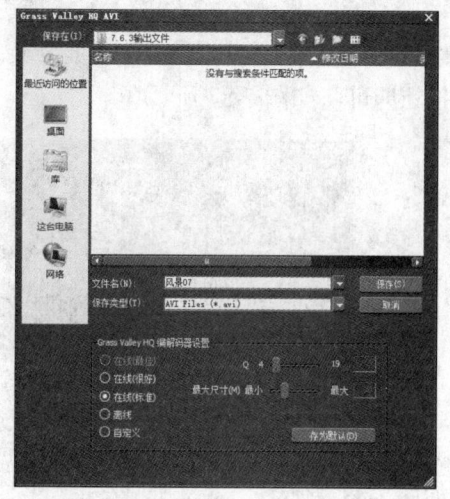

图 7-84 选择输出器并设置保存位置和文件名

7 返回 EDIUS 界面，切换序列 3 为当前序列，然后在【批量输出】对话框中单击【添加到批量输出列表】按钮，如图 7-85 所示。

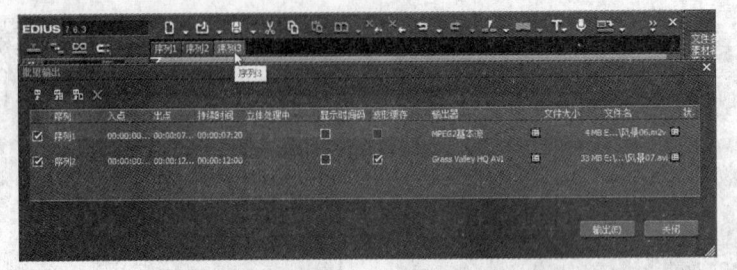

图 7-85　添加序列 3 到批量输出列表

8 打开【输出到文件】对话框后，在左侧窗格中选择【Windows Media】，然后在右侧窗格中选择输出器，再单击【添加到批量输出列表】按钮，在打开的对话框中设置保存文件的位置、文件名称以及输出选项，单击【保存】按钮，如图 7-86 所示。

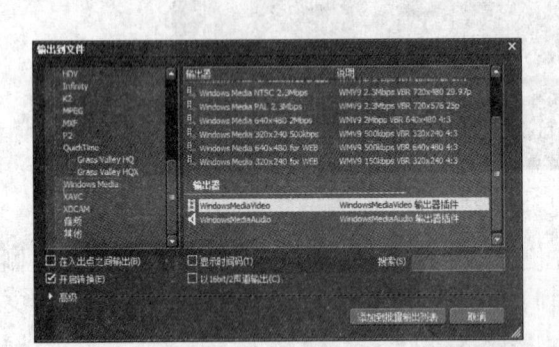

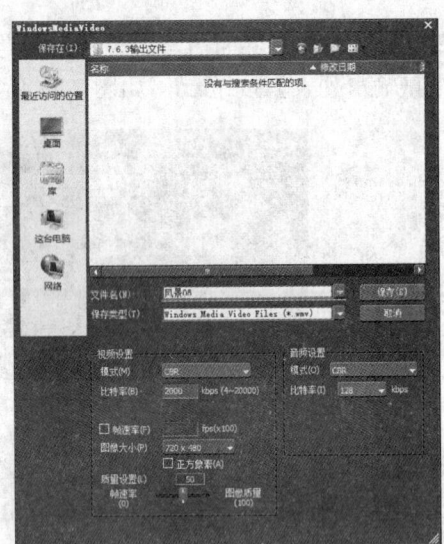

图 7-86　选择输出器并设置输出选项

9 添加批量输出任务后，在【批量输出】对话框中可以查看到任务列表，此时单击【输出】按钮即可，如图 7-87 所示。

图 7-87　执行批量输出

10 执行输出后，程序会自动根据任务顺序使用设置的输出器输出文件，并显示输出进度，如图 7-88 所示。

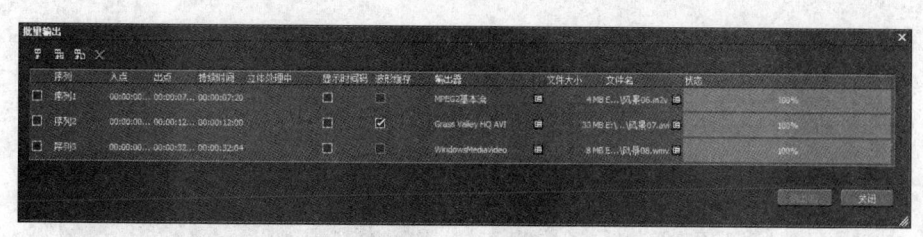

图 7-88 完成批量输出

7.6.4 上机练习 4：刻录专属的旅游专辑 DVD

本例先通过【工程设置】对话框修改场序设置，然后通过【刻录光盘】窗口按照开始、影片、样式、编辑、刻录的步骤，将旅游专辑的工程文件刻录为带菜单的 DVD 光盘，并在刻录光盘的同时，输出光盘镜像文件到本地电脑，以作为备份。

操作步骤

1 打开光盘中的 "..\Example\Ch07\7.6.4.ezp" 练习文件，选择【设置】|【工程设置】命令，打开【工程设置】对话框后，单击【更改当前设置】按钮，如图 7-89 所示。

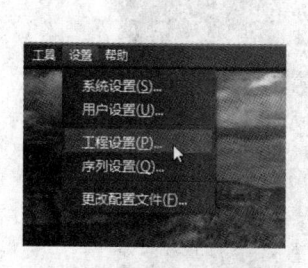

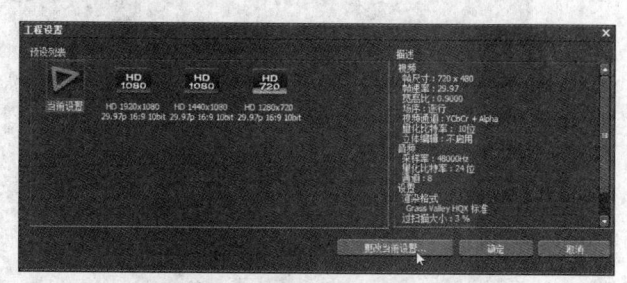

图 7-89 更改当前工程设置

2 在【工程设置】对话框中打开【高级】选项卡，然后设置场序为【上场优先】，再单击【确定】按钮，如图 7-90 所示。

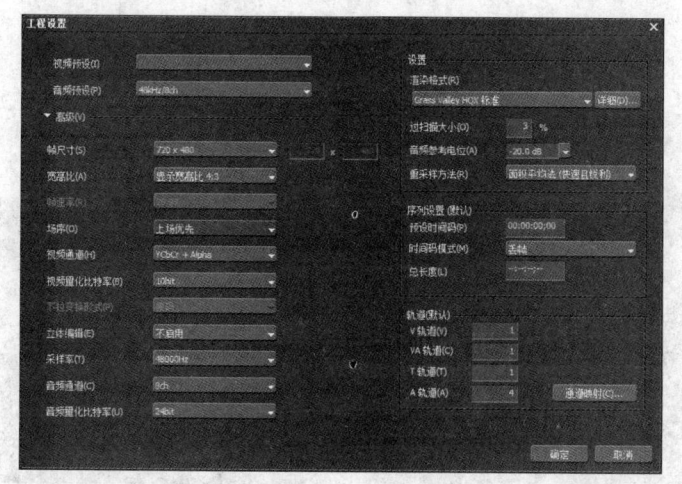

图 7-90 设置场序选项

3 在录制窗口下方单击【输出】按钮，然后在菜单中选择【刻录光盘】命令，此时录制窗口中显示开始载入的信息，如图 7-91 所示。

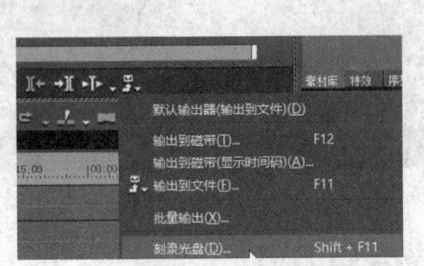

图 7-91　执行【刻录光盘】命令

4 打开【刻录光盘】窗口后，在【开始】选项卡中选择光盘、编解码器和菜单选项，如图 7-92 所示。

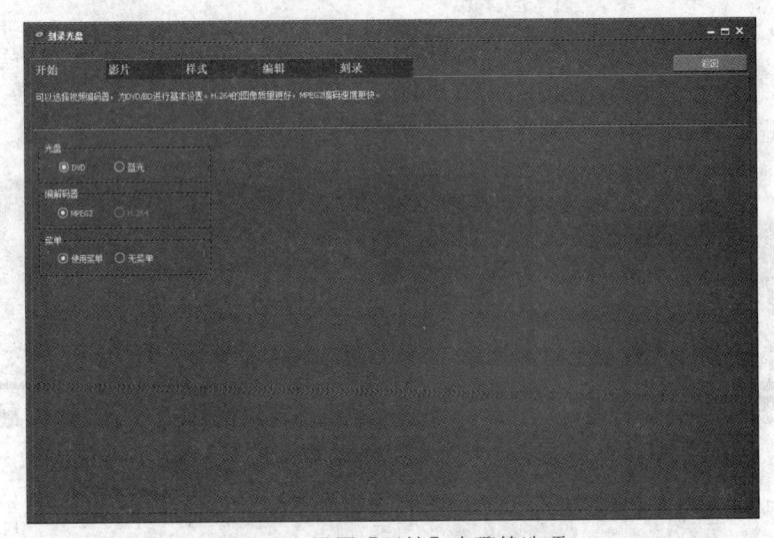

图 7-92　设置【开始】步骤的选项

5 切换到【影片】选项卡，然后在【电影】框中单击【添加序列】按钮，打开【选择序列】对话框后，选择所有序列并单击【确定】按钮，如图 7-93 所示。

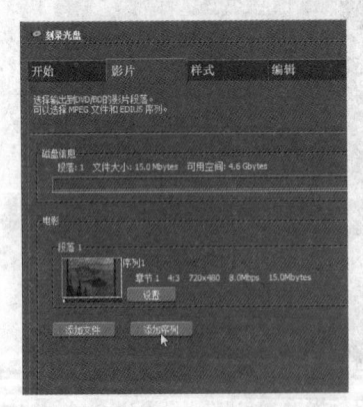

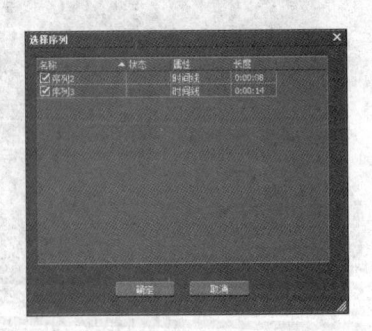

图 7-93　添加序列

6 切换到【样式】选项卡，然后设置样式的相关选项，再从样式库的【图像】选项卡中选择【Movie 01】样式，如图 7-94 所示。

图 7-94 选择光盘菜单样式

7 切换到【编辑】选项卡,然后双击页标签对象,再通过【菜单项设置】对话框修改标签文本内容和文本属性,如图 7-95 所示。

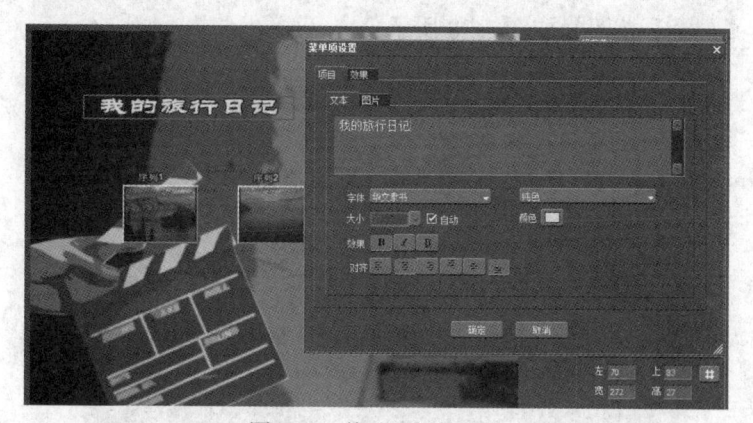

图 7-95 修改页标签文本

8 在【菜单项设置】对话框中选择【效果】选项卡,然后添加阴影效果并设置阴影效果的属性,接着适当扩大页标签对象,如图 7-96 所示。

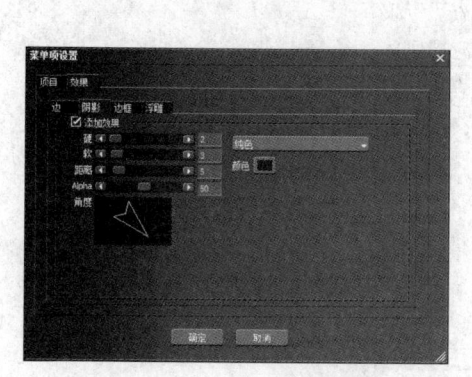

图 7-96 为页标签添加阴影效果并调整大小

233

9 使用步骤 5 的方法，分别修改段落 1 标签、段落 2 标签和段落 3 标签的文本内容，如图 7-97 所示。

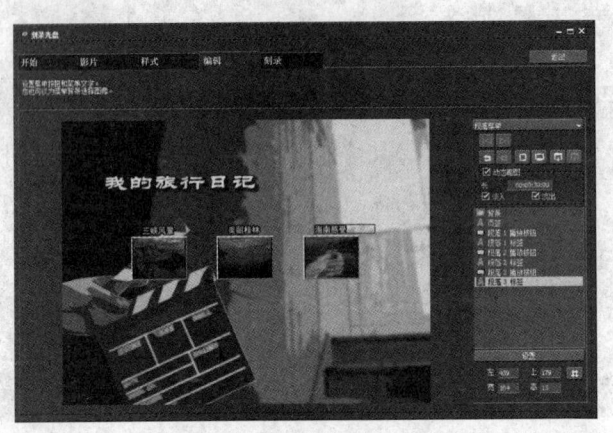

图 7-97　修改其他段落标签文本

10 切换到【刻录】选项卡，然后设置刻录的输出选项和光驱选项（放入 DVD 光盘），接着选择【启用细节设置】复选框，并指定工作文件夹，再选择【同步输出光盘镜像文件】复选框，最后单击【刻录】按钮，如图 7-98 所示。

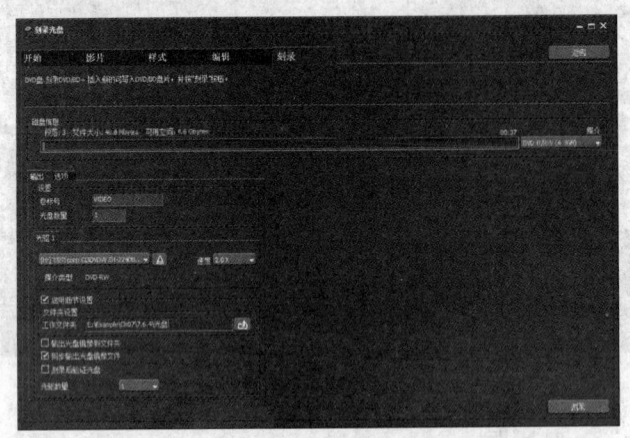

图 7-98　设置刻录选项并执行刻录

11 此时程序执行刻录处理并显示进度，刻录完成后，可以取出 DVD 光盘，也可以进入工作文件夹，查看保存在文件夹的光盘镜像，如图 7-99 所示。

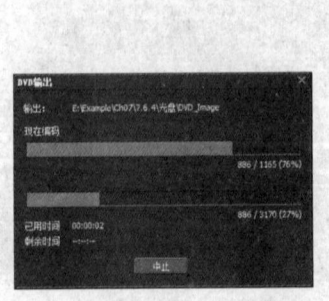

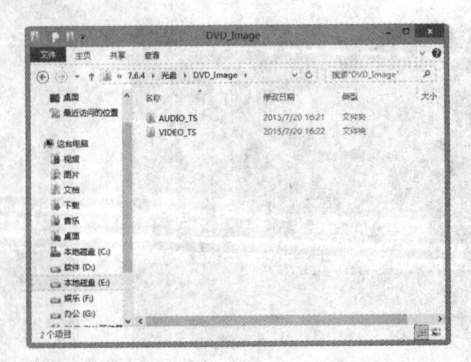

图 7-99　完成刻录并查看效果

7.6.5 上机练习 5：导出工程为 EDL 和 AAF 文件

本例先通过【时间线】面板将序列上所有素材的帧速率更改为与工程文件一样，然后对素材进行渲染处理，再通过工程导出器将工程分别导出为 EDL 文件和 AAF 文件。

操作步骤

1 打开光盘中的 "..\Example\Ch07\7.6.5.ezp" 练习文件，在【时间线】面板单击 1秒 按钮，设置【自适应】方式显示序列的所有素材，如图 7-100 所示。

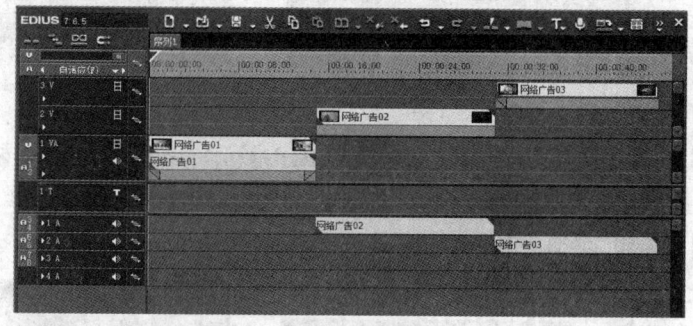

图 7-100　设置自适应方式显示序列素材

2 选择序列的其中一个素材，按 Alt+Enter 键打开【素材属性】对话框，然后设置帧速率为 29.97（与工程帧速率一样），弹出提示对话框后单击【是】按钮即可，如图 7-101 所示。

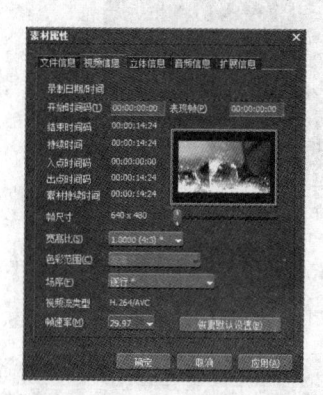

图 7-101　更改选定素材的帧速率

3 使用步骤 2 的方法，分别为其他两个素材设置与工程文件一样的帧速率（29.97），效果如图 7-102 所示。

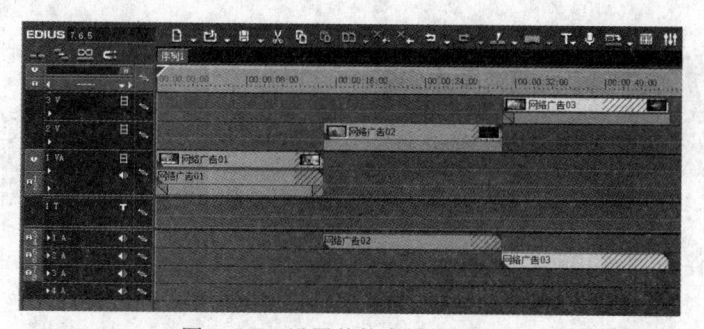

图 7-102　设置其他素材的帧速率

4 选择所有素材，再选择【渲染】|【渲染选定的素材/转场】命令，对调整帧速率后的素材进行渲染，以避免素材出现数据丢失的问题，如图 7-103 所示。

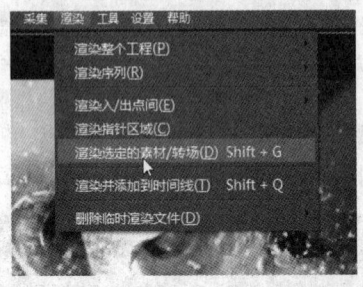

图 7-103　渲染选定的素材

5 选择【文件】|【导出工程】|【EDL】命令，打开【工程导出器（EDL）】对话框后单击【详细设置】按钮，然后通过【EDL 表导出详细设置】对话框设置各个导出选项，再单击【确定】按钮，如图 7-104 所示。

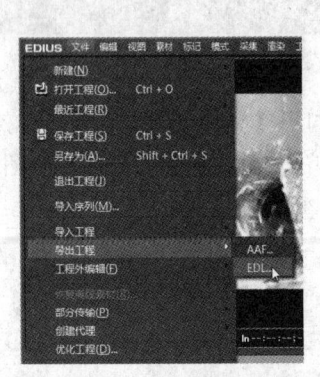

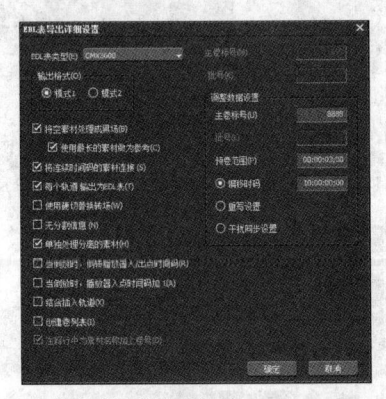

图 7-104　导出 EDL 文件并设置详细选项

6 返回【工程导出器（EDL）】对话框后，设置保存位置和文件名称，再单击【保存】按钮，接着打开保存目标文件夹，查看导出的 EDL 文件，如图 7-105 所示。

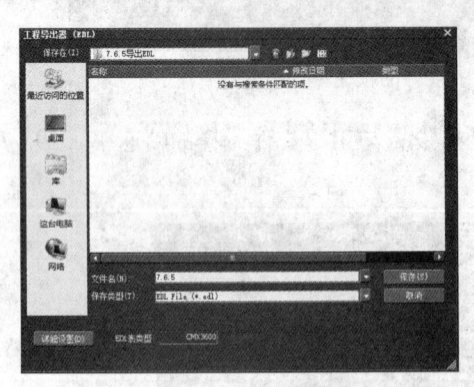

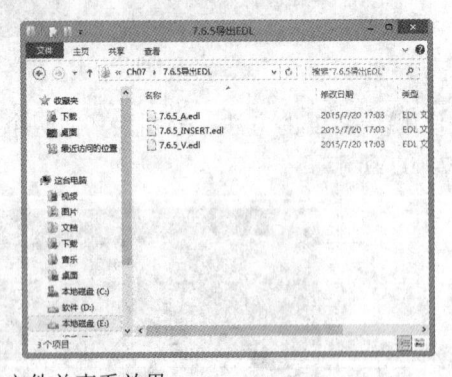

图 7-105　保存 EDL 文件并查看效果

7 选择【文件】|【导出工程】|【AAF】命令，打开【工程导出器（AAF）】对话框后，单击【详细信息】按钮，然后通过【AAF 导出详细设置】对话框设置各个选项，再单击【确定】按钮，如图 7-106 所示。

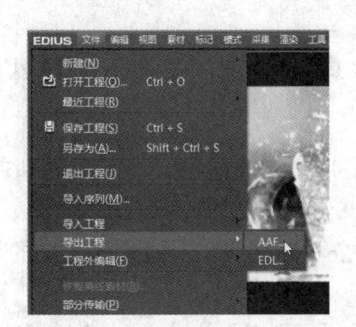

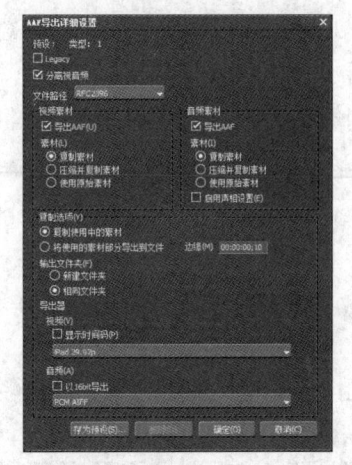

图 7-106　导出 AAF 并设置详细选项

8 返回【工程导出器（EDL）】对话框后，设置保存文件的位置和文件名称，再单击【保存】按钮，接着进入保存目标文件夹，查看导出的 AAF 文件，如图 7-107 所示。

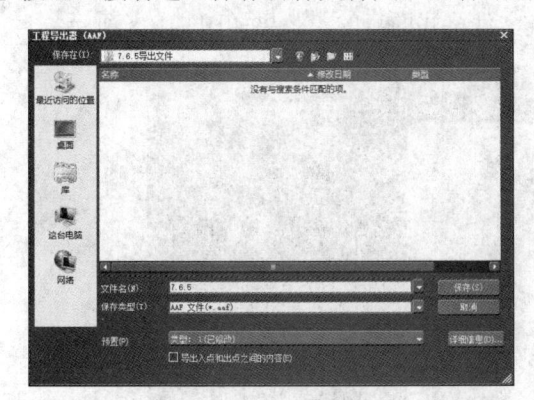

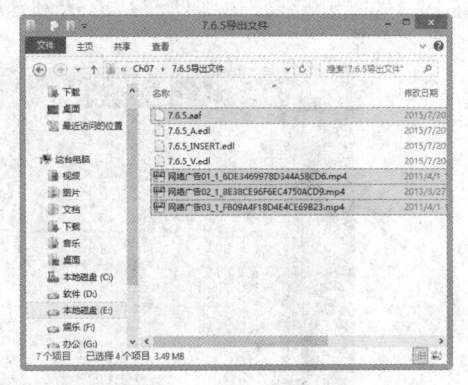

图 7-107　保存 AAF 文件并查看效果

7.7　评测习题

1. 填充题

（1）EDIUS 会使用显示在序列时间标尺中的_____标记序列的渲染区域。

（2）_____表示满载区域，必须在进行渲染之后才可实时地以全帧速率进行播放的未渲染部分。

（3）在 EDIUS Pro 7 中，使用输出菜单中的【_____】命令，可以刻录具有向导式菜单的 DVD 光盘或蓝光光盘。

（4）_____指编辑决策列表，是一个表格形式的列表，由时间码值形式的电影剪辑数据组成。

2. 选择题

（1）按下哪个快捷键可以打开【输出到文件】对话框？　　　　　　　　　　　（　　）

　　A. Ctrl+F2　　　　　B. Ctrl+D　　　　　C. F7　　　　　D. F11

（2）按下哪个快捷键可以渲染选定的素材或转场特效？ （　　）
　　A. Shift+F7　　　　B. F7　　　　　　C. Ctrl+G　　　　　D. Shift+G
（3）以下哪种格式可以通过保存的元数据来描述复杂的编辑、合成、特效以及其他编辑功能？ （　　）
　　A. EDL　　　　　　B. AAF　　　　　C. XML　　　　　　D. OMF

3. 判断题

（1）指针区域是指当前播放时间指示器所在时间点的前后预卷时间之和的一段时间线区域。 （　　）
（2）如果在同一个工程文件中，需要输出多个不同格式、不同时间长度的视频文件，最好的方法就是逐次执行输出操作，以免出错。 （　　）
（3）如果工程的场序选项设置了【逐行】，【刻录光盘】命令将不可使用。 （　　）

4. 操作题

将练习文件中的 MPEG 格式的素材添加到轨道，然后通过输出文件的方式，将该素材导出为 F4V 格式的网络媒体文件，从而达到转换文件格式的目的，效果如图 7-108 所示。

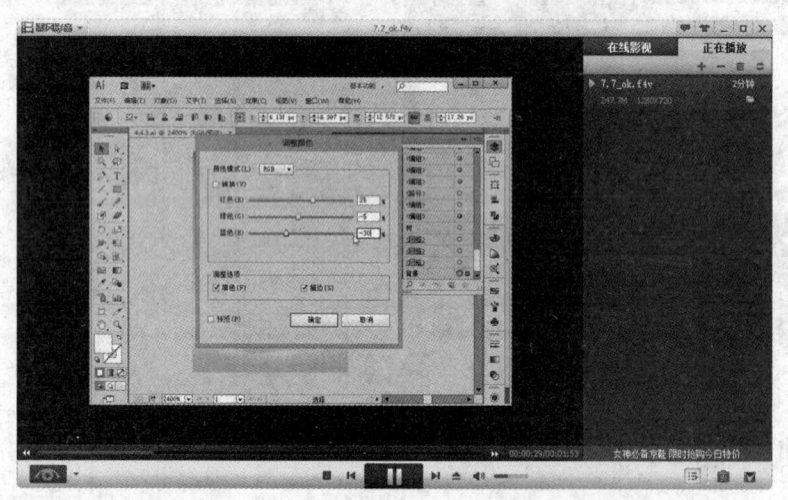

图 7-108　使用播放器播放 F4V 格式视频的结果

操作提示

（1）打开光盘中的"..\Example\Ch07\7.7.ezp"练习文件。
（2）将【素材库】面板中的【教学 02】视频素材添加到 1VA 轨道。
（3）选择当前序列，然后按 F11 键打开【输出到文件】对话框。
（4）在对话框左侧窗格中选择【H.264/AVC】，然后在右侧窗格中选择【F4V】输出器，然后单击【输出】按钮。
（5）打开【F4V】对话框后，设置保存文件位置和文件名称，再使用默认的 F4V 输出设置，接着单击【保存】按钮。

第 8 章 工程设计上机特训

学习目标

本章通过 9 个上机练习实例,从各方面介绍了 EDIUS Pro 7 程序在影片编辑、使用特效、字幕设计、音效处理、视频布局动画制作、多机位模式、输出文件等方面的应用。通过这些上机练习的训练,可以有效地复习各种使用 EDIUS 的方法和技巧,并能够掌握到一些基本方法的延伸应用。

学习重点

- ☑ 影片制作基本流程
- ☑ 应用和设置视频、转场和混合特效
- ☑ 创建和设计字幕素材
- ☑ 通过布局设置创建动画
- ☑ 编辑素材的声音效果
- ☑ 使用多机位模式剪辑影片
- ☑ 将工程输出为媒体文件

8.1 上机练习 1:流程—我的第一个生日影片

本例将通过制作一个庆祝生日的影片,介绍使用 EDIUS Pro 7 设计影视工程的基本流程,即新建工程文件→添加素材文件→将素材加入序列→添加素材的转场特效→添加与设计影片字幕→添加背景音乐→输出为媒体文件→保存工程文件。

本例设计的结果如图 8-1 所示。

图 8-1 播放生日影片的结果

操作步骤

1 打开 EDIUS 应用程序，打开【初始化工程】对话框后，单击【新建工程】按钮，如图 8-2 所示。

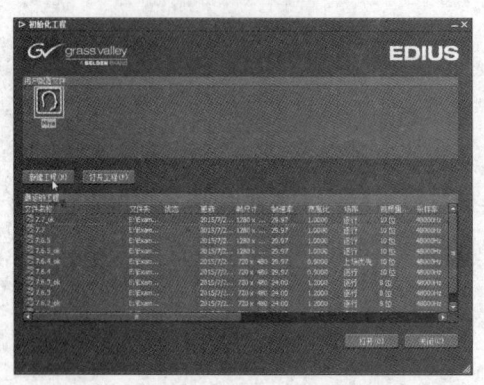

图 8-2　新建工程文件

2 打开【工程设置】对话框后，选择一个预设工程，再使用默认的设置，然后选择【自定义】复选框，单击【确定】按钮，如图 8-3 所示。

3 在【工程设置】对话框后打开【高级】选项卡，再根据需要设置各个选项，单击【确定】按钮，如图 8-4 所示。

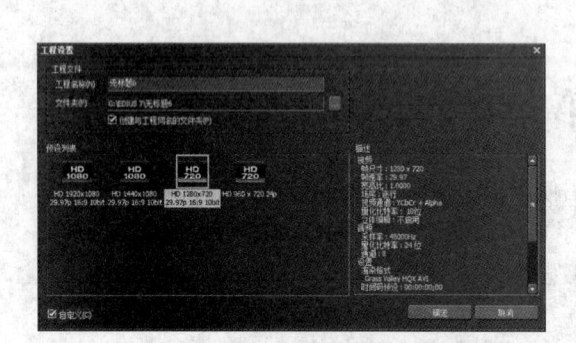

图 8-3　通过自定义方式创建工程

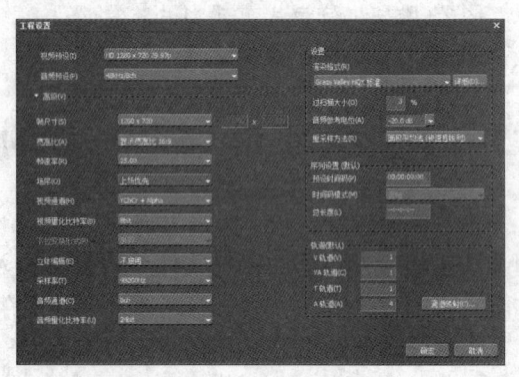

图 8-4　设置选项并确定创建工程

4 创建工程文件后，在【素材库】面板中单击右键并选择【添加文件】命令，然后通过【打开】对话框选择素材文件，单击【打开】按钮，如图 8-5 所示。

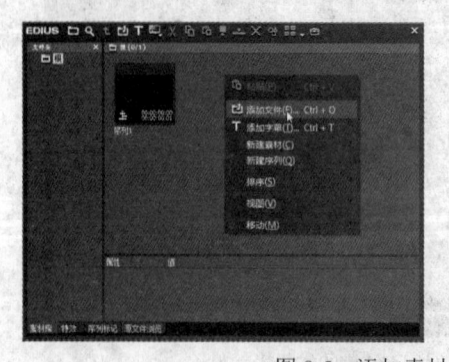

图 8-5　添加素材到素材库

5 在【时间线】面板中选择 1VA 轨道，再通过【素材库】面板选择所有视频素材，然后单击右键并选择【添加到时间线】命令，将这些素材都添加到 1VA 轨道上，如图 8-6 所示。

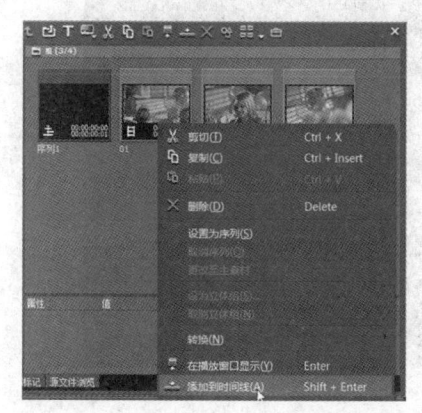

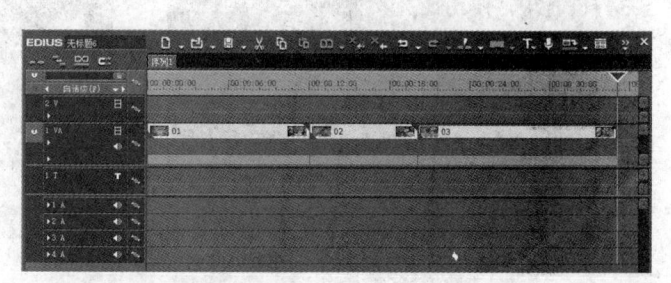

图 8-6　添加视频素材到轨道

6 打开【特效】面板的【转场】|【Alpha】目录，然后将【Alpha 自定义图像】特效拖到轨道的第一个素材混合器入点上，接着使用相同的方法，为素材添加其他转场特效，如图 8-7 所示。

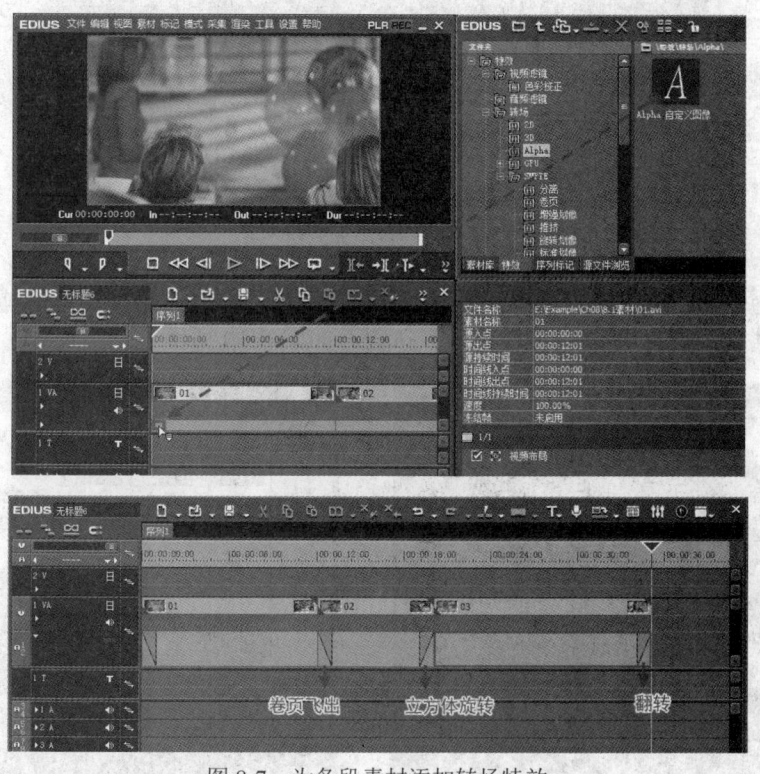

图 8-7　为各段素材添加转场特效

7 在【素材库】空白位置上单击右键，再选择【添加字幕】命令，打开【Quick Titler】窗口后，输入字幕文本并应用【Text_10】样式，接着更改文本的字体和大小等属性，最后保存字幕文件，如图 8-8 所示。

241

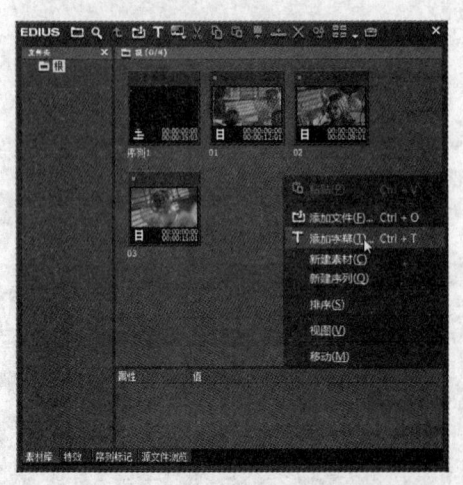

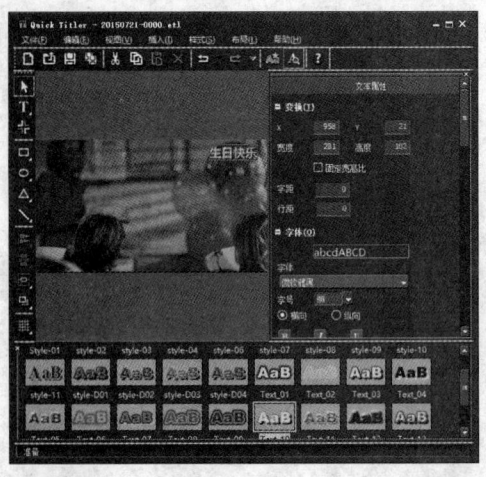

图 8-8 创建文本字幕

8 将字幕对象添加到字幕轨道上，然后设置字幕的出点与 1VA 轨道上素材的出点对齐，如图 8-9 所示。

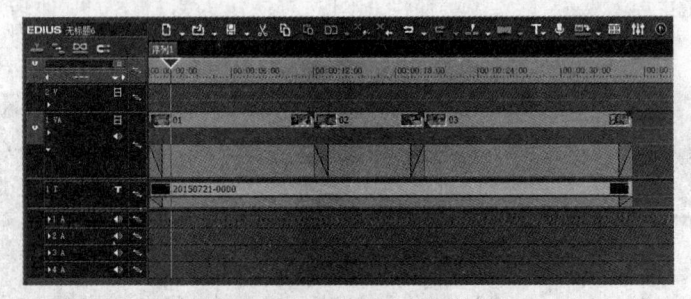

图 8-9 将字幕添加到轨道上

9 在【素材库】空白位置上单击右键，再选择【添加文件】命令，然后通过【打开】对话框选择音频素材文件，接着单击【打开】按钮，如图 8-10 所示。

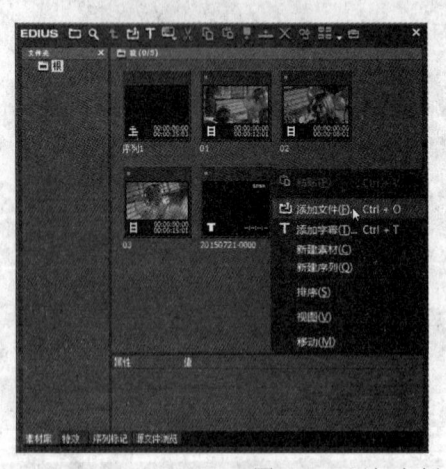

图 8-10 添加音频素材文件到素材库

10 将音频素材拖到 1A 轨道中，将音频素材入点对齐第一个视频素材转场特效的出点，如图 8-11 所示。

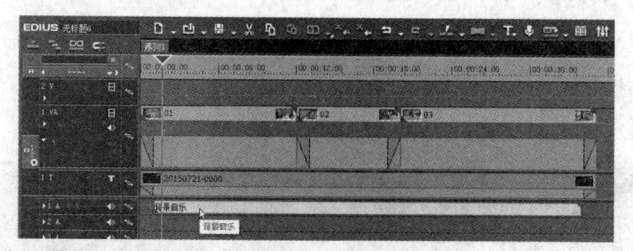

图 8-11 将音频素材添加到轨道

11 选择【文件】|【输出】|【输出到文件】命令,打开【输出到文件】对话框后选择 MPEG 输出器,然后单击【输出】按钮,再通过【MPEG2 程序流】对话框设置保存位置和文件名称,最后单击【保存】按钮,如图 8-12 所示。

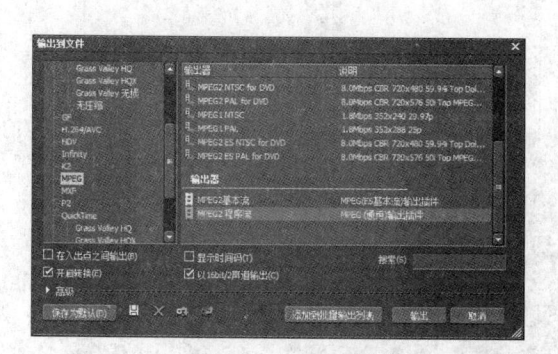

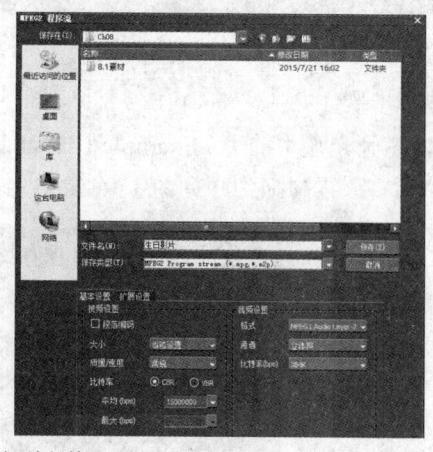

图 8-12 将工程输出到文件

12 返回 EDIUS 程序界面,再选择【文件】|【另存为】命令,打开【另存为】对话框后设置文件名称,然后单击【保存】按钮,保存工程文件,使用播放器播放输出后的影片文件,如图 8-13 所示。

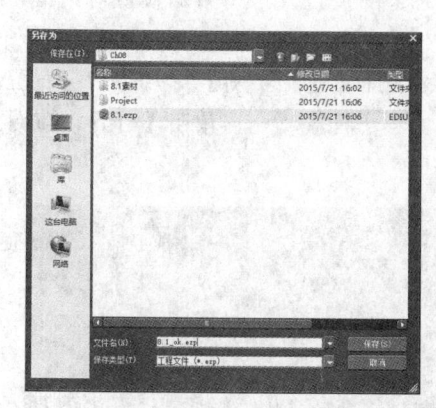

图 8-13 保存工程文件并查看影片效果

8.2 上机练习 2:特效—梦幻般的雪山风景片

本例先将素材库的风景视频素材加入到轨道,再为素材分别应用【锐化】特效和【色彩平

243

衡】特效，然后通过【色彩平衡】对话框制作色彩变化的动画，最后应用【YUV 曲线】特效到素材并设置相关选项。

本例设计的结果如图 8-14 所示。

图 8-14 制作风景影片特效的结果

操作步骤

1 打开光盘中的 "..\Example\Ch08\8.2.ezp" 练习文件，在【素材库】面板中选择视频素材，然后将该素材拖到序列的 1VA 轨道上，如图 8-15 所示。

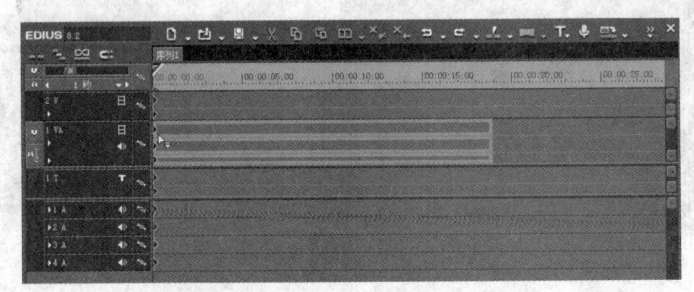

图 8-15 将素材加入序列的轨道上

2 选择轨道上的素材，再打开【特效】面板的【视频滤镜】目录，然后选择【锐化】特效后单击右键，选择【添加到时间线】命令，通过【信息】面板打开该特效的设置对话框，设置清晰度为 10，如图 8-16 所示。

3 在【特效】面板中打开【色彩校正】目录，然后选择【色彩平衡】特效后单击右键，选择【添加到时间线】命令，在【信息】面板中选择【色彩平衡】项，再单击【打开设置对话框】按钮，如图 8-17 所示。

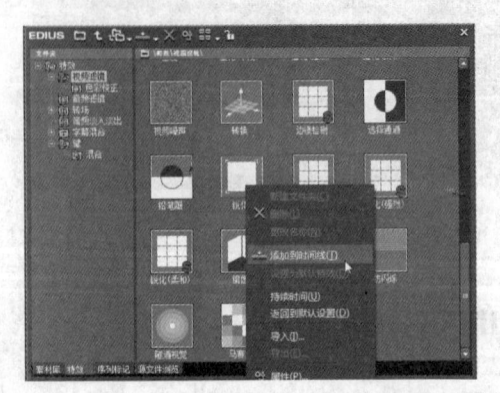

图 8-16 应用并设置【锐化】特效

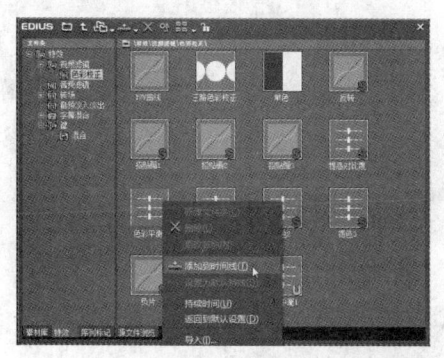

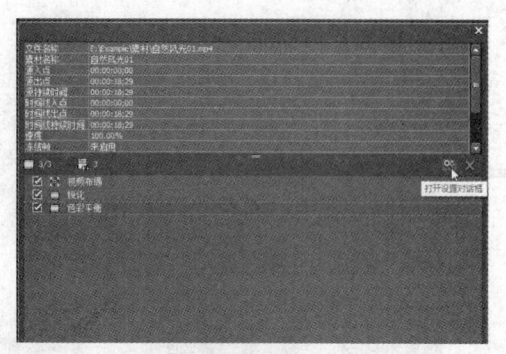

图 8-17 应用【色彩平衡】特效并打开设置对话框

4 打开【色彩平衡】对话框后,选择【色彩平衡】复选框,然后在入点处添加关键帧并设置色彩平衡的各项属性,如图 8-18 所示。

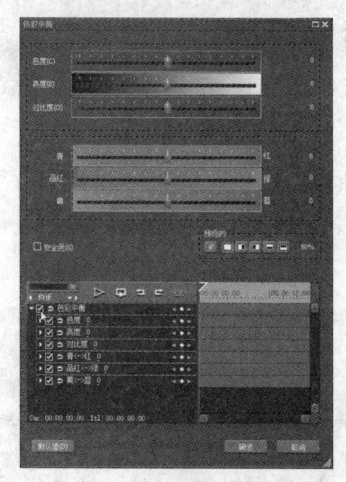

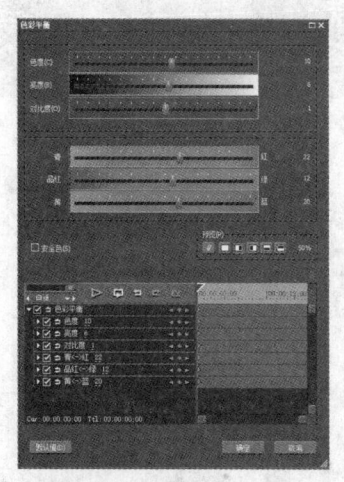

图 8-18 设置色彩平衡关键帧并设置各项属性

5 在【色彩平衡】下方窗格中移动当前时间指示器到大概第 10 秒处,然后为【色彩平衡】项添加关键帧,再设置色彩平衡的各项属性,接着分别按 按钮和 按钮,通过录制窗口查看效果对比,如图 8-19 所示。

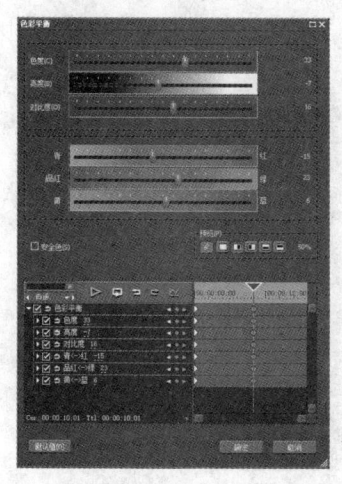

图 8-19 再次添加关键帧并设置特效属性

245

6 选择当前时间播放指示器并移到出点处,然后为【色彩平衡】项添加关键帧,再设置色彩平衡的各项属性,接着通过录制窗口查看效果对比,完成设置后单击【确定】按钮,如图 9-20 所示。

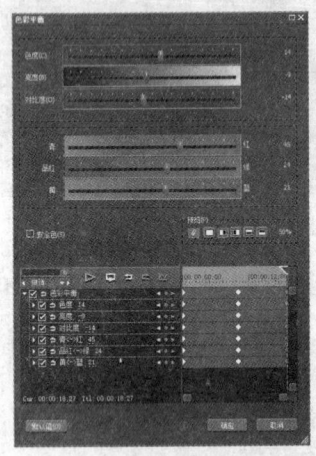

图 9-20　添加第三个关键帧并设置特效属性

7 选择轨道上的视频素材,然后在【特效】面板中选择【YUV 曲线】特效,再单击右键并选择【添加到时间线】命令,在【信息】面板中选择【YUV 曲线】项,最后单击【打开设置对话框】按钮,如图 8-21 所示。

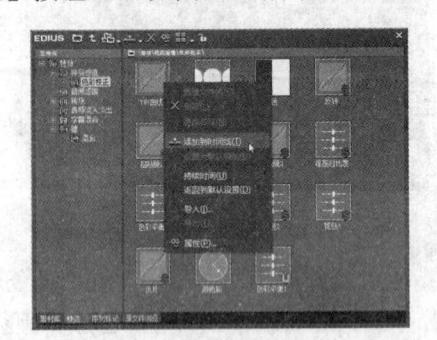

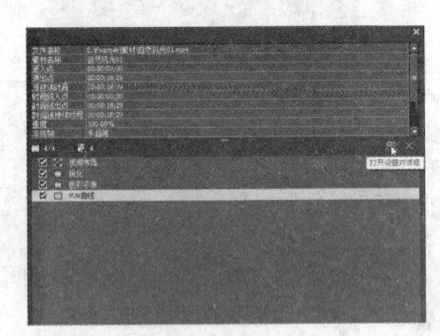

图 8-21　应用【YUV 曲线】特效并打开设置对话框

8 打开【YUV 曲线】对话框后,分别设置 YUV 曲线,然后单击【确定】按钮,如图 8-22 所示。

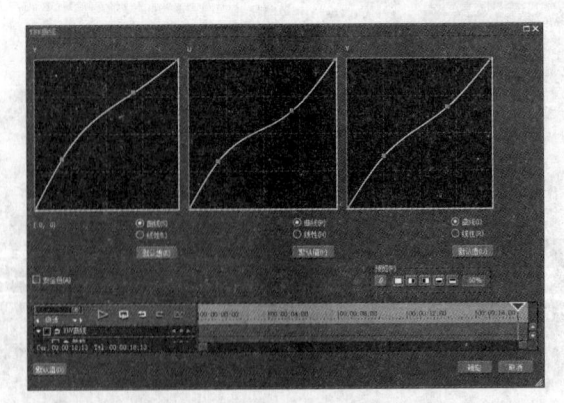

图 8-22　设置 YUV 曲线选项

8.3　上机练习3：字幕—暴风雨前夕的城市夜景

本例将为工程文件创建一个字幕素材，然后通过【Quick Titler】窗口设计字幕并设置字幕从右向左爬动的运动效果，接着将字幕剪辑加入到字幕轨道，最后设置字幕的播放持续时间与序列上的视频素材的时间一样。

本例设计的结果如图 8-24 所示。

图 8-23　设计从右向左爬动的字幕效果

操作步骤

1 打开光盘中的 "..\Example\Ch08\8.3.ezp" 练习文件，在【时间线】面板中单击【创建字幕】按钮，然后在菜单中选择【在 1T 轨道上创建字幕】命令，如图 8-24 所示。

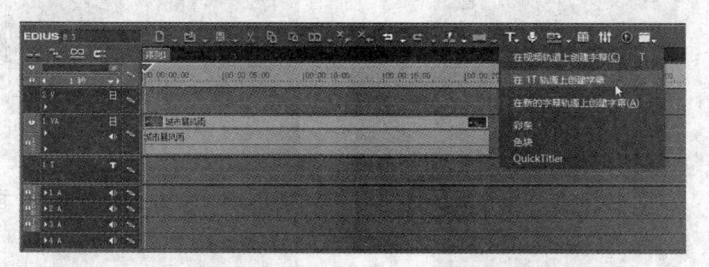

图 8-24　在字幕轨道上创建字幕

2 打开【Quick Titler】窗口后，使用【横向文本】工具，在编辑窗口中输入字幕文本，然后为文本应用【Text_06】样式，如图 8-25 所示。

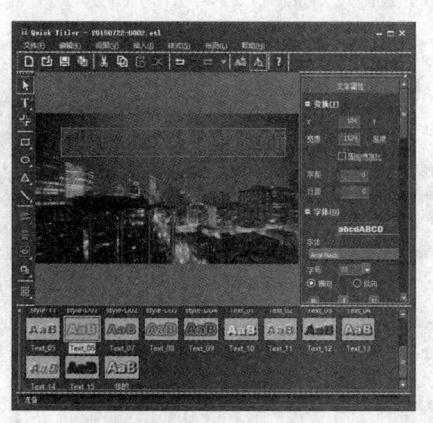

图 8-25　输入字幕文本并应用样式

3 选择字幕对象，然后在【对象属性栏】中设置字体和字号等属性，如图 8-26 所示。

247

图 8-26　设置字幕文本的字体属性

4 在【对象属性栏】中显示【边缘】属性,然后设置各项属性值,再设置颜色数量为 2,接着设置第二种边缘颜色,如图 8-27 所示。

5 在【对象属性栏】中显示【阴影】属性,再选择【阴影】复选框,然后设置阴影的各项属性值,如图 8-28 所示。

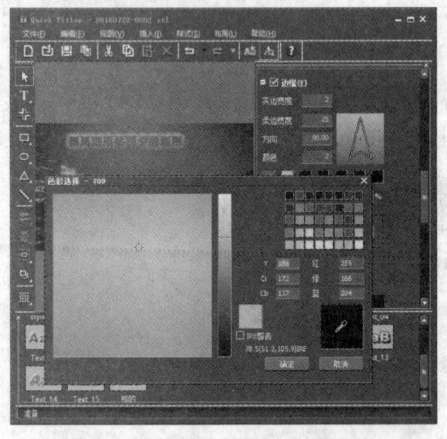

图 8-27　设置字幕的边缘属性 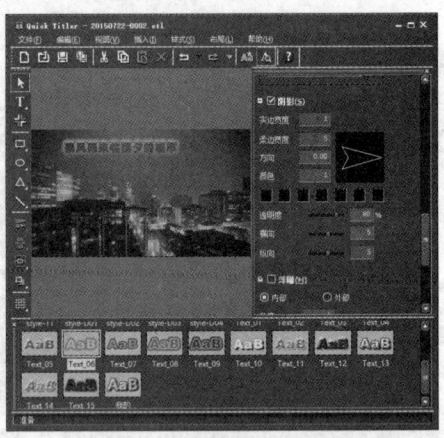　　　　　　　图 8-28　设置字幕的阴影属性

6 选择字幕文本对象,然后将对象移到编辑窗口左下方,接着取消选择对象,在属性栏设置字幕类型为【爬动(从右)】,如图 8-29 所示。

图 8-29　调整字幕的位置并设置字幕类型

7 选择【文件】|【另存为】命令,打开【另存为】对话框后,设置字幕的文件名称,然后单击【保存】按钮,如图 8-30 所示。

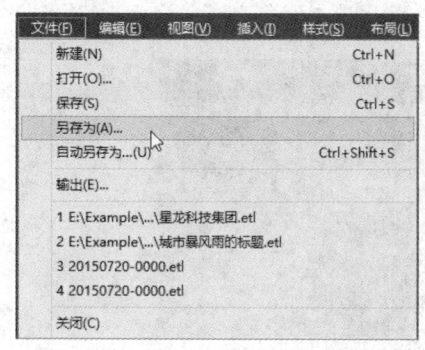

图 8-30 另存字幕文件

8 返回 EDIUS 后,字幕对象自动添加到字幕轨道上,此时调整字幕的播放持续时间与 1VA 轨道素材的时间一样即可,如图 8-31 所示。

9 完成上述操作后,即可通过录制窗口播放时间线,查看字幕效果,如图 8-32 所示。

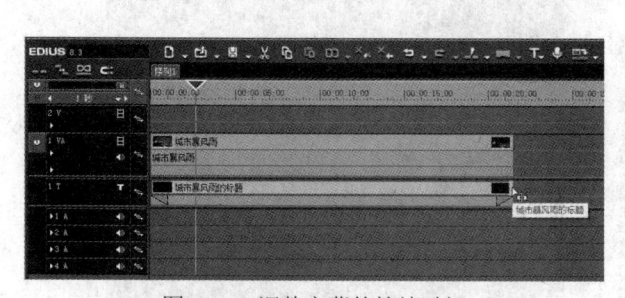

图 8-31 调整字幕的持续时间  　　　　　图 8-32 播放时间线查看字幕效果

8.4 上机练习 4:布局——在花丛中飞过的蝴蝶

本例将蝴蝶图像素材加入到工程的视频轨道上,再通过剪辑模式编辑蝴蝶素材的剪切点,然后打开【视频布局】对话框,调整蝴蝶的大小和位置,接着创建蝴蝶的位置和旋转布局动画,制作蝴蝶在花丛中飞过的效果。

本例设计的结果如图 8-33 所示。

图 8-33 制作蝴蝶从花丛中飞过的效果

249

操作步骤

1 打开光盘中的"..\Example\Ch08\8.4.ezp"练习文件，在【素材库】中将蝴蝶图像素材拖到 2V 轨道上，并对齐于 1VA 轨道素材的入点，如图 8-34 所示。

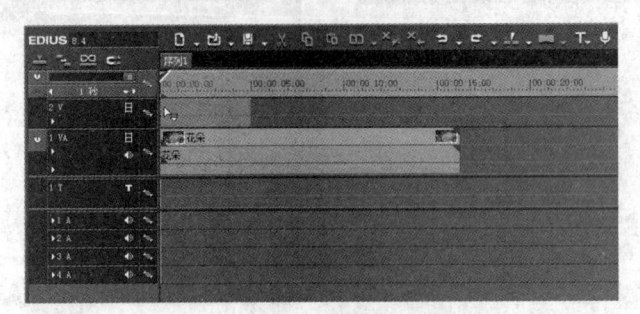

图 8-34　将蝴蝶图像素材加入轨道

2 选择【模式】|【剪辑模式】命令，在录制窗口中单击【裁剪（出点）】按钮，接着在录制窗口中向右拖动鼠标，设置图像素材的出点剪切点与 1VA 轨道素材的出点对齐，最后切换到常规模式，如图 8-35 所示。

图 8-35　进入剪辑模式并裁剪图像素材出点

3 选择轨道上的蝴蝶图像素材，在【信息】面板中单击【打开设置对话框】按钮，打开【视频布局】对话框后，切换到【裁剪】选项卡，然后通过裁剪框裁剪图像，如图 8-36 所示。

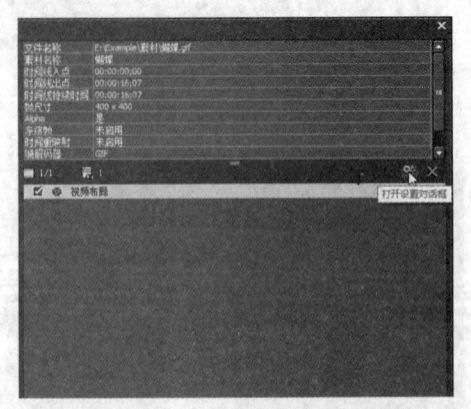

图 8-36　通过【视频布局】对话框裁剪图像

4 在【视频布局】对话框中切换到【变换】选项卡,然后缩小图像并移到屏幕的右下方,如图 8-37 所示。

5 在【视频布局】对话框左下方窗格中选择【位置】和【旋转】复选框,然后为这两个布局属性添加关键帧,如图 8-38 所示。

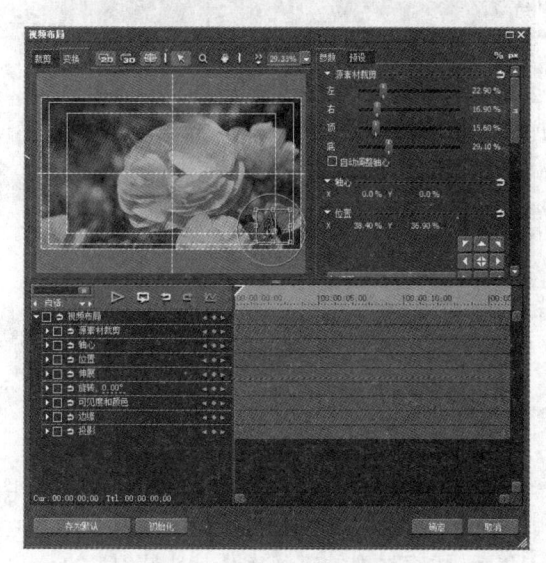

图 8-37　变换图像素材　　　　　　　　　图 8-38　添加素材布局关键帧

6 在【视频布局】对话框中将当前时间指示器移到 5 秒处,分别为【位置】和【旋转】选项添加关键帧,接着将蝴蝶素材移到屏幕上方,并逆时针旋转蝴蝶,如图 8-39 所示。

图 8-39　添加第二个关键帧并调整蝴蝶位置和旋转属性

7 将当前时间指示器移到第 10 秒处,分别为【位置】和【旋转】项添加第三个关键帧,再将蝴蝶素材移到屏幕靠左的下边缘处,按照顺时针方向旋转蝴蝶,接着使用相同的方法,在出点处添加第四个关键帧,设置蝴蝶的位置和旋转,单击【确定】按钮,如图 8-40 所示。

251

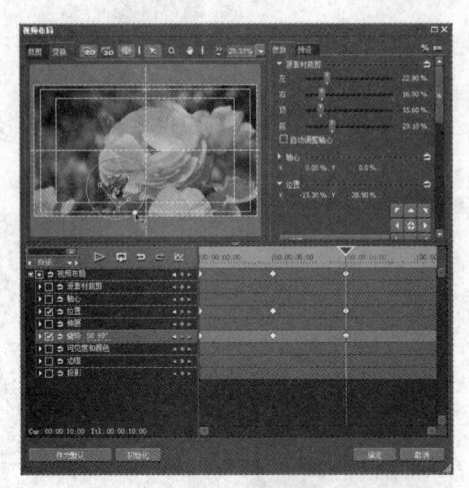

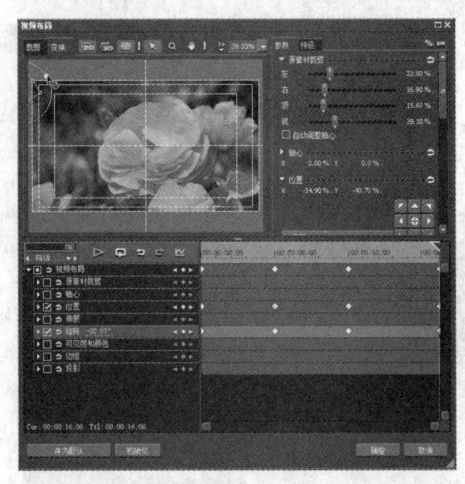

图 8-40 添加第三和第四个关键帧并设置属性

8.5 上机练习 5：混合—科技公司的宣传片头

本例先通过 Quick Titler 为工程文件创建公司名称的文本字幕，然后将字幕添加到字幕轨道中，并分别为字幕更改入点和出点的混合特效，接着在另一个视频轨道上添加星空图像素材，再为图像素材应用【叠加模式】的混合特效，设计出科技感强烈的公司宣传片头影片。

本例设计的结果如图 8-41 所示。

图 8-41 科技公司片头的效果

操作步骤

1 打开光盘中的 "..\Example\Ch08\8.5.ezp" 练习文件，在【素材库】面板空白处单击右键，选择【添加字幕】命令，打开【Quick Titler】窗口后输入横向文本，如图 8-42 所示。

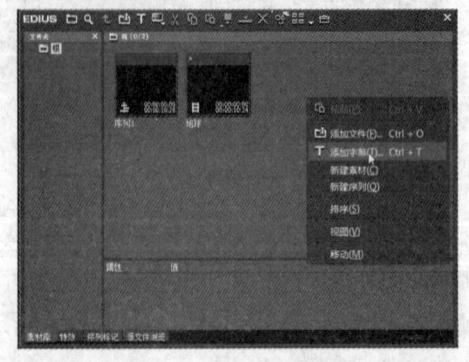

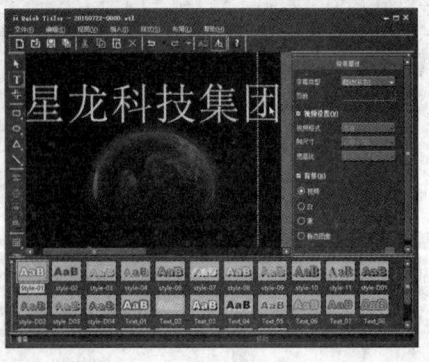

图 8-42 创建公司名称的字幕文本

2 选择文本对象，为文本应用【style-D04】样式，然后通过对象属性栏设置文本的字体属性和边缘属性，如图 8-43 所示。

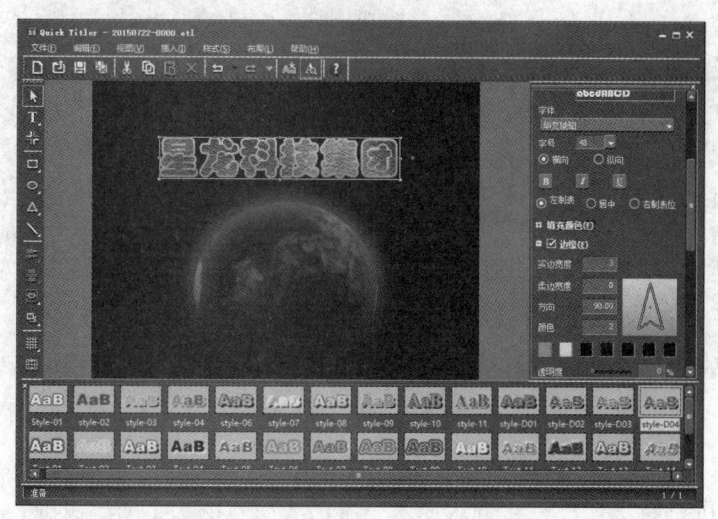

图 8-43　设置字幕的样式和属性

3 选择【文件】|【另存为】命令，打开【另存为】对话框后，设置字幕文件的名称，再单击【保存】按钮，如图 8-44 所示。

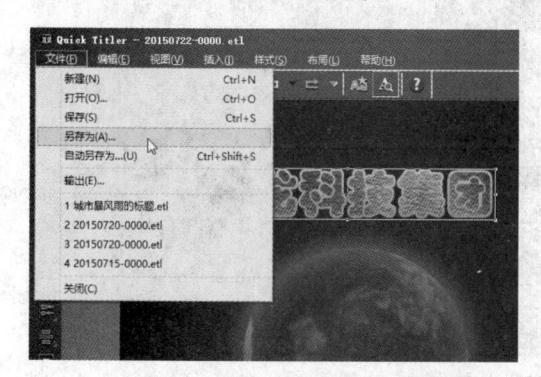

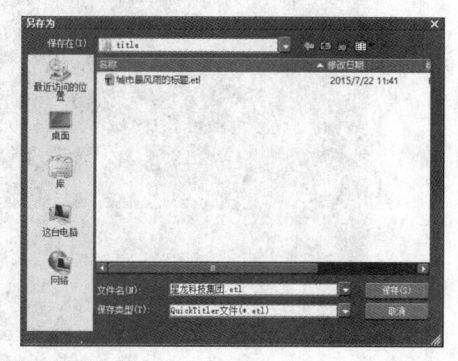

图 8-44　另存字幕文件

4 返回 EDIUS 界面后，将字幕素材加入到字幕轨道，设置与 1VA 轨道素材一样的播放持续时间。当字幕加入轨道后，会自动添加字幕混合特效，如图 8-45 所示。

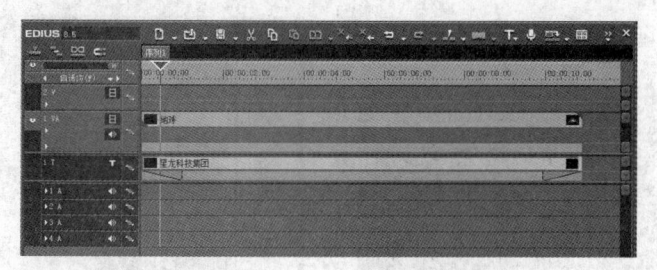

图 8-45　将字幕加入轨道并设置持续时间

5 在【特效】面板中打开【字幕混合】|【激光】目录，然后选择【右面激光】特效并拖到字幕混合轨道上，替代原来字幕的【淡入淡出】入点混合特效，如图 8-46 所示。

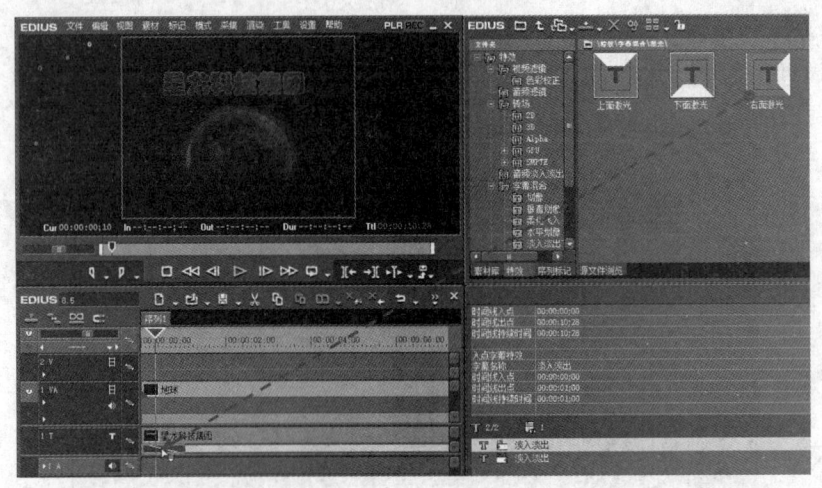

图 8-46 替换字幕入点的混合特效

6 在【特效】面板中打开【字幕混合】|【柔化飞入】目录,然后选择【向右软划像】特效并拖到字幕混合轨道出点处,替代原来字幕的【淡入淡出】的出点混合特效,如图 8-47 所示。

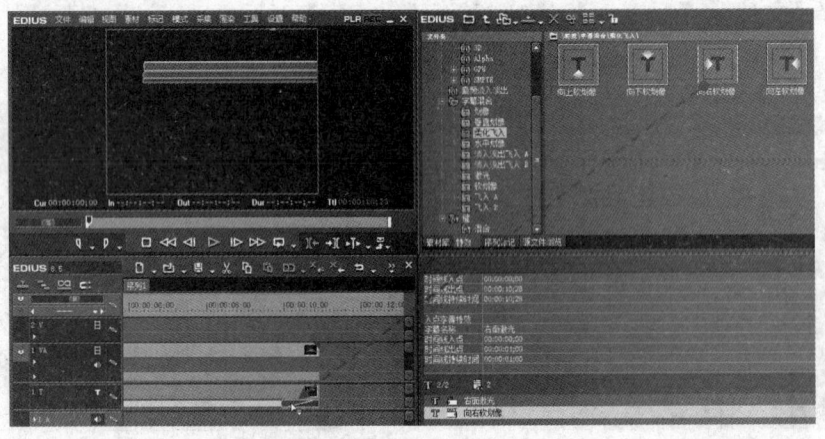

图 8-47 替换字幕出点的混合特效

7 在 2V 轨道上单击右键并选择【添加素材】命令,打开【打开】对话框后,选择星空图像素材并单击【打开】按钮,如图 8-48 所示。

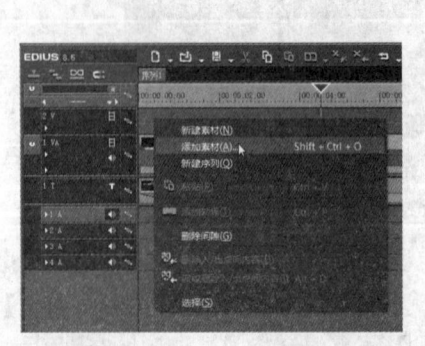

图 8-48 添加图像素材到轨道

8 将星空图像添加到轨道后，向右拖动该素材的剪切点，使之对齐 1VA 轨道素材的出点，以调整图像素材的播放持续时间，如图 8-49 所示。

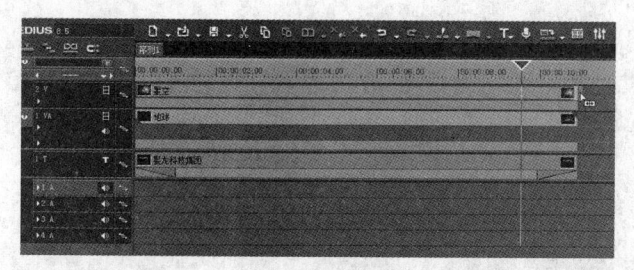

图 8-49　修改图像素材的持续时间

9 选择图像素材并通过【信息】面板打开设置对话框，然后适当调整图像的大小和位置，使之填满屏幕，如图 8-50 所示。

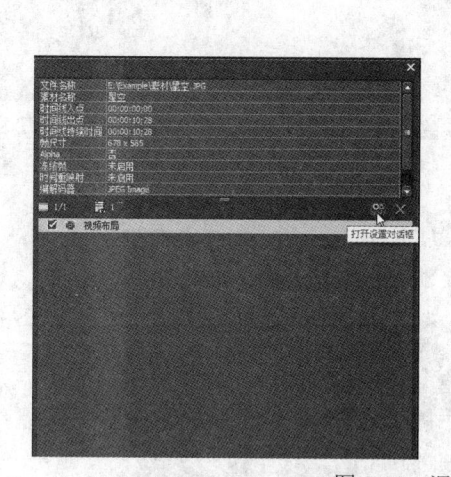

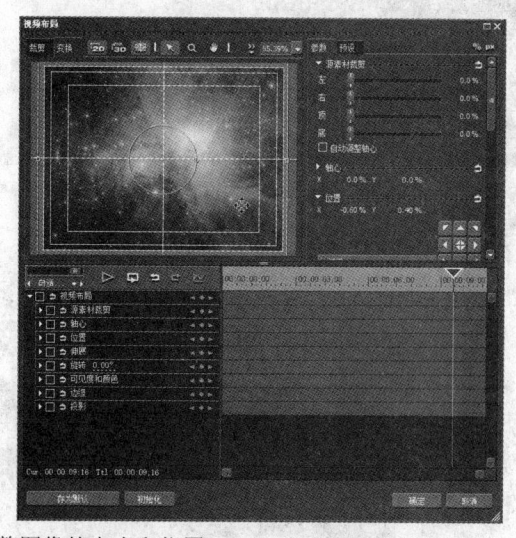

图 8-50　调整图像的大小和位置

10 打开【特效】面板的【键】|【混合】目录，然后将【叠加模式】混合特效应用到图像素材混合轨中，如图 8-51 所示。

图 8-51　应用【叠加模式】混合特效

8.6 上机练习6：音效—制作低音混响广告音效

本例先通过编辑音量线将广告素材的音频调高音量，再应用【1kHz 消除】音频滤镜处理音频，然后分别应用【图形均衡器-低音增强】特效和【音调控制器】特效并设置【音效控制器】特效的选项，接着通过【音频偏移】功能去除广告入点处的破音，使广告音效显得更加出色。

本例设计的结果如图8-52所示。

图8-52 制作低音混响的广告音效

操作步骤

1 打开光盘中的"..\Example\Ch08\8.6.ezp"练习文件，在【时间线】面板中打开1VA轨道，再单击【音量/声相】按钮，使按钮变成，以显示音量线，如图8-53所示。

图8-53 在轨道中显示音量线

2 选择音量线的第一个调节点，单击右键并选择【移动所有】命令，打开【调节点】对话框后，设置值为120%，然后单击【确定】按钮，如图8-54所示。

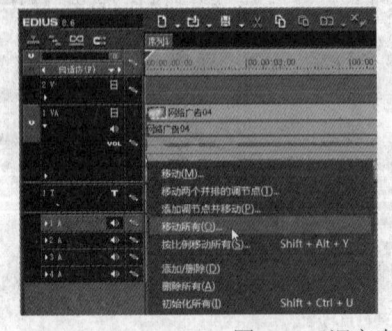

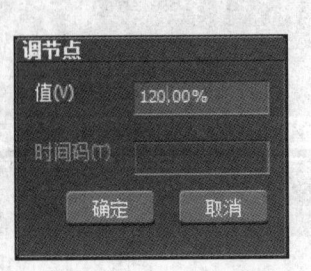

图8-54 调高素材的音量

3 在【特效】面板中打开【音频滤镜】目录，然后选择【1kHz 消除】特效并拖到素材音频轨上，如图 8-55 所示。

图 8-55　应用【1kHz 消除】特效

4 选择轨道上的广告片素材，通过【消息】面板打开特效的设置对话框，然后通过【参数平衡器】对话框修改特效属性，单击【确定】按钮，如图 8-56 所示。

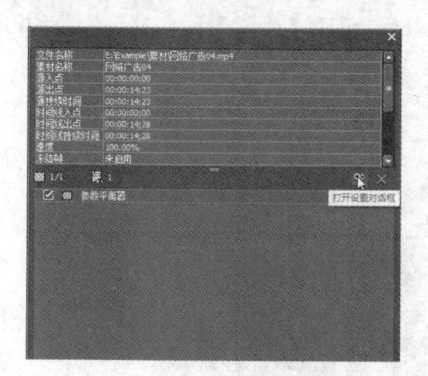

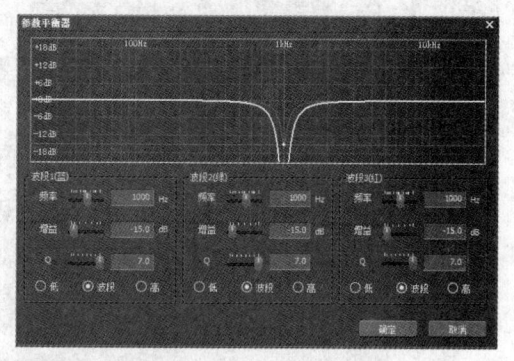

图 8-56　修改特效的设置

5 在【特效】面板的【音频滤镜】目录中选择【图形均衡器-低音增强】特效，并将该特效拖到素材的音频轨上，如图 8-57 所示。

图 8-57　应用【图形均衡器-低音增强】特效

6 在【音频滤镜】目录中选择【音调控制器】特效,然后将该特效拖到素材的音频轨上,如图 8-58 所示。

图 8-58 应用【音调控制器】特效

7 在【信息】面板中选择【音调控制器】项,然后单击【打开设置对话框】按钮,打开【音调控制器】对话框后,设置低音和高音的增益参数,单击【确定】按钮,如图 8-59 所示。

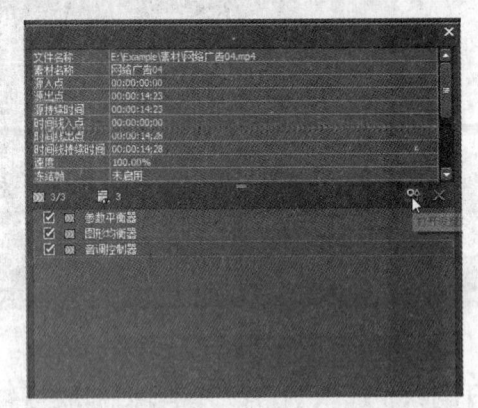

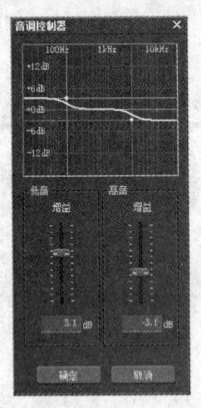

图 8-59 修改音效控制器特效的设置

8 在展开的轨道上可以看到广告影片入点处有一小段音频波形,这是多余的声音,可以通过【音频偏移】命令,设置音频向前偏移 0.2 秒,以消除这个声音,如图 8-60 所示。

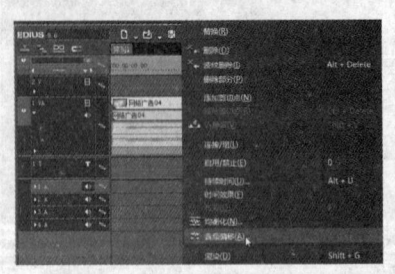

图 8-60 通过偏移音频消除入点的声音

9 完成上述操作后,即可打开【调音台】面板,然后单击【播放】按钮,播放音频以查看制作音效后的结果,如图 9-61 所示。

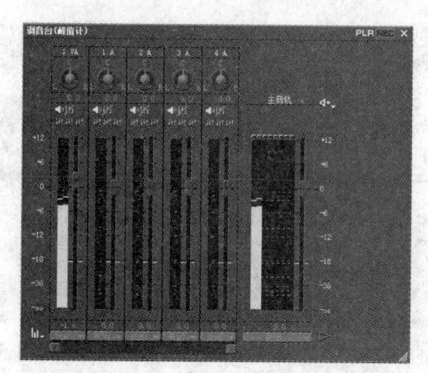

图 9-61　通过调音台播放音频

8.7　上机练习 7：转场—城市夜景延迟拍摄专辑

本例先将素材库的城市夜景视频素材添加到时间线，再为其中一个带有音频的素材进行解锁并删除音频内容，然后分别为素材添加【Alpha 自定义图像】、【马赛克划像】、【翻转】和【交叉滑动】转场特效，调整各个转场的持续时间，最后选择所有素材并执行渲染。

本例设计的结果如图 8-62 所示。

图 8-62　为剪辑应用视频过渡的结果

操作步骤

1 打开光盘中的"..\Example\Ch08\8.7.ezp"练习文件，在【素材库】面板中拖动鼠标选择所有视频素材，然后单击右键并选择【添加到时间线】命令，如图 8-63 所示。

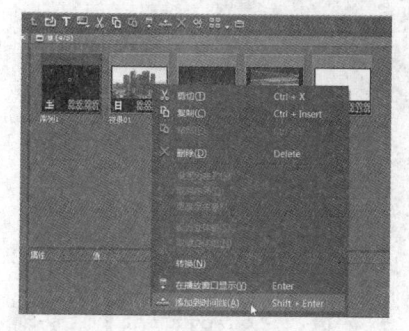

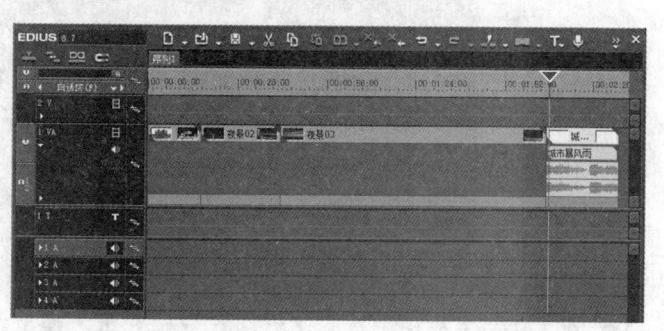

图 8-63　将视频素材添加到时间线

2 在【时间线】面板中选择带有音频的素材，单击右键并选择【连接/组】|【解锁】命令，选择音频素材并按 Delete 键将音频删除，如图 8-64 所示。

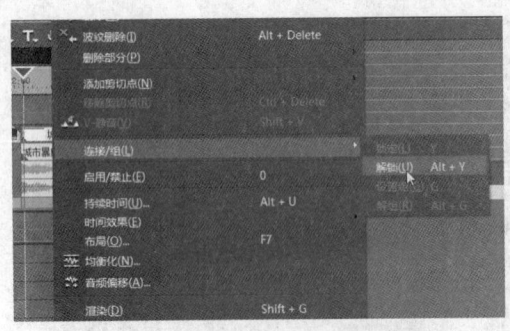

图 8-64 删除素材上的音频内容

3 在【时间线】面板中单击【自适应】按钮，以设置时间线以 1 秒为标尺一个单位显示序列上的素材，如图 8-65 所示。

图 8-65 设置序列素材的显示区域

4 在【特效】面板中打开【转场】|【Alpha】目录，然后将【Alpha 自定义图像】转场拖到第一个素材混合轨的入点处，如图 8-66 所示。

图 8-66 应用【Alpha 自定义图像】转场

5 在【特效】面板中打开【转场】|【马赛克划像】目录，然后将【SMPTE 203】特效拖到第一个素材混合轨的入点上，如图 8-67 所示。

6 打开【转场】|【3D】目录，然后将【卷页】转场拖到第二个素材混合轨出点处，接着将【翻转】转场拖到第三个素材混合轨的入点处，如图 8-68 所示。

图 8-67 应用马赛克划像转场

图 8-68 分别应用【卷页】和【翻转】转场

7 打开【转场】|【3D】目录,然后将【交叉滑动】转场拖到第四个素材混合轨的入点处,如图 8-69 所示。

图 8-69 应用【交叉滑动】转场

8 在时间线上选择第四个素材,在【信息】面板中选择【交叉滑动】项,再单击【打开设置对话框】按钮,打开【交叉滑动】对话框后,设置转场的选项,接着单击【确定】按钮,如图 8-70 所示。

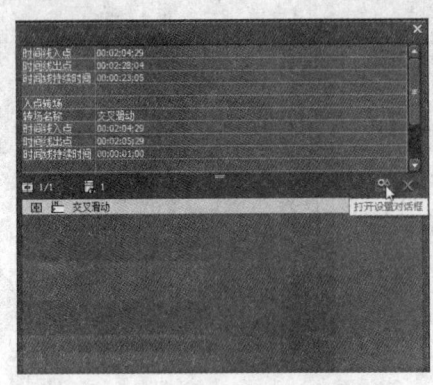

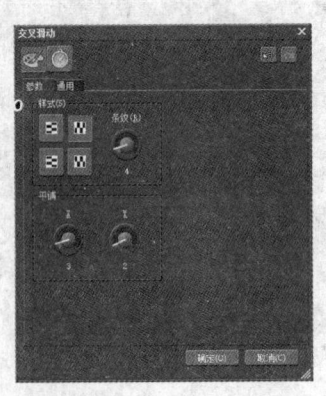

图 8-70　设置【交叉滑动】转场的选项

9 在【时间线】面板中选择第一个素材入点的转场,按住出点剪切点并向右移动,增加转场的持续时间为 0.2 秒(即转场时间为 1.2 秒),接着使用相同的方法,设置其他转场的持续时间,如图 8-71 所示。

图 8-71.　调整转场的持续时间

10 设置时间线以【自适应】方式显示序列的素材区域,在【时间线】面板中拖动鼠标框选到所有素材,选择【渲染】|【渲染选定的素材/转场】命令,如图 8-72 所示。

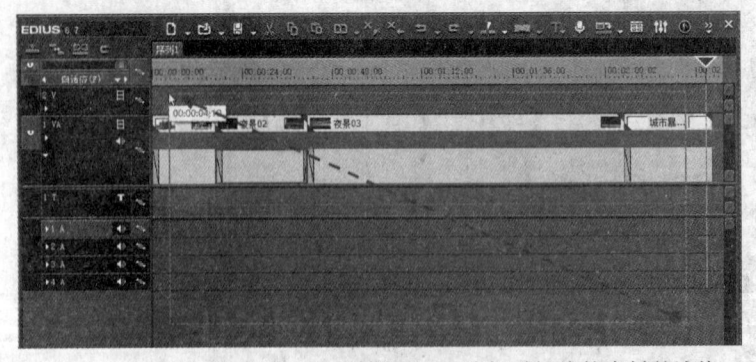

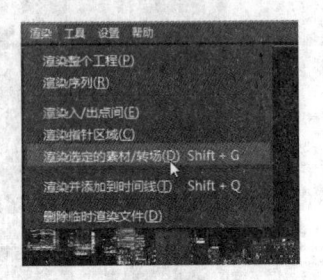

图 8-72　选择时间线的素材并渲染

11 此时程序将执行渲染处理并显示渲染进度,如图 8-73 所示。

图 8-73　程序执行渲染处理

12 在录制窗口中单击【播放】按钮，播放时间线，以查看城市风光延迟拍摄影片制作转场后的效果，如图 8-74 所示。

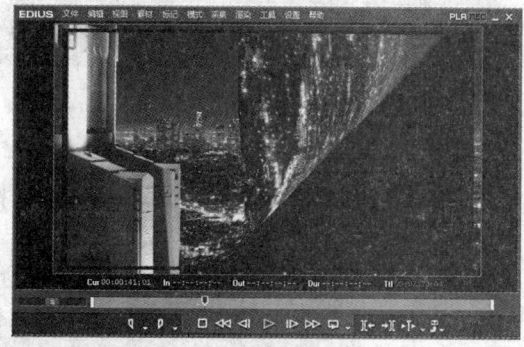

图 8-74　播放时间线查看影片效果

8.8　上机练习 8：模式—精剪的摇滚演唱会影片

本例先为工程文件添加通过多机位拍摄的演唱会视频素材，再将素材分别添加到对应的视频轨道中，然后进入多机位模式并通过播放时间线设置机位素材的切换，接着将剪辑后的素材压缩至新建轨道中并删除原来放置素材的轨道，最后回复常规模式。

本例设计的结果如图 8-75 所示。

图 8-75　通过多机位模式剪辑影片

操作步骤

1 打开光盘中的"..\Example\Ch08\8.8.ezp"练习文件，在【素材库】面板空白处单击右

263

键，选择【添加文件】命令，通过【打开】对话框将演唱会视频素材添加到素材库，如图 8-76 所示。

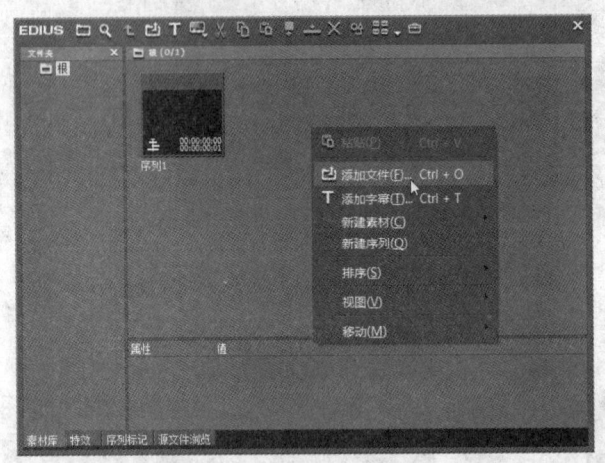

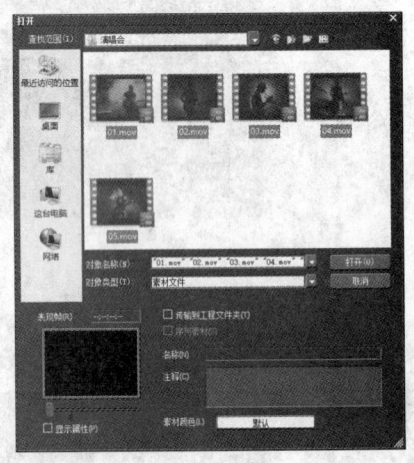

图 8-76 添加素材到素材库

2 选择 2V 并单击右键，选择【添加】|【在上方添加视频轨道】命令，打开【添加轨道】对话框后，设置数量为 3，然后单击【确定】按钮，如图 8-77 所示。

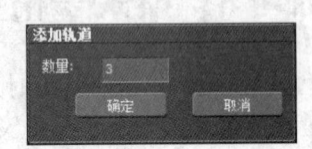

图 8-77 添加 3 条视频轨道

3 通过【素材库】面板将 5 个多机位拍摄的素材分别添加到 5 条视频轨道上，如图 8-78 所示。

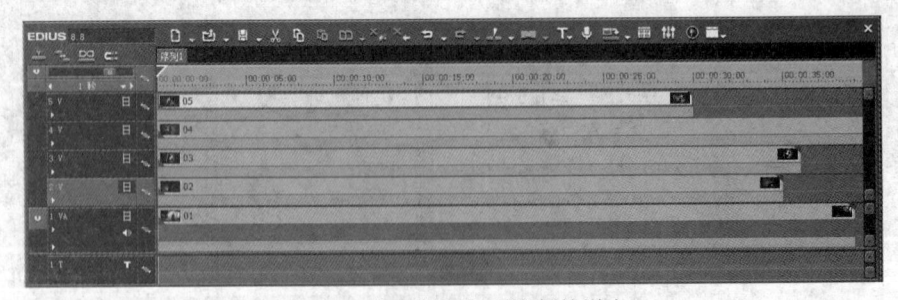

图 8-78 将素材添加到视频轨道上

4 选择【模式】|【多机位模式】命令，进入多机位模式，然后选择【模式】|【机位数量】|【5+主机位】命令，设置 5 个机位，如图 8-79 所示。

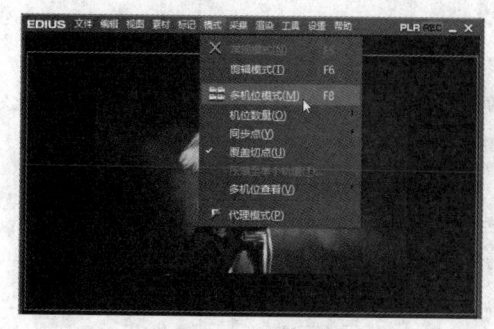

图 8-79 进入多机位模式并设置机位数量

5 此时录制窗口中出现 5 个小监视器窗口和一个主机位的监视器窗口,分别显示 5 条轨道上的素材在对应的机位上。在录制窗口中单击【1VA】机位监视器,指定该机位素材为首先播放的素材,如图 8-80 所示。

图 8-80 选择首播素材的机位

6 将当前播放时间指示器移到入点处,再单击录制窗口的【播放】按钮,然后在播放过程中根据需要在录制窗口中选择要切换的机位,以根据选择的机位为素材创建对应的剪切点,如图 8-81 所示。

图 8-81 播放时间线并适当切换机位

7 如果播放过程中切换机位错误,可以在【时间线】面板中选择错误的剪切点并删除,然后在播放时间线再进行正确的切换机位操作,如图 8-82 所示。

图 8-82 删除错误的剪切点并重新编辑

8 当播放完成后，程序会根据切换机位的操作，为素材创建对应的剪切点，结果如图 8-83 所示。

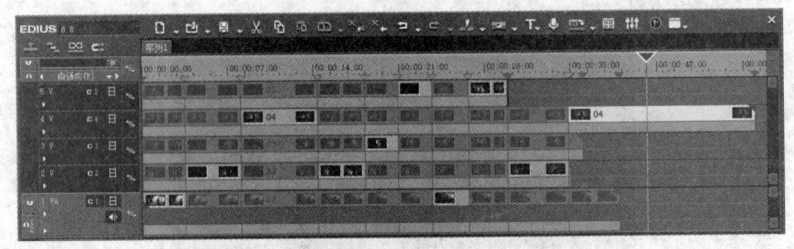

图 8-83 根据机位切换创建剪切点的结果

9 选择【模式】|【压缩至单个轨道】命令，打开对话框后选择输出轨道为【新建轨道（VA 轨道）】，接着单击【确定】按钮，如图 8-84 所示。

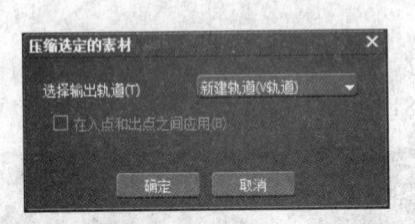

图 8-84 将多机位剪辑的素材压缩至新轨道

10 选择放置原来演唱会素材的 5 条轨道，单击右键并选择【删除（选定轨道）】命令，再确定删除选定的轨道，选择【模式】|【常规模式】命令，恢复到常规模式，如图 8-85 所示。

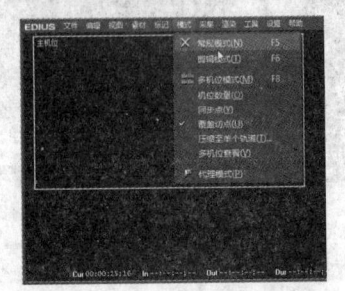

图 8-85 删除选定轨道并切换到常规模式

8.9　上机练习 9：输出—为影片配音并输出到文件

本例先为演唱会工程文件添加一个音频素材，添加到时间线中以作为影片的背景音乐，然后选择整个工程的满载区域，使用【Grass Valley HQ AVI】输出器将工程输出到文件，最后通过 EDIUS 播放影片以检查效果。

本例设计的结果如图 8-86 所示。

图 8-86　播放输出的演唱会影片

操作步骤

1 打开光盘中的 "..\Example\Ch08\8.9.ezp" 练习文件，在【素材库】面板空白处单击右键，选择【添加文件】命令，从【打开】对话框中选择音频素材，再单击【打开】按钮，如图 8-87 所示。

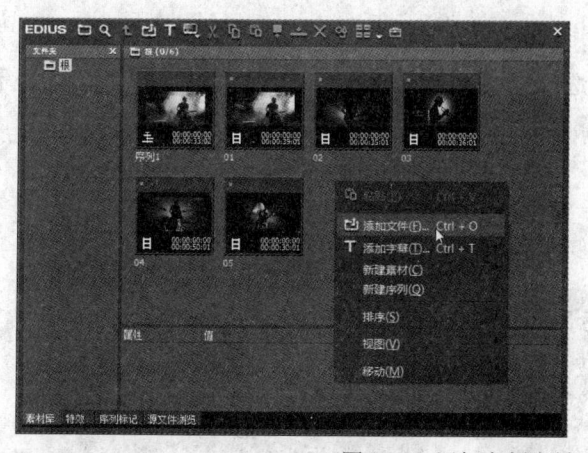

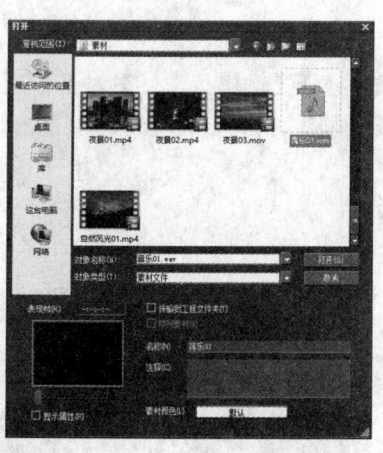

图 8-87　添加音频素材到素材库

2 将音频素材添加到时间线的 1A 轨道上，然后展开轨道并显示音量线，在音量线上添加两个调节点并将入点调节点拖到下方，设置该点音量为 0，制作音频淡入的效果，如图 8-88 所示。

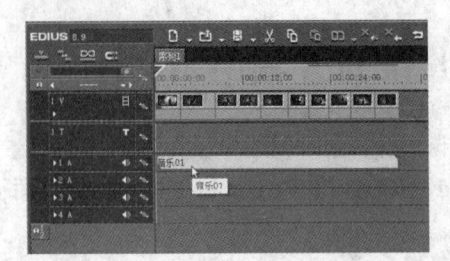

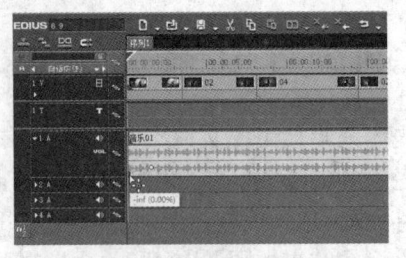

图 8-88 将音频加入时间线并制作淡入效果

3 选择【渲染】|【渲染整个工程】|【渲染满载区域】命令,渲染工程的满载区域,如图 8-89 所示。

图 8-89 渲染工程的满载区域

4 在录制窗口中单击【输出】按钮,并在菜单中选择【输出到文件】命令,如图 8-90 所示。

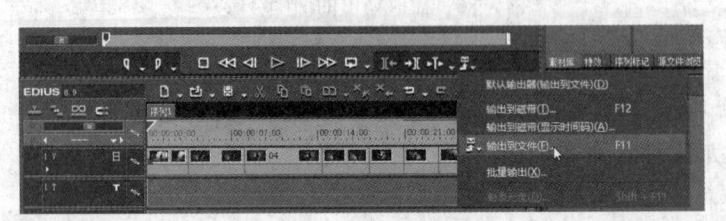

图 8-90 将工程输出到文件

5 打开【输出到文件】对话框后,选择【Grass Valley HQ AVI】输出器,然后打开【高级】选项卡,再设置相关选项,单击【输出】按钮,如图 8-91 所示。

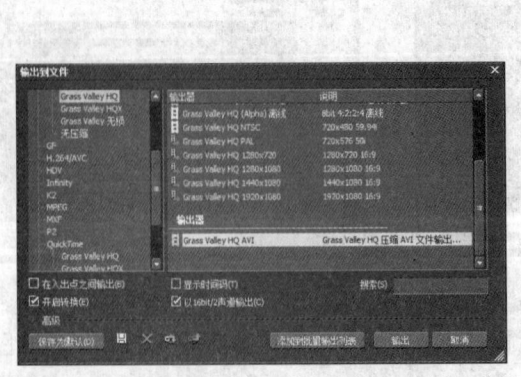

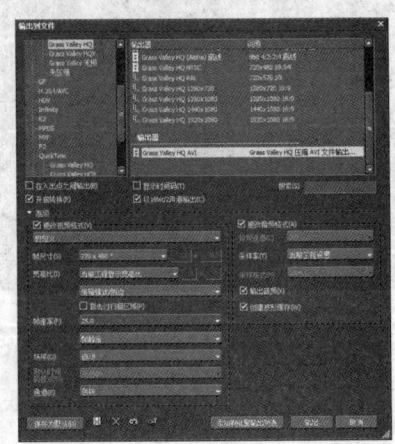

图 8-91 选择输出器并设置选项

6 打开【Grass Valley HQ AVI】对话框后，设置保存文件的位置和文件名称，使用默认的编解码器设置，单击【保存】按钮，如图 8-92 所示。

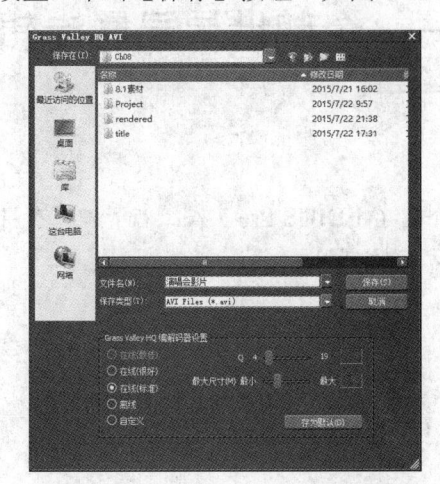

图 8-92 保存文件

7 输出文件后，该文件会自动添加到素材库，此时可以双击该素材文件，通过 EDIUS 的播放窗口播放素材，以查看结果，如图 8-93 所示。

图 8-93 通过播放窗口播放影片

第 9 章 综合设计——企鹅世界录影专辑

学习目标

本章通过企鹅世界专辑影片设计，综合介绍了 EDIUS Pro 7 在工程管理、素材编辑、特效应用、字幕制作、音频编辑、渲染与输出等方面的应用。

学习重点

- ☑ 新建工程与管理素材
- ☑ 添加素材到轨道
- ☑ 使用特效编辑素材
- ☑ 制作字幕和编辑字幕
- ☑ 制作画中画效果
- ☑ 通过多机位模式编辑素材
- ☑ 制作视频的布局变化动画
- ☑ 添加音频和编辑音效
- ☑ 输出为媒体文件和刻录光盘

　　本例以多个拍摄企鹅生活状态的视频作为素材，制作出一个包含片头、转场、视频剪辑、片尾字幕和背景音乐的企鹅世界影片专辑。本例在设计时首先使用了一个简单明了的片头标题字幕作为开始，再使用了一个炫丽的片头视频作为倒计时，然后将所有企鹅生活视频添加到时间线的轨道上，并根据设计需要添加视频转场和制作各种视频效果，其中包括画中画效果、视频混合特效、视频布局运动动画效果等，接着添加一个彩色字幕作为结束，再加入音乐素材并制作出音乐淡入和淡出效果，最后将工程导出为媒体文件并刻录成光盘。本例设计的效果展示如图 9-1 所示。

图 9-1　企鹅世界录影专辑

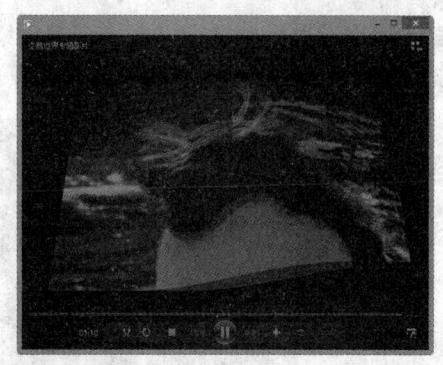

图 9-1　企鹅世界录影专辑（续）

9.1　上机练习 1：新建工程并管理素材

下面先新建一个工程文件并设置工程选项，分别将企鹅视频素材和倒计时视频素材加入工程文件，接着新建一个素材文件夹，并将所有的企鹅视频放置到文件夹内，最后保存工程文件。

操作步骤

1 启动 EDIUS Pro 7 应用程序，打开【初始化工程】对话框后，单击【新建工程】按钮，如图 9-2 所示。

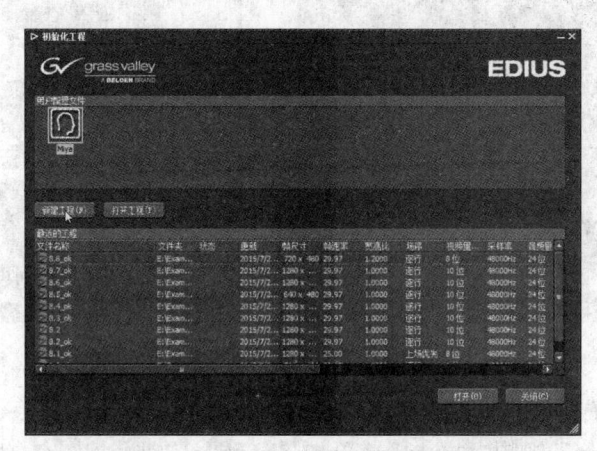

图 9-2　新建工程

2 打开【工程设置】对话框后，从预设列表中选择一个预设，再选择【自定义】复选框，然后单击【确定】按钮，如图 9-3 所示。

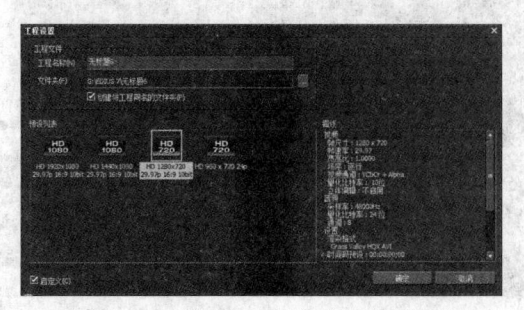

图 9-3　通过自定义方式设置工程

3 在【工程设置】对话框中选择视频预设，然后打开【高级】选项卡，设置相关选项，接着单击【确定】按钮，如图 9-4 所示。

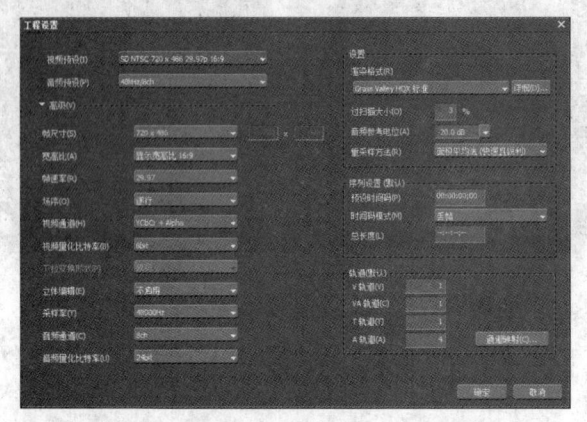

图 9-4　设置工程选项并确定新建工程

4 在【素材库】右侧窗格的空白处单击右键，选择【添加文件】命令，然后通过【打开】对话框选择所有的企鹅视频素材并单击【打开】按钮，如图 9-5 所示。

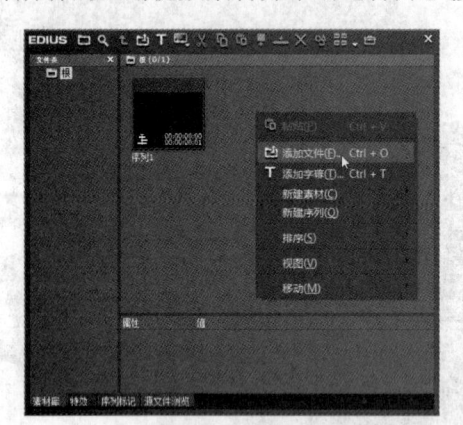

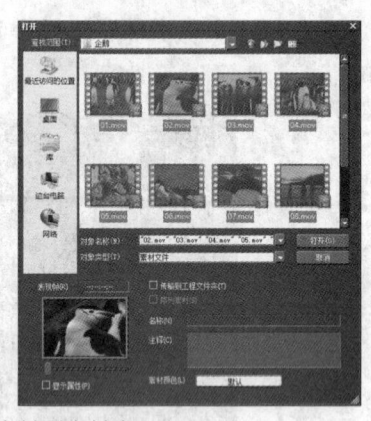

图 9-5　添加企鹅视频素材到素材库

5 在【素材库】右侧窗格的空白处单击右键，选择【添加文件】命令，然后通过【打开】对话框选择"倒计时.avi"视频素材，接着单击【打开】按钮，如图 9-6 所示。

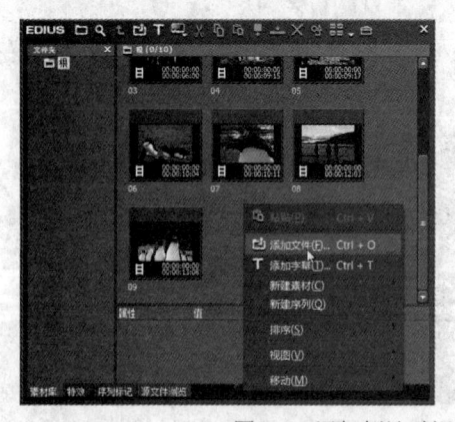

图 9-6　添加倒计时视频素材到素材库

第 9 章 综合设计——企鹅世界录影专辑

6 在【素材库】面板中选择【根】文件夹，单击右键并选择【新建文件夹】命令，输入新建文件夹的名称，如图 9-7 所示。

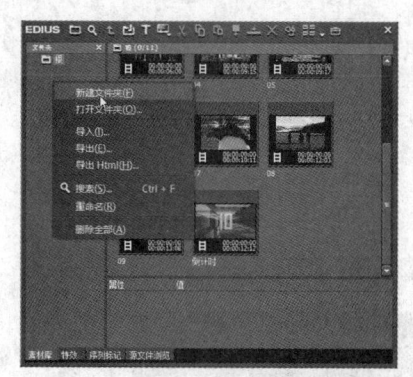

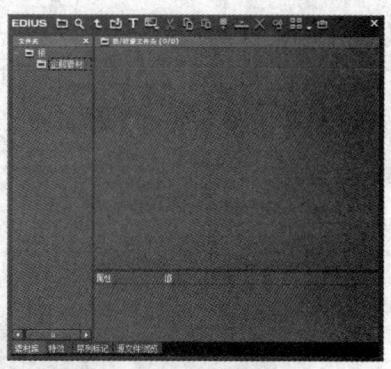

图 9-7 新建素材文件夹

7 在【素材库】面板中选择【根】目录，在右侧窗格中选择所有企鹅视频素材，将这些素材拖到上一步骤新建的文件夹内，如图 9-8 所示。

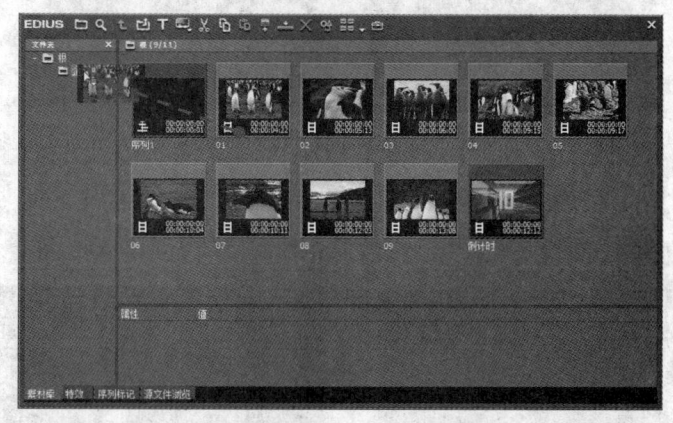

图 9-8 将视频素材移入文件夹内

8 选择【文件】|【另存为】命令，打开【另存为】对话框后，设置文件的名称，再单击【保存】按钮，如图 9-9 所示。

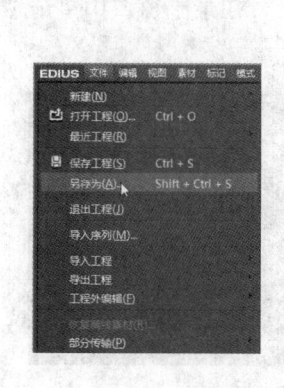

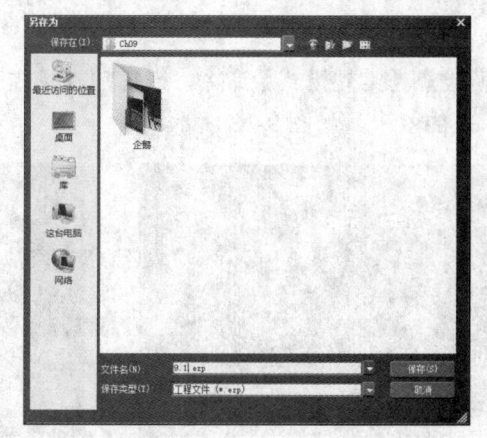

图 9-9 另存工程文件

273

9.2 上机练习 2：制作倒计时片头与转场

下面先将倒计时视频素材加入 1VA 轨道，再对该素材进行剪辑处理，然后制作倒计时视频的淡入效果；接着将第一个企鹅视频素材加入到 2V 轨道，为企鹅视频素材的入点添加转场特效，最后修改企鹅视频素材的布局属性。

操作步骤

1 打开光盘中的"..\Example\Ch09\9.2.ezp"练习文件，在【素材库】面板中选择【倒计时】素材，然后将该素材拖到 1VA 轨道上，如图 9-10 所示。

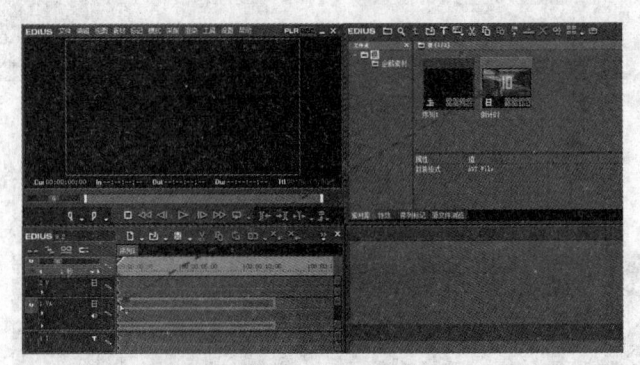

图 9-10　将倒计时素材加入到轨道

2 选择【模式】|【剪辑模式】命令，然后单击录制窗口下方的【裁剪（入点）】按钮，接着在录制窗口中向右拖动鼠标，裁剪入点到第 5 秒的倒计时画面处，如图 9-11 所示。

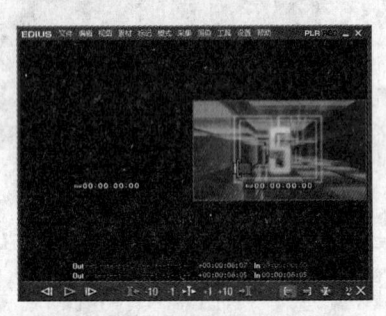

图 9-11　通过剪辑模式裁剪素材入点

3 选择【模式】|【常规模式】命令，恢复常规模式后，在录制窗口中单击【播放】按钮，查看裁剪视频入点的效果，如图 9-12 所示。

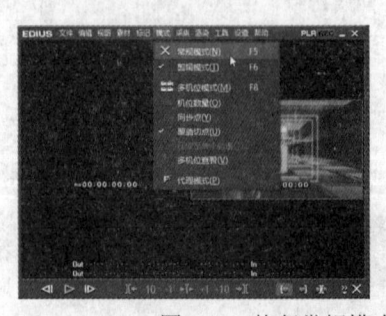

图 9-12　恢复常规模式并查看裁剪视频的结果

第 9 章 综合设计——企鹅世界录影专辑

4 展开 1VA 轨道，然后单击【混合器】按钮，在不透明线上单击添加一个调节点，再将入点调节点向下拖动，设置不透明度为 0%，制作倒计时视频淡入效果，如图 9-13 所示。

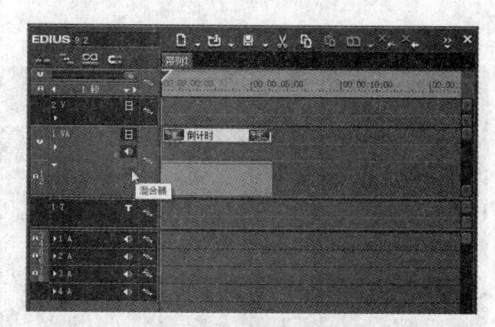

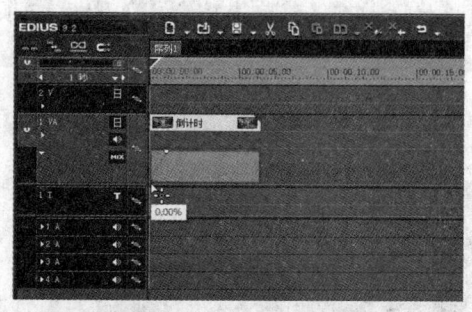

图 9-13 制作倒计时视频淡入的效果

5 在【素材库】面板中选择【企鹅素材】文件夹，然后将【01】视频素材拖到 2V 轨道上并覆叠倒计时视频尾段部分，如图 9-14 所示。

图 9-14 加入第一个企鹅视频素材到轨道

6 在【特效】面板中打开【转场】|【3D】目录，然后选择【双门】特效并拖到企鹅视频素材混合轨入点处，如图 9-15 所示。

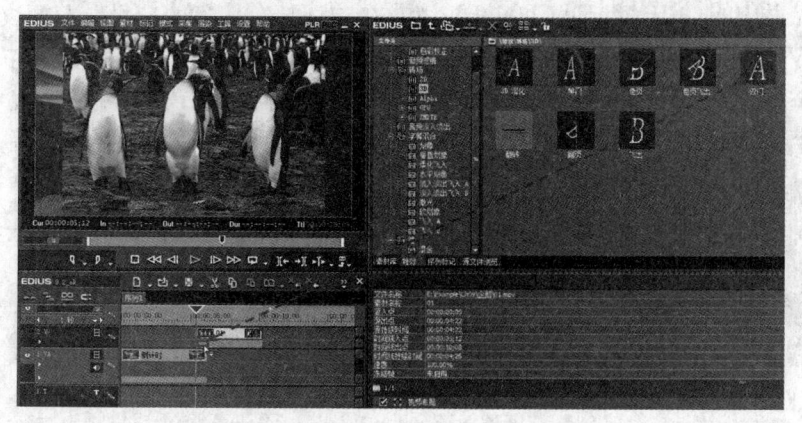

图 9-15 为视频素材应用 3D 转场

7 展开 2V 轨道，然后选择转场的出点，再向左移动，适当缩短转场的持续时间，如图 9-16 所示。

275

8 选择 2V 轨道上的企鹅视频素材，通过【信息】面板打开该素材的【视频布局】对话框，然后选择【预设】选项卡，双击【匹配宽度】项，通过扩大视频的方式使素材宽度匹配屏幕宽度，最后单击【确定】按钮，如图 9-17 所示。

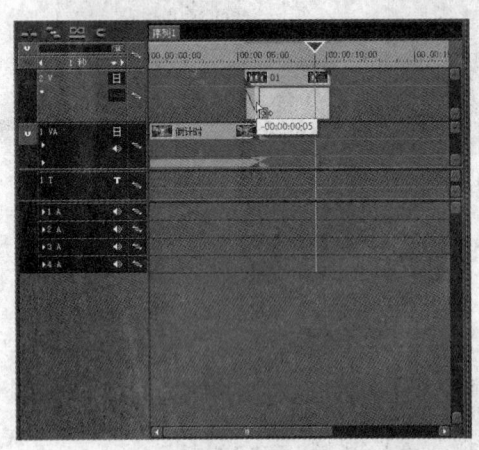

图 9-16　修改转场特效的持续时间 　　　　　　图 9-17　设置企鹅视频的尺寸

9.3　上机练习 3：制作画中画切换的效果

下面先将两个企鹅视频素材加入到轨道，然后通过【视频布局】对话框制作其中一个视频作为子画面在屏幕上方水平移动的效果；添加一个视频轨道并加入与子画面相同的视频素材，制作该视频作为子画面移入屏幕并伸展直到填满整个屏幕的动画，使屏幕展示画面切换的效果。

操作步骤

1 打开光盘中的"..\Example\Ch09\9.3.ezp"练习文件，通过【素材库】面板将【09】视频素材拖到 1VA 轨道上，并与 2V 轨道中的视频素材尾段产生覆叠，如图 9-18 所示。

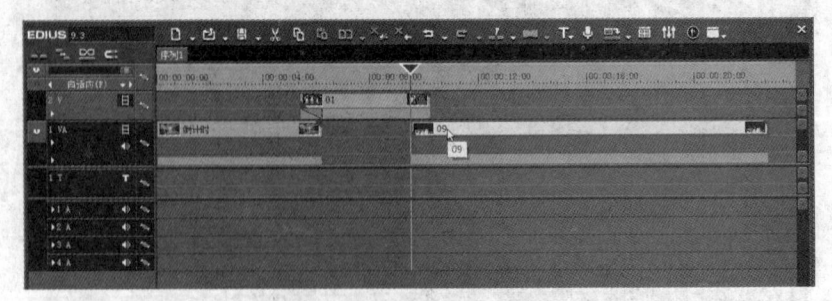

图 9-18　加入企鹅视频素材到轨道

2 选择【09】视频素材并打开【信息】面板，单击【打开设置对话框】按钮，打开【视频布局】对话框后，选择【预设】选项卡，然后双击【匹配宽度】项，接着单击【确定】按钮，如图 9-19 所示。

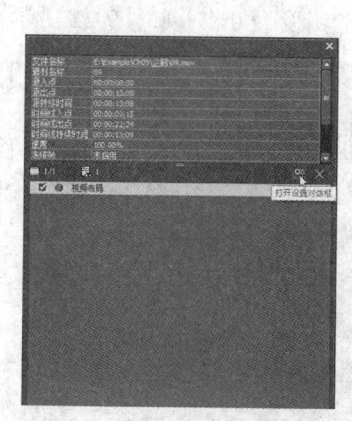

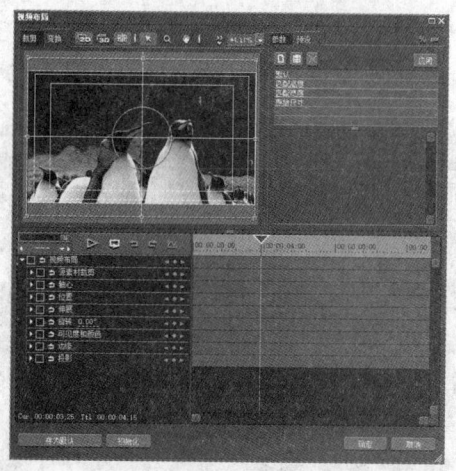

第 9 章 综合设计——企鹅世界录影专辑

图 9-19 设置视频素材的尺寸

3 在【特效】面板中选择【转场】|【2D】目录,然后将【交叉滑动】特效拖到 2V 轨道的素材混合轨出点上,如图 9-20 所示。

图 9-20 添加转场特效

4 通过【素材库】将【02】视频素材拖到 2V 轨道上,然后通过【信息】面板打开该素材的【视频布局】对话框,再缩小视频尺寸并放置在屏幕右上角处,如图 9-21 所示。

图 9-21 加入第二个企鹅视频素材并设置尺寸和位置

277

5 在【视频布局】对话框中将当前播放时间指示器移到入点处，然后选择【素材不透明度】复选框，添加该属性的关键帧，接着设置素材不透明度为 0%，如图 9-22 所示。

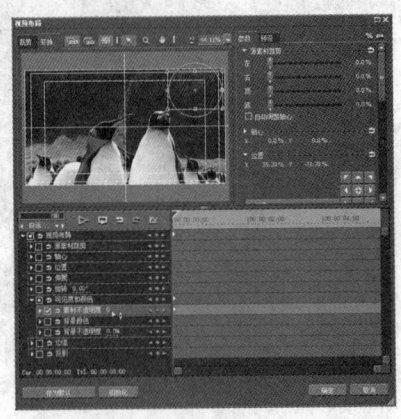

图 9-22　添加素材不透明度关键帧并设置属性

6 在【视频布局】对话框中将当前播放时间指示器向右移动，然后添加素材不透明度的关键帧，再设置不透明度为 100%，如图 9-23 所示。

图 9-23　添加第二个素材不透明度关键帧并设置属性

7 在不移动当前播放时间指示器的情况下选择【位置】复选框，然后向右移动当前播放时间指示器，再添加位置关键帧，将视频移到屏幕左上角，如图 9-24 所示。

图 9-24　调整字幕位置并关闭窗口

第 9 章 综合设计——企鹅世界录影专辑

8 将当前播放时间指示器向右移动，分别为【位置】和【素材不透明度】属性添加关键帧，将当前播放时间指示器移到出点处，并将视频素材移出左边的屏幕外，最后设置素材不透明度为 0%，再单击【确定】按钮，如图 9-25 所示。

图 9-25 再次添加关键帧并设置位置和不透明度属性

9 在【时间线】面板中选择 2V 轨道，然后单击右键并选择【添加】|【在上方添加视频轨道】命令，打开【添加轨道】对话框后，设置数量为 1 并单击【确定】按钮，如图 9-26 所示。

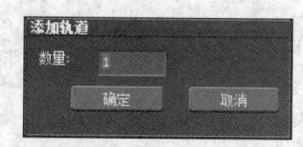

图 9-26 添加视频轨道

10 通过【素材库】面板再次将【02】视频素材添加到 3V 轨道，然后打开该素材的【视频布局】对话框并设置视频的尺寸，选择【位置】复选框并添加关键帧，再将视频移到屏幕左侧外，如图 9-27 所示。

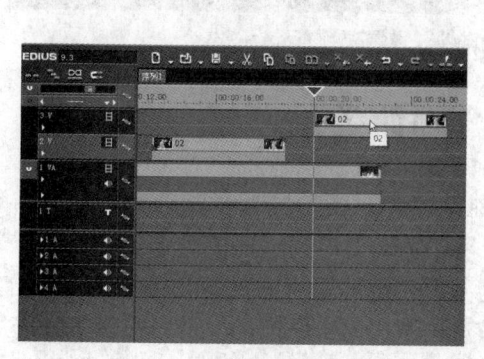

图 9-27 再次加入企鹅视频素材并设置布局选项

11 在【视频布局】对话框中将当前播放时间指示器向右移动,然后将视频移入屏幕并放置在中央处,再次向右移动当前播放时间指示器,分别为【位置】和【伸展】属性项添加关键帧,如图 9-28 所示。

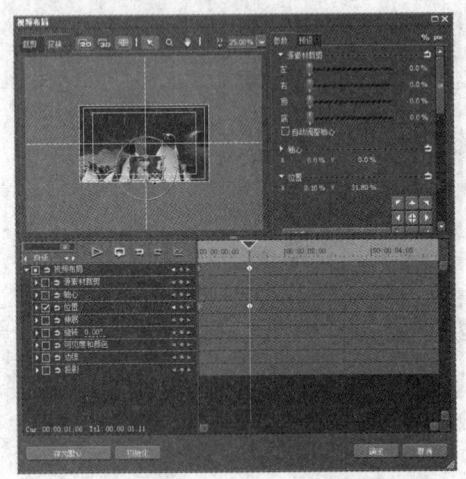

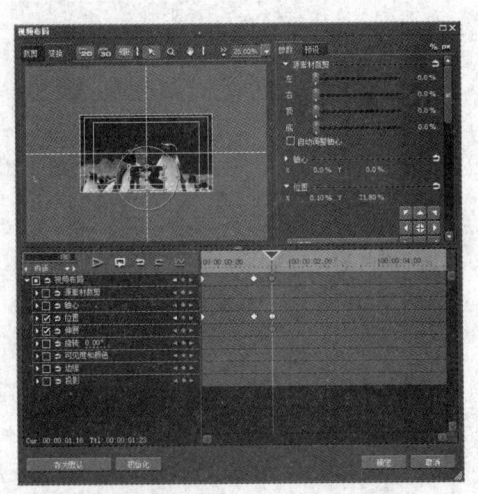

图 9-28 调整视频布局并添加关键帧

12 将当前播放时间指示器向右移动,然后分别为【位置】和【伸展】属性项添加关键帧,选择【预设】选项卡,先后双击【默认】项和【匹配宽度】项,最后单击【确定】按钮,如图 9-29 所示。

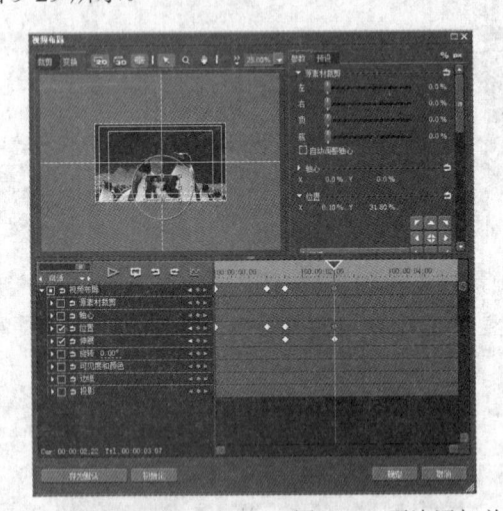

图 9-29 再次添加关键帧并设置视频布局

9.4 上机练习 4:制作视频混合画面效果

下面先将一个企鹅视频素材加入轨道并制作伸展动画,然后在该素材上添加一个剪切点,将另一个企鹅视频素材加入到下方轨道上,使之入点对齐上述的剪切点;为位于上方轨道的素材应用混合特效,再使用相同的方法为下方轨道的素材添加剪切点并应用混合特效,最后将企鹅视频素材加入到轨道并制作淡入和淡出效果,使视频素材之间在过渡时产生混合画面的效果。

第 9 章 综合设计——企鹅世界录影专辑

操作步骤

1 打开光盘中的 "..\Example\Ch09\9.4.ezp"练习文件,在【素材库】面板中打开【企鹅素材】目录,将【03】视频素材拖到 3V 轨道上,对齐该轨道已有素材的出点,如图 9-30 所示。

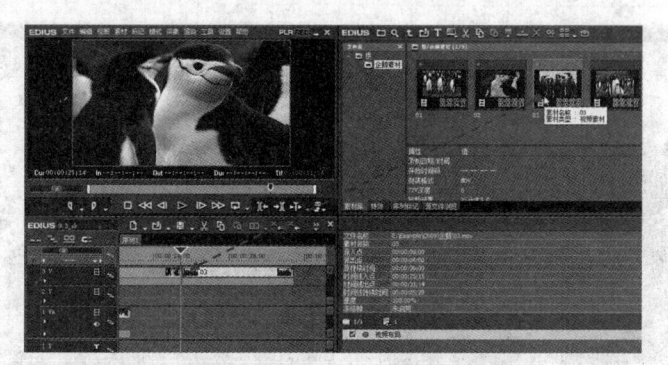

图 9-30 添加视频素材到轨道

2 在【特效】面板中选择【转场】|【GPU】|【扭转】|【环绕(深处)】目录,然后将【扭转(环绕.深处)-向上扭转 2】特效拖到【03】视频素材混合轨入点,如图 9-31 所示。

图 9-31 为素材应用转场特效

3 在【时间线】面板中将当前播放时间指示器移到【03】素材转场出点处,通过【信息】面板打开【视频布局】对话框并选择【伸展】复选框,为伸展项添加一个关键帧,如图 9-32 所示。

图 9-32 通过【视频布局】对话框为伸展属性项添加关键帧

281

4 在【视频布局】对话框中将当前播放时间指示器向右移动,再次添加【伸展】项的关键帧,切换到【预设】选项卡,双击【匹配宽度】项,最后单击【确定】按钮,如图 9-33 所示。

图 9-33 再次添加关键帧并为视频匹配宽度

5 返回【时间线】面板,将当前播放时间指示器向右移动,选择【03】素材并单击【添加剪切点-选定轨道】按钮,在当前播放时间指示器处为【03】素材添加剪切点,如图 9-34 所示。

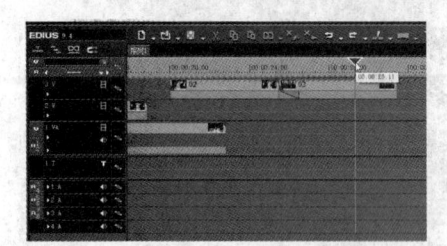

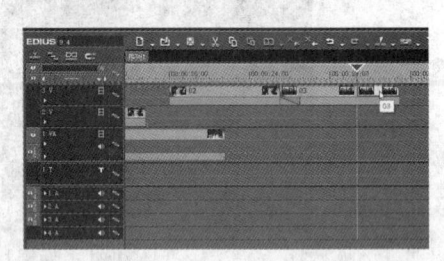

图 9-34 为素材添加剪切点

6 通过【素材库】面板将【03】视频素材添加到 2V 轨道,并使之入点对齐步骤 5 添加的剪切点,然后打开【视频布局】对话框,设置匹配宽度,单击【确定】按钮,如图 9-35 所示。

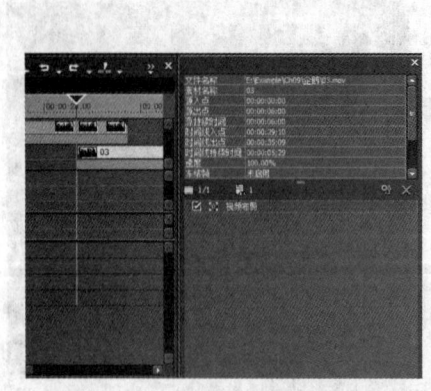

图 9-35 再次加入素材并匹配宽度

第 9 章 综合设计——企鹅世界录影专辑

7 在【特效】面板中选择【键】|【混合】目录,将【滤色模式】特效拖到 3V 轨道最后一段素材的混合轨中,如图 9-36 所示。

图 9-36 应用【绿色模式】混合特效

8 在【特效】面板中选择【转场】|【GPU】|【爆炸】|【常规】目录,然后将【爆炸转入】特效拖到 2V 轨道的【03】素材混合轨入点,如图 9-37 所示。

图 9-37 应用【爆炸转入】转场特效

9 在【时间线】面板中将当前播放时间指示器移到【03】素材的后半部分处,然后选择该素材并单击【添加剪切点-选定轨道】按钮 ,为【03】素材添加一个剪切点,如图 9-38 所示。

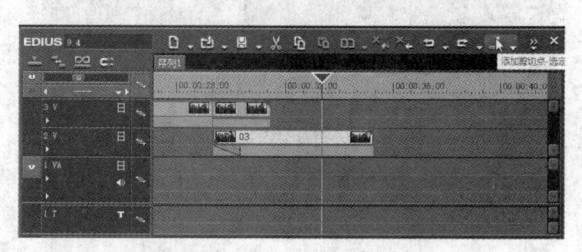

图 9-38 为素材添加剪切点

10 在【特效】面板中选择【键】|【混合】目录,然后将【相加模式】混合特效拖到【03】素材后部分的混合轨上,接着通过【素材库】面板将【04】素材添加到 1VA 轨道,使之入点对齐【03】素材的剪切点,如图 9-39 所示。

283

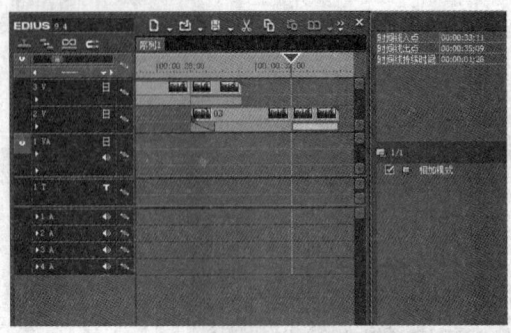

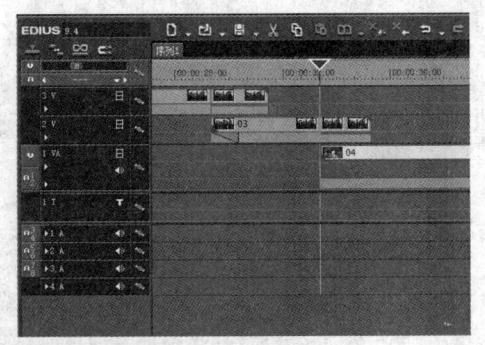

图 9-39 应用混合特效并加入另一个素材

11 展开 1VA 轨道,显示混合器,在素材前段单击混合器线添加一个调节点,接着将入点调节点向下拖动,设置该点不透明度为 0%,如图 9-40 所示。

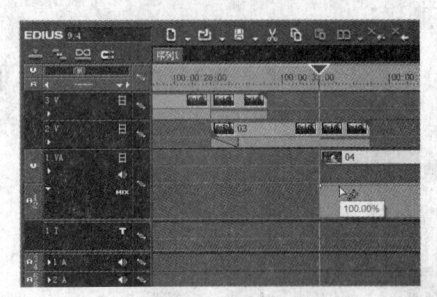

图 9-40 制作视频的淡入效果

12 选择【04】视频素材并通过【信息】面板打开【视频布局】对话框,然后切换到【预设】选项卡,双击【匹配宽度】项,单击【确定】按钮,如图 9-41 所示。

图 9-41 设置视频的尺寸

13 返回【时间线】面板,展开【2V】轨道,在【03】素材后部分的混合器线上添加一个调节点,接着将该素材的出点调节点向下移动,设置不透明度为 0%,以制作素材的淡出效果,如图 9-42 所示。

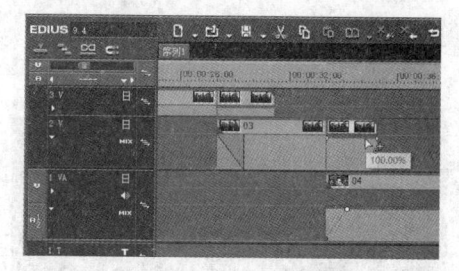

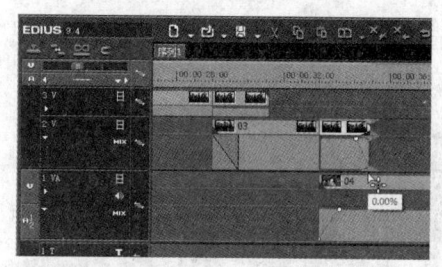

第 9 章　综合设计——企鹅世界录影专辑

图 9-42　制作素材的淡出效果

9.5　上机练习 5：以多机位模式剪辑镜头

下面先将两个企鹅视频素材添加到两条不同的轨道并对齐入点和匹配宽度，然后通过多机位模式播放时间线并切换镜头，以交叉剪辑出两个视频中企鹅打架的镜头，最后为素材添加转场特效即可。

操作步骤

1 打开光盘中的 "..\Example\Ch09\9.5.ezp" 练习文件，通过【素材库】面板将【05】和【06】视频素材分别添加到轨道并对齐入点，如图 9-43 所示。

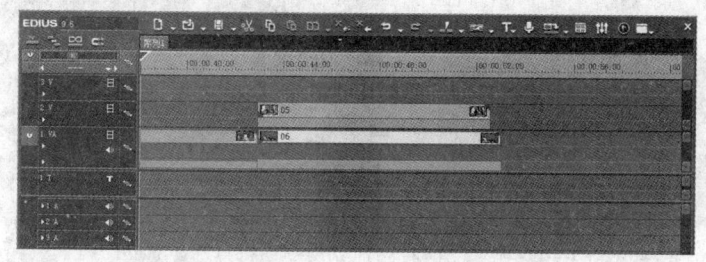

图 9-43　添加素材到轨道

2 选择轨道的【05】视频素材，然后打开该素材的【视频布局】对话框，再设置尺寸为【匹配宽度】，接着使用相同的方法，设置【06】视频素材匹配宽度，如图 9-44 所示。

图 9-44　设置素材匹配宽度

285

3 选择【模式】|【多机位模式】命令,进入多机位模式,然后选择【模式】|【机位数量】|【2+主机位】命令,如图9-45所示。

图9-45 进入多机位模式并设置机位数量

4 在【时间线】面板中将当前播放时间指示器移到【05】和【06】素材的入点处,然后在录制窗口中单击【1VA】机位,设置该机位素材为主机位首播素材,如图9-46所示。

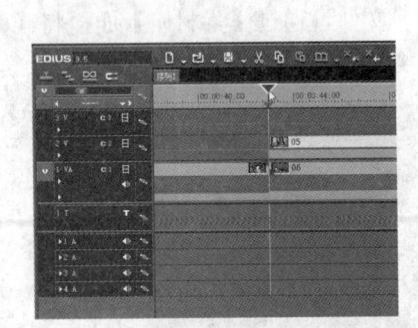

图9-46 调整当前时间播放指示器位置与主机位

5 在录制窗口中单击【播放】按钮,播放时间线,然后在播放过程中单击机位以切换镜头,播放到素材出点时单击【停止】按钮即可,如图9-47所示。

图9-47 播放时间线并切换机位

6 按F5键切换到常规模式,然后在【特效】面板中选择【转场】|【GPU】|【百叶窗波浪】|【波浪】目录,再将【水平波浪-从左】特效拖到【04】素材的混合轨出点中,如图9-48所示。

图 9-48　为素材应用转场特效

9.6　上机练习 6：制作画面旋转切换效果

下面将剩余的两个企鹅视频素材分别加入轨道并对齐入点，然后通过【视频布局】对话框分别制作两个视频素材旋转碰撞并进行画面切换的动画效果，最后为素材添加转场特效。

操作步骤

1 打开光盘中的"..\Example\Ch09\9.6.ezp"练习文件，通过【素材库】面板分别将【07】和【08】视频素材加入轨道并对齐入点，如图 9-49 所示。

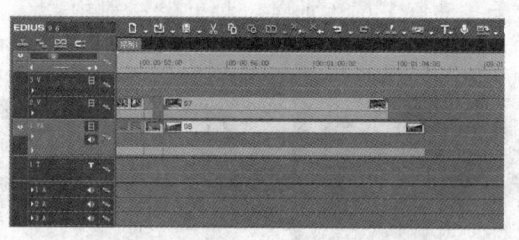

图 9-49　添加视频素材到轨道

2 选择轨道中的【07】视频素材，通过【信息】面板打开【视频布局】对话框，然后缩小素材尺寸并将素材放置在屏幕左上角处，如图 9-50 所示。

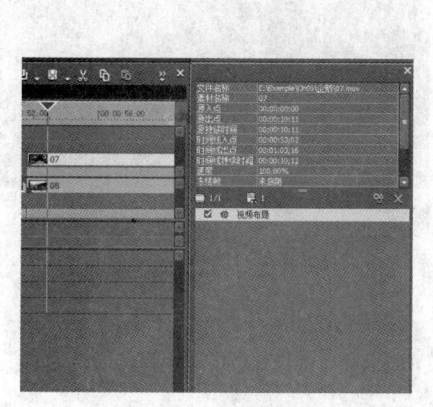

图 9-50　设置视频初始状态的尺寸和位置

287

3 在【视频布局】对话框中选择【旋转】、【伸展】和【位置】复选框,然后为这三个属性项添加关键帧,将当前播放时间指示器向右移动,分别设置【旋转】和【位置】的属性,如图 9-51 所示。

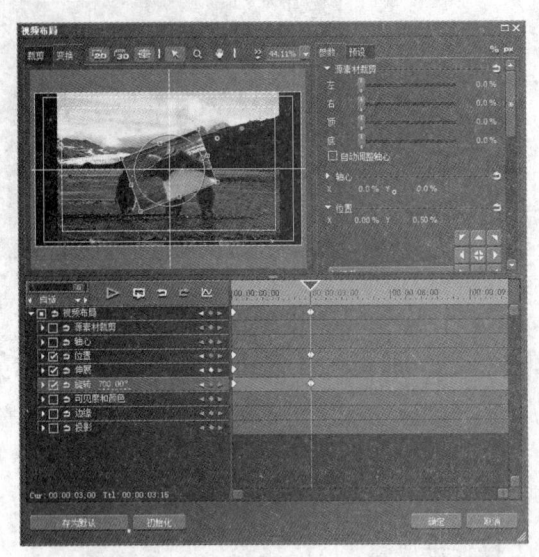

图 9-51 添加关键帧并设置属性

4 向右移动当前播放时间指示器,然后分别添加【旋转】和【位置】属性项的关键帧并设置对应的属性,接着为【伸展】项添加关键帧并缩小视频素材,单击【确定】按钮,如图 9-52 所示。

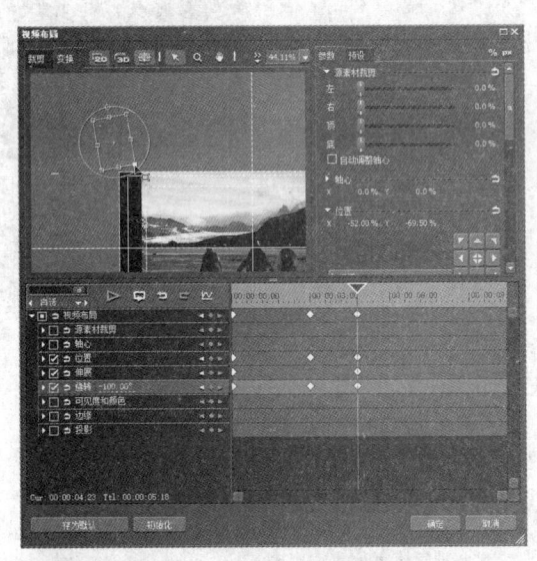

图 9-52 再次添加关键帧并设置属性

5 返回【时间线】面板后不移动当前播放时间指示器,选择轨道上的【08】视频素材,打开该素材的【视频布局】对话框,分别选择【旋转】、【伸展】和【位置】复选框,在当前时间指示器中分别为上述属性项添加关键帧,最后双击【预设】选项卡的【匹配宽度】项,如图 9-53 所示。

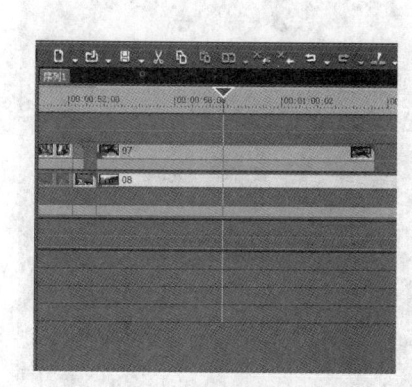

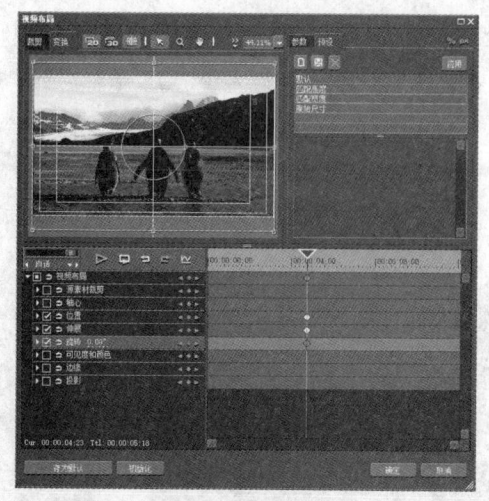

图 9-53　设置另一个素材的属性关键帧并匹配宽度

6 在【视频布局】对话框中向左移动当前播放时间指示器，分别为【旋转】、【伸展】和【位置】属性项添加关键帧，再设置视频的旋转、伸展和位置属性，接着将当前播放时间指示器移到入点处，分别设置视频的位置和旋转属性，最后单击【确定】按钮，如图 9-54 所示。

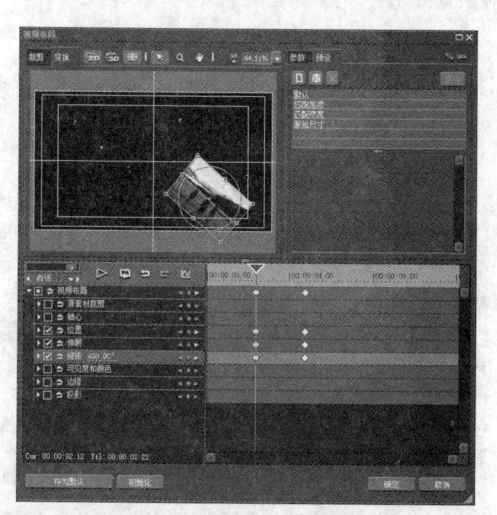

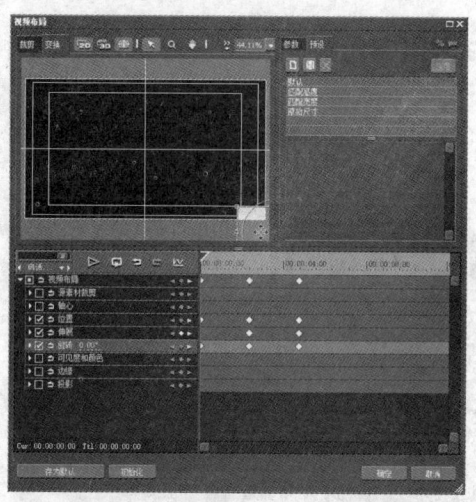

图 9-54　添加属性项的关键帧并设置对应的属性

7 通过【素材库】面板再次将【07】视频素材添加到 2V 轨道上，并使其入点对齐于该轨道上已有【07】素材的出点，如图 9-55 所示。

图 9-55　添加素材到轨道上

289

8 选择步骤 7 添加到轨道的素材,通过【信息】面板打开该素材的【视频布局】对话框,然后分别选择【旋转】、【伸展】和【位置】复选框,如图 9-56 所示。

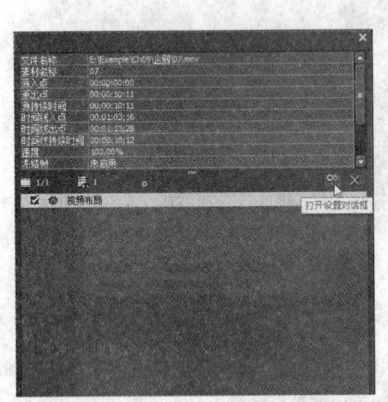

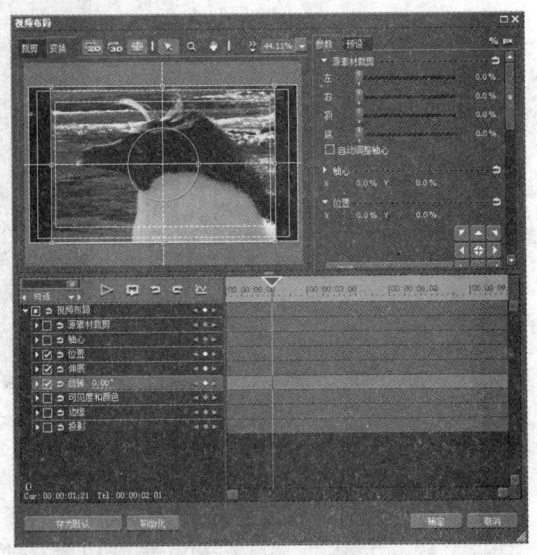

图 9-56 打开【视频布局】对话框并选择对应属性项

9 在【视频布局】对话框中分别为【旋转】、【伸展】和【位置】属性项添加关键帧,然后双击【匹配宽度】项,将当前播放时间指示器移到入点处,再分别为【旋转】、【伸展】和【位置】属性项添加关键帧并设置视频素材的旋转、伸展和位置属性,最后单击【确定】按钮,如图 9-57 所示。

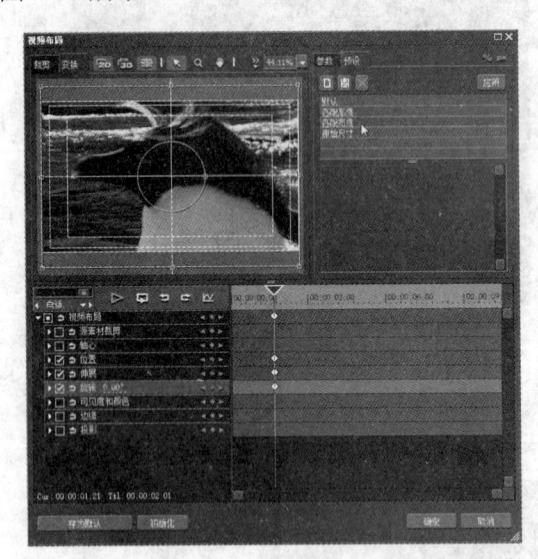

图 9-57 添加属性的关键帧并设置对应的属性

10 返回 EDIUS 界面后,在【特效】面板中选择【转场】|【GPU】|【高级】目录,然后将【旋转 2】特效拖到如图 9-58 所示素材混合轨中,以添加素材的转场效果。

第 9 章 综合设计——企鹅世界录影专辑

图 9-58 为素材添加转场特效

9.7 上机练习 7：制作片头与片尾的字幕

下面将通过 Quick Titler 为工程创建用于片头和片尾的字幕素材，然后分别将字幕素材添加到字幕轨道中，最后适当更改字幕素材中的混合特效。

操作步骤

1 打开光盘中的"..\Example\Ch09\9.7.ezp"练习文件，在【素材库】面板右侧窗格的空白处单击右键，再选择【添加字幕】命令，打开【Quick Titler】窗口后，输入字幕文本，如图 9-59 所示。

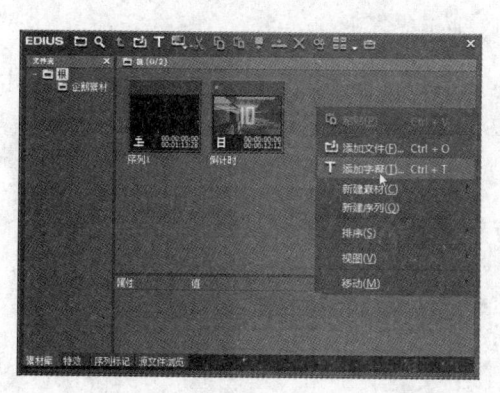

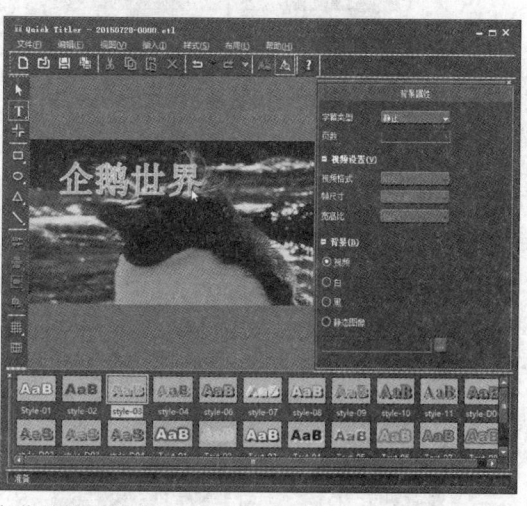

图 9-59 添加字幕并输入文本

2 选择字幕文本对象，为字幕应用【Text_15】样式，然后通过对象属性栏设置字体属性，如图 9-60 所示。

3 在对象属性栏中显示【边缘】属性，然后修改字幕的边缘属性值，再设置边缘原色为【白色】，如图 9-61 所示。

291

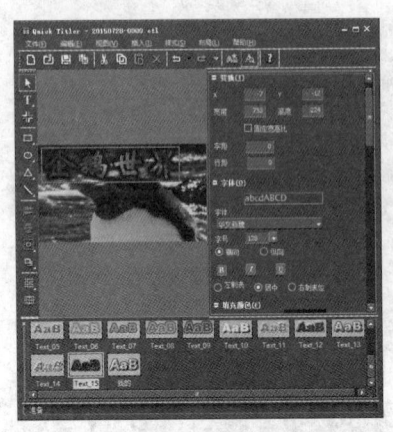

图 9-60　应用字幕样式并设置字体属性 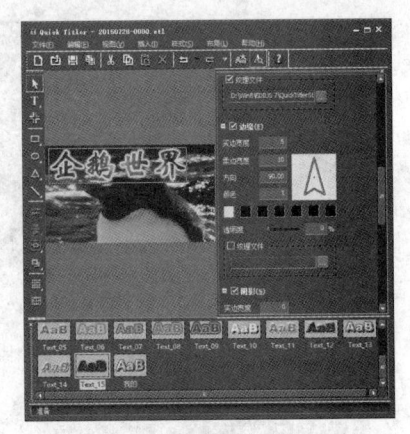　　　　图 9-61　设置字幕的边缘属性

4 在【Quick Titler】窗口中打开居中对齐列表框，然后分别单击【居中（垂直）】按钮和【居中（水平）】按钮，使字幕在屏幕中居中对齐，接着取消选择对象，设置字幕类型为【静止】，如图 9-62 所示。

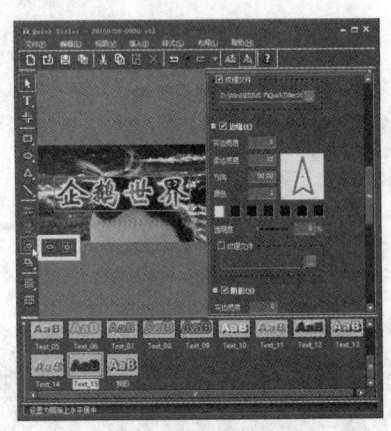

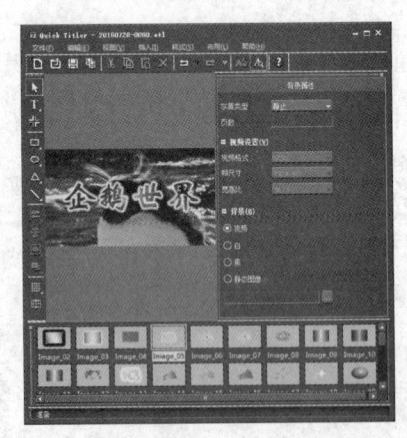

图 9-62　居中对齐字幕并设置字幕类型

5 选择【文件】|【另存为】命令，打开【另存为】对话框后，设置文件名称，然后单击【保存】按钮，如图 9-63 所示。

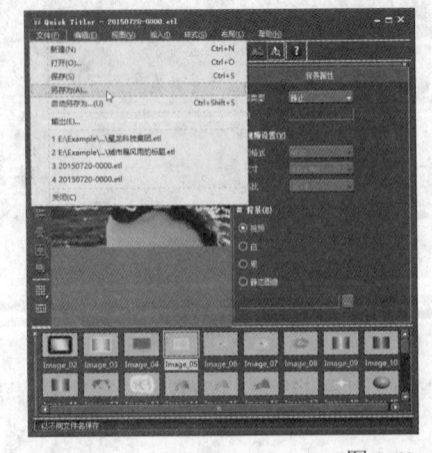

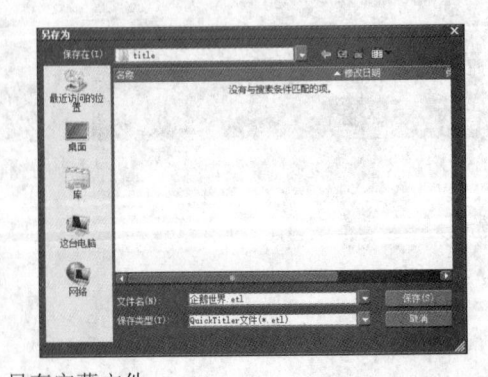

图 9-63　另存字幕文件

6 返回 EDIUS 界面后，在【时间线】面板中设置【插入】模式，将【素材库】面板的字幕素材拖到字幕轨道的入点处，以添加该字幕到时间线的开始处，如图 9-64 所示。

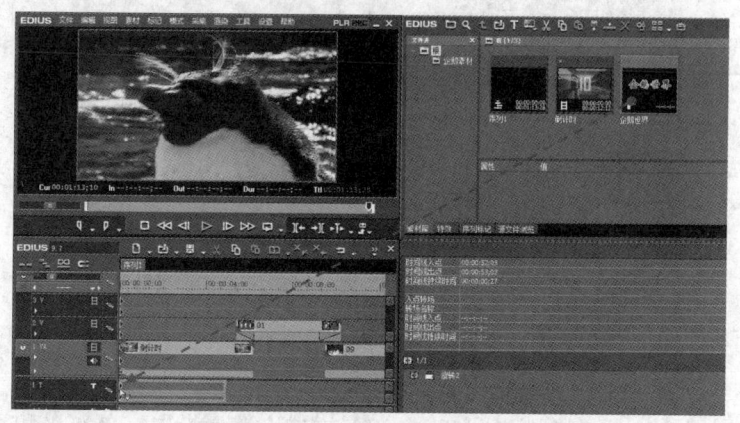

图 9-64　添加字幕到字幕轨道上

7 在【特效】面板中选择【字幕混合】|【激光】目录，将【下面激光】特效拖到字幕混合轨入点，以替换默认的字幕混合特效，如图 9-65 所示。

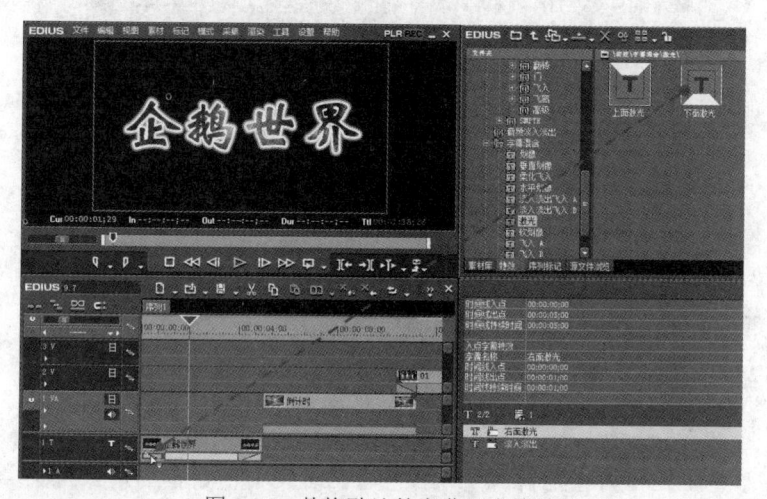

图 9-65　替换默认的字幕混合特效

8 在【时间线】面板中将当前播放时间指示器移到最后一个素材的出点处，然后打开【创建字幕】菜单并选择【在 1T 轨道上创建字幕】命令，如图 9-66 所示。

图 9-66　在字幕轨道上创建字幕

9 打开【Quick Titler】窗口后,在编辑窗口中输入字幕文本,如图9-67所示。

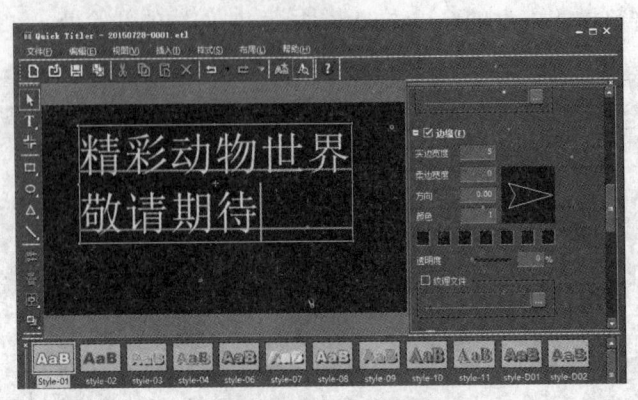

图9-67 输入字幕文本

10 选择字幕对象,为字幕应用【Text_10】样式,然后设置字幕水平和垂直居中对齐,如图9-68所示。

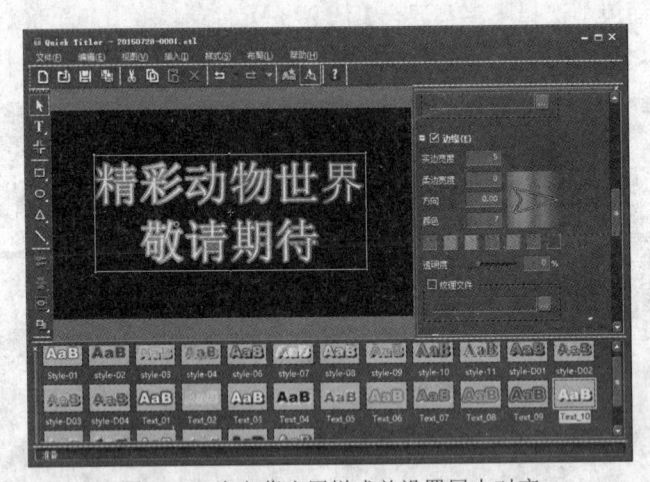

图9-68 为字幕应用样式并设置居中对齐

11 选择【文件】|【另存为】命令,打开【另存为】对话框后,设置字幕文件的名称,然后单击【保存】按钮,另存字幕,如图9-69所示。

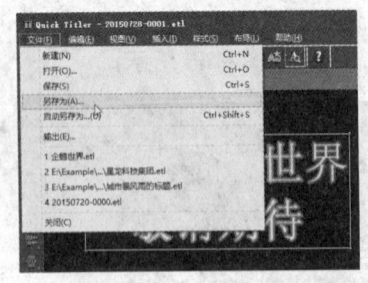

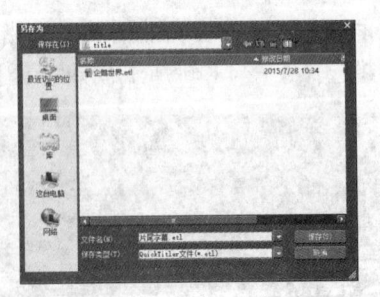

图9-69 另存字幕文件

12 退出【Quick Titler】窗口后,字幕自动添加到字幕轨道。在【特效】面板中选择【转场】|【GPU】|【涟漪】|【旗帜】目录,然后将【旗帜1-东北风】特效拖到2V轨道最后一个素材的出点处,如图9-70所示。

图 9-70　为素材应用转场特效

9.8　上机练习 8：添加与制作背景音效

下面先导入音频文件到素材库中并添加到音频轨道上，然后通过剪辑模式裁剪音频素材，制作音频的淡入和淡出效果。

操作步骤

1 打开光盘中的"..\Example\Ch09\9.8.ezp"练习文件，在【素材库】面板右侧窗格空白处单击右键，选择【添加文件】命令，通过【打开】对话框选择音频素材并单击【打开】按钮，如图 9-71 所示。

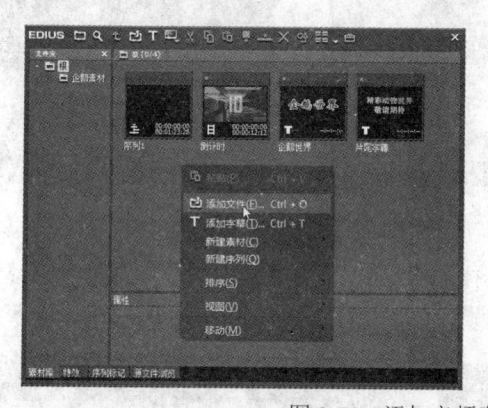

图 9-71　添加音频素材文件

2 将添加到素材库的音频素材拖到 1A 轨道上，然后将音频入点对齐片头字幕的出点转场特效，如图 9-72 所示。

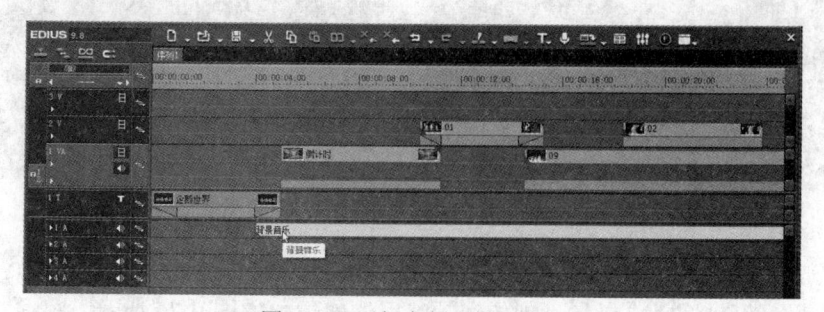

图 9-72　添加音频素材到轨道

295

3 选择【模式】|【剪辑模式】命令，然后选择音频素材入点剪切点并向右移动，以裁剪音频前端无声部分，如图 9-73 所示。

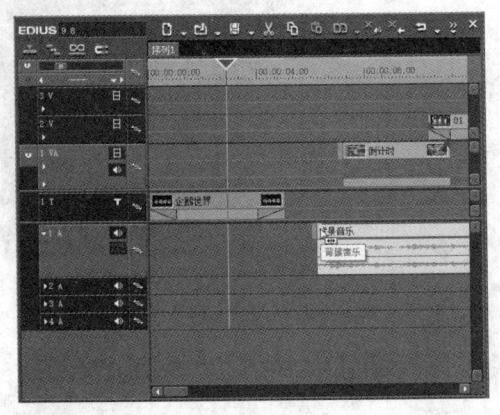

图 9-73 进入剪辑模式并编辑音频入点剪切点

4 选择音频素材出点剪切点，然后向左移动，使其对齐片尾字幕素材的出点，选择【模式】|【常规模式】命令，恢复常规模式，如图 9-74 所示。

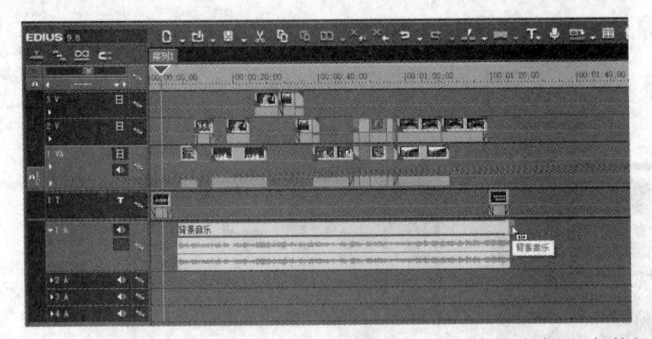

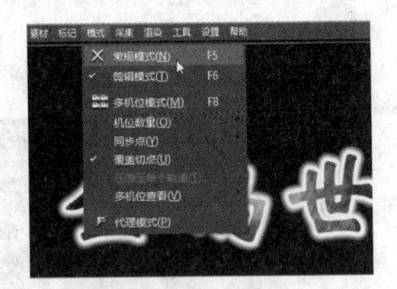

图 9-74 修改音频出点剪切点

5 选择序列上的音频素材，然后向左移动素材，在轨道上显示音量线，在素材前端添加一个调节点，接着向下移动音频线出点的调节点，设置该点的音量为 0，如图 9-75 所示。

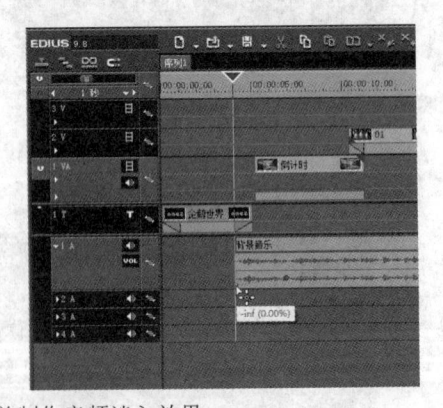

图 9-75 移动音频素材并制作音频淡入效果

6 使用与步骤 5 相同的方法，在音频素材的音量线后端添加一个调节点，然后向下移动出点调节点，设置该点的音量为 0，制作音频淡出的效果，如图 9-76 所示。

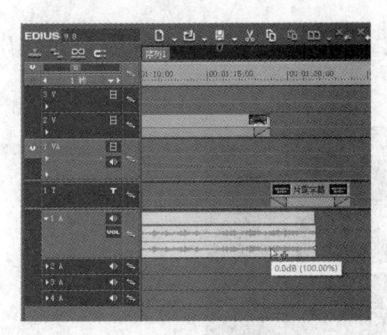

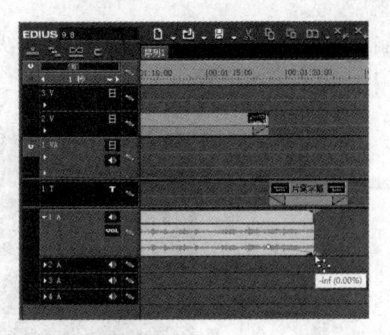

图 9-76　制作音频淡出的效果

9.9　上机练习 9：输出媒体文件并刻录光盘

下面先渲染整个工程满载区域，然后使用【Grass Valley HQX AVI】输出器将工程输出为 AVI 格式的媒体文件，接着通过【刻录光盘】窗口将序列刻录为带菜单的蓝光光盘，并输出光盘镜像文件夹。

操作步骤

1 打开光盘中的"..\Example\Ch09\9.9.ezp"练习文件，选择【渲染】|【渲染整个工程】|【渲染满载区域】命令，如图 9-77 所示。

图 9-77　渲染整个工程的满载区域

2 选择【文件】|【输出】|【输出到文件】命令，打开【输出到文件】对话框后，选择【Grass Valley HQX AVI】输出器，如图 9-78 所示。

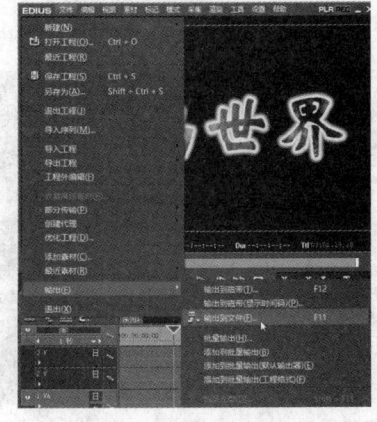

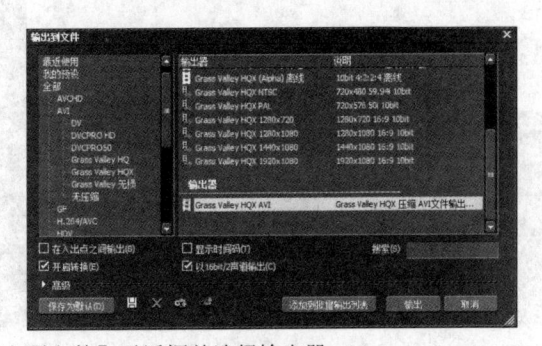

图 9-78　打开【输出到文件】对话框并选择输出器

3 在【输出到文件】对话框中打开【高级】选项卡，然后根据需要设置输出选项，接着单击【输出】按钮，如图9-79所示。

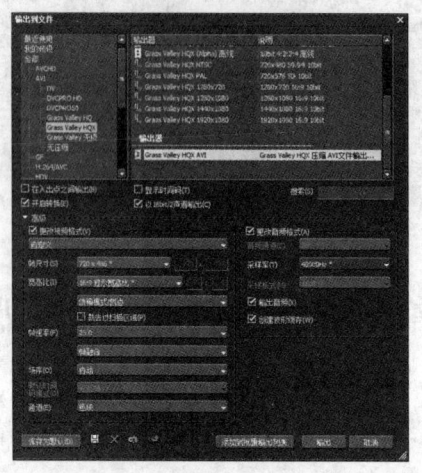

图9-79 设置输出器高级选项

4 打开【Grass Valley HQX AVI】对话框后，指定保存文件的位置，再设置文件名称，然后设置编解码器选项并单击【保存】按钮，如图9-80所示。

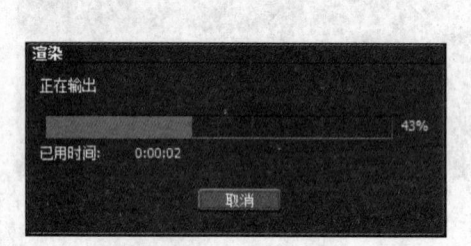

图9-80 保存输出的媒体文件

5 选择【设置】|【工程设置】命令，打开【工程设置】对话框后选择当前设置，再单击【更改当前设置】按钮，然后修改场序为【上场优先】，单击【确定】按钮，如图9-81所示。

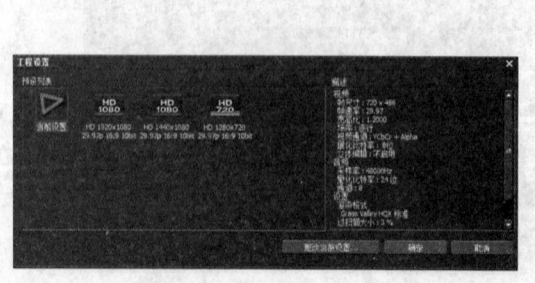

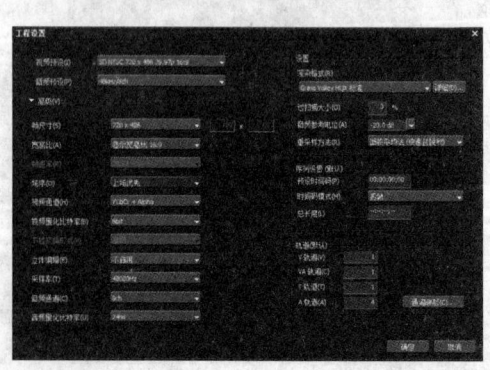

图9-81 更改工程的场序设置

6 在录制窗口中单击【输出】按钮，再选择【刻录光盘】命令，如图9-82所示。

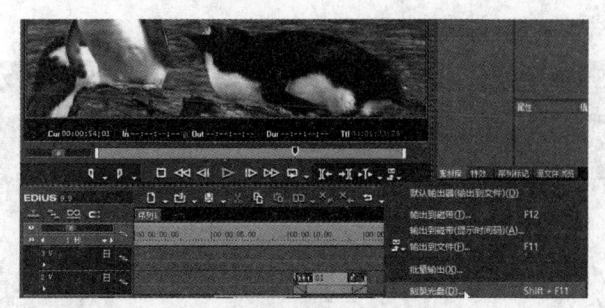

图9-82 选择【刻录光盘】命令

7 打开【刻录光盘】窗口，然后选择【开始】选项卡，再选择光盘、编解码器和菜单选项，如图9-83所示。

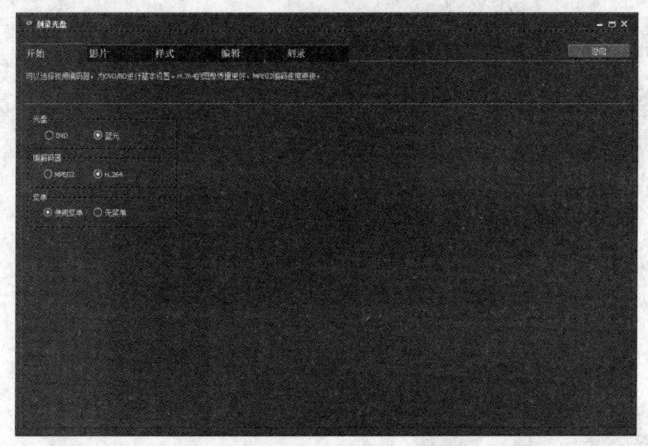

图9-83 设置光盘基本选项

8 切换到【影片】选项卡，在段落缩图中拖动滑块，选择一个影片段落显示的缩图画面，如图9-84所示。

9 切换到【样式】选项卡，然后设置自动布局，通过窗口下方的【流行】选项卡，选择光盘的菜单样式，如图9-85所示。

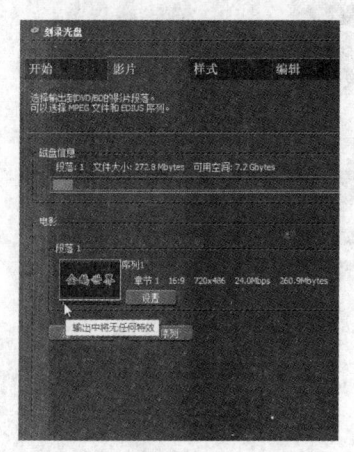

图9-84 设置影片段落缩图 图9-85 设置光盘菜单样式选项

10 切换到【编辑】选项卡,然后双击页签对象,通过【菜单项设置】对话框修改文本和属性,如图 9-86 所示。

图 9-86　编辑光盘页签对象

11 双击段落 1 标签对象,然后通过【菜单项设置】对话框修改文本和属性,将该对象移到菜单界面中央位置,接着将段落 1 播放按钮对象移到段落 1 标签下方,并扩大按钮对象,如图 9-87 所示。

图 9-87　编辑段落标签和播放按钮对象

12 切换到【刻录】选项卡,然后设置输出和光驱选项,选择【启用细节设置】复选框并指定输出文件夹,接着选择【输出光盘镜像到文件夹】复选框,最后单击【刻录】按钮,如图 9-88 所示。

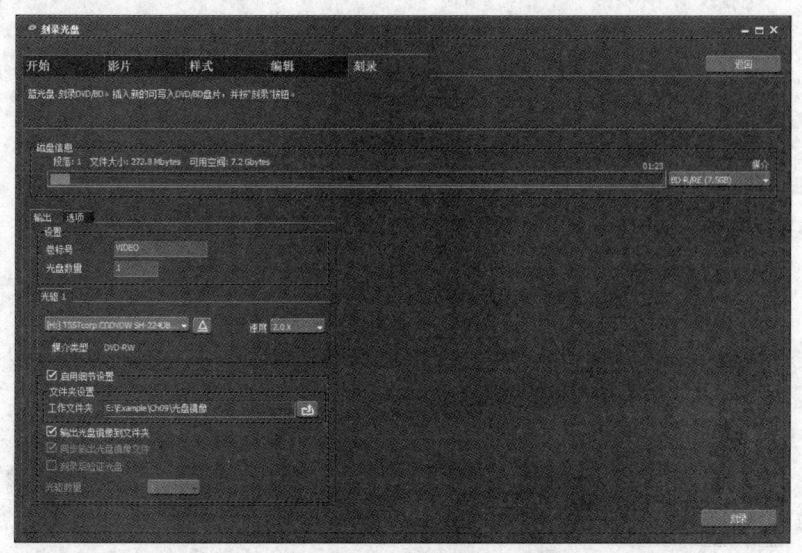

图 9-88 设置刻录选项并执行刻录

13 此时程序将指定刻录的处理,刻录完成后可以通过光盘播放影片,也可以通过输出到文件夹的光盘镜像播放影片,如图 9-89 所示。

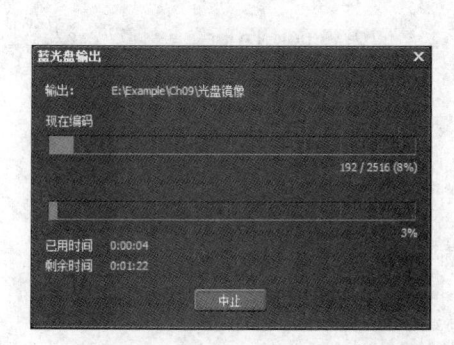

图 9-89 刻录完成后查看结果

参考答案

第 1 章
1. 填充题
   (1) 64 位
   (2) Quick Time 7
   (3) 文件夹设置
2. 选择题
   (1) D (2) A
   (3) C (4) B
3. 判断题
   (1) 对 (2) 错
   (3) 对

第 2 章
1. 填充题
   (1) 剪切点
   (2) 反向播放或倒播
   (3) 视频采集
2. 选择题
   (1) A (2) C
   (3) D (4) C
3. 判断题
   (1) 对 (2) 错
   (3) 对

第 3 章
1. 填充题
   (1) 视频布局 (2) 信息
   (3) 混合器
   (4) 时间线或【时间线】面板
2. 选择题
   (1) B (2) B
   (3) C (4) D
3. 判断题
   (1) 对 (2) 错

第 4 章
1. 填充题
   (1) 标准音频 (2) 调音台
   (3) 音频偏移 (4) 调节点
2. 选择题
   (1) B (2) C
   (3) A (4) C
3. 判断题
   (1) 对 (2) 错

第 5 章
1. 填充题
   (1) Alpha (2) 混合器
   (3) 透明区域
2. 选择题
   (1) C (2) B
   (3) A (4) D
3. 判断题
   (1) 错 (2) 对
   (3) 对

第 6 章
1. 填充题
   (1) Quick Titler (2) 双击
   (3) 爬动
2. 选择题
   (1) A (2) D
   (3) C
3. 判断题
   (1) 对 (2) 对
   (3) 对 (4) 错

第 7 章
1. 填充题
   (1) 彩色渲染栏
   (2) 红色渲染栏
   (3) 刻录光盘
   (4) EDL
2. 选择题
   (1) D (2) D
   (3) B
3. 判断题
   (1) 对 (2) 错
   (3) 对